职业院校机电类“十三五”
微课版创新教材

边做边学
SolidWorks 2014
机械设计立体化实例教程

谭雪松 周克媛 / 主编
辛顺强 李刚 郑严 甘露萍 / 副主编

人 民 邮 电 出 版 社
北 京

图书在版编目（CIP）数据

SolidWorks 2014机械设计立体化实例教程 / 谭雪松，周克媛主编. -- 北京 : 人民邮电出版社，2017.8（2024.1重印）
（边做边学）
职业院校机电类“十三五”微课版创新教材
ISBN 978-7-115-44670-1

Ⅰ. ①S… Ⅱ. ①谭… ②周… Ⅲ. ①机械设计－计算机辅助设计－应用软件－职业教育－教材 Ⅳ. ①TH122

中国版本图书馆CIP数据核字(2017)第008325号

内 容 提 要

本书共9章，主要内容包括SolidWorks 2014中文版基础知识、绘制二维草图、创建基础实体特征、创建工程特征及特征操作、曲线和曲面、工程图设计、装配体、模具设计、运动与仿真等。本书辅以大量的典型实例进行讲解，通过详细的操作步骤，读者能轻松自如地学习和掌握软件用法。

本书内容翔实，实例丰富，特别适合作为职业院校机电一体化、机械设计、模具设计、工业设计等专业的教材，还可以作为机械类设计人员的自学用书。

◆ 主　　编　谭雪松　周克媛
　副 主 编　辛顺强　李　刚　郑　严　甘露萍
　责任编辑　刘盛平
　责任印制　焦志炜

◆ 人民邮电出版社出版发行　　北京市丰台区成寿寺路11号
　邮编　100164　　电子邮件　315@ptpress.com.cn
　网址　http://www.ptpress.com.cn
　北京七彩京通数码快印有限公司印刷

◆ 开本：787×1092　1/16
　印张：17.5　　　　2017年8月第1版
　字数：482千字　　　2024年1月北京第14次印刷

定价：49.80元

读者服务热线：(010)81055256　印装质量热线：(010)81055316
反盗版热线：(010)81055315
广告经营许可证：京东市监广登字20170147号

前言 FOREWORD

SolidWorks 2014是由美国SolidWorks公司推出的基于Windows系统平台的CAD/CAM/CAE一体化软件，是著名的功能强大、应用广泛的优秀三维设计软件，广泛应用于机械、汽车、航空、造船、摩托车、通信器材和家电等行业。

本书面向初级用户，从基础入手，深入浅出地介绍了SolidWorks 2014的主要功能和用法。通过对典型实例的详细解析，引导读者熟悉软件中各种工具的使用方法，掌握各种机械设计的常用方法。本书包含了二维草图、三维实体造型、三维曲面造型、装配体设计、二维工程图、模具设计以及运动仿真等大量的实例及操作步骤，叙述清晰，对学习难点做了详尽的介绍。

全书共9章，由易到难、循序渐进、系统地介绍了SolidWorks 2014的常用功能。本书突出实用性，强调理论与实践相结合，具有以下特色。

（1）在充分考虑课程教学内容及特点的基础上组织本书内容，书中既介绍了SolidWorks 2014的基础理论知识，又提供了丰富的范例解析，便于教师采取“边讲边练”的方式教学。

（2）在内容的组织上突出了实用的原则，精心选取SolidWorks 2014的常用功能及与CAD技术密切相关的知识构成全书的内容体系。

（3）以典型案例贯穿全书，将理论知识融入大量的实例中，使学生在实际应用中不知不觉地掌握理论知识，提高操作技能。

（4）本书为相关的实例配套了视频资源并以二维码的形式嵌入书中相应位置，读者可通过手机等移动终端扫描书中二维码观看学习。

本书参考学时为64学时，各章的教学课时可参考下面的学时分配表。

章节	课程内容	学时	
		讲授	实训
第1章	SolidWorks 2014中文版基础知识	2	2
第2章	绘制二维草图	4	4
第3章	创建基础实体特征	4	6
第4章	创建工程特征及特征操作	4	4
第5章	曲线和曲面	4	6
第6章	工程图设计	4	4
第7章	装配体	4	4
第8章	模具设计	2	2
第9章	运动与仿真	2	2
学时总计		30	34

本书所附相关素材，请到人邮教育社区（www.ryjiaoyu.com）上免费下载。书中用到的素材图形文件都按章收录在"素材"文件夹下，任课教师可以调用和参考这些设计文件。

本书由四川农业大学谭雪松、北京工业职业技术学院周克媛任主编，安徽电子信息职业技术学院辛顺强和李刚、成都大学郑严和甘露萍任副主编。参加本书编写工作的还有沈精虎、黄业清、宋一兵、冯辉、计晓明、董彩霞、管振起等。

编　者

2017年4月

目 录 CONTENTS

第 1 章 SolidWorks 2014 中文版基础知识 1
1.1 SolidWorks 2014 的用户界面 2
1.1.1 基础知识 2
1.1.2 典型实例——认识 3D 零件的设计过程 6
1.2 设计环境的配置及优化 12
1.2.1 设置颜色方案 12
1.2.2 设置光源 13
1.2.3 设置文件属性 14
小结 16
习题 17

第 2 章 绘制二维草图 18
2.1 绘制二维图形（1） 19
2.1.1 知识准备 19
2.1.2 典型实例——绘制五角星 21
2.2 绘制二维图形（2） 22
2.2.1 知识准备 23
2.2.2 典型实例——绘制凸轮草图 28
2.3 编辑二维草图 30
2.3.1 知识准备 30
2.3.2 典型实例——绘制连杆草图 37
2.4 使用约束工具绘制草图 39
2.4.1 知识准备 40
2.4.2 典型实例——绘制扳手草图 42
2.5 综合应用 45
2.5.1 实例 1——绘制轴端固定板草图 45
2.5.2 实例 2——绘制摇臂图案 46
小结 50
习题 50

第 3 章 创建基础实体特征 51
3.1 创建基础实体特征（1） 52
3.1.1 知识准备 52
3.1.2 典型实例——创建基座零件 56
3.2 创建基础实体特征（2） 59
3.2.1 知识准备 59
3.2.2 典型实例——创建法兰盘零件 62
3.3 创建基础实体特征（3） 64
3.3.1 知识准备 64
3.3.2 典型实例——创建螺栓 75
3.4 综合训练 77
3.4.1 实例 1——创建开关模型 77
3.4.2 实例 2——创建支架模型 79
小结 84
习题 84

第 4 章 创建工程特征及特征操作 87
4.1 创建工程特征 88
4.1.1 知识准备 88
4.1.2 典型实例——创建拉手 93
4.2 阵列和镜像阵列 97
4.2.1 知识准备 97
4.2.2 典型实例——创建箱体模型 99
4.3 综合训练 103
4.3.1 实例 1——创建榔头模型 103
4.3.2 实例 2——创建集线器模型 115
小结 121
习题 121

第 5 章 曲线和曲面 123
5.1 创建曲线特征 124

5.1.1 知识准备 124
5.1.2 典型实例——创建投影曲线 130
5.2 创建曲面特征 131
5.2.1 知识准备 131
5.2.2 典型实例——创建塑料容器 136
5.3 编辑曲面特征 140
5.3.1 知识准备 140
5.3.2 典型实例——创建海豚模型 148
小结 160
习题 160

第 6 章 工程图设计 161

6.1 创建视图 162
6.1.1 知识准备 162
6.1.2 典型实例——由模型制作标准三视图 173
6.2 创建尺寸标注和注解 174
6.2.1 知识准备 174
6.2.2 典型实例——创建轴类零件的工程图 186
小结 192
习题 192

第 7 章 装配体 193

7.1 认识装配设计原理 194
7.1.1 知识准备 194
7.1.2 典型实例——虎钳的装配 197
7.2 基本装配技巧 206
7.2.1 知识准备 206
7.2.2 典型实例——同步带传动定位平台的装配 222
小结 227
习题 228

第 8 章 模具设计 229

8.1 模具设计的一般过程 230
8.1.1 知识准备 230
8.1.2 典型实例——遥控器的模具设计 231
8.2 模具设计的主要环节 236
8.2.1 知识准备 237
8.2.2 典型实例——风扇端盖的模具设计 243
小结 251
习题 251

第 9 章 运动与仿真 252

9.1 仿真设计工具及其应用 253
9.1.1 知识准备 253
9.1.2 典型实例——创建爆炸动画 256
9.2 仿真设计的典型环境 260
9.2.1 知识准备 260
9.2.2 典型实例——创建牛头刨床机构仿真动画 269
小结 273
习题 274

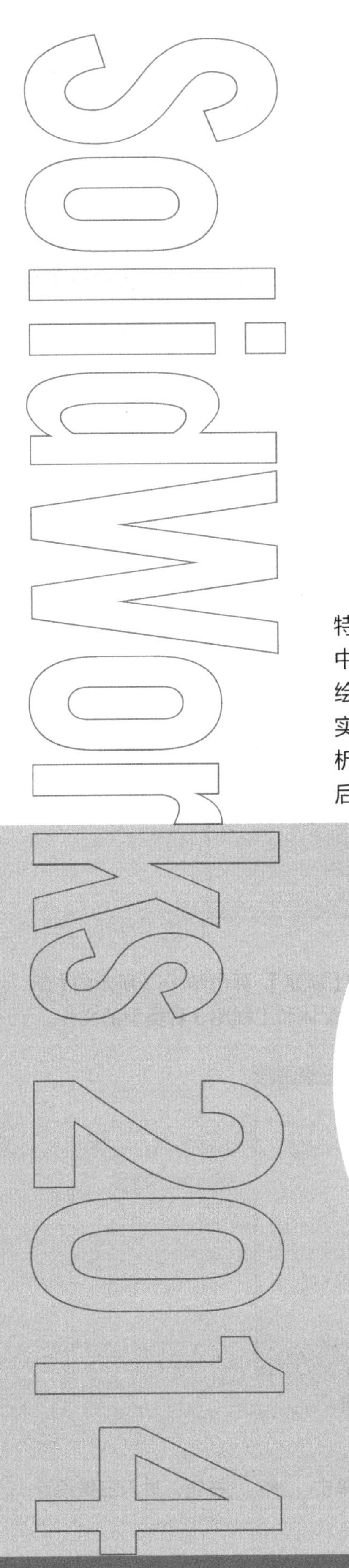

Chapter

1

第1章 SolidWorks 2014 中文版基础知识

SolidWorks 是由美国 SolidWorks 公司开发的一款基于特征的三维 CAD 软件，它具有参数化设计功能。在设计过程中，用户可以运用特征、尺寸及约束功能准确地制作模型，并绘制出详细的工程图。根据各零件间的相互装配关系，可快速实现零部件的装配。插件中提供了运动学分析工具、动力学分析工具及有限元分析工具，可以方便用户对所设计的零件进行后续分析，以完成总体设计任务。

【学习目标】

- 了解 SolidWorks 2014 的功能与用途。
- 熟悉 SolidWorks 2014 的设计环境。
- 掌握 SolidWorks 2014 的常用操作。
- 熟悉 SolidWorks 2014 设计的一般步骤。

1.1 SolidWorks 2014 的用户界面

SolidWorks 功能强大，易学易用，用户利用它能快速、方便地按照自己的设计思想绘制出草图及三维实体模型。

1.1.1 基础知识

SolidWorks 2014 软件的用户界面完全采用 Windows 风格，其操作方法与其他 Windows 软件的操作方法类似。

1. 进入 SolidWorks 2014 界面

启动 SolidWorks 2014 后，出现的操作界面如图 1-1 所示。

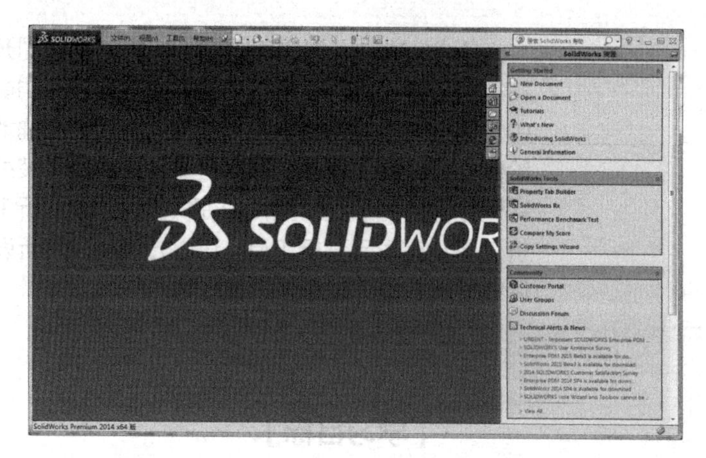

图 1-1 SolidWorks 2014 启动界面

单击【标准】工具栏中的按钮或选择菜单命令【文件】/【新建】，弹出图 1-2 所示的【新建 SolidWorks 文件】对话框，利用该对话框可以创建零件、装配体和工程图 3 种类型的文件。

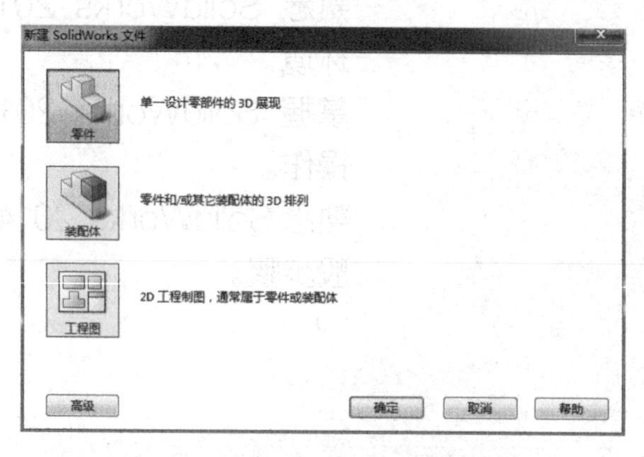

图 1-2 【新建 SolidWorks 文件】对话框

2. 三维设计窗口

在【新建 SolidWorks 文件】对话框中单击按钮，然后单击 确定 按钮，进入三维设计窗口，如图 1-3 所示。

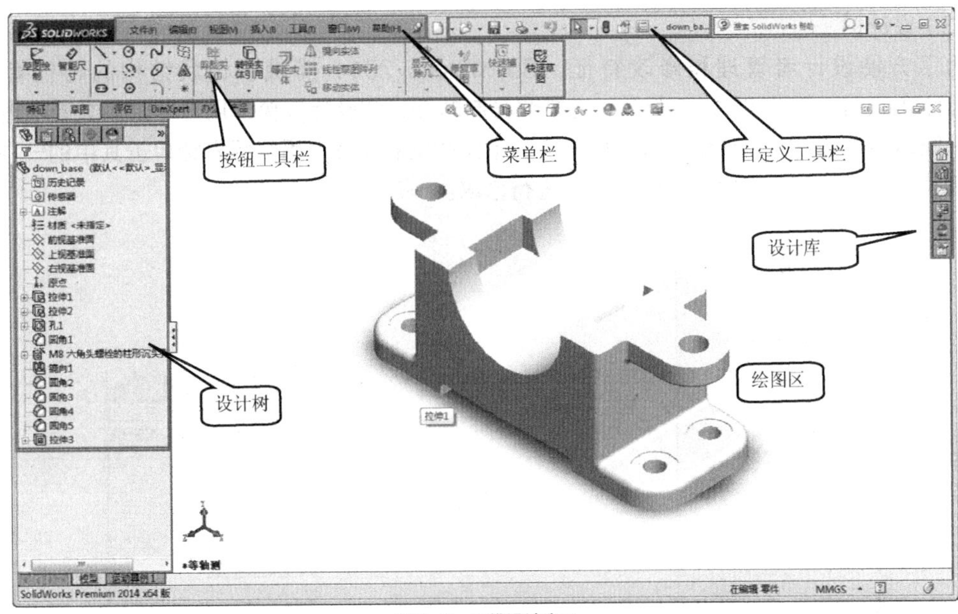

图1-3 三维设计窗口

下面简要介绍一下三维设计窗口中部分主要功能。

（1）菜单栏

三维设计窗口中的菜单命令包括【文件】、【编辑】、【视图】、【插入】、【工具】、【窗口】和【帮助】等。其中，常用的功能主要集中在【插入】和【工具】这两个菜单中。

（2）设计库

为了提高设计效率，SolidWorks 2014 提供了功能强大的设计库，其中包括大量的特殊零件、特征和标准件等。用户只需从设计库中拖曳相应的零件或特征到绘图区，然后根据需要进行调整即可。

设计库中包括以下 3 类信息。

- Toolbox：包括使用单位所制定的常用标准件，如图 1-4 所示。
- 3D ContentCentral：用于访问零部件供应商和个人提供的所有主要 CAD 格式的 3D 模型，以便于使用者与网上的用户进行交流，如图 1-5 所示。

图1-4 Toolbox

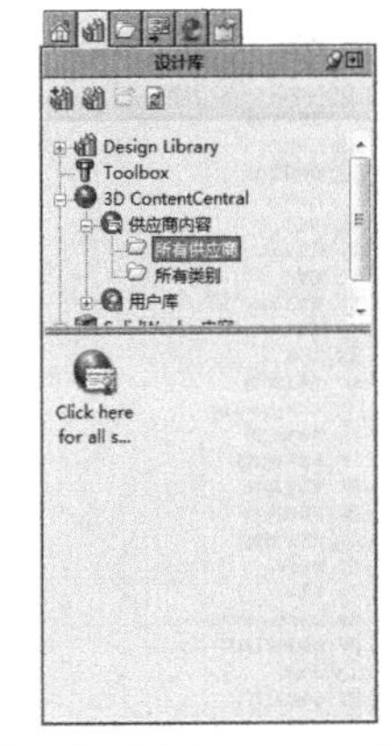

图1-5 3D ContentCentral

- SolidWorks 内容：包括常用的特征库、成形工具和一些常用的零件等，如图 1-6 所示。

（3）设计树

为了方便设计者管理和修改特征，SolidWorks 2014 提供了树状结构的特征管理器（FeatureManager），如图 1-7 所示，它按照绘制顺序纪录设计步骤，用户可以很方便地查看模型或装配体的构造情况，或者查看工程图中的不同图纸和视图。用鼠标右键单击其中的一项，弹出快捷菜单，从中选择某命令后即可对其进行修改。

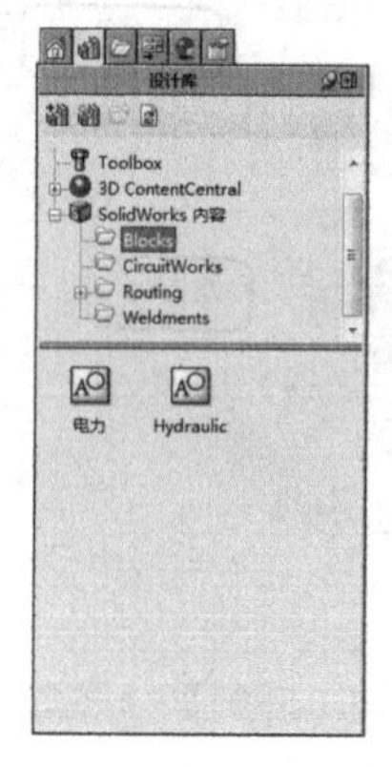

图 1-6　SolidWorks 内容

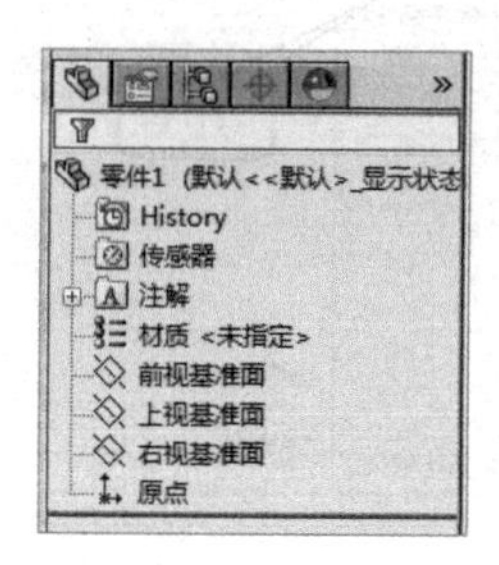

图 1-7　设计树

（4）自定义工具栏

SolidWorks 2014 提供了大量的工具栏，用户可以直接单击工具栏上的按钮来实现各种功能。显示/隐藏工具栏的方法有以下两种。

- 选择菜单命令【视图】/【工具栏】后，从打开的菜单中选择需要显示的工具栏名称，即可将相应的工具栏在界面中显示。菜单中的按钮呈凹陷状态表示已经显示该工具栏，反之可取消显示，如图 1-8 所示。
- 选择菜单命令【工具】/【自定义】，弹出【自定义】对话框，在【工具栏】选项卡中选择需要显示的工具栏名称，即可显示相应的工具栏，反之可取消显示，如图 1-9 所示。

图 1-8　工具列表

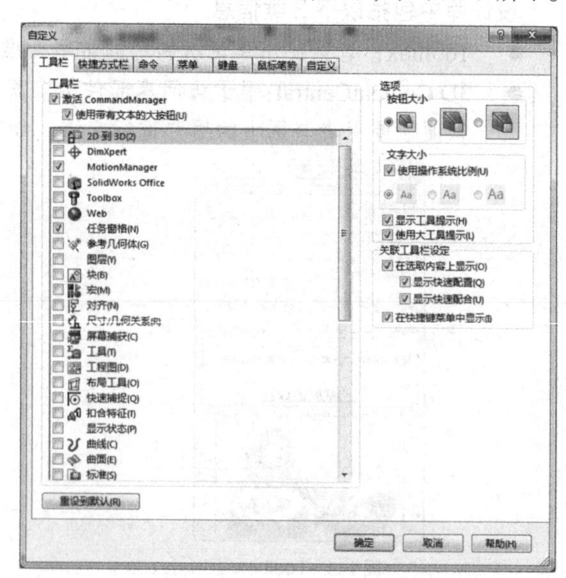

图 1-9　【自定义】对话框

（5）按钮工具栏

在 SolidWorks 2014 提供的大量工具栏中，用户在绘制草图和生成实体的过程中最常用的是【草图】功能区和【特征】功能区，介绍如下。

- 【草图】功能区。

SolidWorks 2014 提供的【草图】功能区如图 1-10 所示。

图 1-10 【草图】功能区

- 【特征】功能区。

SolidWorks 2014 提供的【特征】功能区如图 1-11 所示。

图 1-11 【特征】功能区

在图 1-10 所示的【草图】功能区和图 1-11 所示的【特征】功能区中，还有许多按钮没有列出，用户可以通过自定义菜单的方式添加需要的命令图标，方法如下。

选择菜单命令【工具】/【自定义】，弹出【自定义】对话框，进入【命令】选项卡，如图 1-12 所示，然后用鼠标光标将需要的命令图标拖曳到相应的工具栏中即可。

图 1-12 【命令】选项卡

（6）绘图区

绘图区是以坐标轴为界并包含所有数据系列的区域。此区域以坐标轴为界并包含数据系列、分类名称、刻度线标签和坐标轴标题。它用于绘制二维平面图、三维立体设计等用途。

1.1.2 典型实例——认识 3D 零件的设计过程

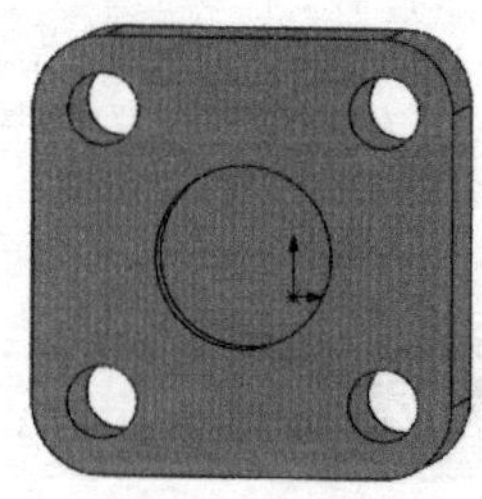

图 1-13 基座零件

在介绍了 3D 零件绘制窗口之后，本小节将创建一个简单的基座零件，如图 1-13 所示。通过该实例，读者可以更加直观地了解应用 SolidWorks 软件进行产品设计的操作流程。

① 进入 SolidWorks 2014 界面后，单击【标准】工具栏中的按钮或选择菜单命令【文件】/【新建】，弹出【新建 SolidWorks 文件】对话框。

② 单击按钮，然后单击 确定 按钮，进入三维设计窗口，如图 1-14 所示。

认识 3D 零件的设计过程

③ 在模型树中选择【前视基准面】，然后单击【草图】功能区中的（草图绘制）按钮，进入草图绘制界面，如图 1-15 所示。

④ 单击【草图】功能区中的按钮，鼠标光标变为形状。在绘图区的适当位置单击鼠标左键，然后向右下方移动鼠标光标至适当的位置再次单击鼠标左键，结果如图 1-16 所示。

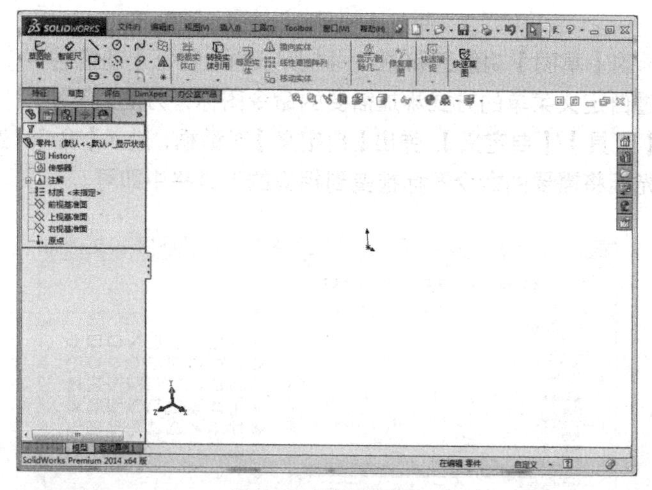

图 1-14 三维设计窗口

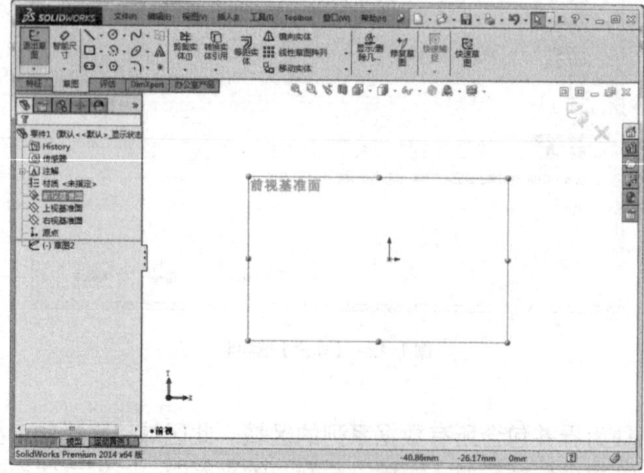

图 1-15 草图绘制界面

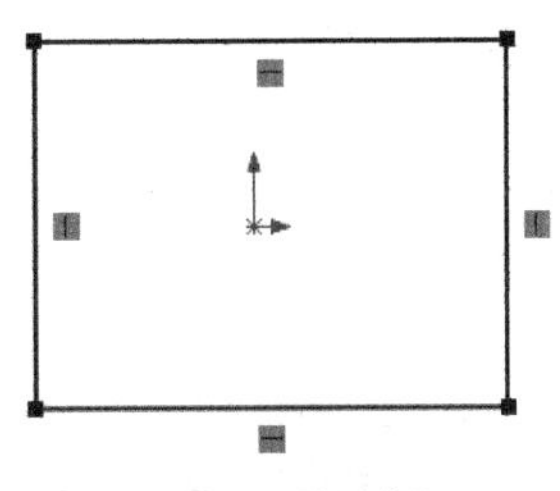
图 1-16 绘制草图

要点提示

这一步不需要绘制尺寸精确的矩形，因为在下一步可以使用智能尺寸工具来标注矩形尺寸。

⑤ 单击【草图】功能区中的（智能尺寸）按钮，鼠标光标变为形状。单击矩形的上方边线，然后向上移动鼠标光标，再单击鼠标左键确定尺寸放置的位置，此时，弹出【修改】对话框，输入“60”后，单击按钮。

⑥ 用同样的方法标注矩形的另外一条边线，如图 1-17 所示。单击绘图区右上角的按钮，退出草图绘制环境。

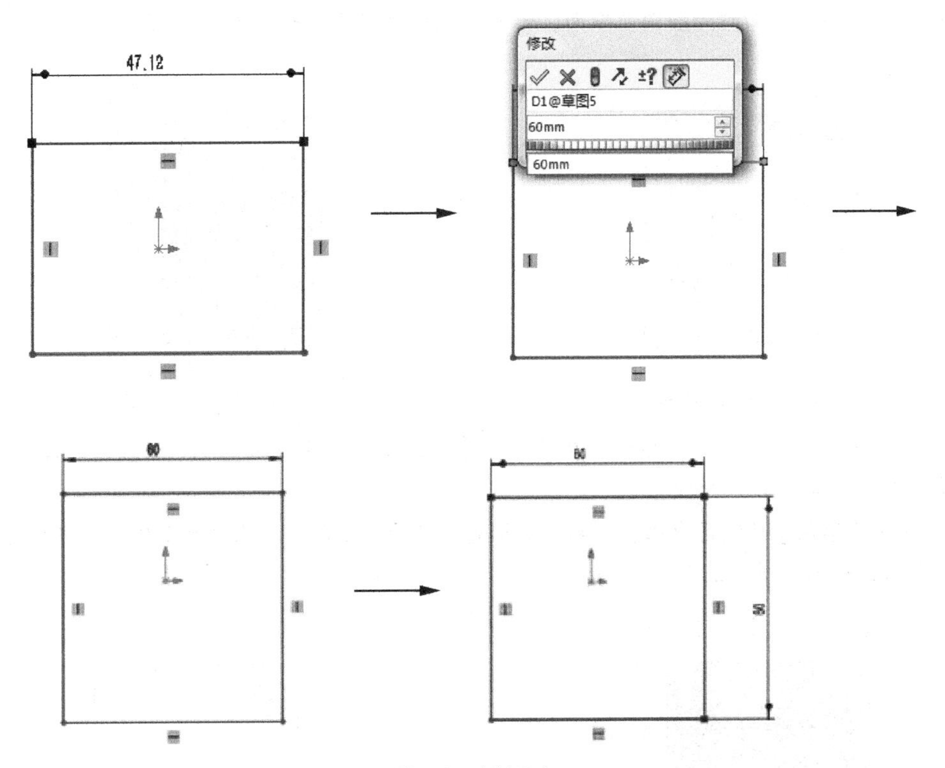

图 1-17 标注尺寸

⑦ 单击【特征】功能区中的（拉伸凸台/基体）按钮或选择菜单命令【插入】/【凸台/基体】/【拉伸】，在绘图区左侧会弹出【凸台–拉伸】属性管理器，在【方向 1】栏的下拉列表中选择【给定深度】选项，并输入深度值“20”，此时，绘图区中出现预览图形，如图 1-18 所示。

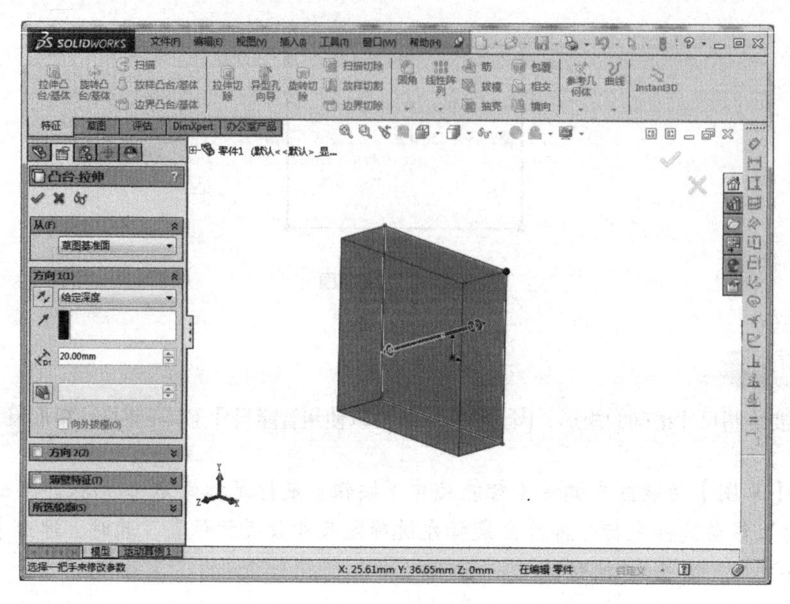

图 1-18　拉伸实体

⑧ 单击✔按钮或按 Enter 键，完成拉伸特征的创建，结果如图 1-19 所示。

⑨ 单击实体的侧面作为绘图基准面，侧面颜色发生变化，如图 1-20 所示。

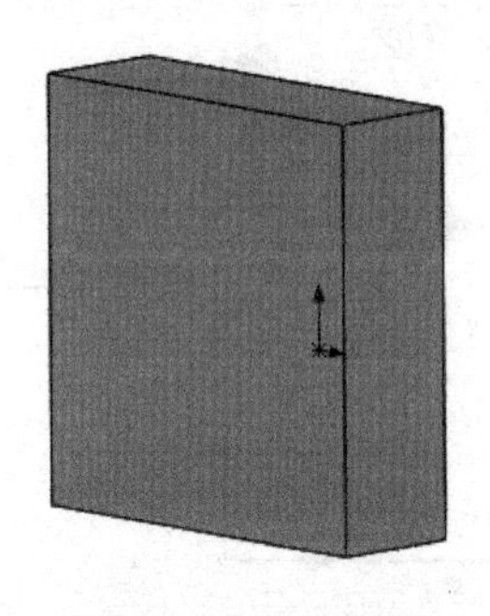

图 1-19　创建拉伸实体

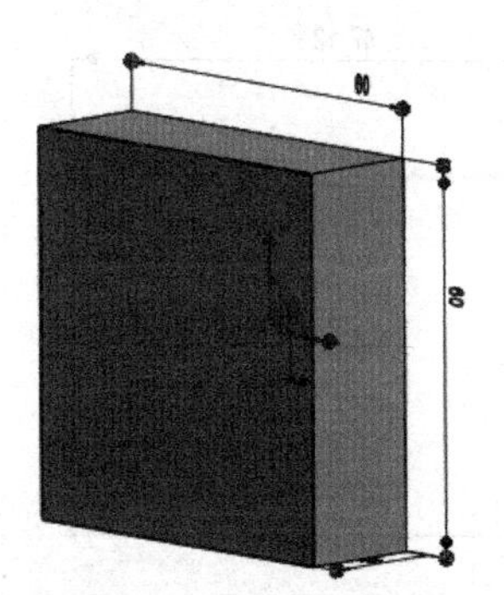

图 1-20　选取参考面

⑩ 单击视图工具栏中的按钮，然后单击【草图】功能区中的（草图绘制）按钮，进入草图绘制界面，如图 1-21 所示。

⑪ 单击【草图】功能区中的按钮，鼠标光标变为形状。在基准面上任选一点作为圆心，绘制一个圆，结果如图 1-22 所示。

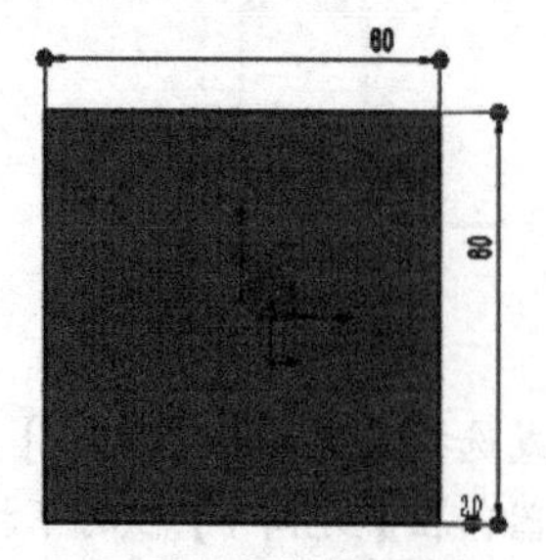

图 1-21　进入草图绘制界面

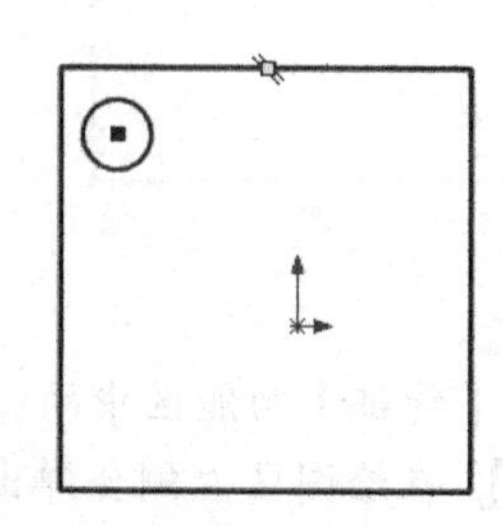

图 1-22　绘制圆

⑫ 单击【草图】工具栏中的按钮，将鼠标光标移到圆周上，单击鼠标左键，在弹出的【修改】对话框中输入“10”，然后按Enter键。用同样的方法标注圆的位置尺寸，如图 1-23 所示。

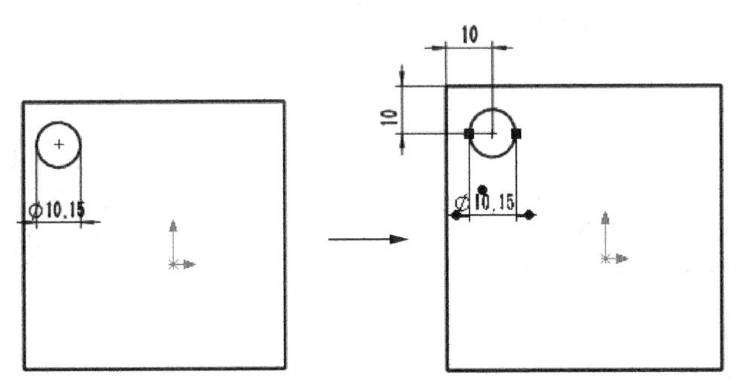

图1-23 标注尺寸

⑬ 选择菜单命令【工具】/【草图工具】/【线性阵列】，鼠标光标变为形状。在【线性阵列】属性管理器的【方向 1】栏中输入间距“40”、数量“2”、角度“0”，在【方向 2】栏中输入间距“40”、数量“2”、角度“270”。选择圆作为阵列对象，此时，绘图区出现草图阵列预览模式，如图 1-24 所示。

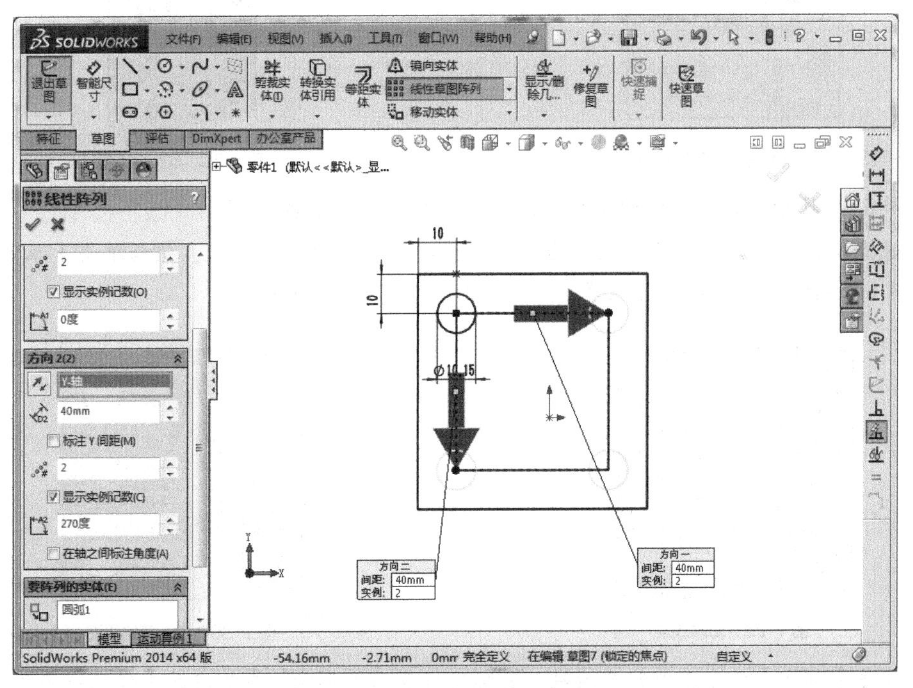

图1-24 阵列对象

⑭ 单击按钮或按Enter键，完成草图的阵列，结果如图 1-25 所示。

⑮ 单击绘图区右上角的按钮，退出草图绘制环境。单击视图工具栏中的按钮，结果如图 1-26 所示。

⑯ 单击【特征】功能区中的（拉伸切除）按钮，弹出【切除-拉伸】属性管理器，选择刚绘制的 4 个小圆，在【方向 1】栏的下拉列表中选择【完全贯穿】选项，如图 1-27 所示，绘图区出现预览效果图，如图 1-28 所示。

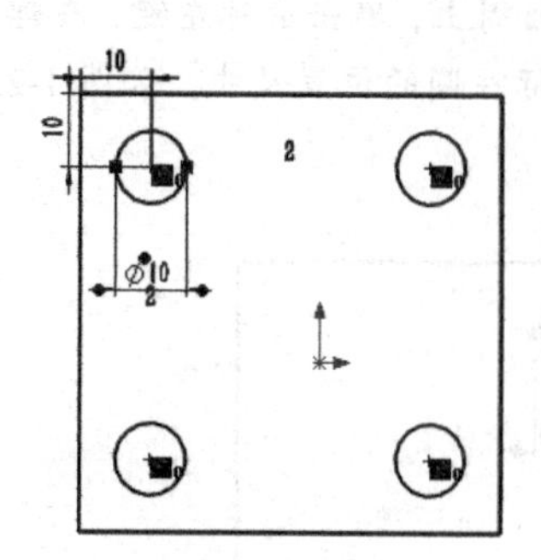

图 1-25　阵列结果

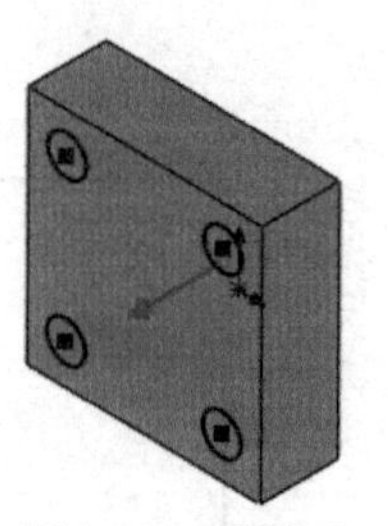
图 1-26　三维模型

图 1-27　【切除-拉伸】属性管理器

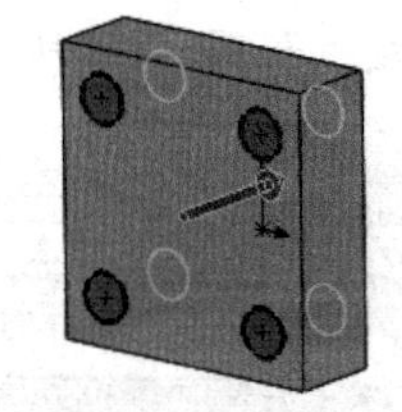
图 1-28　预览效果图

⑰ 单击✔按钮，完成拉伸切除特征的创建，结果如图 1-29 所示。

⑱ 选择实体的侧面作为绘图基准面，单击视图工具栏中的按钮，然后单击【草图】功能区中的（草图绘制）按钮，进入草图绘制界面，如图 1-30 所示。

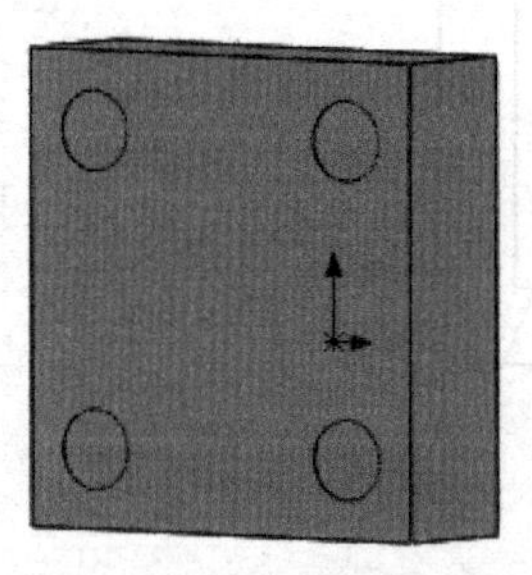
图 1-29　切除效果

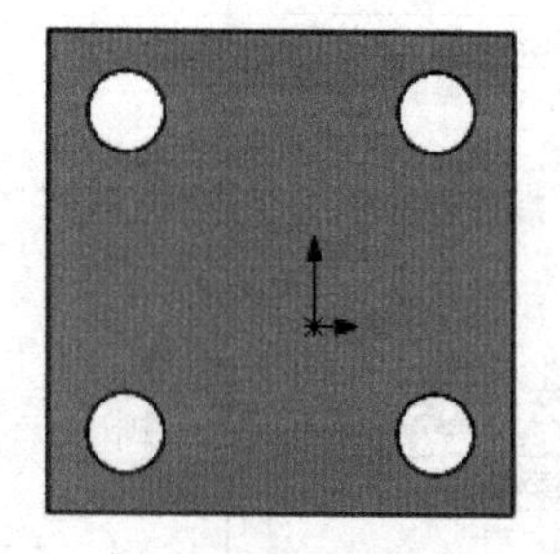
图 1-30　进入草绘界面

⑲ 单击【草图】功能区中的按钮，鼠标光标变为形状。在基准面上任选一点作为圆心，绘制一个圆，然后单击（智能尺寸）按钮，将鼠标光标移到圆周上单击，在打开的【修改】对话框中输入“25”，按 Enter 键。用同样的方法标注圆的位置尺寸，结果如图 1-31 所示。

⑳ 单击绘图区右上角的按钮，退出草图绘制环境。单击视图工具栏中的按钮，切换到等轴测视图，结果如图 1-32 所示。

㉑ 单击【特征】工具栏中的（拉伸切除）按钮，弹出【切除-拉伸】属性管理器。选择刚绘制的草图，在【方向 1】栏的下拉列表中选择【给定深度】选项，并输入深度值“5”，绘图区中出现预览效果图，单击✔按钮，完成拉伸切除特征的创建，结果如图 1-33 所示。

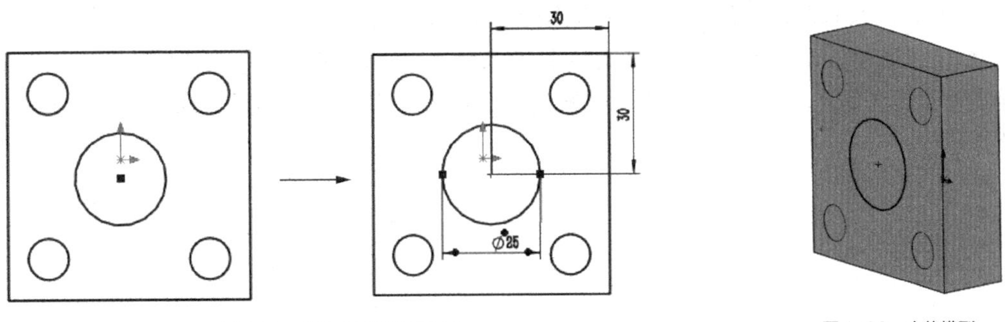

图1-31 绘制图形并修改尺寸　　　图1-32 实体模型

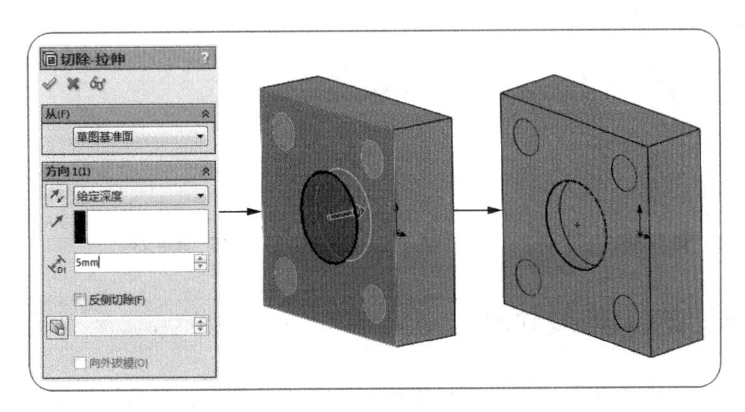

图1-33 拉伸切除操作

㉒ 单击【特征】工具栏中的圆角按钮，弹出【圆角】属性管理器。在【圆角类型】栏中选择【恒定大小】单选项，在【圆角参数】栏中输入半径值“10”，再选择要圆角化处理的4条边线，此时，绘图区中出现预览效果，如图1-34所示。

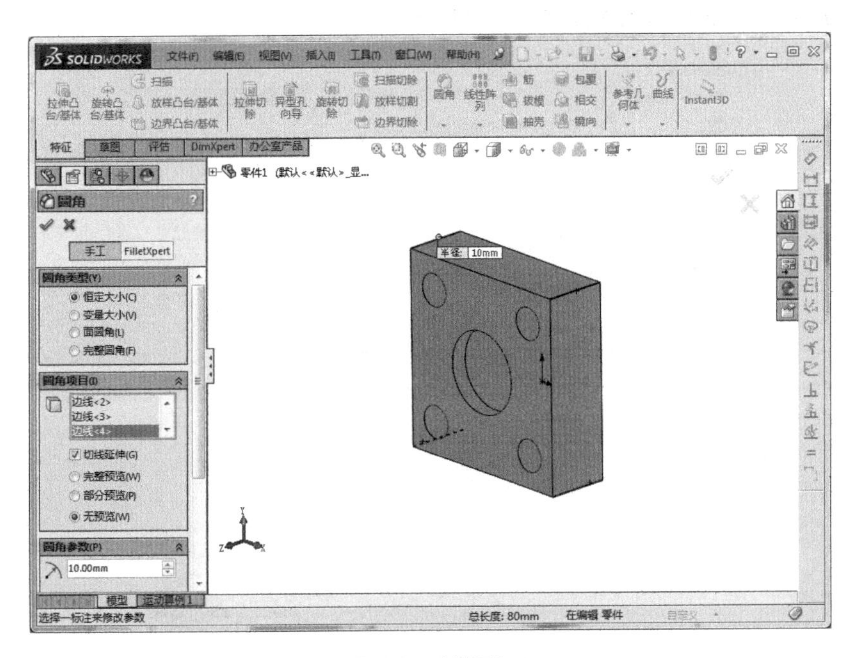

图1-34 创建圆角

㉓ 单击✔按钮或按 Enter 键，完成圆角的绘制，结果如图 1-35 所示。

㉔ 单击💾按钮或选择菜单命令【文件】/【保存】，弹出【另存为】对话框。在该对话框中选择零件的保存位置，并输入文件名（扩展名为*.sldprt），如图 1-36 所示，最后单击 保存(S) 按钮即可。

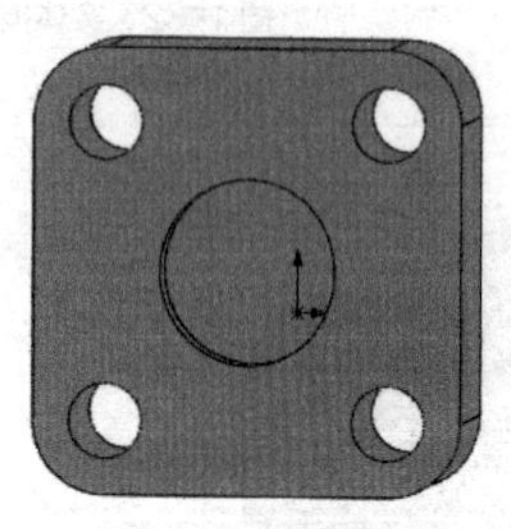

图 1-35 圆角结果

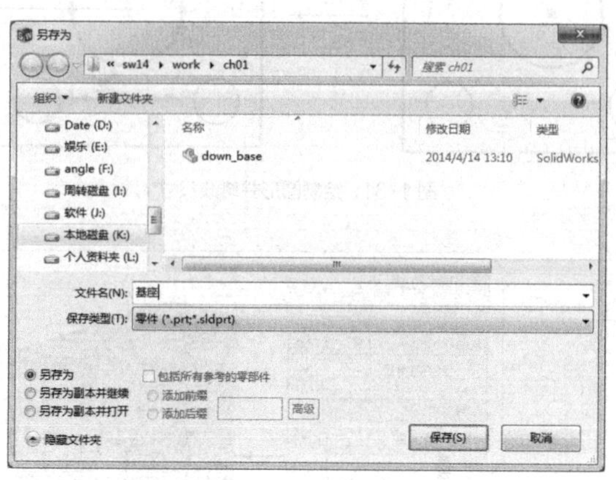

图 1-36 保存文件

1.2 设计环境的配置及优化

SolidWorks 2014 允许用户根据自己的操作习惯和设计需要来设置设计环境，介绍如下。

1.2.1 设置颜色方案

设置颜色方案的方法如下。

（1）选择菜单命令【工具】/【选项】，弹出【系统选项】对话框，进入【系统选项】选项卡，选择【颜色】选项，此时的对话框如图 1-37 所示。

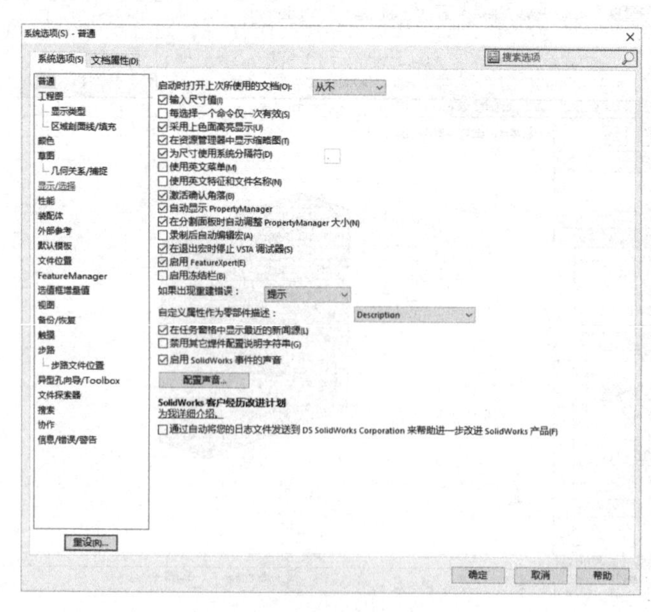

图 1-37 【系统选项】对话框

（2）在【颜色方案设置】分组框中选择欲编辑其颜色的项目。

（3）单击 编辑(E)... 按钮，弹出图 1-38 所示的【颜色】对话框，利用该对话框可定义新颜色。

（4）单击 确定 按钮，退出【颜色】对话框，返回【系统选项】对话框，查看预览框中所选的内容。

（5）单击 确定 按钮接受更改，或单击 取消 按钮放弃对所选项目的更改。

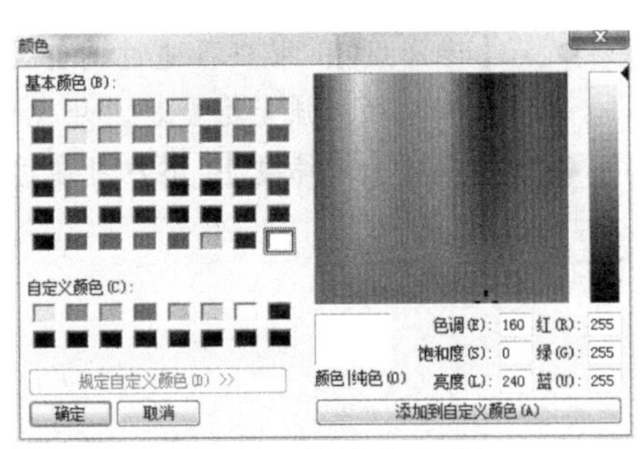

图 1-38 【颜色】对话框

要点提示

如果设置完成后想回到系统默认的颜色设置，就在【系统选项】对话框中单击 将颜色重设到默认值(D) 按钮即可。

1.2.2 设置光源

在模型树中存在光源节点，光源节点用来控制图形区的光照效果。单击 / 按钮打开【布景、光源与相机】在特征管理器的选项，光源选项中包含了一个布景照明度、一个环境光源和 4 个线光源，如图 1-39 所示。

1. 环境光源的调整

在模型树中用鼠标右键单击【光源】，在弹出的快捷菜单中选择【编辑所有光源】命令，如图 1-40 所示，打开【环境光源】属性管理器，如图 1-41 所示。

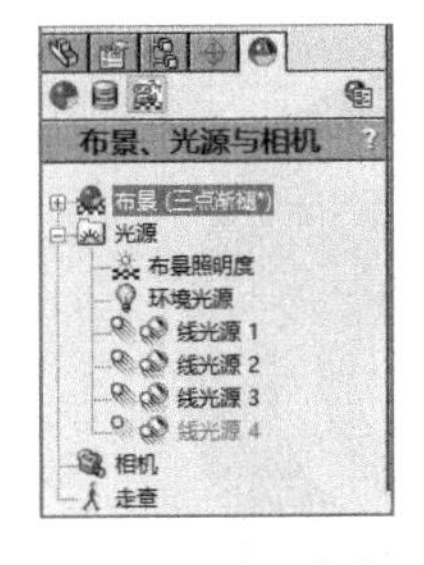

图 1-39 光源选项

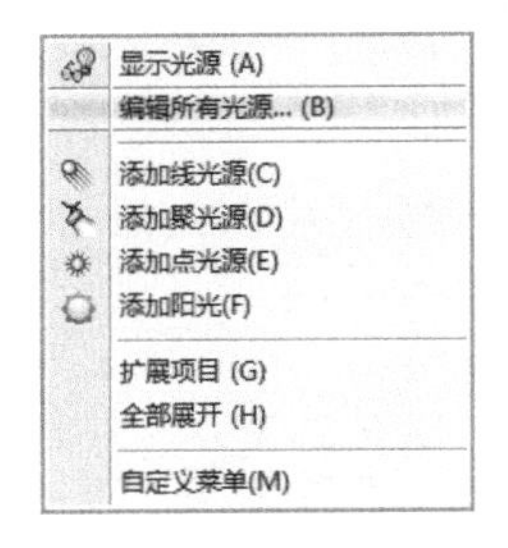

图 1-40 快捷菜单

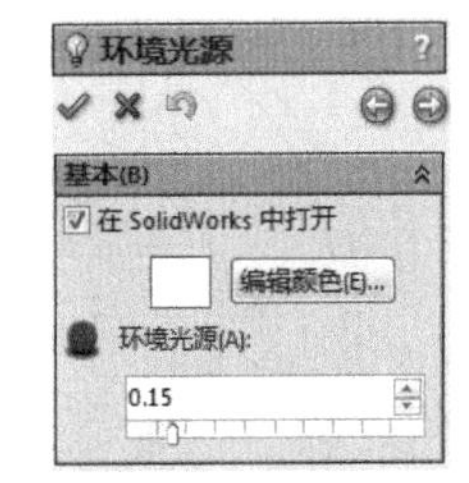

图 1-41 【环境光源】属性管理器

用户通过执行以下操作可以对环境光源的属性进行调整。

- 控制滑块：通过调整控制滑块的位置来调节环境光源的强弱程度。
- 编辑颜色(E)...：利用此按钮来选择其他的有色环境光源。

2. 线光源的调整

在设计树中单击 按钮，展开【光源】选项，用鼠标右键单击【线光源 1】，在弹出的快捷菜单中选择【编辑线光源】命令，如图 1-42 所示，打开【线光源 1】属性管理器，如图 1-43 所示。

【线光源 1】属性管理器中主要有以下内容。

- 【环境光源】：前面已介绍过，这里不再赘述。
- 【明暗度】：用户可通过调整控制滑块的位置来控制光源的亮度。当把滑块移到较高值处时，在靠近光源的一侧将投射较多的光线。

- 【光泽度】：用户可通过调整控制滑块的位置来控制光照表面展示强光的能力。光泽度数值越高，强光越显著，外观也越光亮。
- 【经度】、【纬度】：用户可通过调整控制滑块的位置来改变线光源的位置。

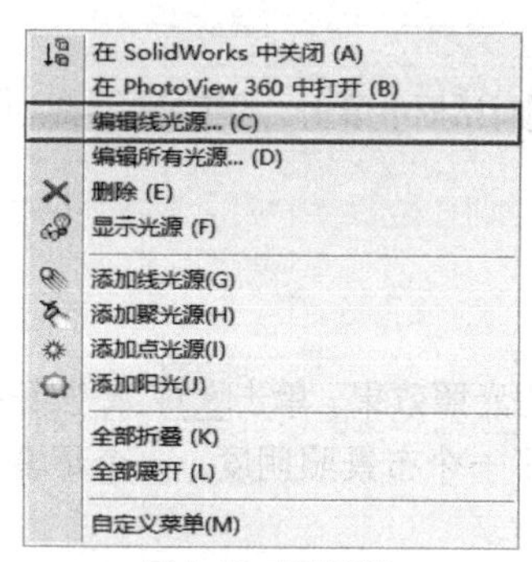

图 1-42　快捷菜单

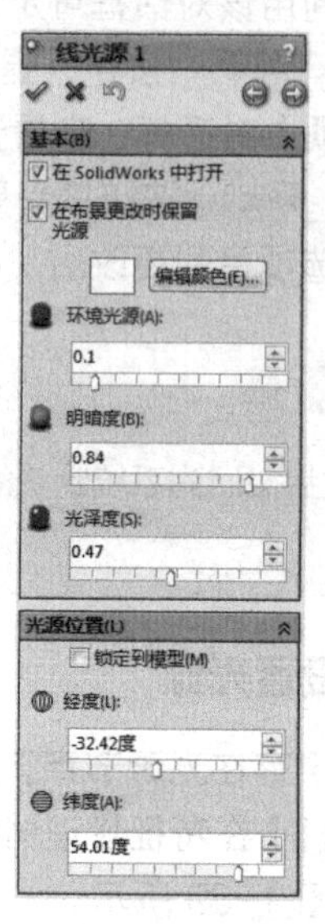

图 1-43　【线光源 1】属性管理器

3. 更改光源效果显示

设计模型更改光源后的效果如图 1-44 和图 1-45 所示。

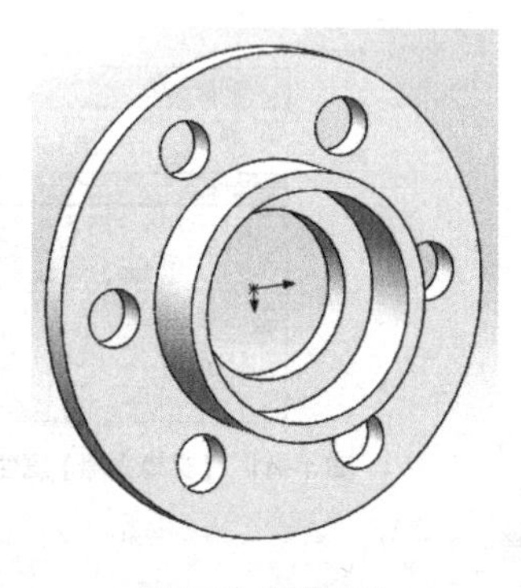

图 1-44　调整之前

图 1-45　【线光源 1】调整之后

要点提示

环境光源是工作环境所必需的，只能将其临时关闭，不能删除也不能添加。线光源既可以关闭，也可以删除，还可以添加。

1.2.3 设置文件属性

选择菜单命令【工具】/【选项】，进入【系统选项】对话框的【文档属性】选项卡，如图 1-46 所示，选择左侧列表框中的一个项目后，右侧列表框中即显示相应内容。

图1-46 【文档属性】对话框（1）

1. 设置尺寸项目

在【文档属性】选项卡左侧的列表框中选择【尺寸】选项，此时的对话框如图 1-47 所示，用户可通过修改其中的内容来设置尺寸项目。此外，【箭头】选项也包含在此界面中，用户可通过修改其中的内容来设置箭头项目。

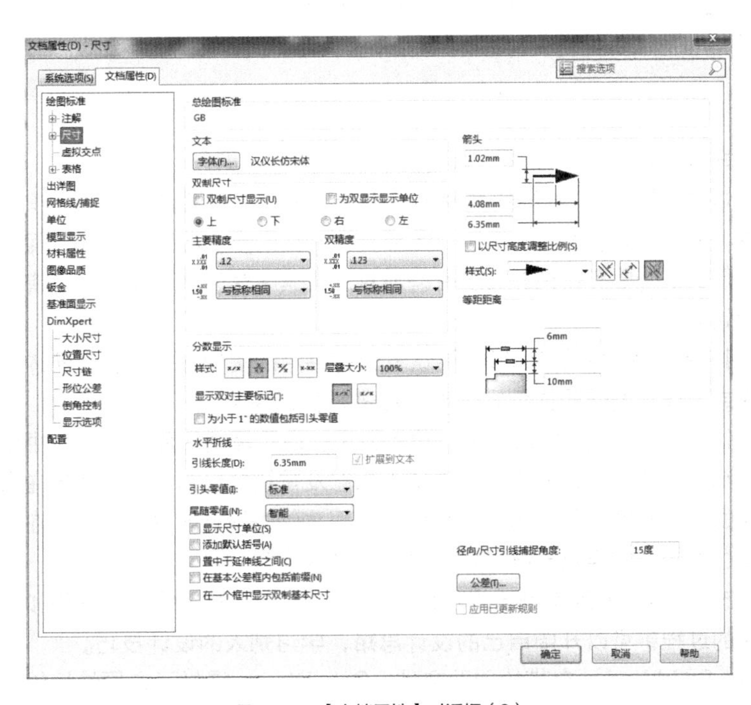

图1-47 【文档属性】对话框（2）

2. 设置单位项目

在【文档属性】选项卡左侧的列表框中选择【单位】选项，此时的对话框如图 1-48 所示，用户可通过修改其中的内容来设置单位项目。

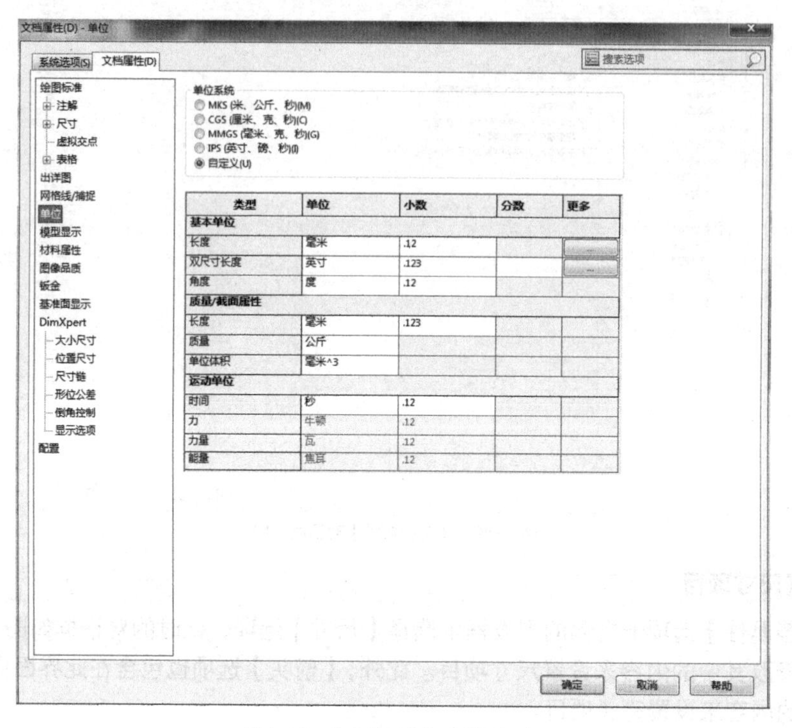

图 1-48 【文档属性】对话框（3）

小结

关于如何学好 SolidWorks，下面为读者提供以下参考意见。

① 选择一本好的教材。一本好的教材不仅要向读者提供尽可能丰富的知识，还要做到条理清晰、通俗易懂。另外，书中所选的实例一定要典型，作图步骤要清晰明了，保证读者能够模仿做出来，并且每个例子既要有特色，又要有差异性，让读者学习完一个例子后有相应的收获，能收到事半功倍的效果。

② 多做练习。俗话说“熟能生巧”，要认真做完书中的实例和习题，在熟练掌握它们的基础上，再选择生活或工作中的一些典型零件或产品进行尝试练习。

③ 善于思考，敢于尝试。SolidWorks 功能强大，由于篇幅的原因，一般书中不可能将其所有的功能都做介绍，而只是介绍一些工具的基本功能及常用的设计方法。读者在有了一定的设计基础之后，可尝试用不同的工具或同一工具中的不同功能去设计零件。例如，在创建一个圆柱体时，可以用拉伸、旋转、扫描及放样等实体创建工具来实现。

④ 多与人交流。每个人的思维方式不同，这就决定了不同人的设计思路和设计习惯千差万别。在与人交流的过程中可以开阔自己的设计思路，学习别人的设计技巧。

⑤ 充分利用 SolidWorks 自带的帮助文件。SolidWorks 提供了方便快捷的帮助系统，读者在使用过程中遇到问题可以通过帮助系统寻求答案。

习题

1. SolidWorks 2014 的用户界面中包括哪些主要组成要素?
2. 简要说明使用 SolidWorks 2014 进行 3D 零件设计的过程。
3. 如何为模型设置光源?
4. 动手练习并熟悉 SolidWorks 2014 用户界面中主要工具的用法。

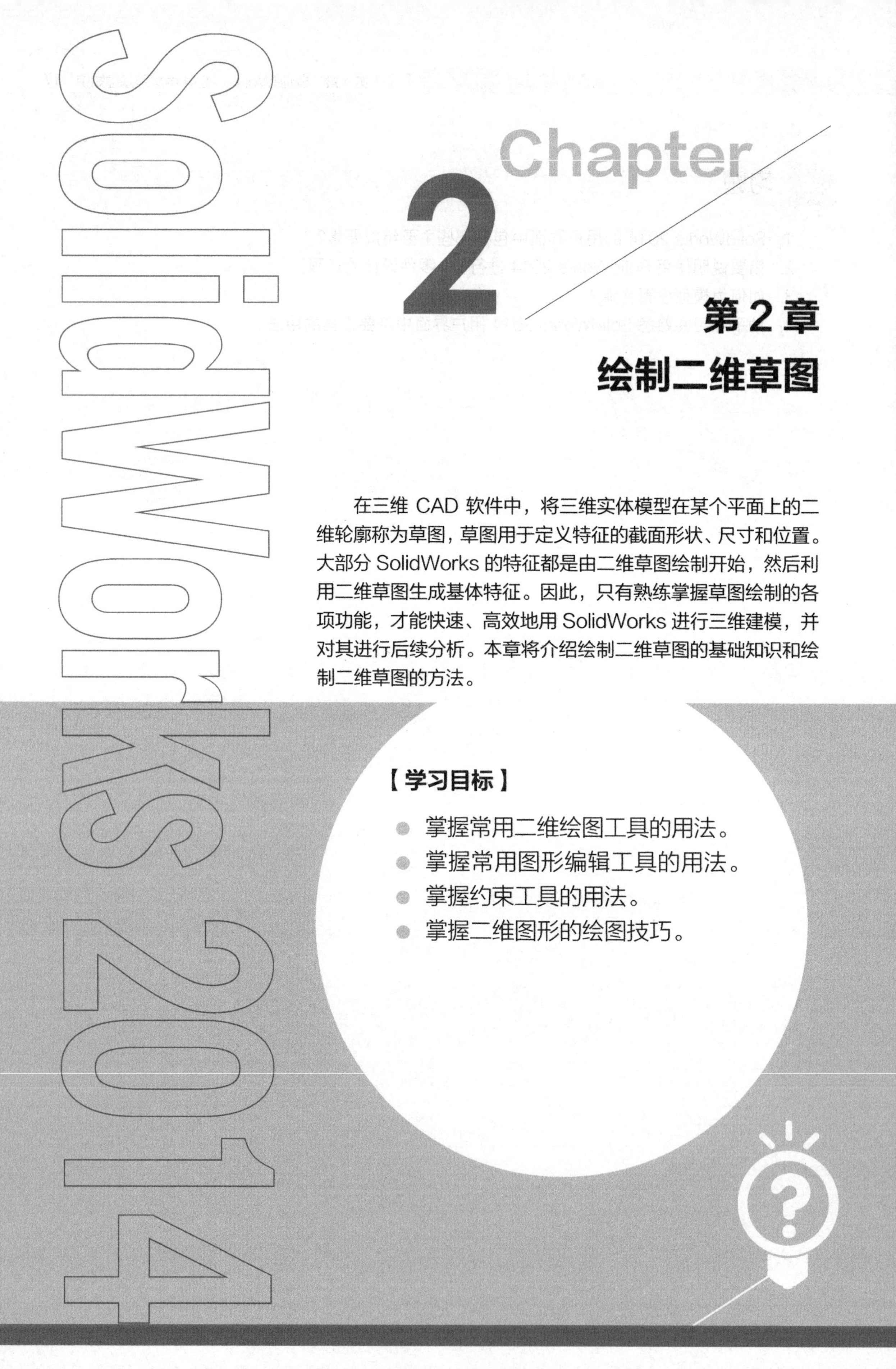

Chapter 2

第2章 绘制二维草图

在三维 CAD 软件中，将三维实体模型在某个平面上的二维轮廓称为草图，草图用于定义特征的截面形状、尺寸和位置。大部分 SolidWorks 的特征都是由二维草图绘制开始，然后利用二维草图生成基体特征。因此，只有熟练掌握草图绘制的各项功能，才能快速、高效地用 SolidWorks 进行三维建模，并对其进行后续分析。本章将介绍绘制二维草图的基础知识和绘制二维草图的方法。

【学习目标】

- 掌握常用二维绘图工具的用法。
- 掌握常用图形编辑工具的用法。
- 掌握约束工具的用法。
- 掌握二维图形的绘图技巧。

2.1 绘制二维图形（1）

在 SolidWorks 中进行草图绘制，首先要了解草图绘制功能区中各种工具的功能，然后循序渐进地学习各种工具的具体操作方法。下面来介绍各种草绘工具的功能及其使用方法。

2.1.1 知识准备

1. 绘制点

绘制点的方法如下。

① 在模型树中选择【前视基准面】。

② 单击【草图】功能区中的按钮，鼠标光标变为形状。

③ 在绘图区中单击鼠标左键，即可添加一个点。

④ 打开图 2-1 所示【点】属性管理器，在【参数】栏中修改点的坐标为（30，20）。

⑤ 单击按钮，完成点的绘制，结果如图 2-2 所示。

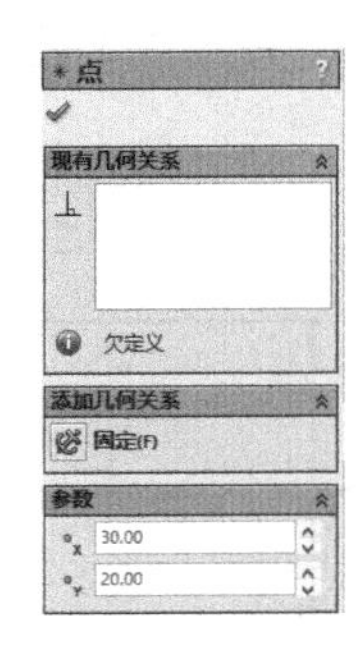

图 2-1 【点】对话框

图 2-2 绘制点

2. 绘制直线

绘制直线的方法如下。

① 在模型树中选择【前视基准面】。

② 单击【草图】功能区中的按钮，鼠标光标变为形状。

③ 在绘图区的适当位置单击鼠标左键，确定线段的起点。

④ 移动鼠标光标到线段的终点处，再次单击鼠标左键，即可完成线段的绘制。绘制过程如图 2-3 所示。

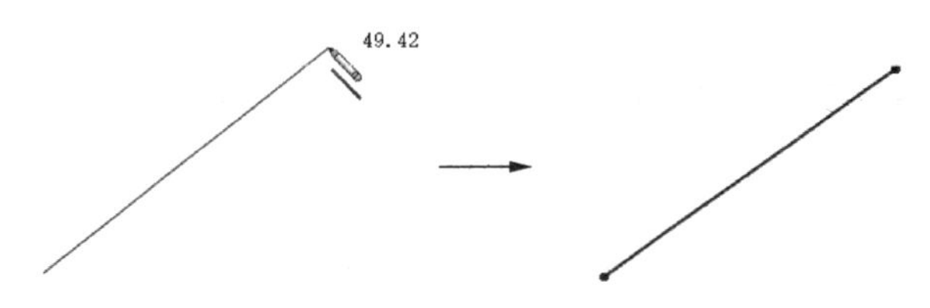

图 2-3 绘制直线

⑤ 线段绘制完毕后，绘制状态并没有结束，如果用户要绘制连续的线段，可以按照以上步骤继续绘制，如图 2-4 所示。若要结束线段绘制状态，按 Esc 键即可。

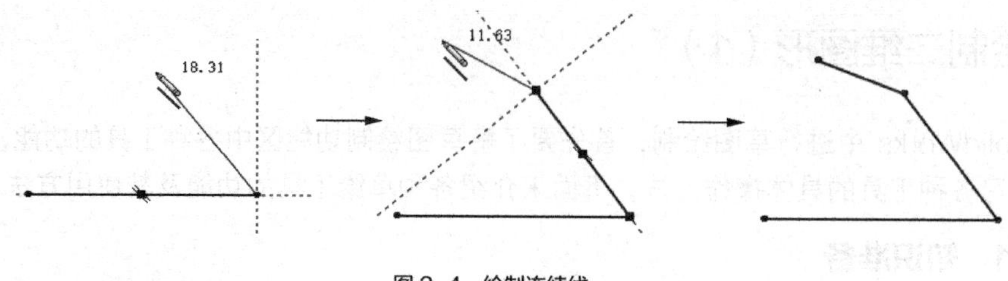

图 2-4　绘制连续线

3. 绘制矩形

SolidWorks 2014 提供了绘制矩形和平行四边形的工具，利用矩形工具可以绘制标准矩形，利用平行四边形工具可以绘制任意形状的平行四边形。

绘制矩形的方法如下。

① 在模型树中选择【前视基准面】。

② 单击【草图】功能区中的□按钮，鼠标光标变为形状。

③ 在绘图区的适当位置单击鼠标左键，确定矩形的第一个顶点，

④ 移动鼠标光标，在鼠标光标附近会显示矩形当前的长和宽，再次单击鼠标左键，完成矩形的绘制。

绘制过程如图 2-5 所示。

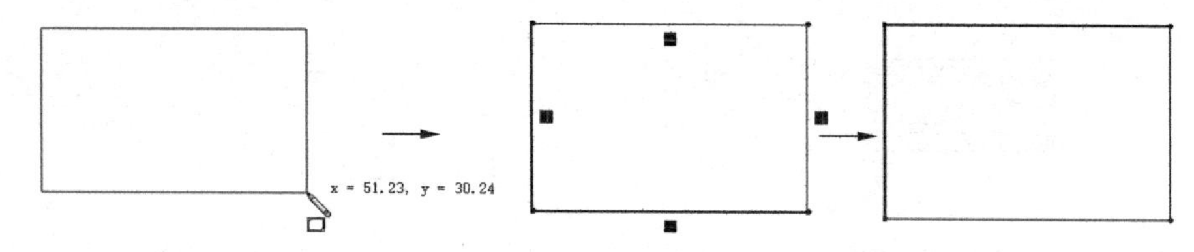

图 2-5　绘制矩形

4. 绘制平行四边形

绘制平行四边形的方法如下。

① 在模型树中选择【前视基准面】。

② 选择菜单命令【工具】/【草图绘制实体】/【平行四边形】或者单击□按钮旁边的▾，在其下拉菜单命令中单击▱按钮，鼠标光标变为形状。

③ 在绘图区的适当位置单击鼠标左键，确定平行四边形一条边的第一个顶点。

④ 移动鼠标光标，在适当的位置单击鼠标左键，确定该边的另一个角点，以确定平行四边形的一条边。

⑤ 继续移动鼠标光标至适当位置，然后单击鼠标左键，确定平行四边形的形状。

绘制过程如图 2-6 所示。

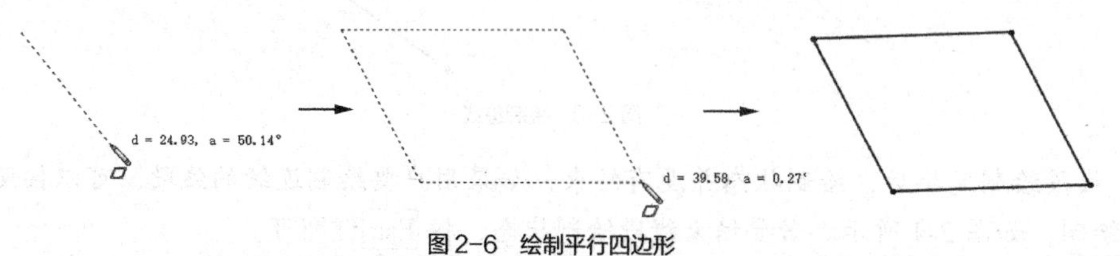

图 2-6　绘制平行四边形

5. 绘制多边形

绘制多边形的方法如下。

① 在模型树中选择【前视基准面】。

② 单击【草图】功能区中的⊙按钮，鼠标光标变为形状。

③ 在绘图区的适当位置单击鼠标左键，确定多边形的中心。

④ 移动鼠标光标，在适当的位置单击鼠标左键，确定多边形的形状。在移动鼠标光标时，多边形的尺寸会动态地显示，如图 2-7 所示。

⑤ 在图 2-8 所示【多边形】属性管理器中修改多边形的边数为“6”，选择【内切圆】单选项，并修改圆的直径为“50”、中心坐标为（30，30）。

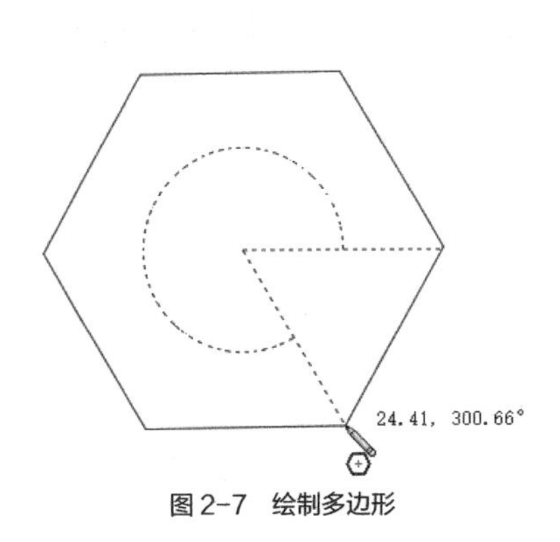

图 2-7 绘制多边形

图 2-8 【多边形】对话框

⑥ 单击✔按钮，完成多边形的绘制，结果如图 2-9 所示。

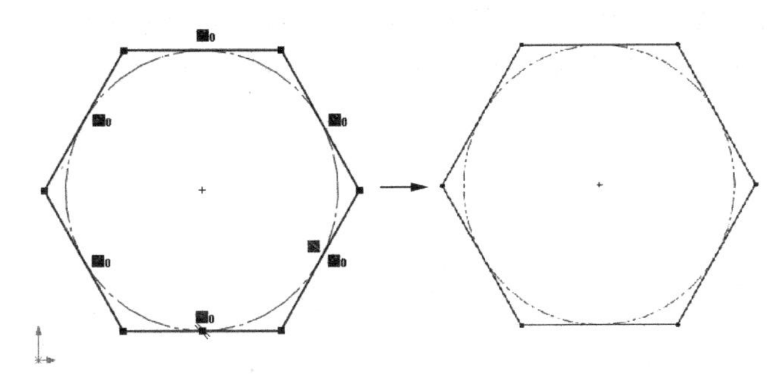

图 2-9 绘制的多边形

2.1.2 典型实例——绘制五角星

下面通过绘制图 2-10 所示五角星来介绍草图绘制的基本步骤。

① 进入零件绘制模式，选择【前视基准面】作为绘图基准面。

② 单击【草图】功能区中的⊙按钮，捕捉到原点，绘制一个多边形，在打开的【多边形】属性管理器中修改边数为“5”、内切圆的直径为“50”、角度为“90”，然后单击✔按钮，完成多边形的绘制，如图 2-11 所示。

图 2-10　五星图形

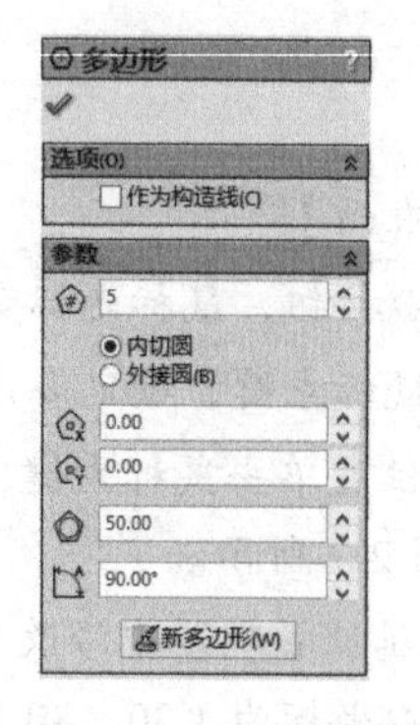

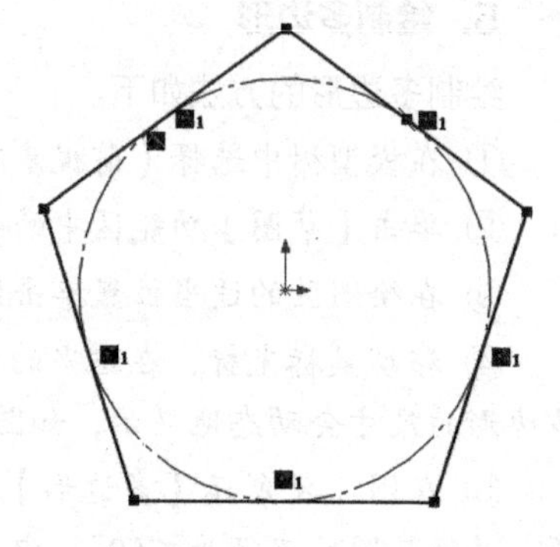

图 2-11　绘制多边形

③ 单击【草图】功能区中的按钮，绘制不相邻的各顶点之间的连线，结果如图 2-12 所示。

④ 选择五边形的一条边线，按 Delete 键将其删除。用同样的方法删除多边形的各边线和内切圆，结果如图 2-13 所示。

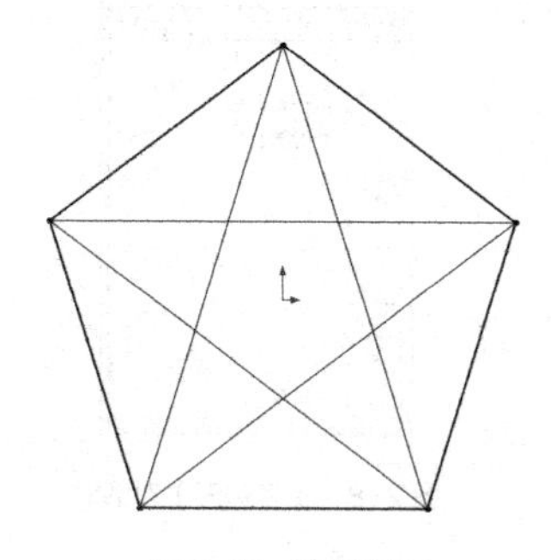

图 2-12　绘制直线

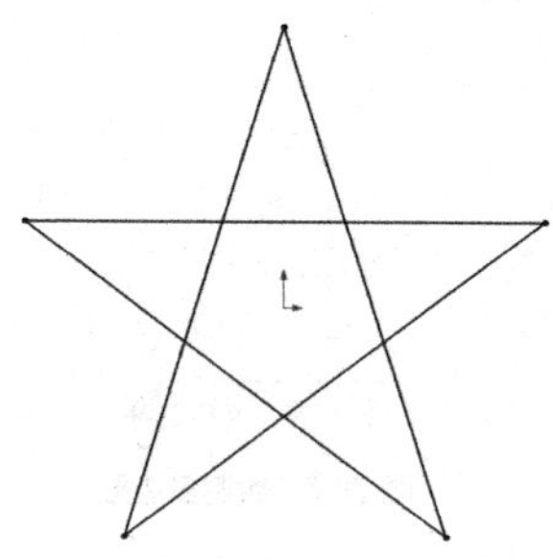

图 2-13　删除线段

⑤ 单击【草图】功能区中的（剪裁实体）按钮，在打开的【剪裁】属性管理器中单击按钮，选择五角星内的线段将其剪除，如图 2-14 所示，然后单击按钮。

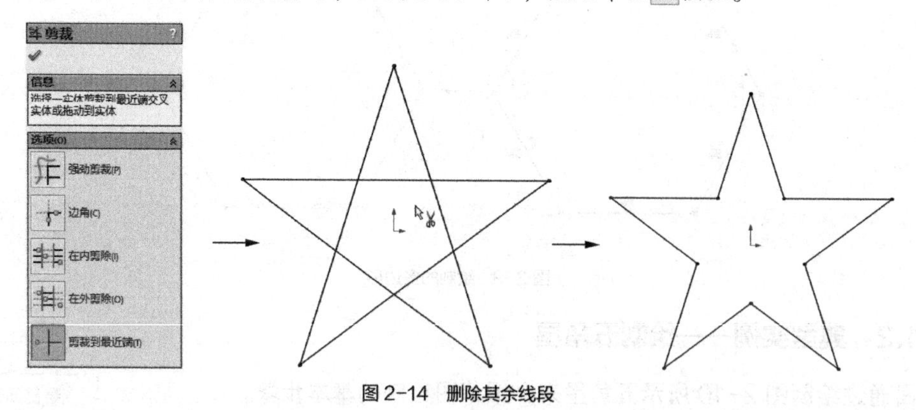

图 2-14　删除其余线段

⑥ 单击绘图区右上角的按钮，退出草图绘制环境，完成五角星的绘制，最终结果如图 2-10 所示。

2.2 绘制二维图形（2）

下面继续介绍常用绘图工具的用法。

2.2.1 知识准备

1. 绘制圆

SolidWorks 2014 提供了“中央创建”和“周边创建”两种绘制圆的基本方法。

（1）中央创建

用“中央创建”方式绘制圆的步骤如下。

① 单击【草图】功能区中的按钮，鼠标光标变为形状，并打开图2-15所示的【圆】属性管理器，在【圆类型】栏中单击按钮。

② 在绘图区单击鼠标左键，确定圆心的位置。

③ 移动鼠标光标至合适位置后单击鼠标左键，以确定圆的半径。确定了圆心之后移动鼠标光标，圆的尺寸会动态地显示出来。

④ 【圆】属性管理器会显示当前所绘制的圆的属性，在【参数】栏中修改圆的坐标为（0，0）、半径为“25”，如图2-16所示。

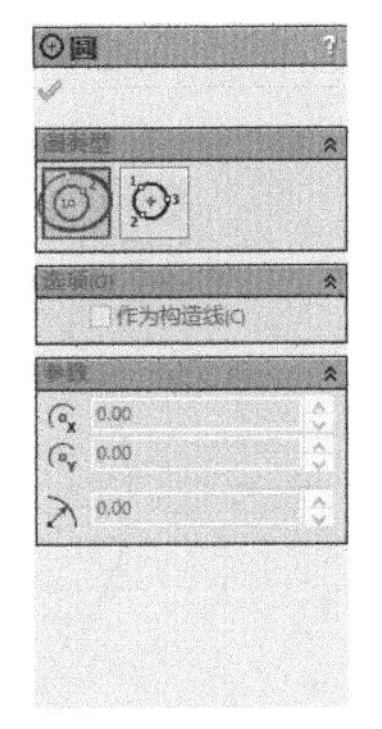

图2-15 【圆】属性管理器

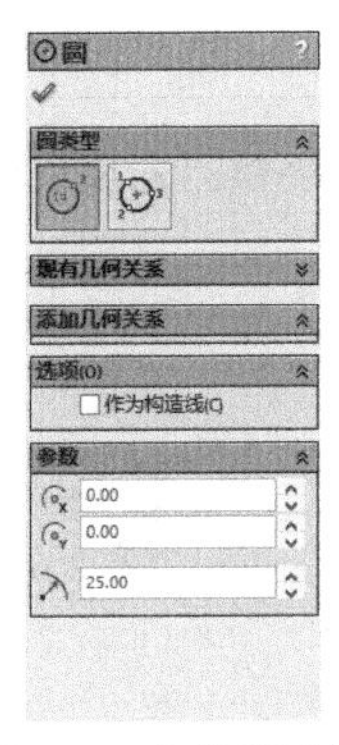

图2-16 修改设计参数

⑤ 单击按钮，完成圆的绘制，如图2-17所示。

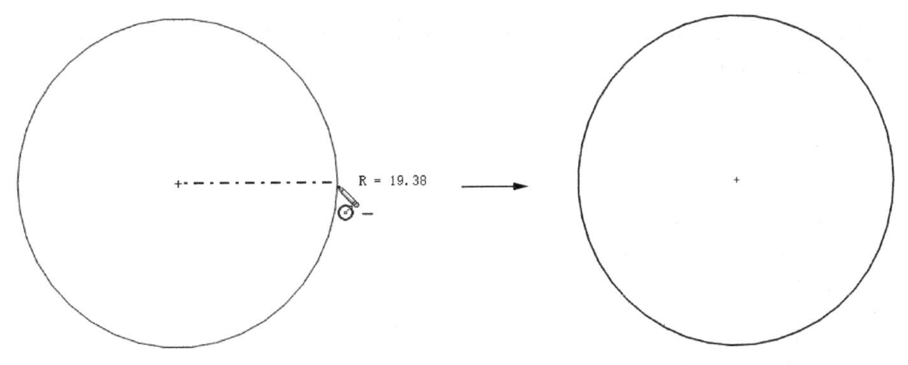

图2-17 绘制圆

（2）周边创建

用“周边创建”方式绘制圆的方法如下。

① 单击【草图】功能区中的按钮，鼠标光标变为形状，并打开图2-18（a）所示的【圆】属性管理器，在【圆类型】栏中单击按钮。

② 在绘图区单击鼠标左键，确定圆周上的第1点。

③ 移动鼠标光标，在绘图区的适当位置单击鼠标左键，确定圆周上的第2点。

④ 移动鼠标光标，在绘图区的适当位置单击鼠标左键，确定圆周上的第3点。

⑤ 在图2-18（b）所示的【圆】属性管理器中将圆心坐标修改为（0，0）、半径修改为“20”。

（a）

（b）

图2-18 【圆】属性管理器

⑥ 单击✔按钮，完成圆的绘制，如图2-19所示。

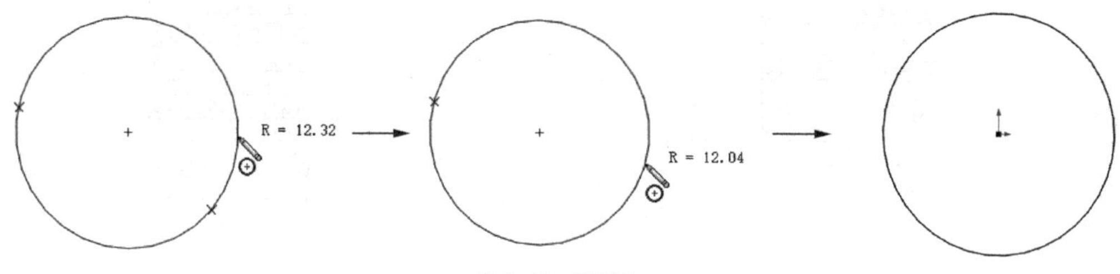

图2-19 绘制圆

要点提示

如果想把所绘制的圆转为构造线，只需在绘制圆后，在【圆】属性管理器的【选项】栏中选择【作为构造线】复选项即可，如图2-20所示。

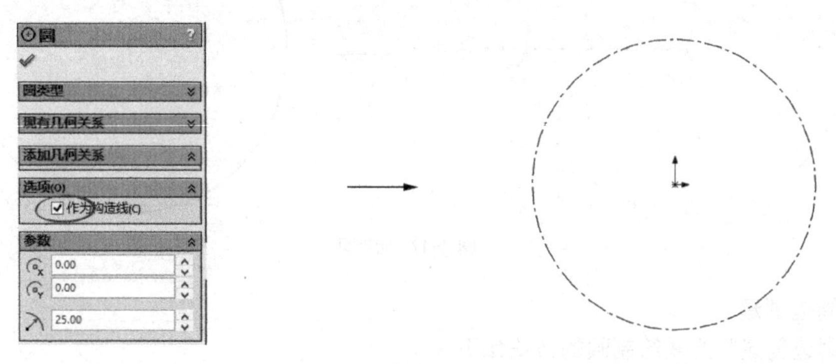

图2-20 绘制构造圆

2. 创建圆弧

SolidWorks 2014 提供了“三点圆弧”“圆心/起点/终点画弧”和“切线弧”3种绘制圆弧的方法。

（1）三点圆弧

用“三点圆弧”方式绘制圆弧的方法如下。

① 在模型树中选择【前视基准面】。

② 单击【草图】功能区中的按钮，鼠标光标变为形状。

③ 在绘图区单击鼠标左键，确定圆弧的起点。

④ 移动鼠标光标到圆弧的终点位置后单击鼠标左键，确定圆弧的终点。

⑤ 调整鼠标光标的位置，可改变圆弧的方向和半径，在合适的位置单击鼠标左键，完成三点圆弧的绘制。

绘制过程如图 2-21 所示。

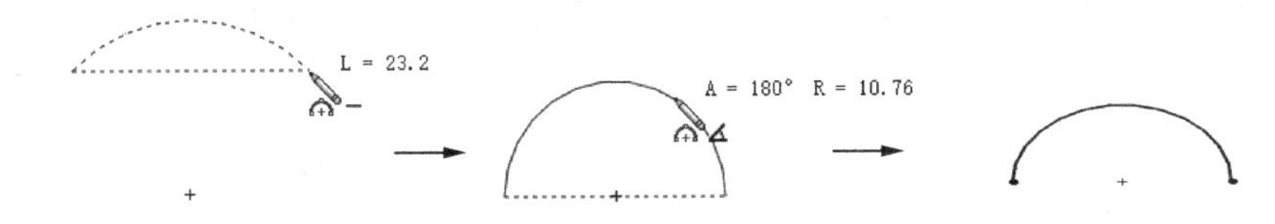

图 2-21 通过三点绘制圆弧

（2）圆心/起点/终点

用“圆心/起点/终点”方式绘制圆弧的方法如下。

① 在模型树中选择【前视基准面】。

② 单击【草图】功能区中的按钮，鼠标光标变为形状。

③ 在绘图区单击鼠标左键，确定圆弧的圆心。

④ 移动鼠标光标至合适位置后单击鼠标左键，确定圆弧的起点位置，同时圆弧的半径也确定了。继续移动鼠标光标，在合适的位置单击鼠标左键，完成圆弧的绘制。

绘制过程如图 2-22 所示。

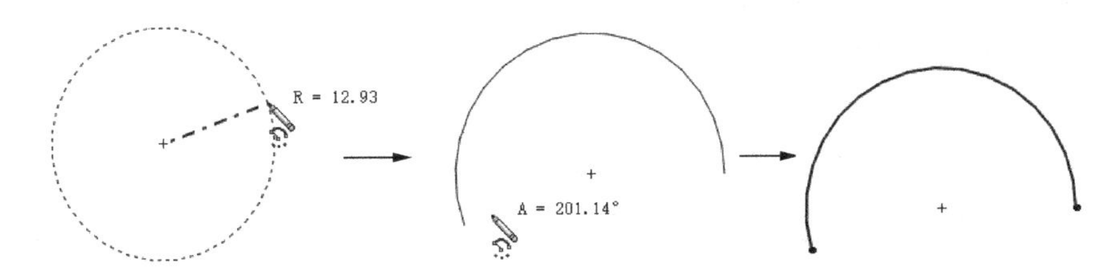

图 2-22 通过“圆心/起点/终点”绘制圆弧

（3）切线弧

用“切线弧”方式绘制圆弧的方法如下。

① 在模型树中选择【前视基准面】。

② 单击【草图】功能区中的按钮，鼠标光标变为形状。

③ 将鼠标光标移到直线、圆弧、部分椭圆或样条曲线的端点处，单击鼠标左键。

④ 移动鼠标光标，在鼠标光标附近显示当前切线弧所对应的圆心角和半径值，当其附近出

现理想的切线弧后单击鼠标左键，完成切线圆弧的绘制。

绘制过程如图 2-23 所示。

3. 绘制椭圆和椭圆弧

SolidWorks 2014 提供了两种绘制椭圆的方法：一种是通过椭圆工具来绘制；另一种是通过部分椭圆工具来绘制。利用部分椭圆工具也可以绘制椭圆弧。

（1）绘制椭圆

绘制椭圆的方法如下。

① 在模型树中选择【前视基准面】。

② 单击【草图】功能区中的按钮，鼠标光标变为形状。

③ 在绘图区单击鼠标左键，确定椭圆的中心。

④ 移动鼠标光标至合适位置后单击鼠标左键，确定椭圆的长轴，继续移动鼠标光标至合适位置后单击鼠标左键，确定椭圆的短轴。

⑤ 在图 2-24 所示【椭圆】属性管理器的【参数】栏中修改椭圆的中心坐标为（0，0）、长轴半径为“30”、短轴半径为“15”。

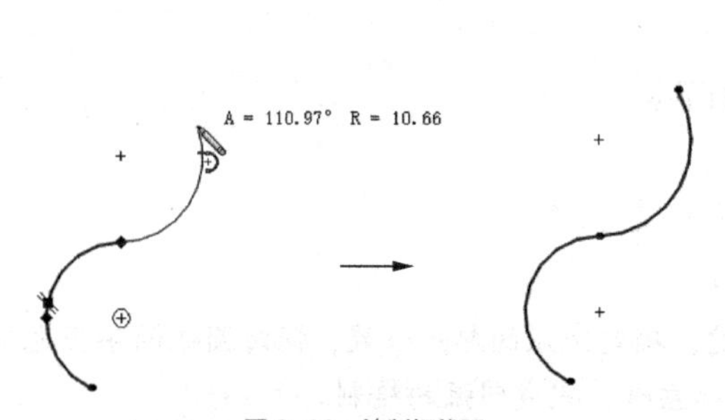

图 2-23 绘制切线弧

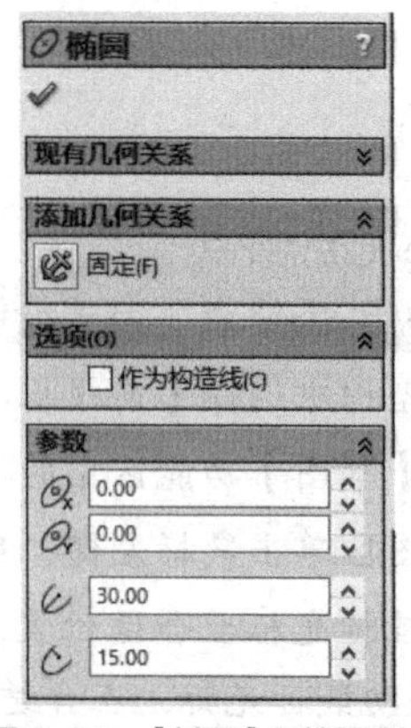

图 2-24 【椭圆】属性管理器

⑥ 单击按钮，完成椭圆的绘制。

绘制过程如图 2-25 所示。

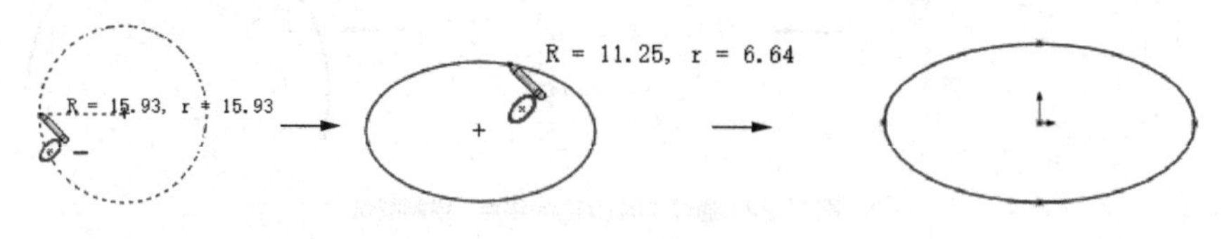

图 2-25 绘制椭圆

（2）绘制椭圆弧

绘制椭圆弧的方法如下。

① 在模型树中选择【前视基准面】。

② 选择菜单命令【工具】/【草图绘制实体】/【部分椭圆】，鼠标光标变为形状。

③ 在绘图区单击鼠标左键，确定椭圆的中心。

④ 移动鼠标光标至合适位置后单击鼠标左键，确定椭圆的长轴，继续移动鼠标光标至合适位置后单击鼠标左键，确定椭圆的短轴和椭圆弧的起点，用同样的方法确定椭圆弧的终点。

绘制过程如图 2-26 所示。

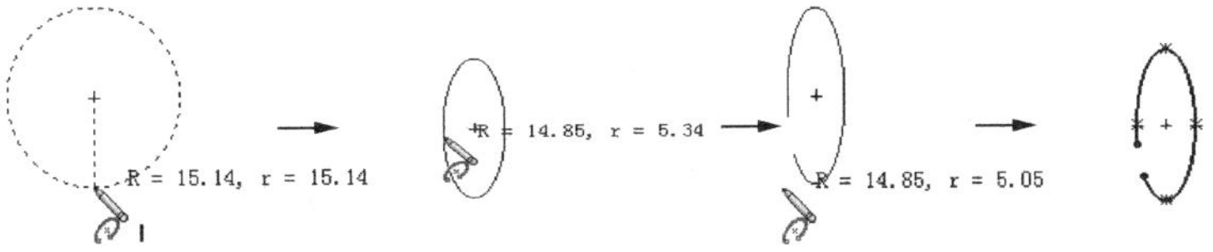

图 2-26　绘制椭圆弧

4．绘制抛物线

绘制抛物线的方法如下。

① 在模型树中选择【前视基准面】。

② 选择菜单命令【工具】/【草图绘制实体】/【抛物线】，鼠标光标变为形状。

③ 在绘图区单击鼠标左键，确定抛物线的焦点。

④ 移动鼠标光标至合适位置后单击鼠标左键，确定抛物线的轮廓。

⑤ 在抛物线的轮廓参考线上单击鼠标左键，确定抛物线的起点，继续移动鼠标光标，在理想的抛物线终点处双击鼠标左键或按 Esc 键，完成抛物线的绘制。

绘制过程如图 2-27 所示。

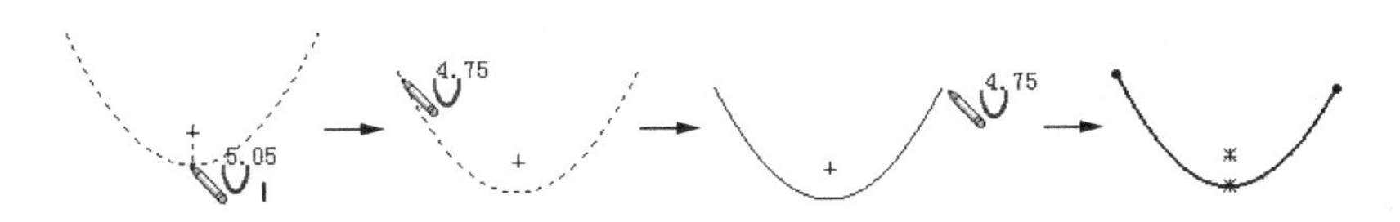

图 2-27　绘制抛物线

5．绘制样条曲线

绘制样条曲线的方法如下。

① 在模型树中选择【前视基准面】。

② 单击【草图】功能区中的按钮，鼠标光标变为形状。

③ 在绘图区单击鼠标左键，确定样条曲线的起点。

④ 移动鼠标光标到第 2 点位置时单击鼠标左键。用同样的方法绘制其他点，最后在样条曲线的终点处双击鼠标左键或按 Esc 键，完成样条曲线的绘制。

绘制过程如图 2-28 所示。

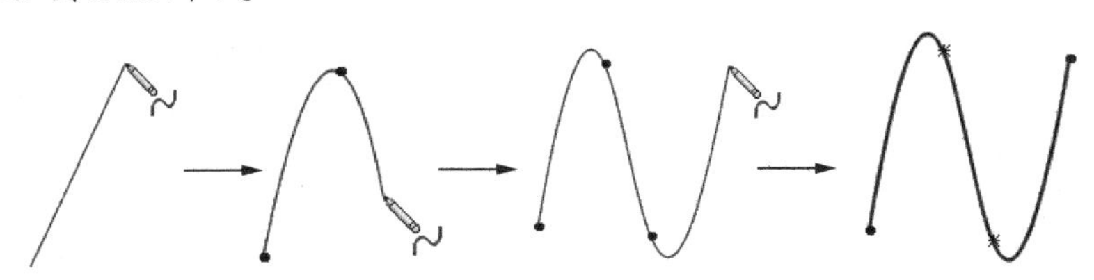

图 2-28　绘制样条曲线

绘制完样条曲线后，如果想改变其形状，可以通过以下方式进行修改。

（1）选中待编辑的样条曲线，这时控标会出现在样条曲线的型值点和端点上。

（2）拖曳型值点或端点可以改变样条曲线的形状，拖曳型值点或端点两端的箭头可以改变样条曲线的曲率，如图 2-29 所示。

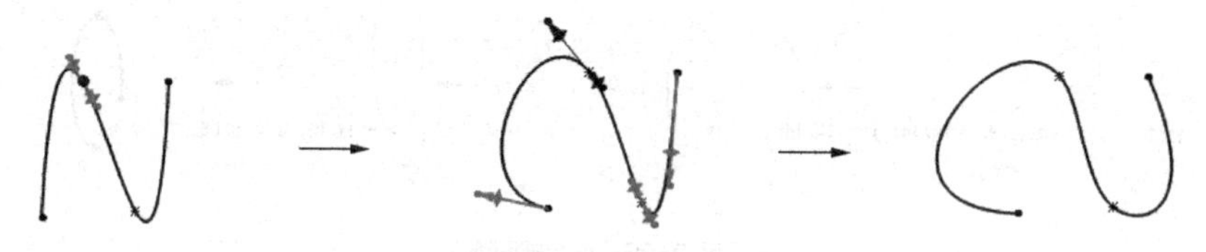

图 2-29　编辑样条线

2.2.2　典型实例——绘制凸轮草图

下面用所学的知识绘制图 2-30 所示凸轮草图。

① 进入零件绘制模式，选择【前视基准面】作为绘图基准面。

② 选择菜单命令【工具】/【草图绘制实体】/【中心线】，过原点绘制两条相交的中心线，结果如图 2-31 所示。

③ 单击【草图】功能区中的按钮，绘制一个圆，结果如图 2-32 所示。

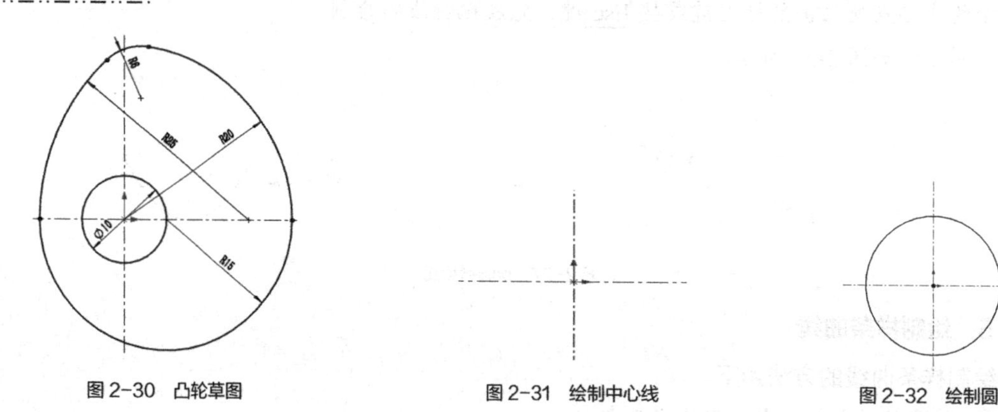

图 2-30　凸轮草图　　图 2-31　绘制中心线　　图 2-32　绘制圆

④ 单击【草图】功能区中的按钮，将鼠标光标移到圆周上单击，在打开的【修改】对话框中输入“10”，然后单击按钮，标注圆的尺寸，结果如图 2-33 所示。

⑤ 单击【草图】功能区中的按钮，以 $\phi 10$ 圆与水平中心线的右交点为圆心，绘制一起点和终点都位于水平中心线上的半圆，并标注半径尺寸为“15”，结果如图 2-34 所示。

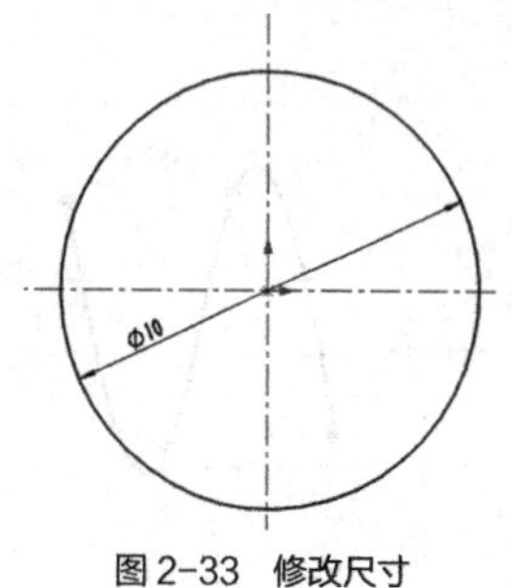

图 2-33　修改尺寸

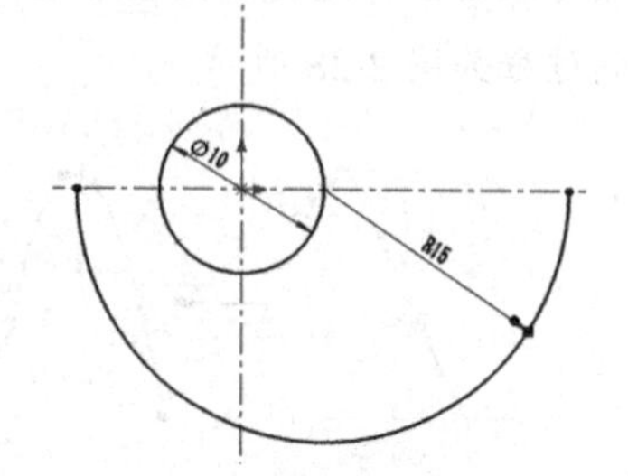

图 2-34　绘制半圆

⑥ 单击【草图】功能区中的按钮，以原点为圆心，绘制一起点位于水平中心线上、终点位于竖直中心线上的 1/4 圆，并单击【草图】功能区中的按钮，标注半径尺寸为“20”，结果如图 2-35 所示。

⑦ 单击【草图】功能区中的按钮，将鼠标光标移到原点右侧，并使其位于水平中心线上，然后单击鼠标左键，绘制 1/4 圆。单击【草图】功能区中的按钮，标注半径尺寸为“25”、圆心距原点尺寸为“15”，结果如图 2-36 所示。

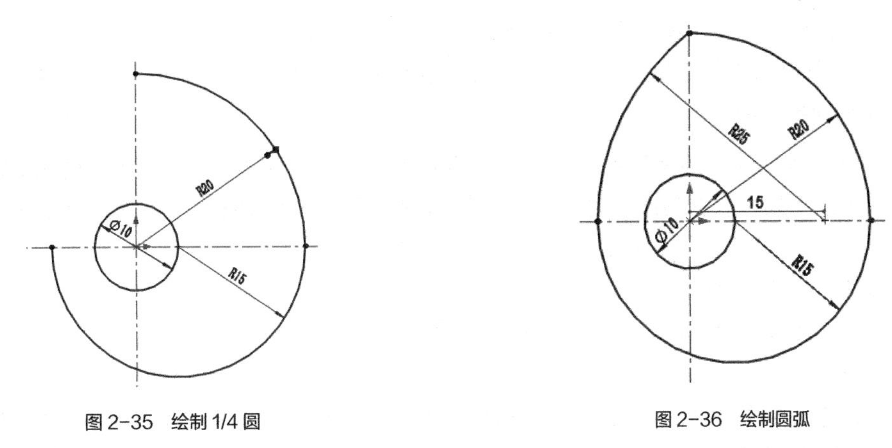

图 2-35　绘制 1/4 圆　　图 2-36　绘制圆弧

⑧ 单击【草图】功能区中的按钮，在打开的【绘制圆角】属性管理器中输入圆角半径“6”，选择 *R*25 和 *R*20 的圆弧，然后单击按钮，为两圆弧倒圆角，如图 2-37 所示。

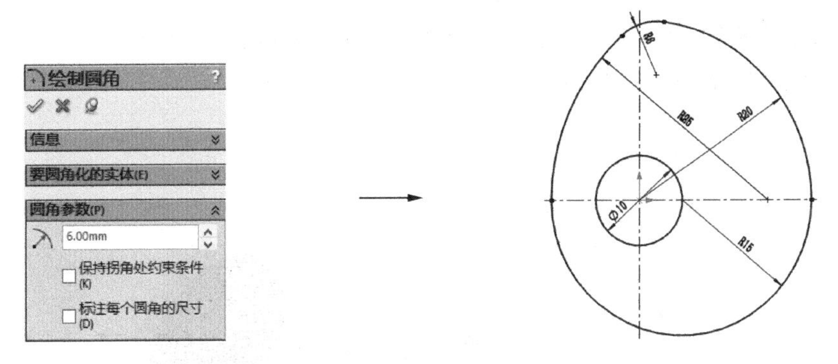

图 2-37　绘制圆角

⑨ 单击绘图区右上角的按钮，退出草图绘制环境，完成凸轮的绘制，结果如图 2-38 所示。

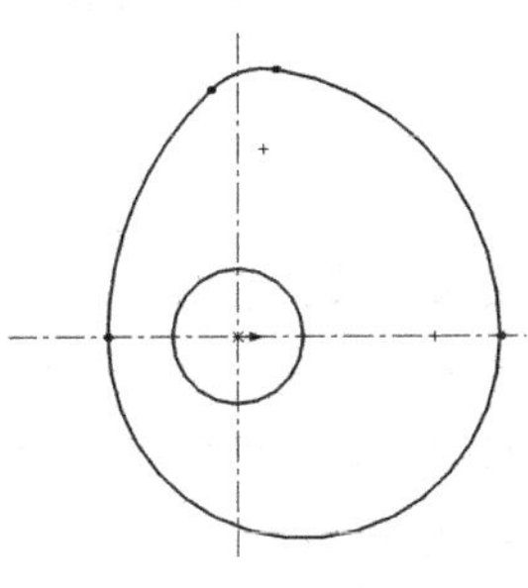

图 2-38　绘制结果

2.3 编辑二维草图

除了用于绘制草图实体的绘制工具外，SolidWorks 2014 还提供了一些用于辅助绘制草图实体的编辑工具。熟练地运用这些草图实体编辑工具，是练就绘图基本功的重要因素。

2.3.1 知识准备

SolidWorks 的工作流程是先建立一个基体特征，然后逐一添加其他特征。这样，在建立后期的特征时，就经常需要引用已有特征的边界，从而在两个特征之间形成一种关联关系。

1. 转换实体引用

如果引用对象改变，转换后的草图实体也会随之更新。实现这个功能的工具就是【转换实体引用】，利用该工具可以将边线、环、面、外部草图轮廓、一组边线及一组外部草图轮廓投影到草图基准面上，并在该草图上生成一个或多个草图实体。

转换实体引用的步骤如下。

① 进入零件绘制模式，选择【前视基准面】作为绘图基准面。

② 单击【草图】功能区中的按钮，绘制一个圆。

③ 单击【特征】功能区中的（拉伸凸台/基体）按钮，在打开的【凸台-拉伸】属性管理器中选择拉伸方式为【给定深度】，并输入深度值“10”，然后单击按钮，完成拉伸特征的创建。

④ 选择圆柱体的端面后，单击（草图绘制）按钮，进入草图绘制环境。

⑤ 选择圆柱体的周边圆。

⑥ 单击【草图】功能区中的按钮，即可将草图模型转换为实体引用。

转换实体引用的过程如图 2-39 所示。

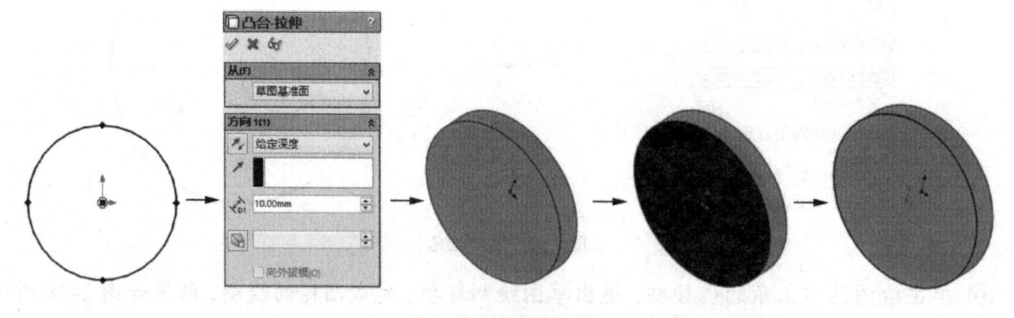

图 2-39 转换实体引用

2. 等距实体

等距实体的方法如下。

① 选择【前视基准面】作为绘图基准面，绘制一个任意尺寸的矩形。

② 单击【草图】功能区中的（等距实体）按钮，在绘图区中选择欲等距的实体，然后在【等距实体】属性管理器的【参数】栏中输入等距距离“10”。

③ 单击按钮，完成等距实体的操作。

绘制过程如图 2-40 所示。

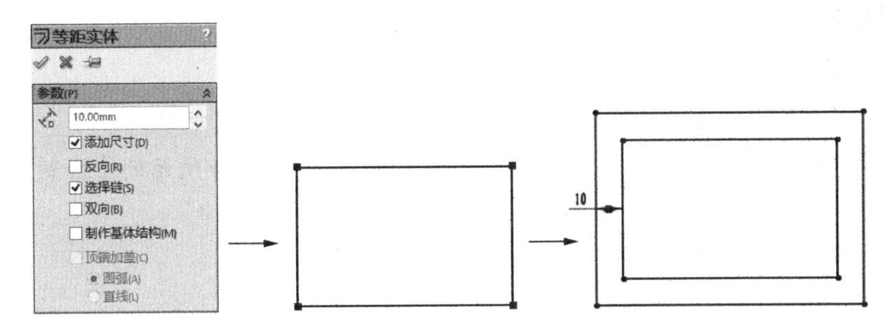

图 2-40　等距实体

要点提示

当用户欲改变等距的方向时，可以在【等距实体】属性管理器的【参数】栏中选择【反向】复选项。

3. 绘制圆角

绘制圆角的方法如下。

① 选择【前视基准面】作为绘图基准面，绘制一个任意尺寸的矩形。

② 单击【草图】功能区中的按钮，在打开的【绘制圆角】属性管理器的【圆角参数】栏中输入圆角半径“10”，如图 2-41 所示。

③ 单击需要圆角处理的两个草图实体或直接单击两交叉实体的交点即可。

绘制过程如图 2-42 所示。

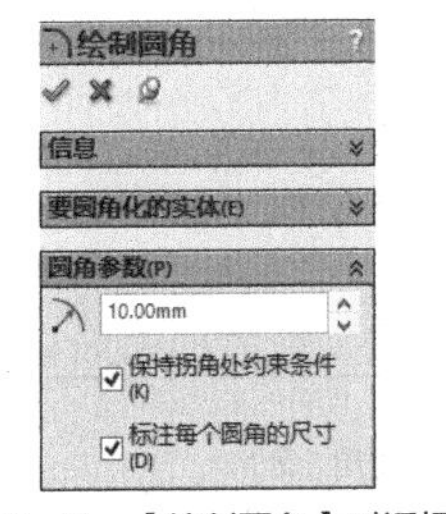

图 2-41　【绘制圆角】对话框

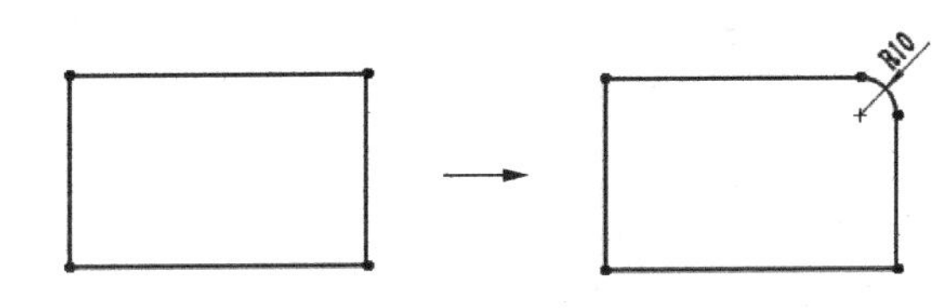

图 2-42　绘制圆角

要点提示

在绘制圆角时，如果在角部存在尺寸标注或几何关系，并且用户希望保留虚拟交点，则需在【绘制圆角】属性管理器中选择【保持拐角处约束条件】复选项；如果需要被圆角化处理的两个实体没有直接相交，并且不存在尺寸标注或几何关系，则所选实体将会被延伸后再生成圆角，如图 2-43 所示。

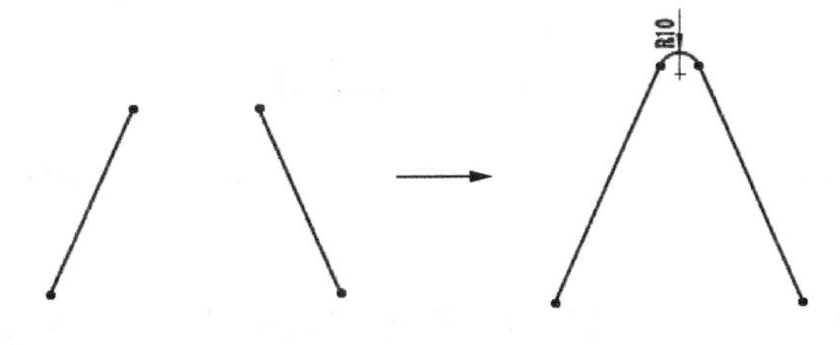

图 2-43　延伸曲线后创建圆角

4. 绘制倒角

绘制倒角的方法如下。

① 选择【前视基准面】作为绘图基准面，绘制一个任意尺寸的矩形。

② 选择菜单命令【工具】/【草图工具】/【倒角】，打开图 2-44 所示的【绘制倒角】属性管理器，系统默认选择【相等距离】复选项，输入欲倒角的距离值“10”。

③ 单击需要倒角的两个实体或直接单击两交叉实体的交点即可。

绘制过程如图 2-45 所示。

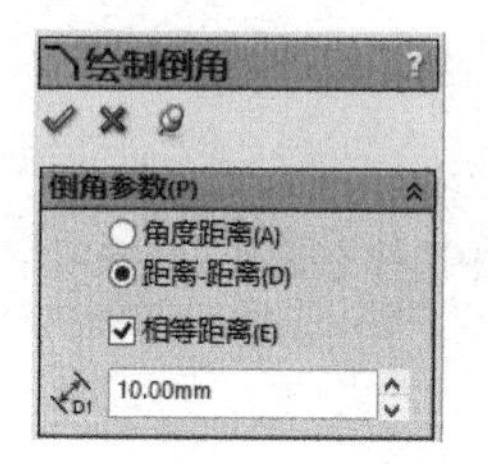

图 2-44 【绘制倒角】属性管理器（1）

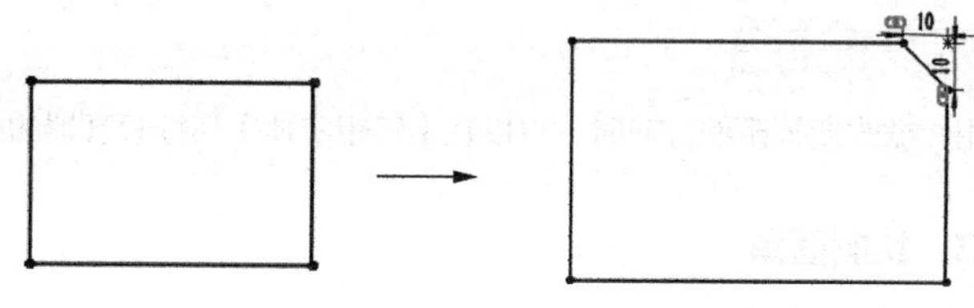

图 2-45 绘制倒角（1）

绘制倒角时，在图 2-44 所示【绘制倒角】属性管理器中取消对【相等距离】复选项的选择后，【绘制倒角】属性管理器变成图 2-46 所示形式，在此属性管理器中分别输入距离值“15”和“10”后，单击需要倒角处理的两个实体或直接单击两交叉实体的交点，即可实现任意距离倒角的绘制，如图 2-47 所示。

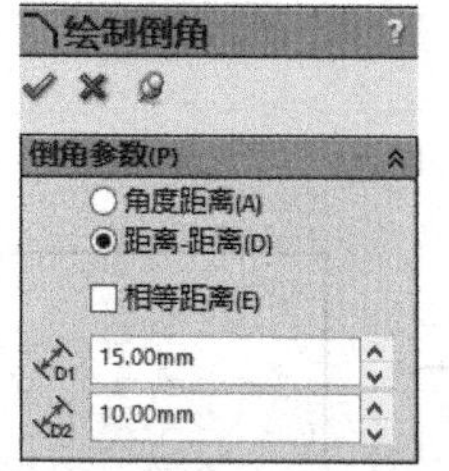

图 2-46 【绘制倒角】属性管理器（2）

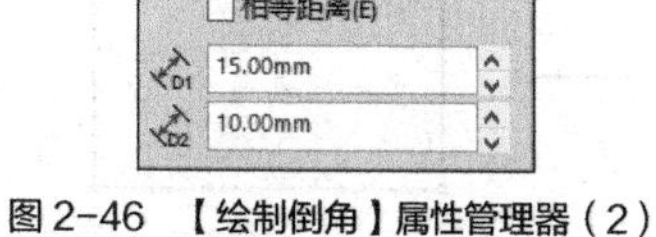

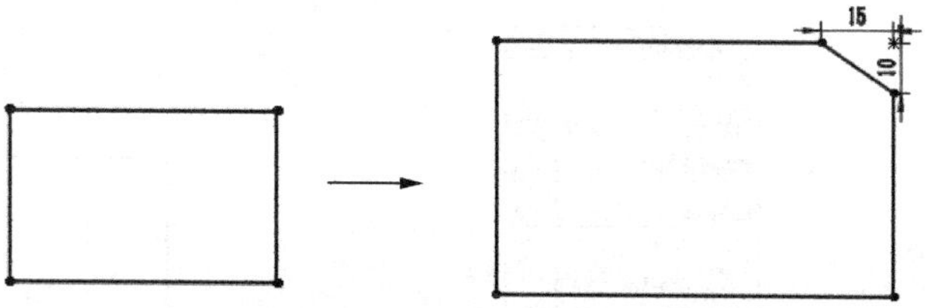

图 2-47 绘制倒角（2）

绘制倒角时，若选择【角度距离】单选项，则【绘制倒角】属性管理器变成图 2-48 所示的形式，分别输入距离值“10”和角度值“45”后，单击需要倒角处理的两个实体或直接单击两交叉实体的交点，即可实现任意距离和角度倒角的绘制，如图 2-49 所示。

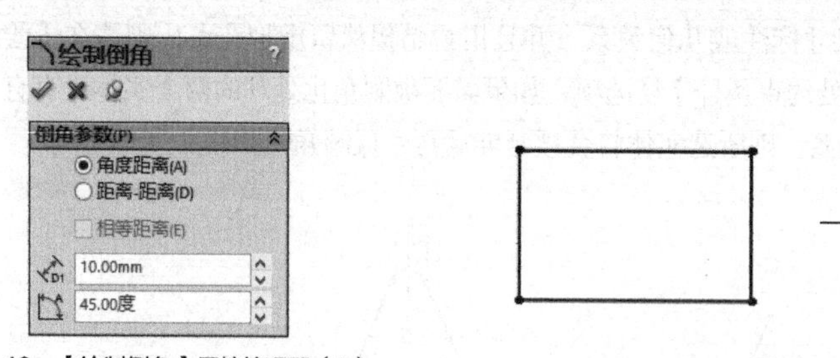

图 2-48 【绘制倒角】属性管理器（3）

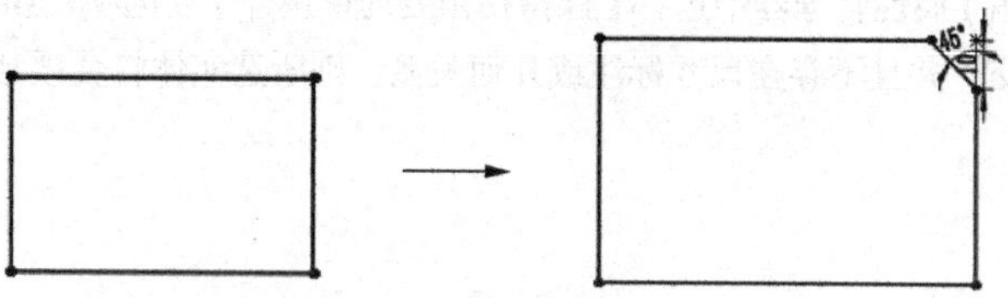

图 2-49 绘制倒角（3）

5. 剪裁图形

单击【草图】功能区中的（剪裁实体）按钮，打开图 2-50 所示【剪裁】属性管理器，通过该属性管理器可以看到剪裁有【剪裁到最近端】、【强劲剪裁】、【边角】、【在内剪除】和【在外剪除】5种方式，介绍如下。

（1）剪裁到最近端

利用“剪裁到最近端”方式剪裁实体的方法如下。

① 单击【剪裁】属性管理器中的按钮。

② 将鼠标光标移动到欲剪裁掉的实体上，被剪裁的部分高亮显示，单击鼠标左键，则所选实体被裁剪掉。

剪裁过程如图2-51所示。

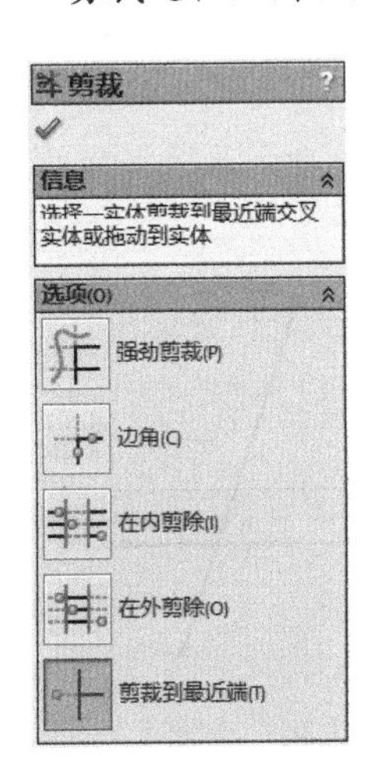

图2-50 【剪裁】属性管理器

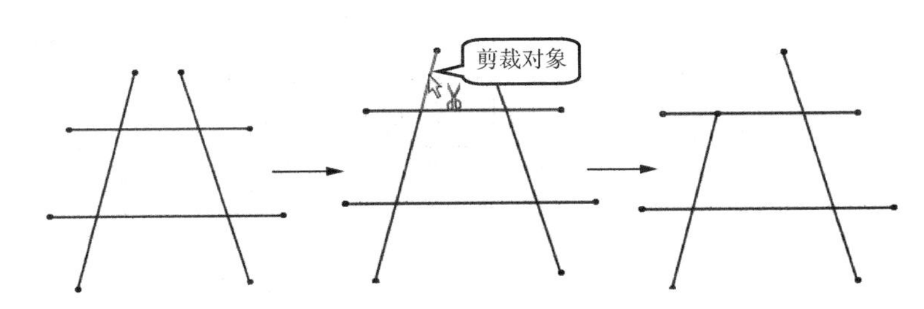

图2-51 剪裁到最近端

（2）强劲剪裁

利用“强劲剪裁”方式剪裁实体的方法如下。

① 单击【剪裁】属性管理器中的按钮。

② 选择一个实体作为剪裁对象，然后选择另外一个实体作为剪刀线，则剪裁对象在与剪刀线的交叉点处被剪断。

剪裁过程如图2-52所示。

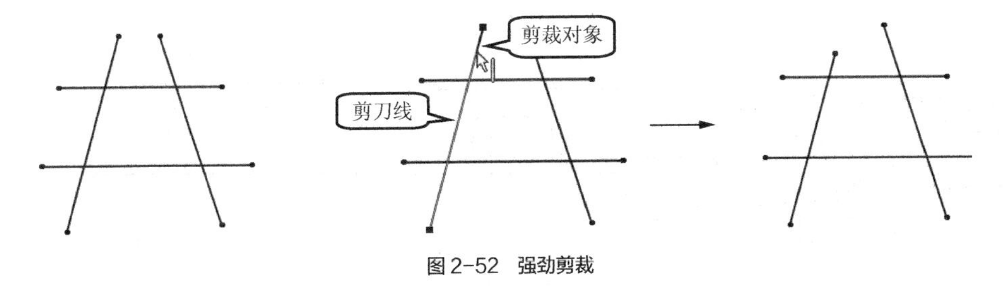

图2-52 强劲剪裁

（3）边角

利用“边角”方式剪裁实体的方法如下。

① 单击【剪裁】属性管理器中的按钮。

② 选择草图实体1，该实体以绿色显示，然后把鼠标光标移到实体2上，实体2欲保留的部分将以红色高亮显示，选择实体2，则这两个实体将同时在交点处被剪断。

剪裁过程如图2-53所示。

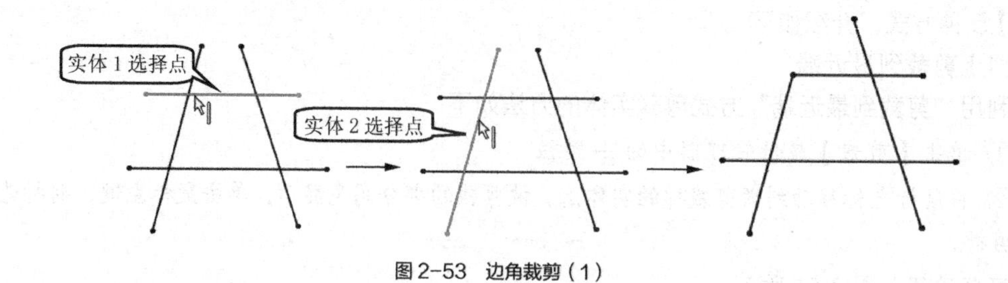

图 2-53 边角裁剪（1）

要点提示

当选择点不同时，所剪裁的结果也不同，如图 2-54 所示。

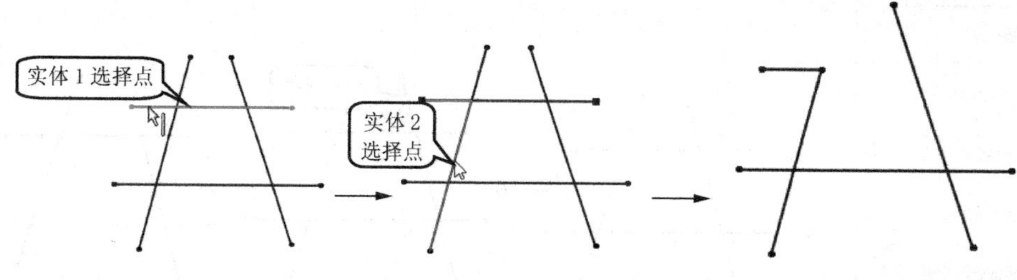

图 2-54 边角裁剪（2）

（4）在内剪除

利用“在内剪除”方式剪裁实体的方法如下。

① 单击【剪裁】属性管理器中的按钮。

② 选择实体 1 和实体 2 作为剪刀线，实体 1 和实体 2 以绿色显示。

③ 选择与实体 1 和实体 2 同时相交的实体 3，则实体 3 位于实体 1 和实体 2 之间的部分（以高亮红色显示）被剪裁掉。

剪裁过程如图 2-55 所示。

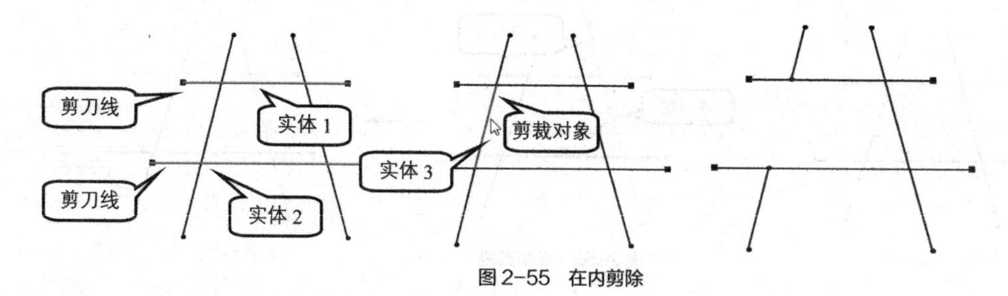

图 2-55 在内剪除

（5）在外剪除

利用“在外剪除”方式剪裁实体的方法如下。

① 单击【剪裁】属性管理器中的按钮。

② 选择线段 1 和线段 2 作为剪刀线，线段 1 和线段 2 以绿色显示。

③ 选择与实体 1 和实体 2 同时相交的线段 3，则所显示线段位于线段 1 和线段 2 之外的部

分（以高亮红色显示）被剪裁掉。

剪裁过程如图 2-56 所示。

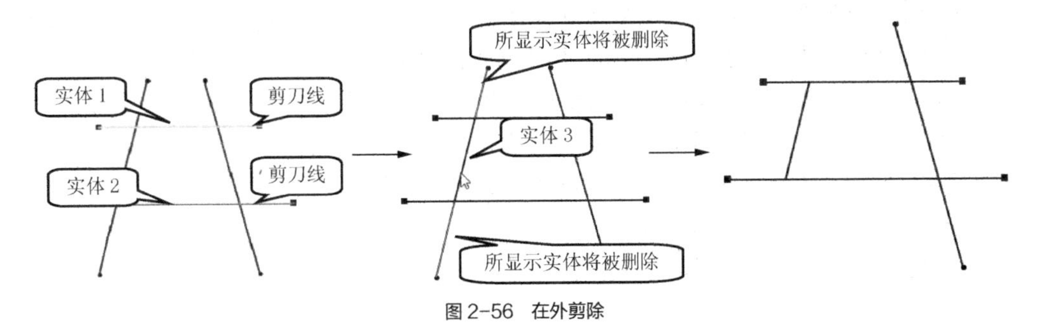

图 2-56 在外剪除

6. 镜向图形

镜向实体的方法如下。

① 选择【前视基准面】作为绘图基准面，绘制图 2-57 所示草图。

② 单击【草图】功能区中的按钮，打开【镜向】属性管理器。

③ 选择圆作为要镜向的实体、点画线作为镜向点。

④ 单击按钮，完成草图的镜向操作。

镜向过程如图 2-58 所示。

图 2-57 绘制草图

图 2-58 镜向图形

7. 延伸

延伸实体的方法如下。

① 选择【前视基准面】作为绘图基准面，绘制图 2-59 所示草图。

② 选择菜单命令【工具】/【草图工具】/【延伸】，鼠标光标变为形状。

③ 将鼠标光标移动到要延伸的草图实体上，系统以红色高亮显示延伸后的预览，单击鼠标左键，即可完成草图实体延伸，结果如图 2-60 所示。

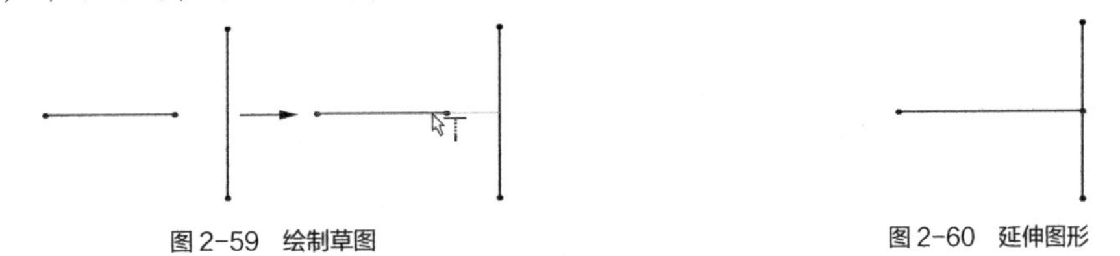

图 2-59 绘制草图

图 2-60 延伸图形

8. 圆周阵列和线性阵列

SolidWorks 2014 提供了圆周阵列和线性阵列两种阵列方式。

（1）圆周阵列

圆周阵列的方法如下。

① 选择【前视基准面】作为绘图基准面，绘制圆心坐标为（0，20）、直径为“10”的圆。

② 选择菜单命令【工具】/【草图工具】/【圆周阵列】，鼠标光标变为形状。

③ 在打开的【圆周阵列】属性管理器中设置中心 X 为“0”、中心 Y 为“0”、数量为“6”、间距为“360”、半径为“20”、圆弧角度为“270”。

④ 选择 $\phi 10$ 的圆作为要阵列的实体，绘图区出现预览方式。

⑤ 单击按钮，完成圆周阵列操作。

阵列过程如图 2-61 所示。

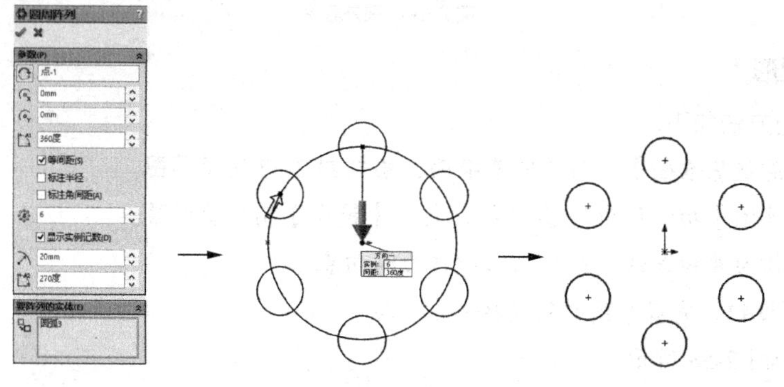

图 2-61 圆周阵列

（2）线性阵列

线性阵列的方法如下。

① 选择【前视基准面】作为绘图基准面，绘制直径为 20 的圆。

② 选择菜单命令【工具】/【草图工具】/【线性阵列】，鼠标光标变为形状。

③ 打开【线性阵列】属性管理器，在【方向 1】栏中输入间距“30”、数量“3”，在【方向 2】栏中输入数量“3”、间距“30”。

④ 选择圆作为要阵列的实体，绘图区出现预览方式。

⑤ 单击按钮，完成线性阵列操作。

阵列过程如图 2-62 所示。

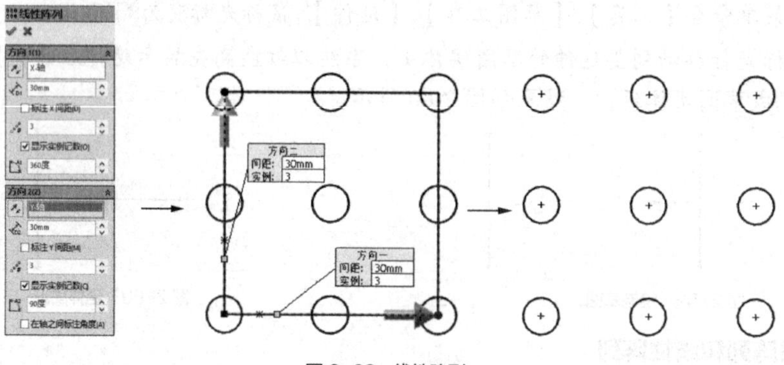

图 2-62 线性阵列

2.3.2　典型实例——绘制连杆草图

下面用所学知识绘制图 2-63 所示连杆草图。

① 进入零件绘制模式，选择【前视基准面】作为绘图基准面。

② 单击【草图】功能区中的按钮，过原点绘制两条相交的中心线，结果如图 2-64 所示。

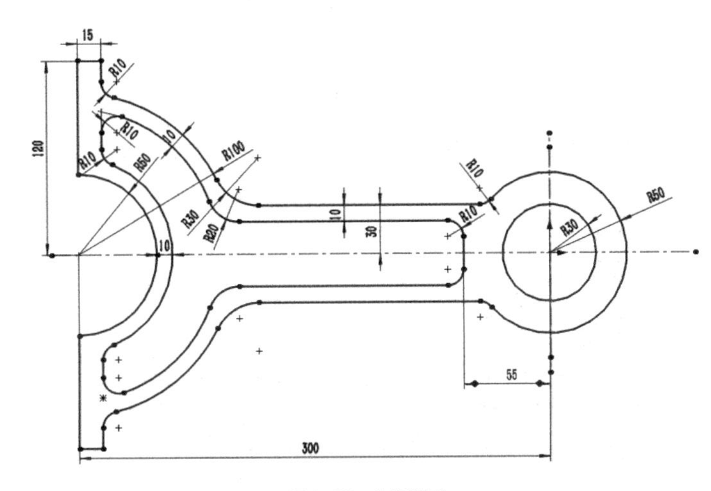

图 2-63　连杆草图

③ 单击【草图】功能区中的按钮，绘制图 2-65 所示圆弧。

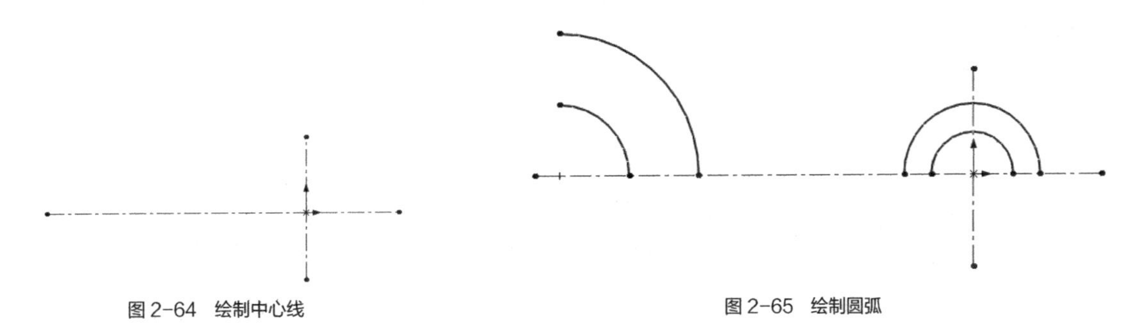

图 2-64　绘制中心线

图 2-65　绘制圆弧

④ 单击【草图】功能区中的按钮，绘制图 2-66 所示草图。

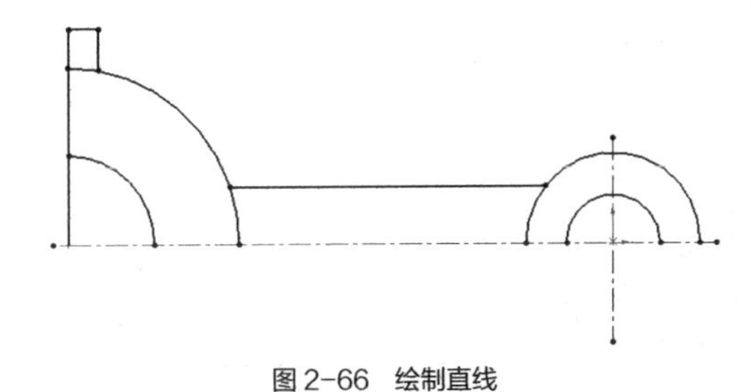

图 2-66　绘制直线

⑤ 单击【草图】功能区中的（智能尺寸）按钮，标注草图尺寸，结果如图 2-67 所示。

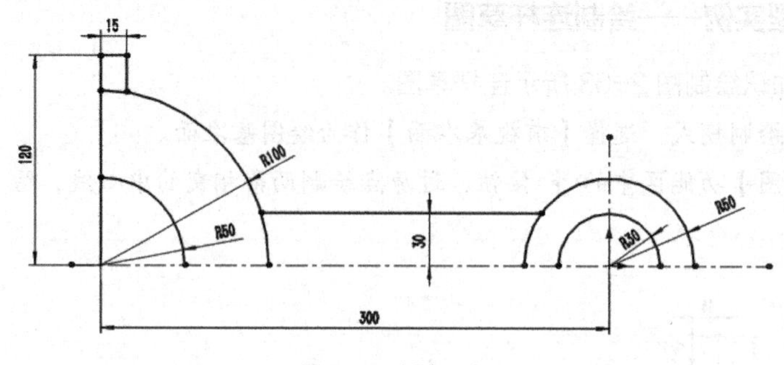

图 2-67 标注尺寸

⑥ 单击【草图】功能区中的（等距实体）按钮，对草图进行等距处理，结果如图 2-68 所示。

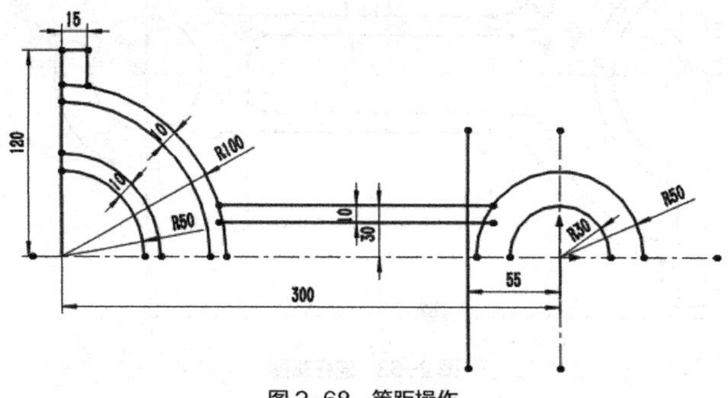

图 2-68 等距操作

⑦ 选择菜单命令【工具】/【草图工具】/【延伸】，选择欲延伸的线段，对其进行延伸，结果如图 2-69 所示。

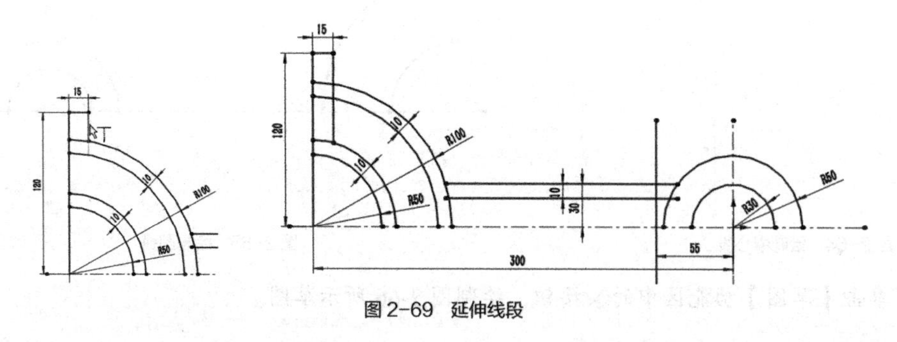

图 2-69 延伸线段

⑧ 单击【草图】功能区中的（剪裁实体）按钮，修剪草图，结果如图 2-70 所示。

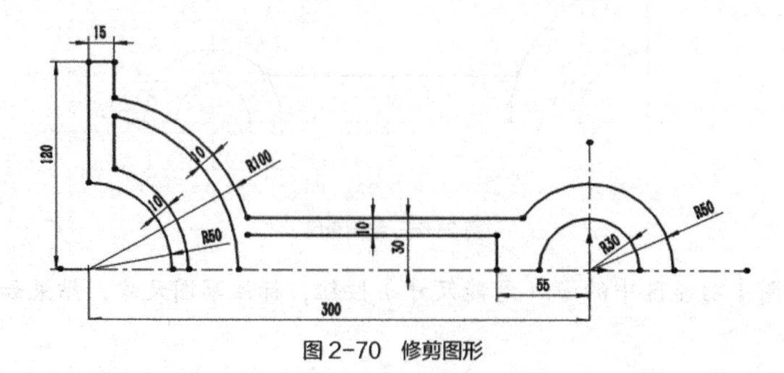

图 2-70 修剪图形

⑨ 单击【草图】功能区中的按钮，对草图进行圆角处理，结果如图 2-71 所示。

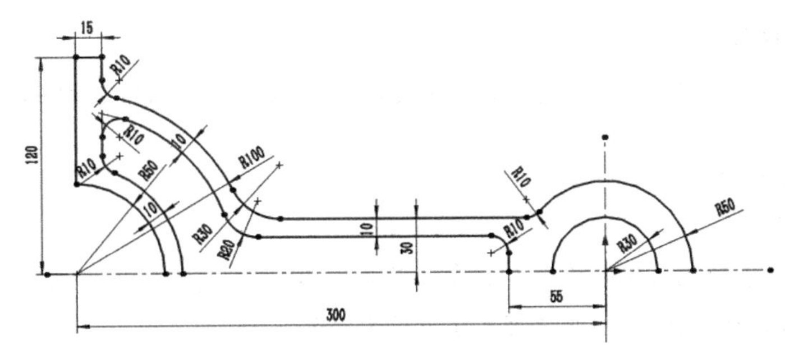

图 2-71　倒圆角

⑩ 单击【草图】功能区中的按钮，选择除水平中心线外的所有草图实体作为欲镜向的实体，选择水平中心线为镜向点，最后单击按钮，完成实体的镜向，如图 2-72 所示。

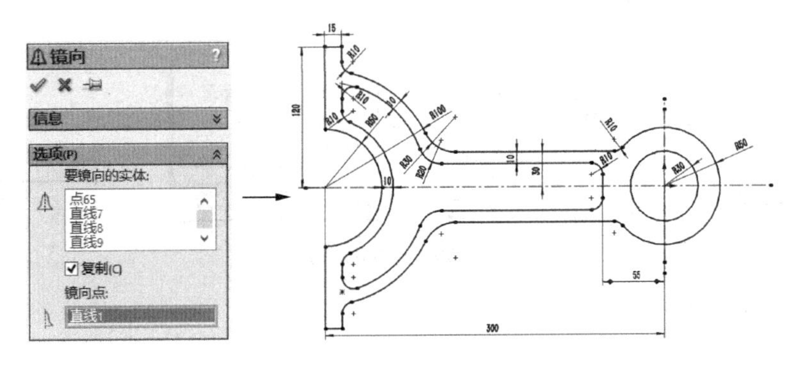

图 2-72　镜向图形

⑪ 单击绘图区右上角的按钮，退出草图绘制环境，完成连杆的绘制，结果如图 2-73 所示。

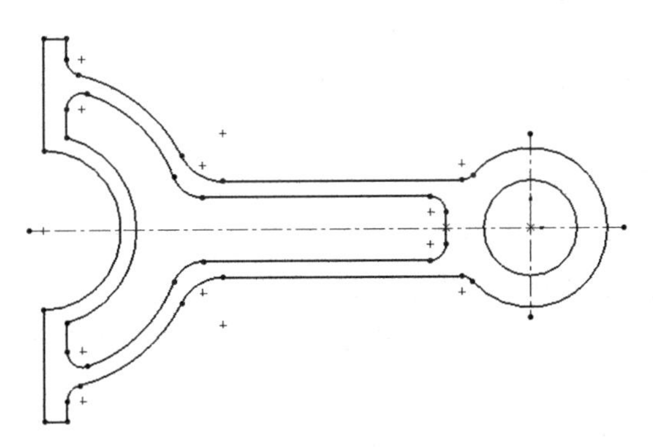

图 2-73　设计结果

2.4　使用约束工具绘制草图

在 SolidWorks 中，草图设计分两步进行：第一步是利用草图绘制工具绘制出草图的轮廓，第二步是利用尺寸标注工具和添加几何关系工具精确定义草图，进而完成草图的绘制。

2.4.1 知识准备

1. 标注草图尺寸

SolidWorks 中主要的标注工具是智能尺寸工具，该工具可以根据用户所选的标注对象自动调整标注方式。

（1）标注线段尺寸

标注线段的方法如下。

① 单击【草图】功能区中的按钮，鼠标光标变为形状。

② 选择要标注的线段，线段的现有尺寸值显示出来。

③ 移动鼠标光标到合适的位置，单击鼠标左键，确定尺寸放置的位置，系统打开【修改】窗口，输入尺寸值“50”。

④ 单击按钮，完成标注。

标注过程如图 2-74 所示。

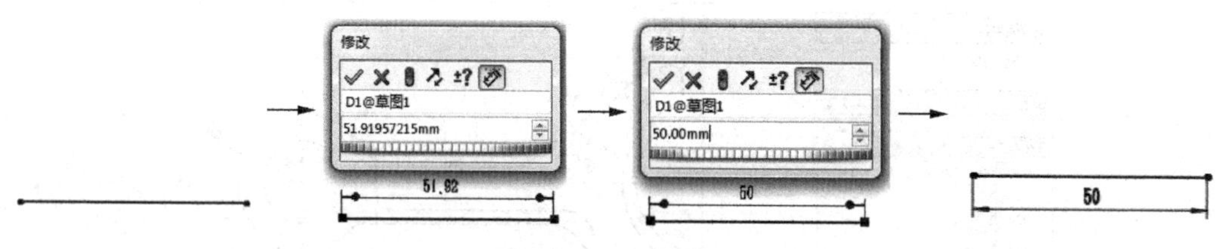

图 2-74　标注线段尺寸

（2）标注角度尺寸

标注角度的方法如下。

① 单击【草图】功能区中的按钮。

② 选择形成夹角的两条线段，两线段的现有角度值显示出来。

③ 移动鼠标光标到合适的位置，单击鼠标左键，确定尺寸放置的位置，系统打开【修改】窗口，输入尺寸值“45”。

④ 单击按钮，完成标注，结果如图 2-75 所示。

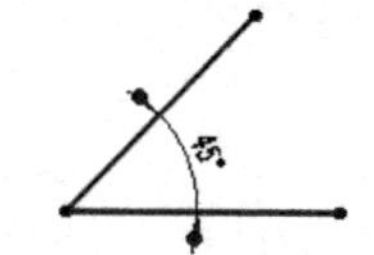

图 2-75　标注角度

（3）标注圆弧尺寸

标注圆弧的方法如下。

① 单击【草图】功能区中的按钮。

② 选择要标注的圆弧，圆的半径值显示出来。

③ 移动鼠标光标到合适的位置，单击鼠标左键，确定尺寸放置的位置，系统打开【修改】窗口，输入圆弧半径值“20”。

④ 单击按钮，完成标注，结果如图 2-76 所示。

⑤ 当标注圆弧尺寸时，系统默认的尺寸类型为圆弧半径，如果要标注圆弧的实际长度，就要选择圆弧和两个端点，如图 2-77 所示。

（4）标注圆尺寸

标注圆的方法如下。

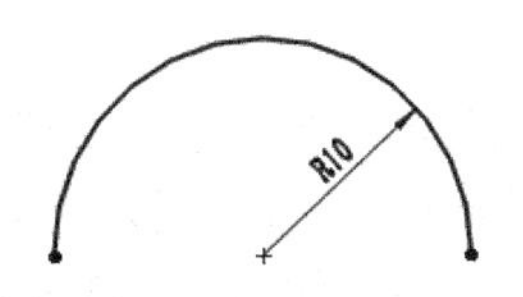

图2-76 标注圆弧尺寸（1）

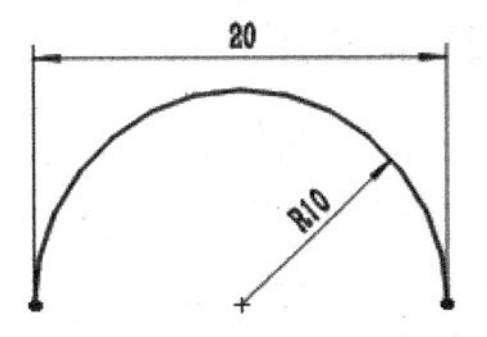

图2-77 标注圆弧尺寸（2）

① 单击【草图】功能区中的按钮。

② 选择要标注的圆，圆的直径值显示出来。

③ 移动鼠标光标到合适的位置，单击鼠标左键，确定尺寸放置的位置，系统打开【修改】窗口，输入圆的直径值“30”。

④ 单击按钮，完成标注，结果如图2-78所示。

（5）标注两直线间的距离

标注两直线间的距离的方法如下。

① 单击【草图】功能区中的按钮。

② 选择相距的两条直线，两直线的现有距离值显示出来。

③ 移动鼠标光标到合适的位置，单击鼠标左键，确定尺寸放置的位置，系统打开【修改】窗口，输入距离值“20”。

④ 单击按钮，完成标注，结果如图2-79所示。

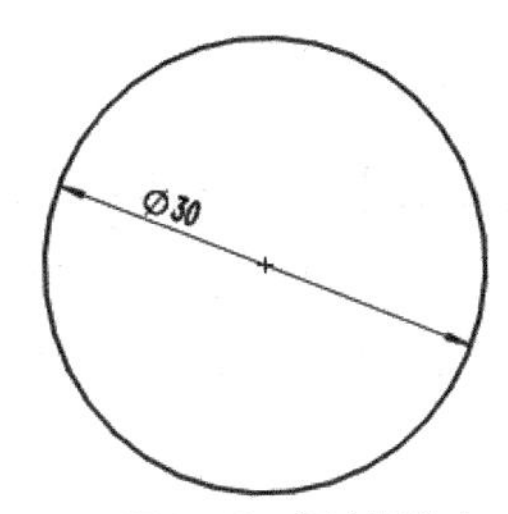

图2-78 标注圆尺寸

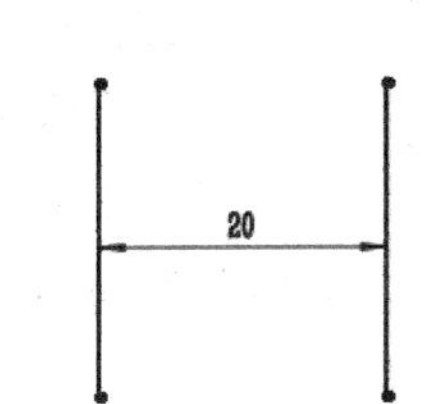

图2-79 标注两直线间的距离

（6）修改尺寸值

修改尺寸值的方法如下。

① 在草图编辑状态下，移动鼠标光标到尺寸线上，鼠标光标变为形状。

② 双击鼠标左键，在当前尺寸线的位置上打开【修改】窗口，输入尺寸值“40”。

③ 单击按钮，完成尺寸修改。修改过程如图2-80所示。

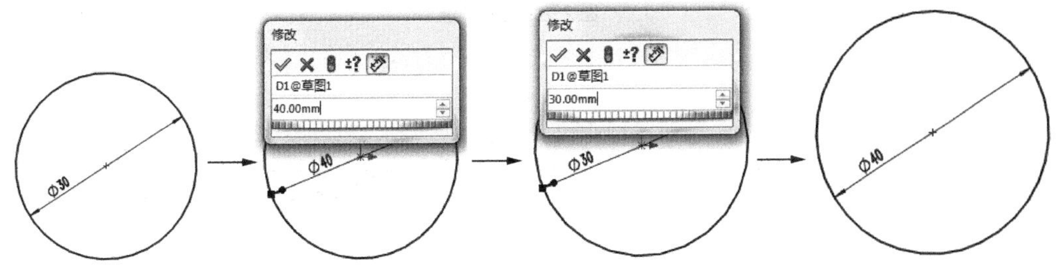

图2-80 修改尺寸值

2. 添加几何关系

在绘制草图时，有些几何关系是根据鼠标光标在绘图区的不同位置自动产生的，但 SolidWorks 2014 只能添加有限的几何关系，如水平、竖直及相切等。为了更有效、更合理地定义草图，对那些无法自动生成的几何关系，用户可以通过【添加几何关系】工具自行添加，方法如下。

① 选择菜单命令【工具】/【几何关系】/【添加】。

② 选择两条边线，【添加几何关系】属性管理器中的【添加几何关系】栏列出了所选实体可以定义的所有几何关系。

③ 单击 = 按钮。

④ 单击 ✔ 按钮，完成几何关系的添加。

添加过程如图 2-81 所示。

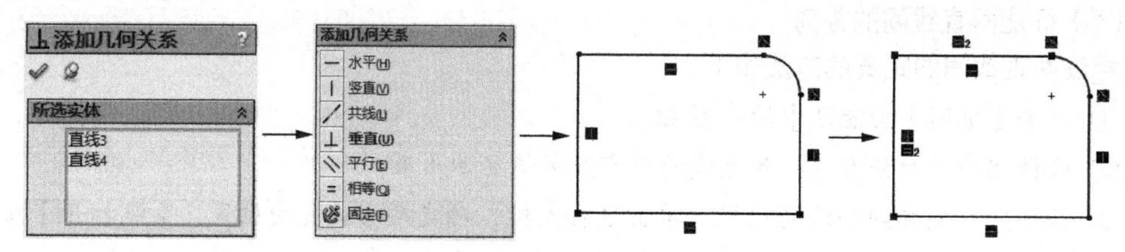

图 2-81 添加几何关系

2.4.2 典型实例——绘制扳手草图

下面用所学知识绘制图 2-82 所示扳手草图。

① 进入零件绘制模式，选择【前视基准面】作为绘图基准面。

② 单击【草图】功能区中的 ⋮ 按钮，过原点绘制 3 条相交的中心线，并标注水平中心线和倾斜中心线的夹角为 15°，结果如图 2-83 所示。

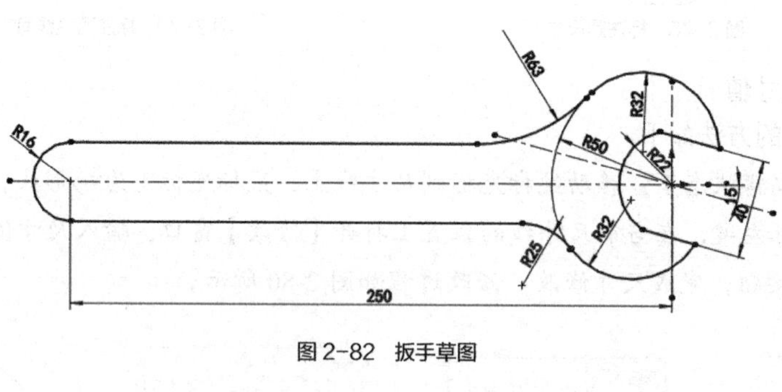

图 2-82 扳手草图

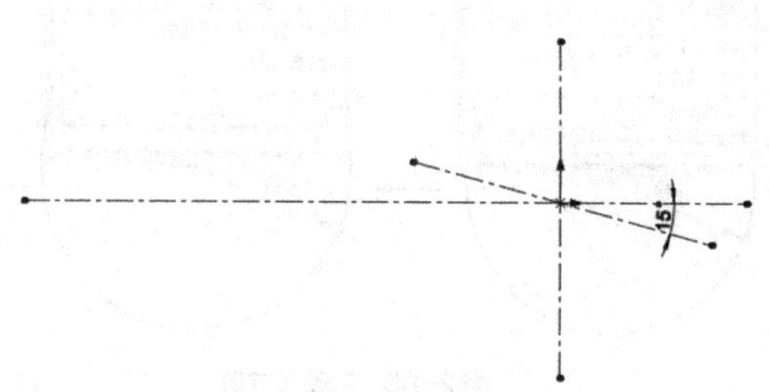

图 2-83 绘制中心线

要点提示

绘制倾斜中心线时，如果通过捕捉的方法找不到原点，可先绘制一条倾斜线，然后通过添加几何关系的方法为原点和倾斜中心线添加重合关系，如图2-84所示。

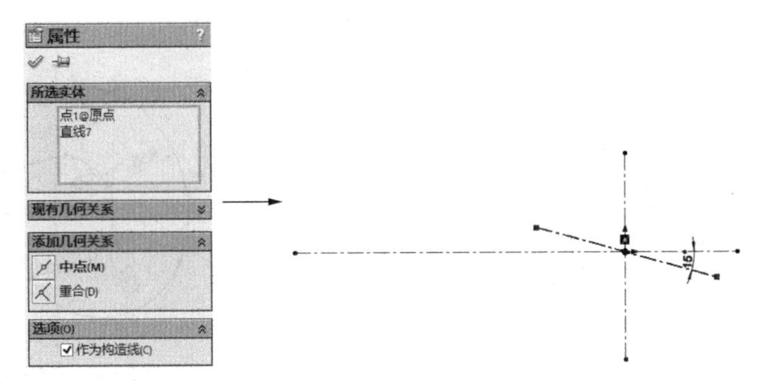

图2-84 约束中心线

③ 单击【草图】功能区中的（等距实体）按钮，绘制等距线，结果如图2-85所示。

④ 单击【草图】功能区中的按钮，过原点绘制圆弧，使其两端点位于距原点为20的两条线段上，并标注其半径为“22”，结果如图2-86所示。

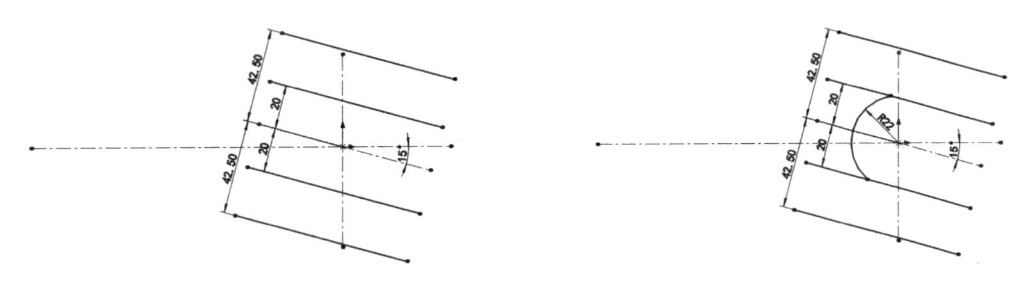

图2-85 绘制等距线　　图2-86 绘制圆弧

⑤ 单击【草图】功能区中的按钮，绘制3个圆，并标注尺寸。其中，$\phi100$圆的圆心位于原点上，其他两个$\phi64$圆的圆心位于竖直中心线的左侧，结果如图2-87所示。

⑥ 选择菜单命令【工具】/【几何关系】/【添加】，在打开的【添加几何关系】属性管理器中选择上部$\phi64$和$\phi100$的圆，然后单击按钮，为其添加相切关系。继续为上部$\phi64$的圆和距原点为42.5的线段添加相切关系，结果如图2-88所示。

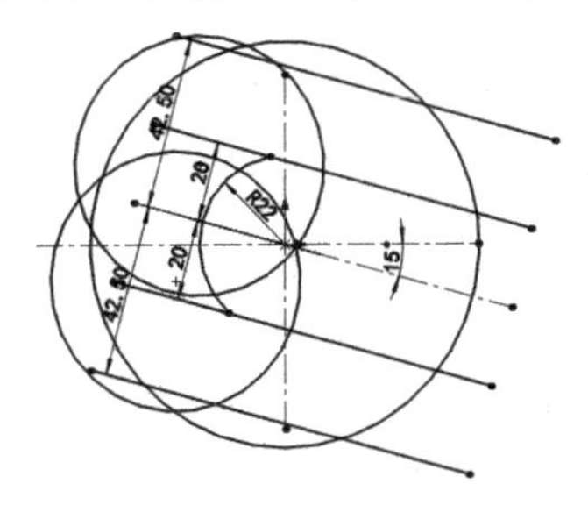

图2-87 绘制圆

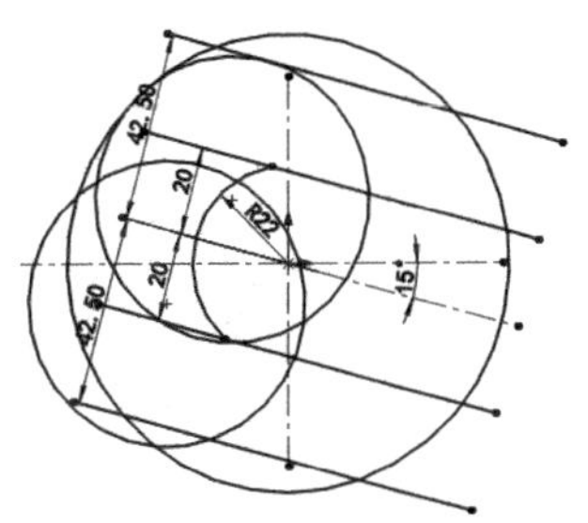

图2-88 添加约束（1）

绘制扳手草图 2

⑦ 用同样的方法为下部 $\phi64$ 和 $\phi100$ 的圆及线段添加相切关系，结果如图 2-89 所示。

⑧ 单击【草图】功能区中的（剪裁实体）按钮，裁剪草图，结果如图 2-90 所示。

⑨ 利用【草图】功能区中的直线工具和切线弧工具绘制草图，并标注尺寸，结果如图 2-91 所示。

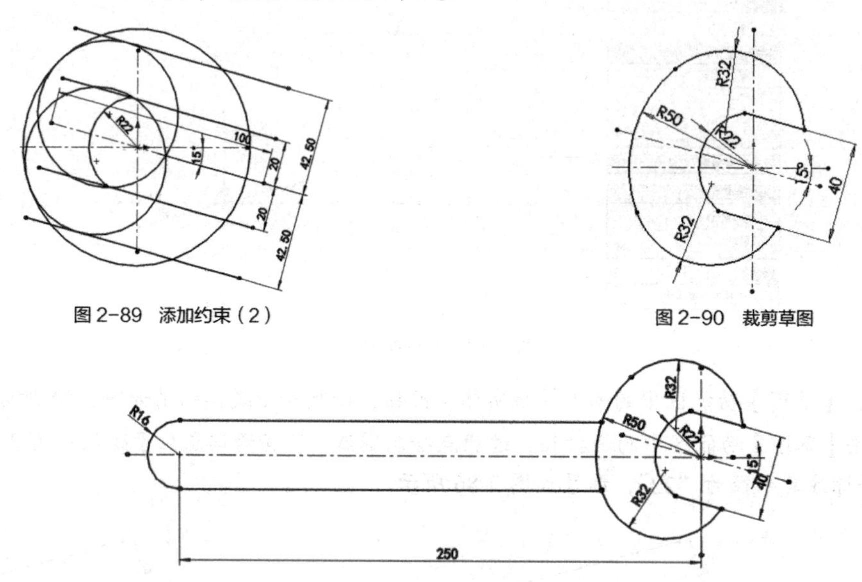

图 2-89　添加约束（2）

图 2-90　裁剪草图

图 2-91　绘制切线弧

⑩ 单击【草图】功能区中的按钮，对草图进行倒圆角处理，结果如图 2-92 所示。

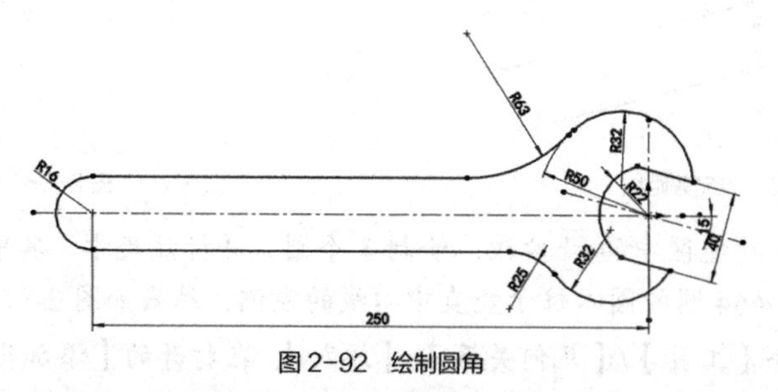

图 2-92　绘制圆角

⑪ 单击【草图】功能区中的按钮，过原点绘制 $R50$ 的圆弧，并补充倒圆角时裁剪掉的圆弧，结果如图 2-93 所示。

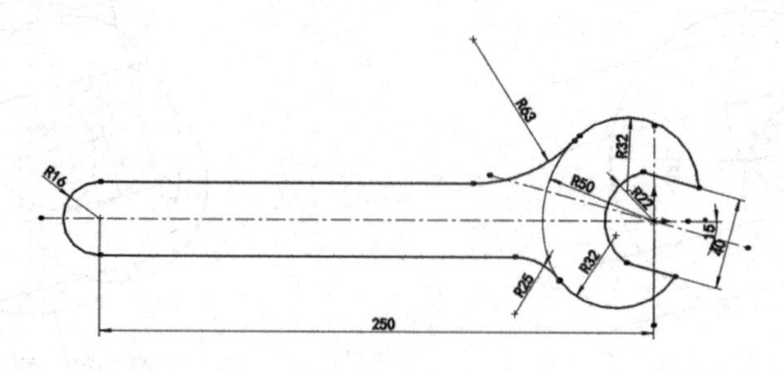

图 2-93　绘制圆弧

⑫ 单击绘图区右上角的按钮，退出草图绘制环境，完成图形的绘制，最终结果如图 2-94 所示。

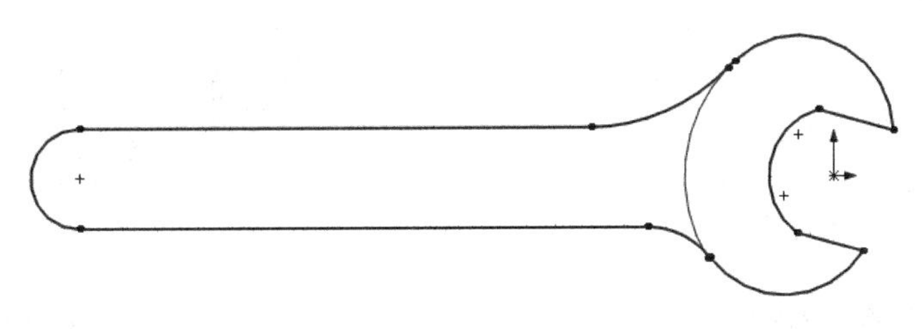

图 2-94　绘制结果

2.5 综合应用

前面已经介绍了绘制和修改草图实体的方法，下面通过实例介绍如何用实体绘制工具绘制二维草图。

绘制轴端固定板草图

2.5.1 实例 1——绘制轴端固定板草图

下面绘制图 2-95 所示轴端固定板草图。

① 进入零件绘制模式，选择【前视基准面】作为绘图基准面。

② 单击【草图】功能区中的按钮，鼠标光标变为形状，绘制两条交于原点的中心线，结果如图 2-96 所示。

③ 单击【草图】功能区中的按钮，鼠标光标变为形状，捕捉到原点，绘制直径为 42 的圆，并标注尺寸，结果如图 2-97 所示。

④ 单击【草图】功能区中的按钮，鼠标光标变为形状，把鼠标光标移动到水平中心线上，当中心线变为红色时，绘制一个直径为 7 的圆，并标注尺寸，结果如图 2-98 所示。

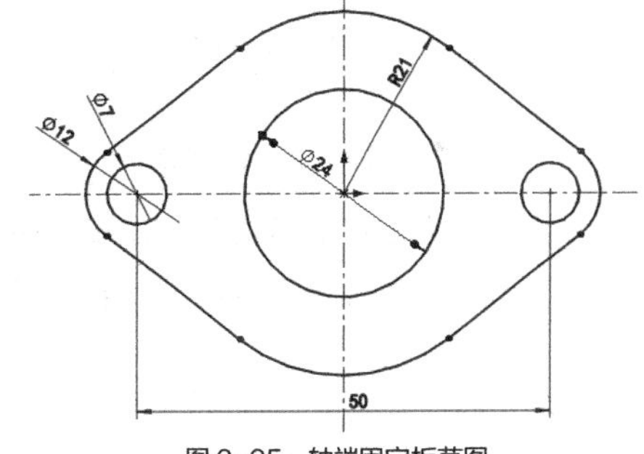

图 2-95　轴端固定板草图

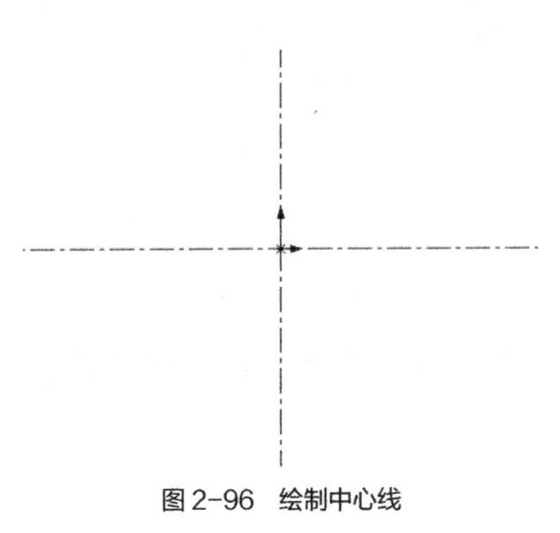

图 2-96　绘制中心线

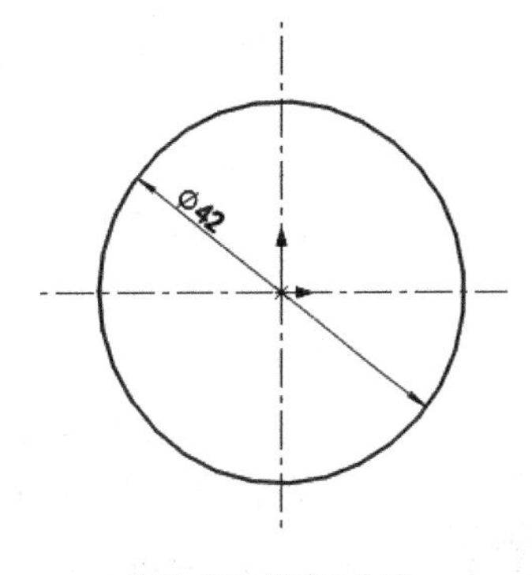

图 2-97　绘制圆（1）

⑤ 单击【草图】功能区中的按钮，捕捉到 ϕ7 圆的圆心后，绘制一个直径为 12 的圆，并使用镜向工具镜向两圆，结果如图 2-99 所示。

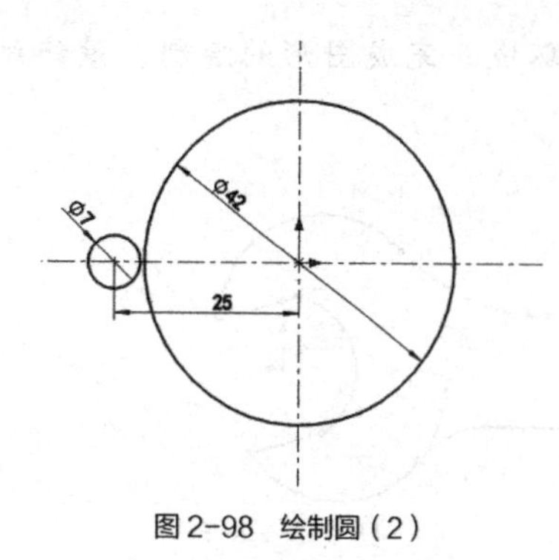

图 2-98　绘制圆（2）

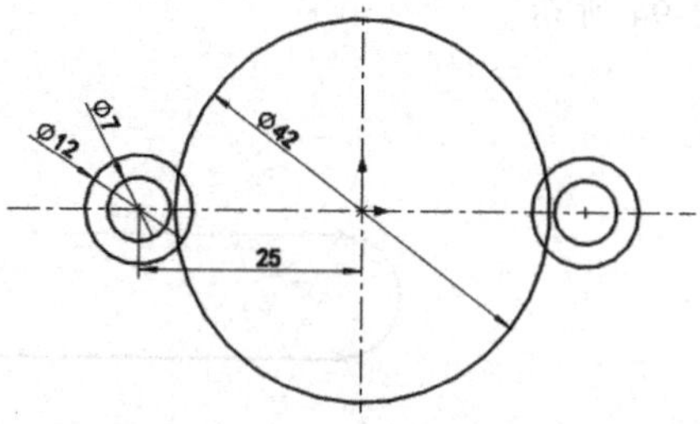

图 2-99　绘制并镜向圆

⑥ 单击【草图】功能区中的按钮，绘制 4 条与 ϕ12 和 ϕ42 圆相切的线段，结果如图 2-100 所示。

⑦ 单击【草图】功能区中的（剪裁实体）按钮后，单击按钮，裁剪草图，结果如图 2-101 所示。

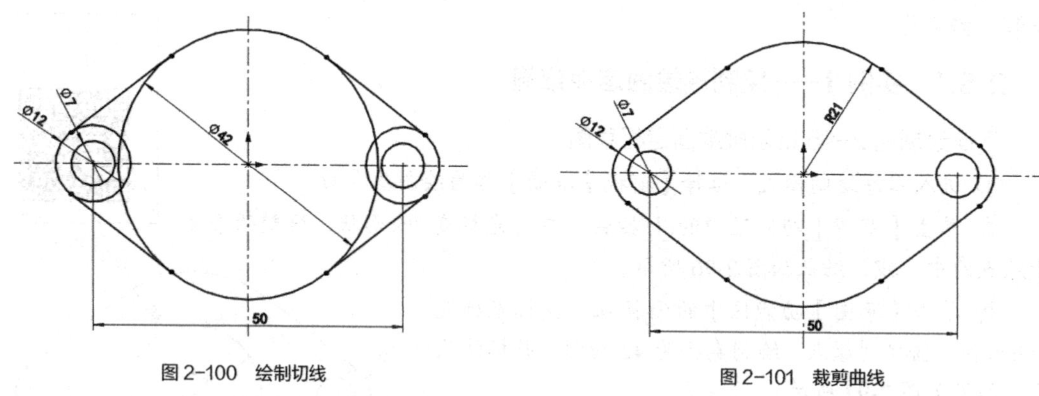

图 2-100　绘制切线

图 2-101　裁剪曲线

⑧ 单击【草图】功能区中的按钮，捕捉到圆点，绘制 ϕ24 的圆，结果如图 2-102 所示。

⑨ 单击绘图区右上角的按钮，退出草图绘制环境，结果如图 2-103 所示。

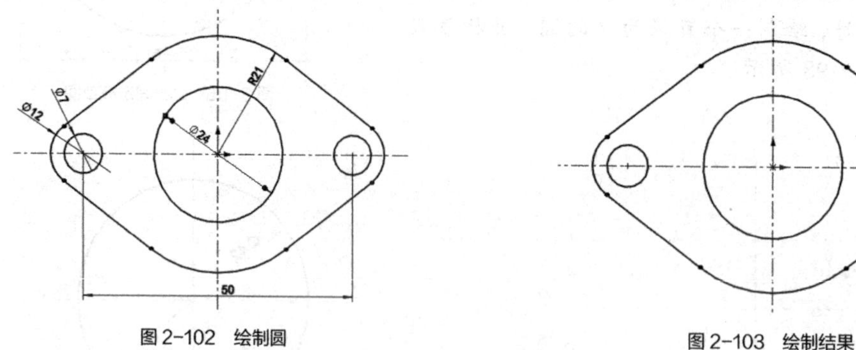

图 2-102　绘制圆

图 2-103　绘制结果

绘制摇臂图案 1

⑩ 单击【草图】功能区中的（智能尺寸）按钮，标注草图尺寸，最终结果如图 2-95 所示。

2.5.2　实例 2——绘制摇臂图案

本例绘制图 2-104 所示摇臂图案，主要应用圆、直线等基本图形绘制工具和添加几何关系、圆周阵列等图形编辑工具。

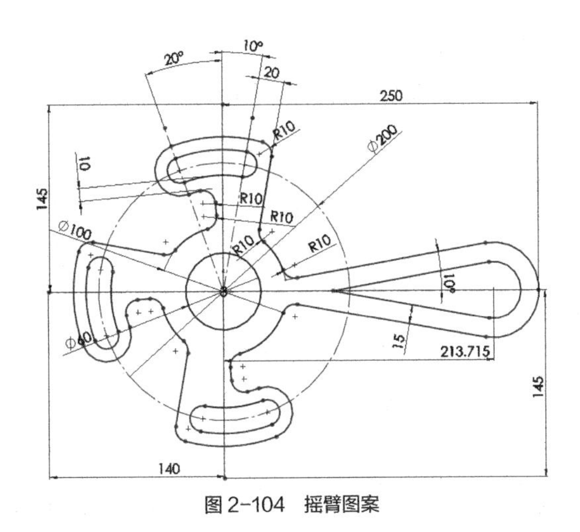

图2-104 摇臂图案

① 绘制中心线和辅助线，结果如图 2-105 所示。

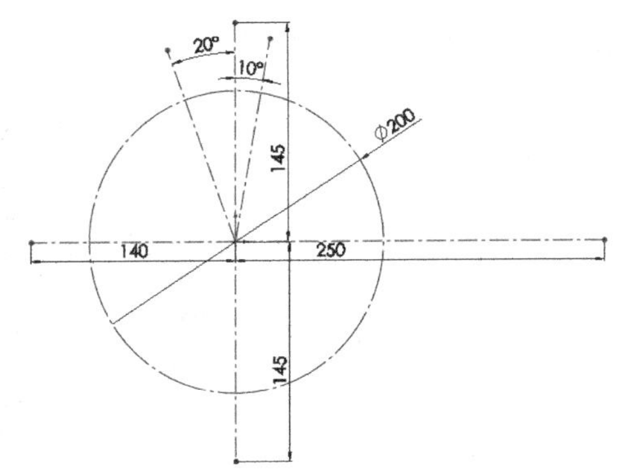

图2-105 绘制中心线和辅助线

② 用【圆】命令和【等距实体】命令绘制圆，结果如图 2-106 所示。

③ 绘制与外圆弧相切的小圆，结果如图 2-107 所示。

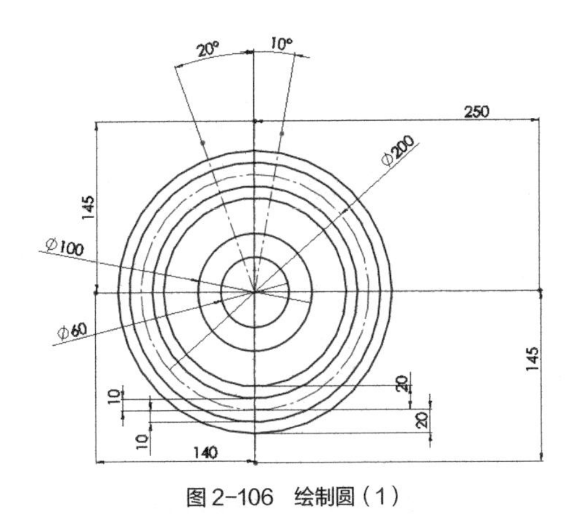

图2-106 绘制圆（1）

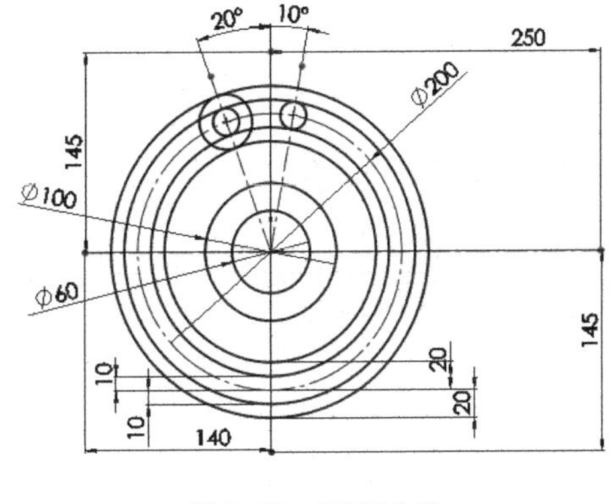

图2-107 绘制圆（2）

④ 剪裁多余的弧线，结果如图 2-108 所示。

⑤ 使用【等距实体】命令绘制线段 4，参数设置如图 2-109 所示。

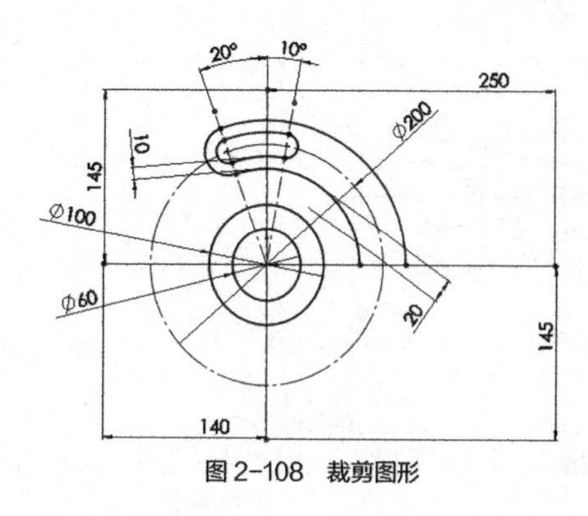

图 2-108 裁剪图形

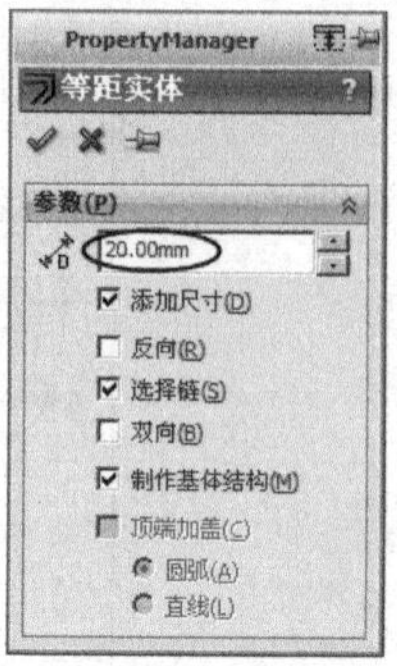

PropertyManager
等距实体
参数(P)
20.00mm
添加尺寸(D)
反向(R)
选择链(S)
双向(B)
制作基体结构(M)
顶端加盖(C)
圆弧(A)
直线(L)

图 2-109 【等距实体】属性管理器

⑥ 绘制线段 1、2、3，结果如图 2-110 所示。

⑦ 剪裁多余的线段和弧线，结果如图 2-111 所示。

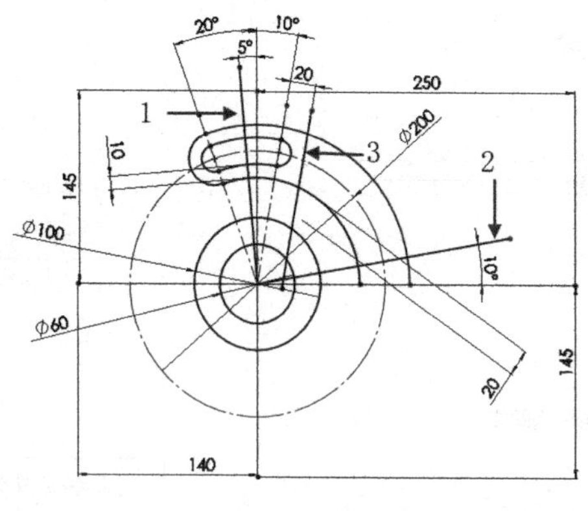

图 2-110 绘制线段

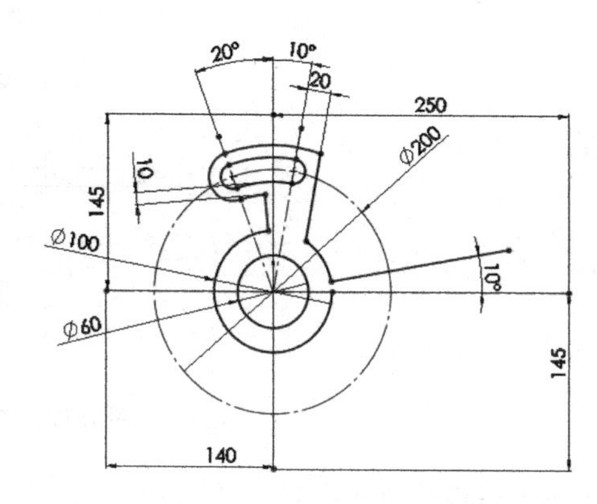

图 2-111 裁剪线段

⑧ 按照图 2-112 所示，在 1、2、3 处倒圆角。

⑨ 按照图 2-113 所示，对线段 5 进行尺寸约束。

⑩ 使用【镜向】命令镜向线段 5，结果如图 2-113 所示。

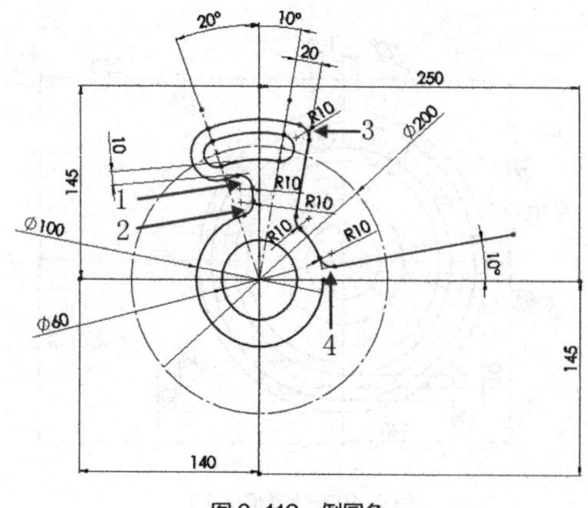

图 2-112 倒圆角

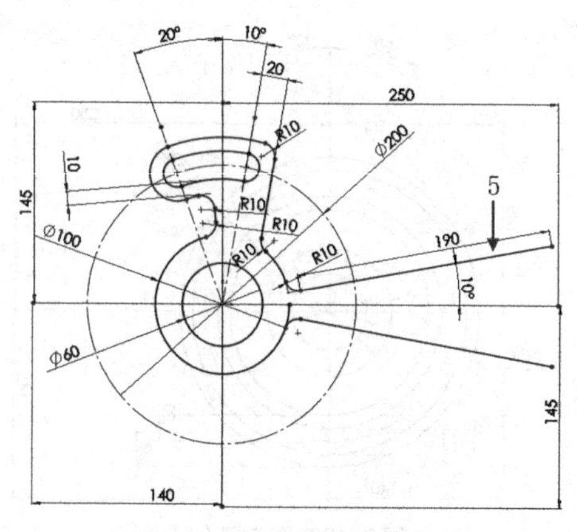

图 2-113 尺寸约束并镜向对象

⑪ 使用【等距实体】命令绘制线段，然后镜向图形，结果如图 2-114 所示。

⑫ 绘制与镜向前后线段相切的两个圆，结果如图 2-115 所示。

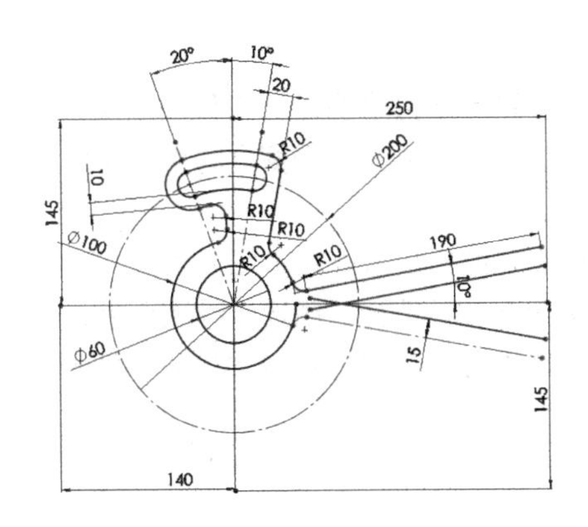

图 2-114　绘制并镜向线段

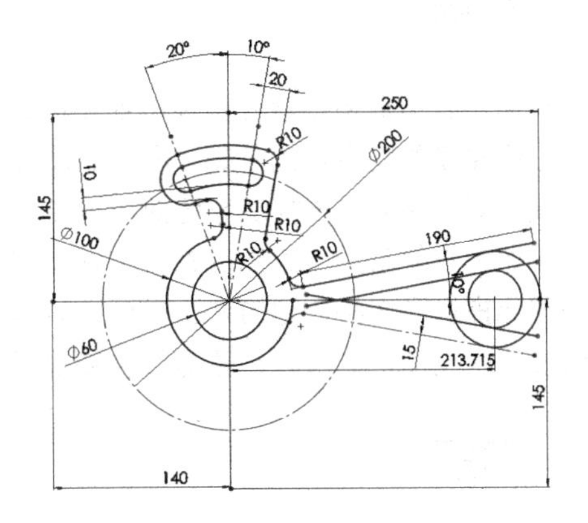

图 2-115　绘制圆

⑬ 剪裁多余的线段和弧线，结果如图 2-116 所示。

⑭ 圆周阵列草图，参数设置如图 2-117 所示，结果如图 2-118 所示。

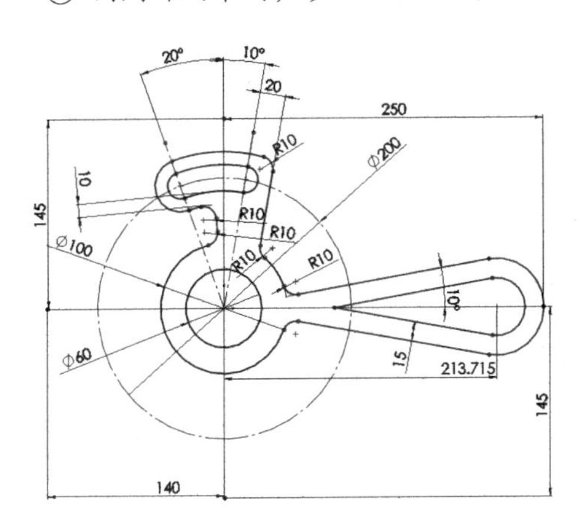

图 2-116　裁剪图形

图 2-117　阵列参数

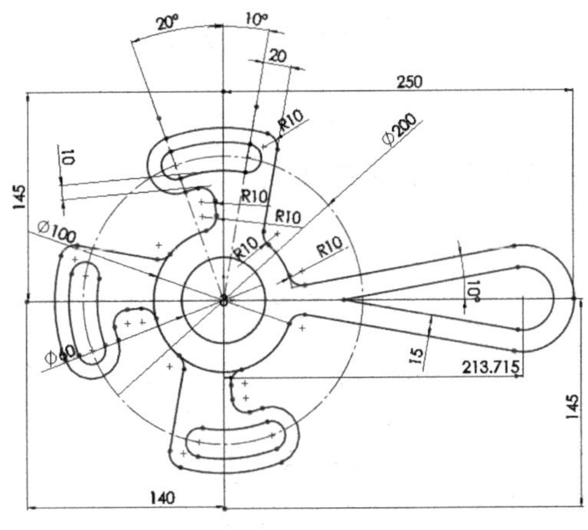

图 2-118　阵列结果

⑮ 剪裁多余的线段和弧线，最终结果如图 2-104 所示。

小结

绘制二维图形是创建三维模型的基础环节。希望读者熟练掌握这些设计工具的用法，为以后学习三维建模奠定良好的基础。学习基本设计工具用法的同时，要充分理解“约束”的含义和设计意义，同时还要掌握提高绘图效率的基本技巧。

无论怎样复杂的二维图形都由直线、圆、圆弧、样条曲线和文本等基本图元组成。系统为每一种图元提供了多种创建方法，在设计时可以根据具体情况进行选择。创建二维图元后，一般都还要使用系统提供的修改、裁剪及复制等工具进一步编辑图元，最后才能获得理想的图形。

习题

1. 简要说明二维图形与三维实体模型之间的关系。
2. 说明“约束”的含义及其在绘制二维图形中的重要作用。
3. 绘制图 2-119 所示端盖草图，并标注尺寸。

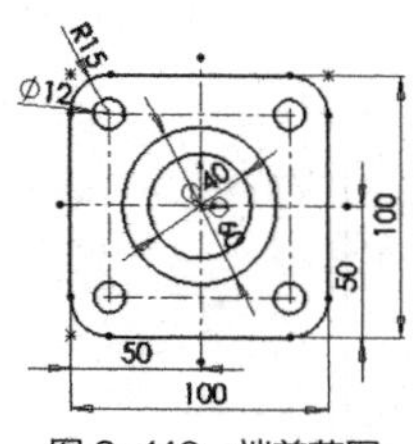

图 2-119 端盖草图

4. 绘制图 2-120 所示旋转手柄草图，并标注尺寸。

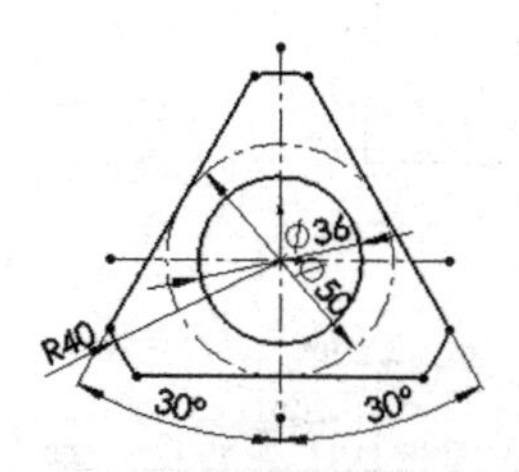

图 2-120 旋转手柄草图

5. 绘制图 2-121 所示座体草图，并标注尺寸。

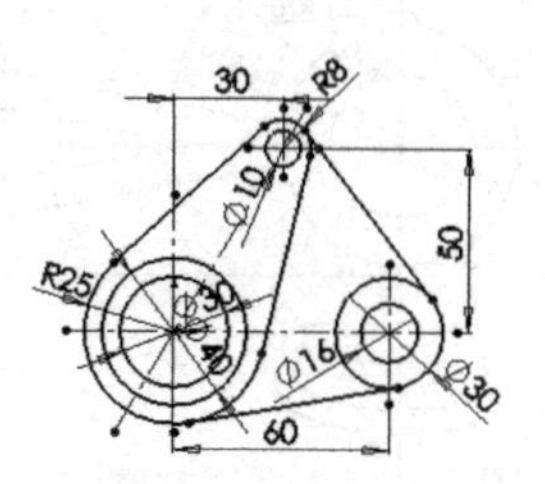

图 2-121 座体草图

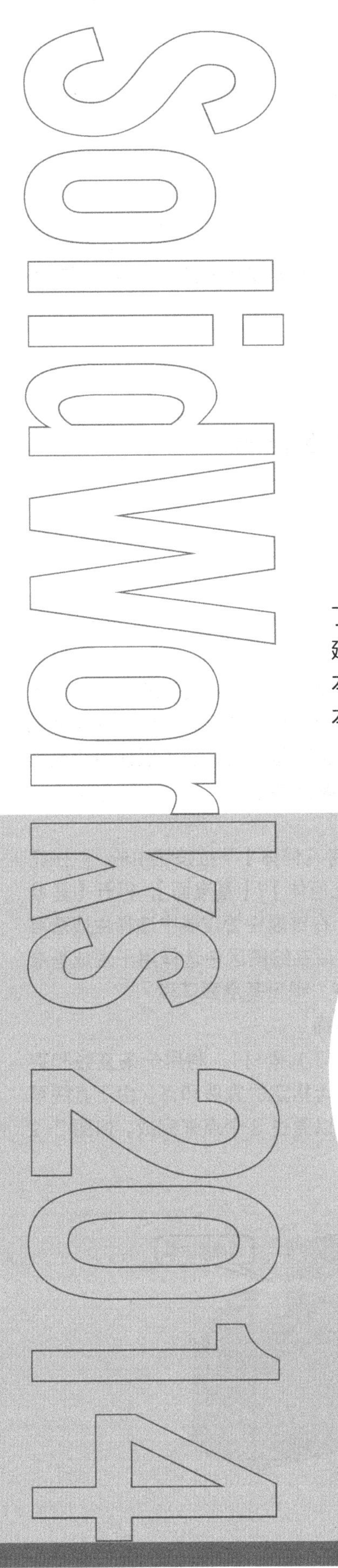

Chapter

3

第 3 章
创建基础实体特征

SolidWorks 2014 设计的基础是三维实体建模，软件提供了很多在草图基础上进行实体建模的工具，每一种工具都可以建立一种具有特殊性质的实体，按照创建的顺序将特征分为基本特征和构造特征两类。最先建立的特征称为基本特征，在基本特征的基础上建立的特征称为构造特征。

【学习目标】

- 熟悉三维实体特征的含义。
- 熟悉创建参考基准面的方法。
- 熟悉创建各种基础实体特征的方法。
- 掌握创建三维模型的一般方法和技巧。

3.1 创建基础实体特征（1）

SolidWorks 将具有特殊性质的实体称为特征。也就是说，特征是单个的加工形状，当把各种特征按照一定的方式组合起来时就形成了各种零件。

3.1.1 知识准备

1. 特征建模原理

SolidWorks 中应用特征造型进行零件设计，大致要遵循以下基本步骤。

（1）进入零件设计模式。

（2）分析零件特征，并确定特征的创建顺序。

（3）创建与修改基本特征。

（4）创建与修改构造特征。

（5）创建好所有特征后，存储零件模型。

2. 创建基准面

参考几何体是较复杂零件建模的参考基准，它主要包括基准面、基准轴、基准点等。灵活地使用这些参考几何体，可以很方便地进行特征设计。参考基准面是用户根据设计需要建立起来的辅助绘图基准面，它可以使用户很方便地生成位于各种不同空间位置的集合结构。

基准面
信息
选取参考引用和约束
第一参考
第二参考
第三参考
选项
反转法线

图 3-1 【基准面】属性管理器

（1）设计工具

在【特征】功能区中单击【参考几何体】下拉按钮中的按钮或选择菜单命令【插入】/【参考几何体】/【基准面】，打开【基准面】属性管理器，如图 3-1 所示。在该属性管理器中选择生成基准面的方式，并完成相应的设置，然后在绘图区中选择用于生成基准面的实体，设置完成后单击按钮，退出基准面环境。

（2）通过“直线/点”创建基准面

打开素材文件“第 3 章/素材/3.1 素材”，利用一条直线和直线外一点创建基准面，此基准面包含指定的直线和点。由于直线可以由两点确定，因此这个方法也可以通过 3 个点来完成，如图 3-2 所示。

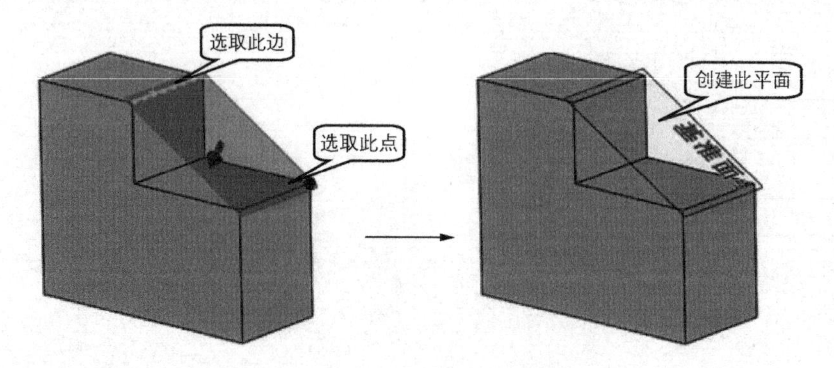

图 3-2 通过“直线/点”创建基准面

通过直线和点创建基准面的步骤如下。

① 在【特征】功能区中单击【参考几何体】下拉按钮中的按钮，打开【基准面】属性管理器，如图 3-3 所示。

② 选择 3 个点或选择一条边和一个顶点。

③ 单击按钮，完成基准面的建立。

建立过程如图 3-4 所示。

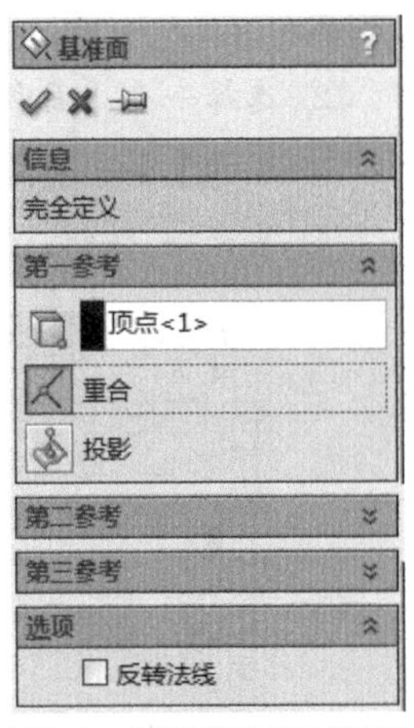

图 3-3 【基准面】属性管理器

(3) 通过“点和平行面”创建基准面

通过点和平行面创建基准面的设计步骤如下。

① 在【特征】功能区中单击【参考几何体】下拉按钮中的按钮，打开【基准面】属性管理器。

② 选取特征的一个面，在【基准面】属性管理器中选取第一参考的约束为【平行】。

③ 激活【第二参考】，选取特征一条边线的中点，设置约束为【重合】。

④ 单击按钮，完成基准面的建立，过程如图 3-5 所示。

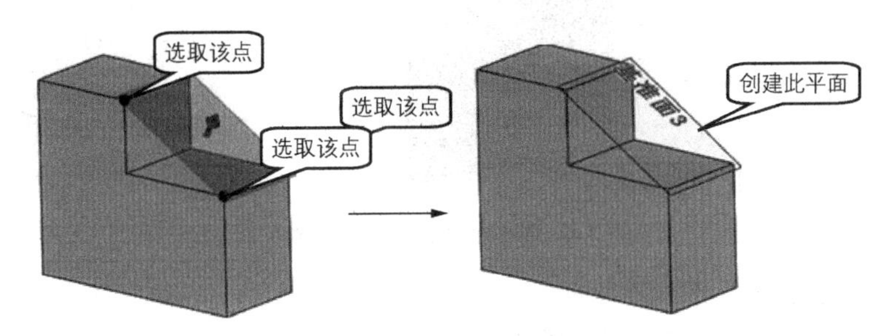

图 3-4 选择三点创建基准面

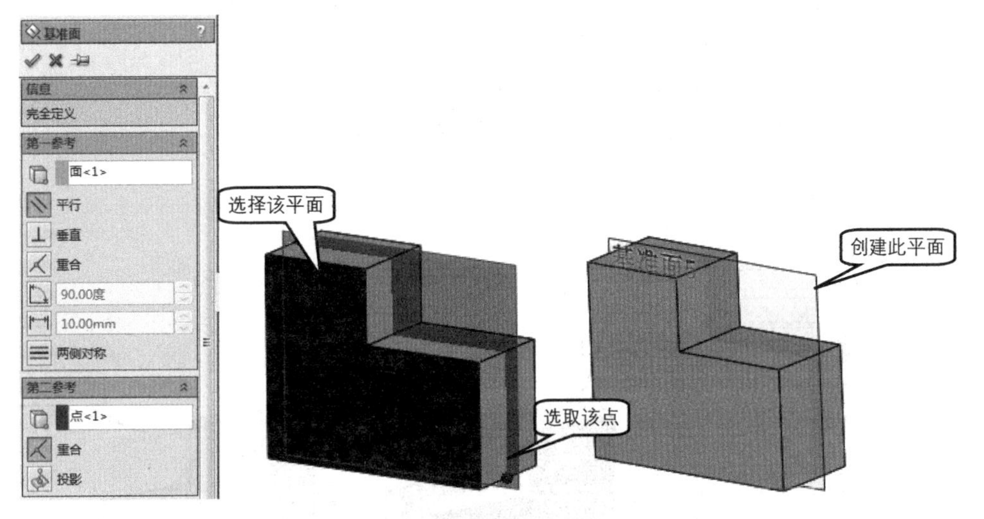

图 3-5 通过“点和平行面”创建基准面

(4) 通过“两面夹角”创建基准面

通过“两面夹角”创建基准面的步骤如下。

① 在【特征】功能区中单击【参考几何体】下拉按钮中的按钮，打开【基准面】属性

管理器。

② 选择一个平面和位于该面上的一边线。

③ 激活【第一参考】栏中的列表框，输入值“30”。在【第二参考】栏中选取【重合】约束。

④ 单击按钮，完成基准面的建立，过程如图 3-6 所示。

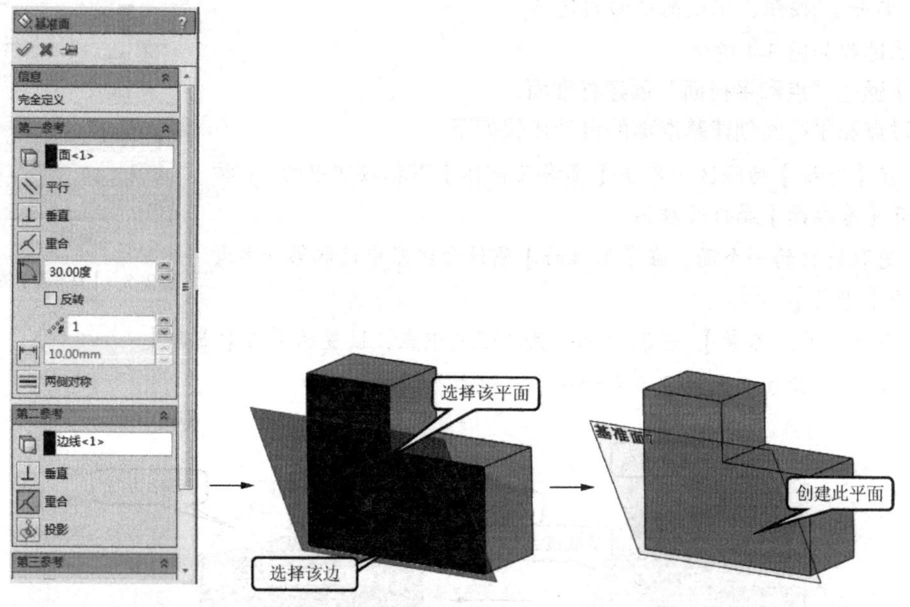

图 3-6 通过“两面夹角”创建基准面

（5）使用“等距距离”创建基准面

使用“等距距离”创建基准面的步骤如下。

① 单击【参考几何体】功能区中的按钮，打开【基准面】属性管理器。

② 在【基准面】属性管理器中单击按钮。

③ 选择一平面，并输入等距距离“10”，然后选择【反转】复选项。

④ 单击按钮，完成基准面的建立，过程如图 3-7 所示。

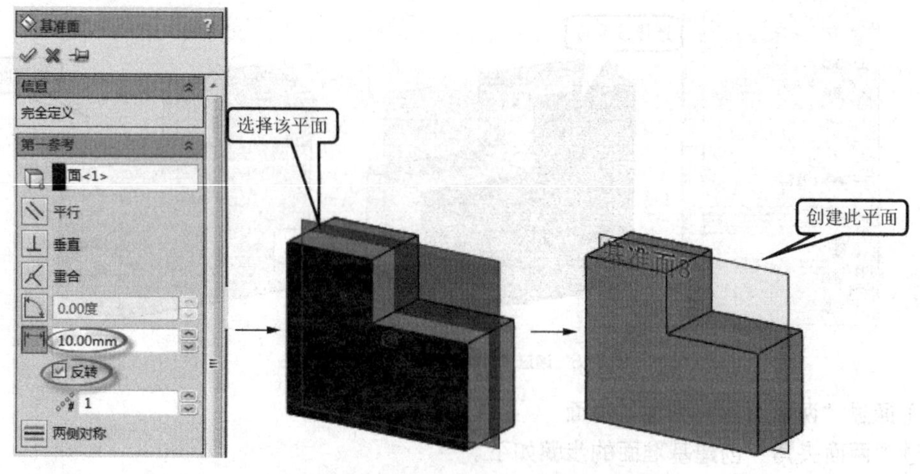

图 3-7 使用“等距距离”创建基准面

3. 拉伸凸台/基体

拉伸凸台/基体就是将草图轮廓沿其绘图平面的法向或者沿指定的方向拉伸，以形成实体特征的造型方法。

下面以图3-8所示的十字轴为例介绍“拉伸凸台/基体”的基本操作步骤。

① 进入零件绘制模式，选择平【前视基准面】作为绘图基准面。

② 单击【草图】功能区中的□按钮，绘制矩形并标注尺寸，结果如图3-9所示。

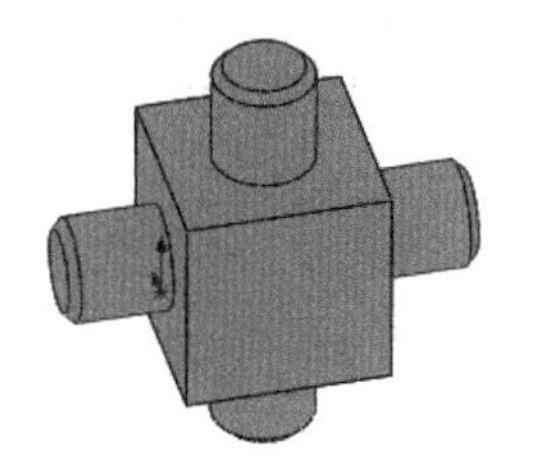

图3-8　十字轴

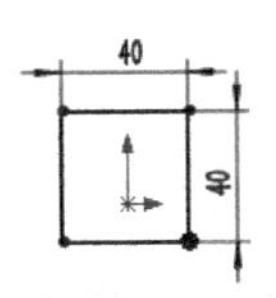

图3-9　绘制矩形

③ 单击【特征】功能区中的（拉伸凸台/基体）按钮，打开【凸台–拉伸】属性管理器，输入深度值“40”，此时绘图区的草图变为拉伸特征的预览状态。单击✓按钮，完成拉伸特征的创建，如图3-10所示。

④ 选择拉伸特征的正面作为绘图基准面，单击【草图】功能区中的⊙按钮，绘制一直径为20的圆，并标注位置尺寸，结果如图3-11所示。

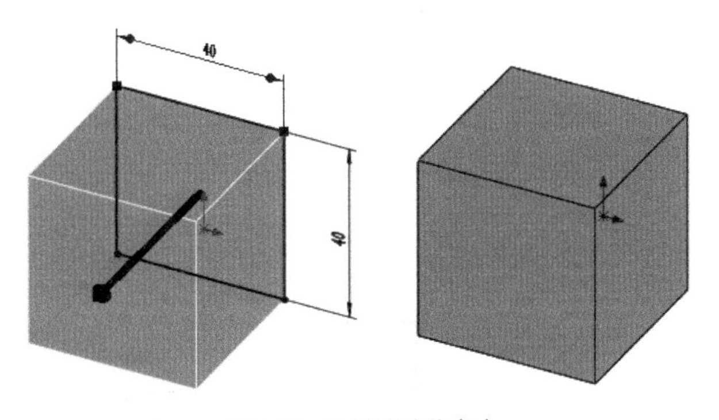

图3-10　创建拉伸实体（1）

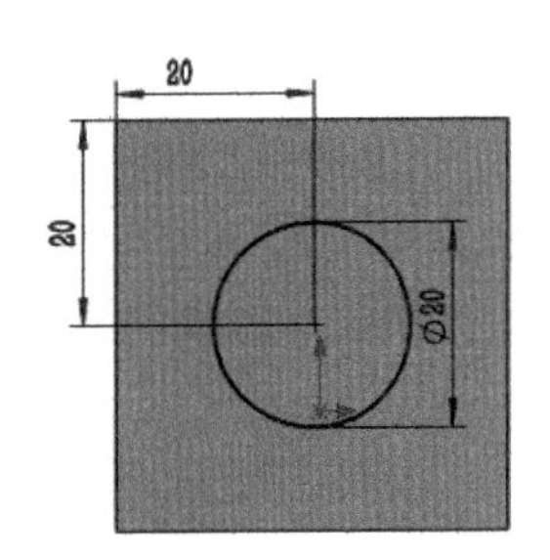

图3-11　绘制圆

⑤ 单击【特征】功能区中的（拉伸凸台/基体）按钮，打开【凸台–拉伸】属性管理器，输入深度值“20”，此时绘图区的草图变为拉伸特征的预览状态。单击✓按钮，完成拉伸特征的创建，结果如图3-12所示。

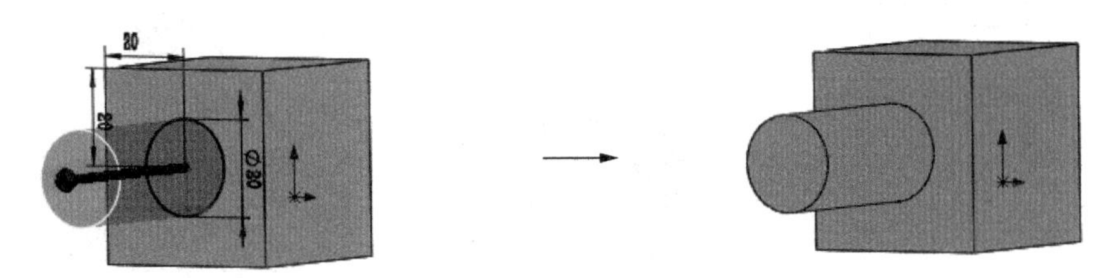

图3-12　创建拉伸实体（2）

⑥ 用同样的方法在其他4个面上添加同样的拉伸特征，结果如图3-13所示。

⑦ 单击【特征】功能区中的按钮，打开【倒角】属性管理器，设定倒角距离值为“2”、角度值为“45”，选择4个圆柱体顶面的边线作为倒角对象，如图3-14所示。

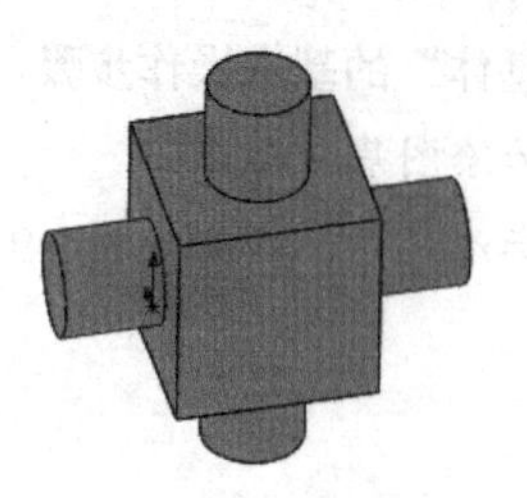
图3-13 创建拉伸实体（3）

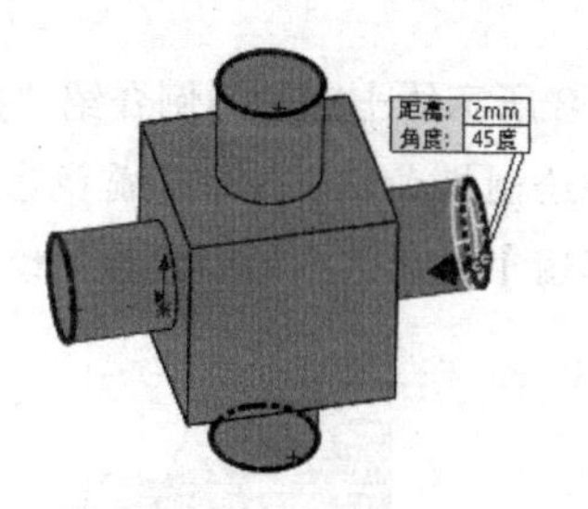

图3-14 创建倒角

⑧ 单击按钮，完成倒角特征的创建，最终结果如图3-8所示。

3.1.2 典型实例——创建基座零件

创建基座零件

下面通过创建图3-15所示的基座零件介绍基准面在实体建模中的应用。

① 进入零件绘制模式，选择【前视基准面】作为绘图基准面。利用草图绘制工具绘制图3-16所示的草图，并标注尺寸。

② 单击【特征】功能区中的（拉伸凸台/基体）按钮，打开【凸台-拉伸】属性管理器，输入深度值“60”，此时绘图区的草图变为拉伸特征的预览状态。单击按钮，完成拉伸特征的创建，如图3-17所示。

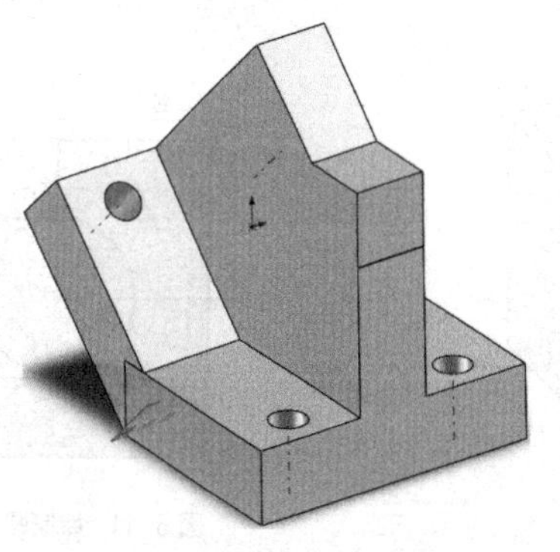
图3-15 基座零件

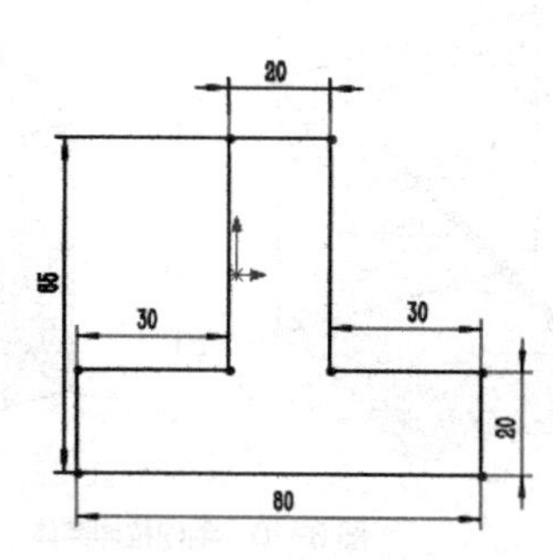

图3-16 绘制草图（1）

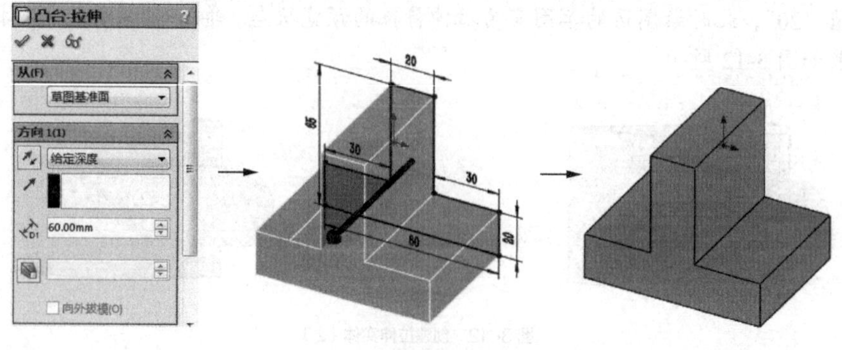

图3-17 创建拉伸实体（1）

③ 单击【参考几何体】下拉按钮中的按钮，选择拉伸特征的一个侧面和其一条边线作为参考，在【基准面】属性管理器中单击按钮，并输入角度值“45”，然后选择【反转】复选项，最后单击按钮，完成基准面的创建，如图3-18所示。

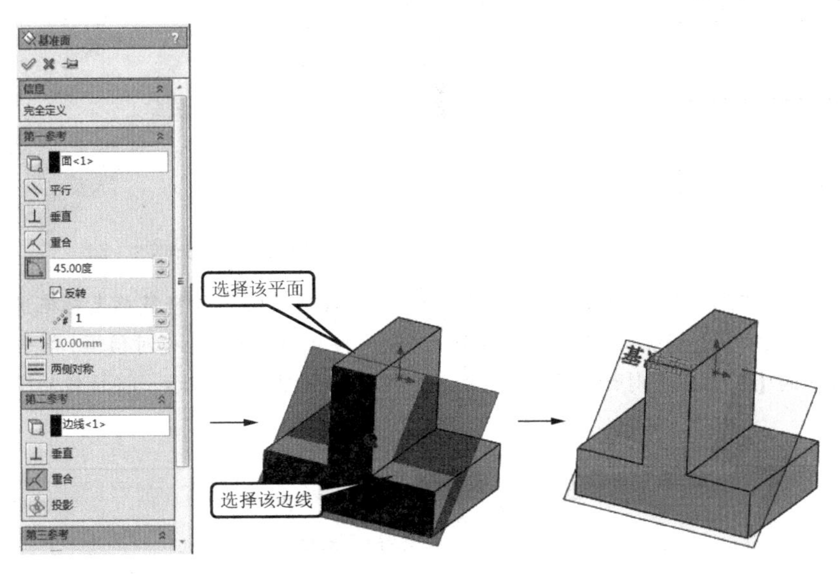

图3-18 创建基准面

④ 选择新建基准面作为绘图基准面，利用草图绘制工具绘制图3-19所示的草图，并标注尺寸。

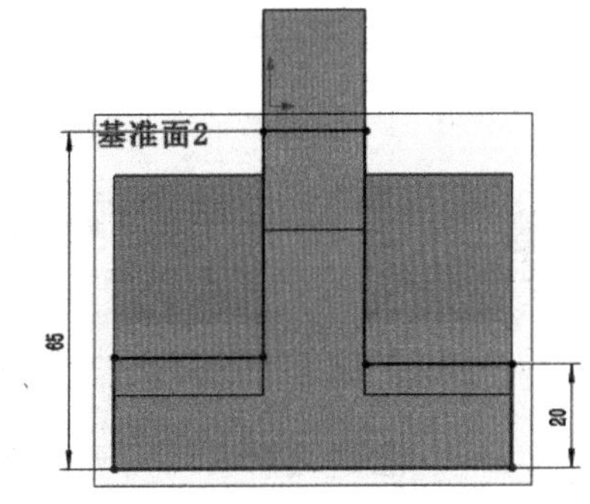

图3-19 绘制草图（2）

⑤ 单击【特征】功能区中的（拉伸凸台/基体）按钮，打开【凸台-拉伸】属性管理器，输入深度值“60”，此时绘图区的草图变为拉伸特征的预览状态。单击按钮，完成拉伸特征的创建，如图3-20所示。

⑥ 选择基座底面作为绘图基准面，利用草图绘制工具绘制图3-21所示的草图，并标注尺寸。完成后单击按钮退出草绘。

⑦ 单击【特征】功能区中的（拉伸切除）按钮，在打开的【切除-拉伸】属性管理器中选择【完全贯穿】，设置完成后单击按钮，完成拉伸切除特征的创建，如图3-22所示。

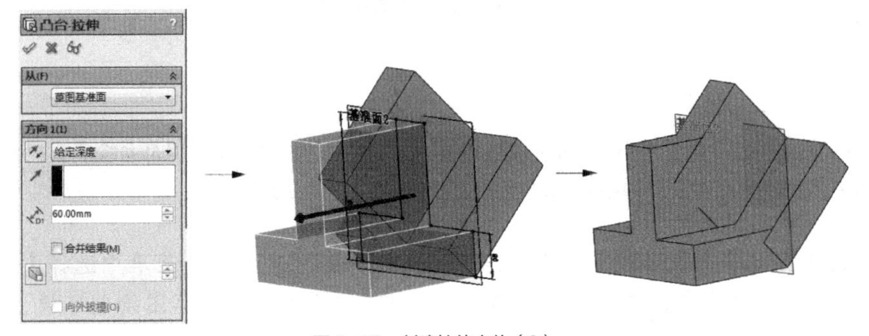

图3-20 创建拉伸实体（2）

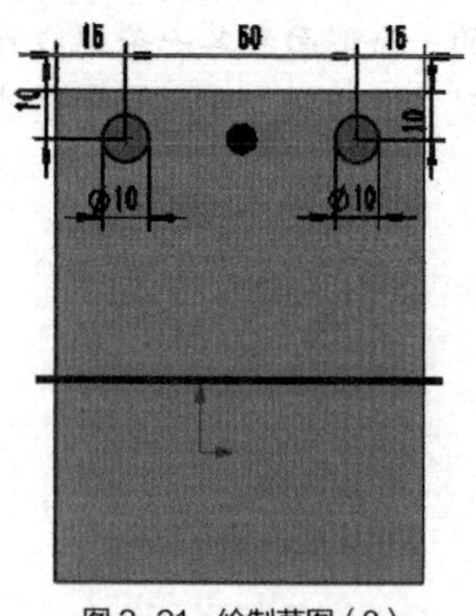

图 3-21 绘制草图（3）

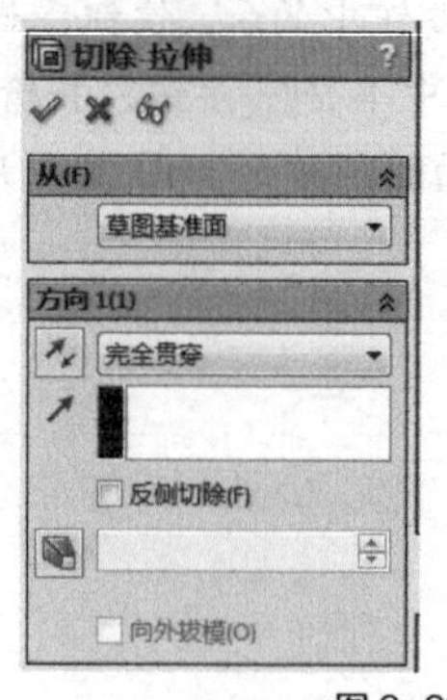

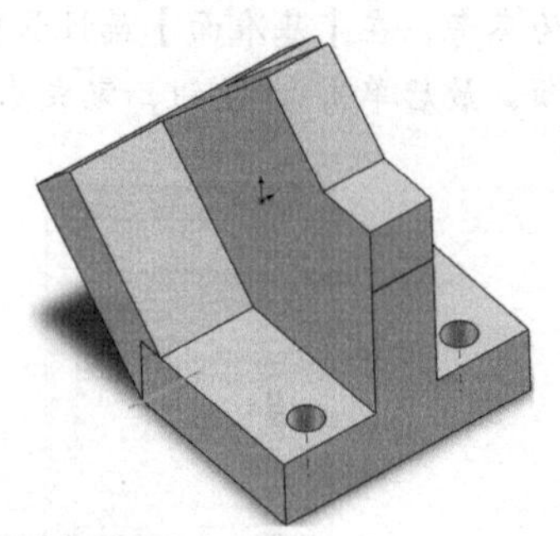

图 3-22 创建拉伸实体（3）

⑧ 在模型树中选择拉伸切除特征，按住Ctrl键，按住鼠标左键将鼠标光标拖曳到基座的另一底面上，系统打开【复制确认】对话框，单击 悬空 按钮后，打开警告对话框，单击 停止并修复(S) 按钮，在打开的【什么错】对话框中单击 关闭(C) 按钮，如图 3-23 所示，将拉伸切除特征复制到基座上。

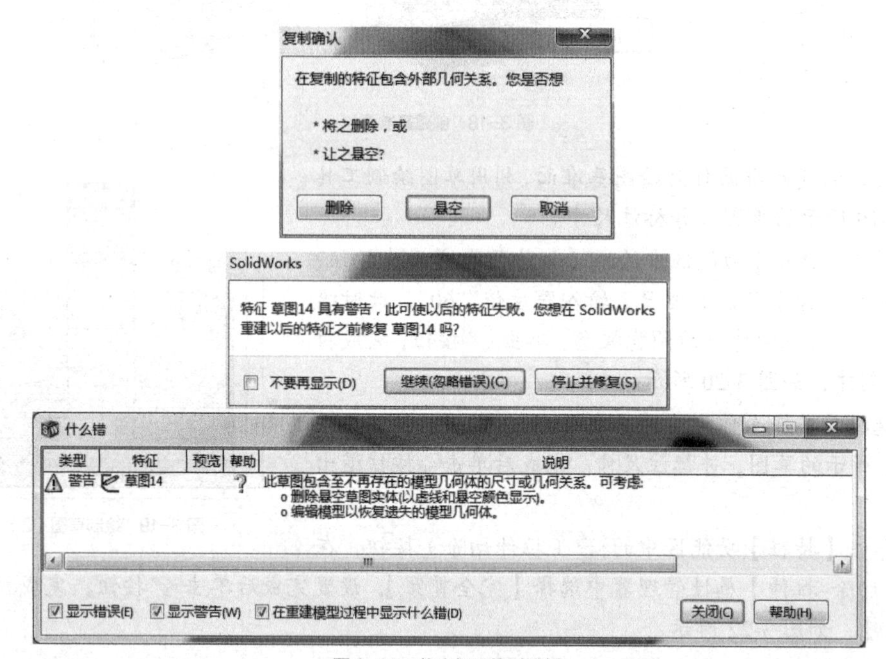

图 3-23 依次打开的对话框

要点提示

由于复制的特征存在位置尺寸不确定的问题，因此它没有在图形中显示，但是系统确实已经将其添加到了模型中，用户可以在设计树中看到已经添加了【切除-拉伸 2】项目。

⑨ 用鼠标右键单击设计树中的【切除-拉伸 2】，在打开的快捷菜单中选择【编辑草图】命令，进入草图编辑状态，修改草图尺寸后，单击 按钮，退出草图绘制环境，完成特征的创建，如图 3-24 所示。

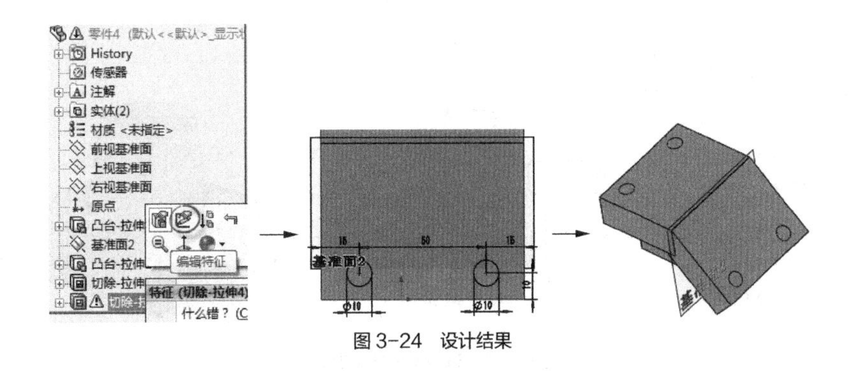

图 3-24 设计结果

3.2 创建基础实体特征（2）

本节将继续介绍创建基础实体特征的一般方法。

3.2.1 知识准备

1. 创建基准轴

参考基准轴用于在一个零件中生成参考基准轴线，用以辅助圆周阵列等。

（1）利用设计工具创建

单击【特征】功能区中【参考几何体】下拉按钮中的按钮或选择菜单命令【插入】/【参考几何体】/【基准轴】，打开图 3-25 所示的【基准轴】属性管理器。

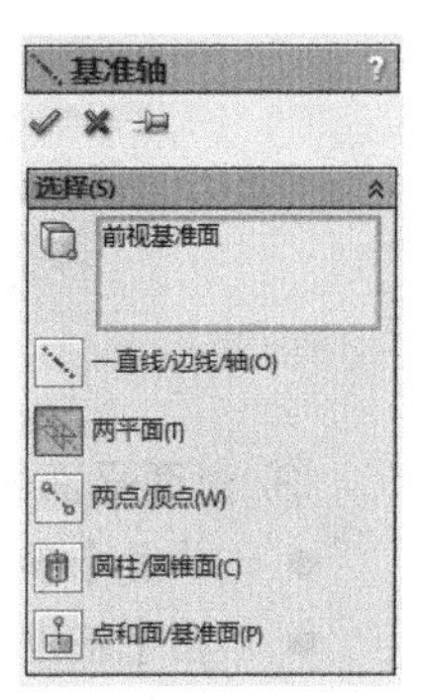

图 3-25 【基准轴】属性管理器

在【基准轴】属性管理器中选择生成基准轴的方式，并完成相应的设置，然后在绘图区选择用于生成基准轴的实体，最后单击按钮完成基准轴的创建。

基准轴的类型及生成基准轴的方式如下。

- ：通过已有的一条直线、模型边线或临时轴生成基准轴。
- ：通过两个平面（可以是两个基准面）的交线生成基准轴。
- ：通过两个空间点（顶点、中点或草图点）生成基准轴。
- ：通过圆柱或圆锥的轴线生成基准轴。
- ：通过空间一点并垂直于空间平面生成基准轴。

（2）使用“直线/边线/轴”为参照创建

① 过边线生成基准轴

- 单击【参考几何体】下拉按钮中的按钮，打开【基准轴】属性管理器。
- 在【基准轴】属性管理器中单击按钮。
- 选择一条边线。
- 单击按钮，完成基准轴的建立。

建立过程如图 3-26 所示。

② 通过临时轴生成基准轴

- 单击【参考几何体】下拉按钮中的按钮，打开【基准轴】属性管理器。
- 在【基准轴】属性管理器中单击按钮。
- 选择菜单命令【视图】/【临时轴】，使临时轴在图形中显示出来。

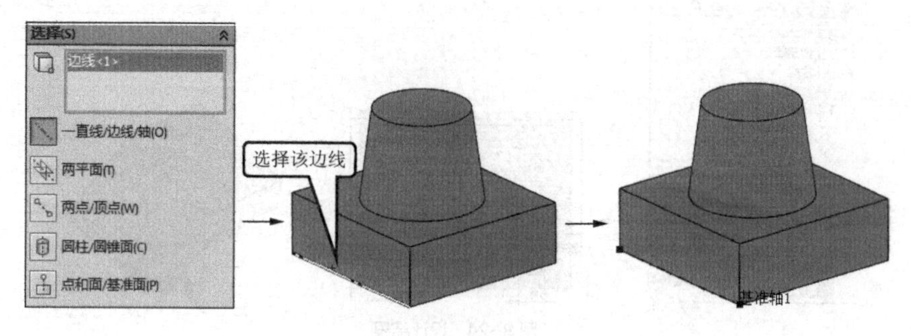

图 3-26　过边线生成基准轴

- 选择临时轴。
- 单击按钮，完成基准轴的建立。

建立过程如图 3-27 所示。

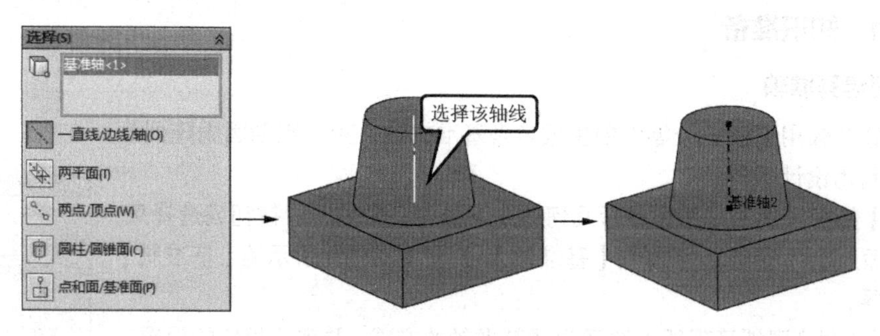

图 3-27　通过临时轴生成基准轴

③ 过两平面的交线创建基准轴

- 单击【参考几何体】下拉按钮中的按钮，打开【基准轴】对话框。
- 在【基准轴】对话框中单击按钮。
- 选择两相交平面。
- 单击按钮，完成基准轴的建立。

建立过程如图 3-28 所示。

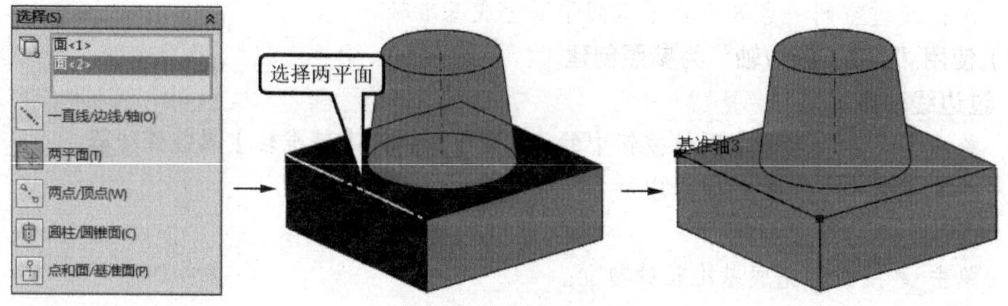

图 3-28　过两平面的交线创建基准轴

④ 过两点/顶点创建基准轴

- 单击【参考几何体】下拉按钮中的按钮，打开【基准轴】属性管理器。
- 在【基准轴】属性管理器中单击按钮。
- 选择两个顶点。

● 单击✔按钮，完成基准轴的建立。

建立过程如图 3-29 所示。

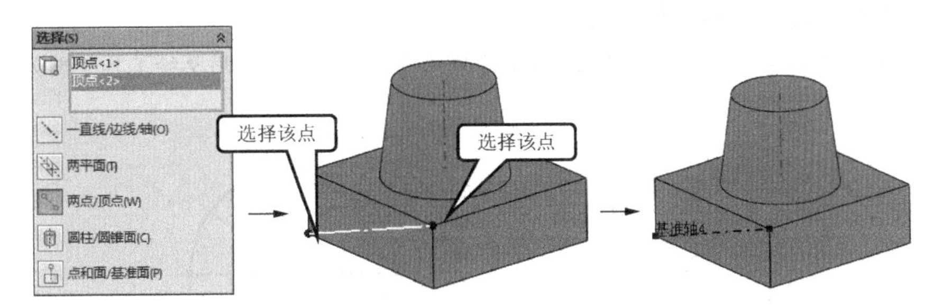

图 3-29 过两点/顶点创建基准轴

⑤ 通过圆柱/圆锥面创建基准轴

● 单击【参考几何体】下拉按钮中的按钮，打开【基准轴】属性管理器。
● 在【基准轴】属性管理器中单击按钮。
● 选择圆锥面。
● 单击✔按钮，完成基准轴的建立。

建立过程如图 3-30 所示。

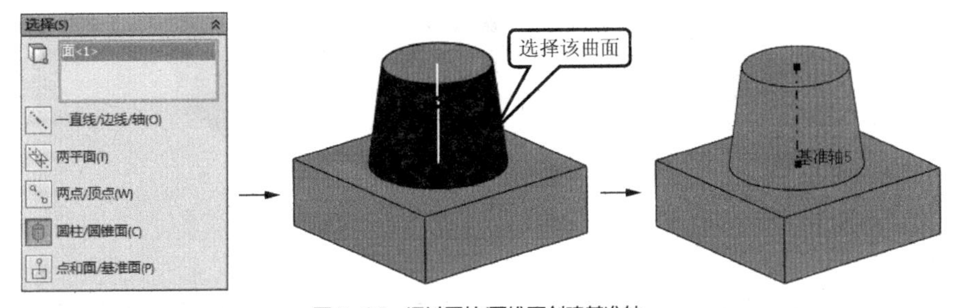

图 3-30 通过圆柱/圆锥面创建基准轴

⑥ 通过点和面/基准面创建基准轴

● 单击【参考几何体】下拉按钮中的按钮，打开【基准轴】属性管理器。
● 在【基准轴】属性管理器中单击按钮。
● 选择一平面和一个顶点。
● 单击✔按钮，完成基准轴的建立。

建立过程如图 3-31 所示。

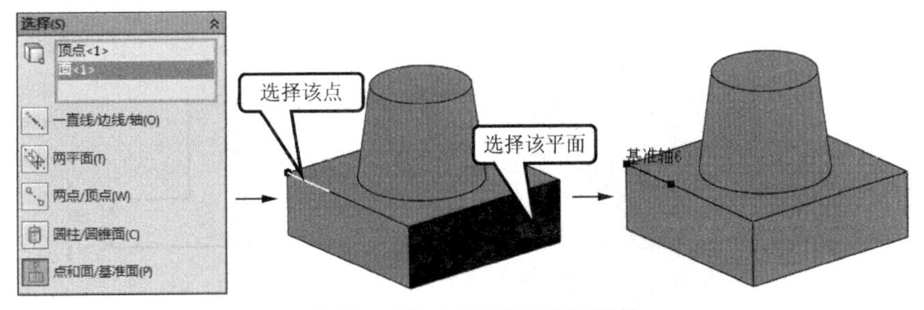

图 3-31 通过点和面/基准面创建基准轴

2. 旋转凸台/基体建模

旋转是将草图轮廓绕轴心旋转来生成实体的特征造型方法。下面以图 3-32 所示的球为例来介绍旋转凸台/基体建模的基本操作步骤。

① 进入零件绘制模式，选择【前视基准面】作为绘图基准面。利用草绘工具绘制如图 3-33 所示的草图。

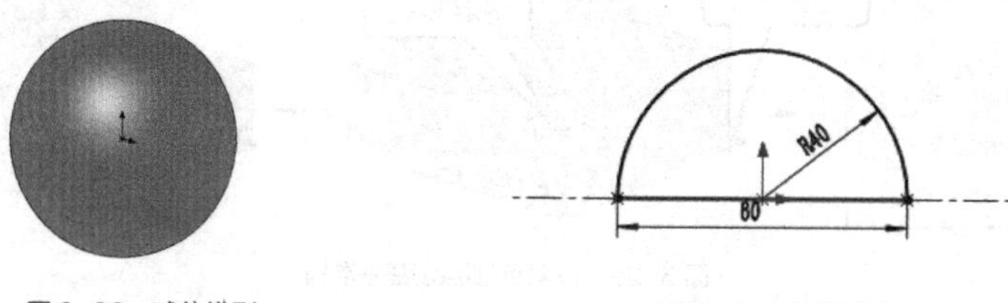

图 3-32 球体模型　　图 3-33 绘制草图

② 单击【特征】功能区中的按钮，打开【旋转】属性管理器，此时绘图区的草图变为旋转特征的预览状态。

③ 在【旋转】属性管理器中选择中心线作为旋转轴，方向为【给定深度】，并输入角度值“360”，然后单击按钮，完成旋转特征的创建，如图 3-34 所示。

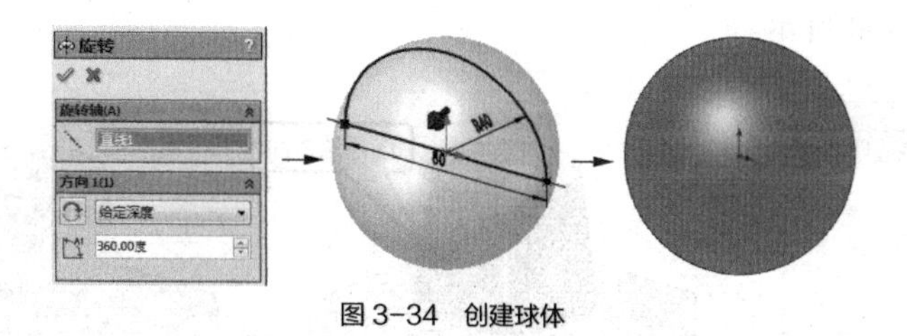

图 3-34 创建球体

要点提示

在进行旋转之前，须确保草图图形封闭，并且不能有多余或重复的线条，草图中也只能有一条中心线。

3.2.2 典型实例——创建法兰盘零件

下面通过创建图 3-35 所示的法兰盘零件来介绍基准轴在实体建模中的应用。

① 进入零件绘制模式，选择【前视基准面】作为绘图基准面。

② 利用草图绘制工具绘制图 3-36 所示的草图，并标注尺寸。

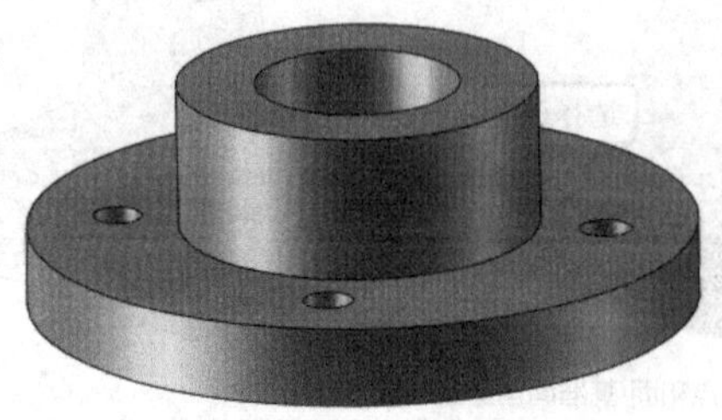

图 3-35 法兰盘零件

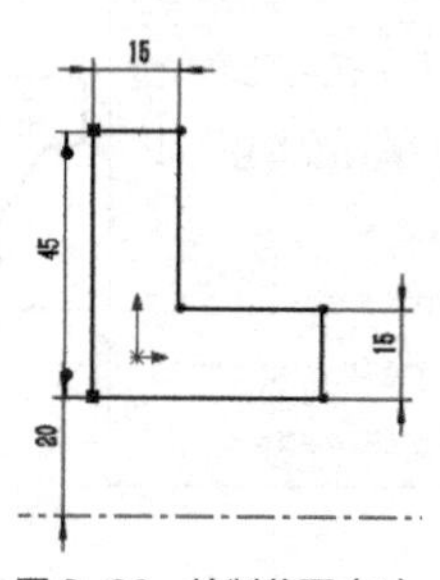

图 3-36 绘制草图（1）

③ 单击【特征】功能区中的 （旋转凸台/基体）按钮，打开【旋转】属性管理器，选择中心线作为旋转轴，选择草图作为轮廓，绘图区中的草图变为旋转特征的预览状态。单击 按钮，完成旋转特征的创建，如图 3-37 所示。

④ 选择法兰盘的端面作为绘图基准面，利用草图绘制工具绘制图 3-38 所示的草图，并标注尺寸。

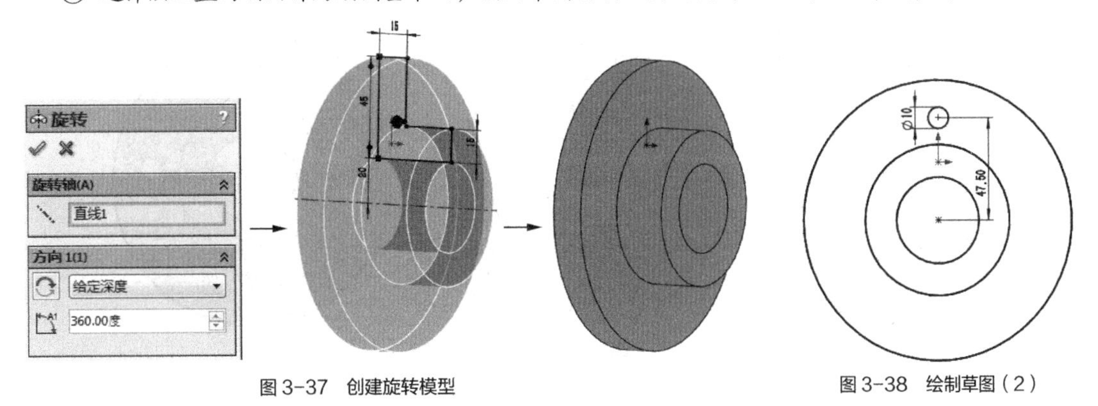

图 3-37 创建旋转模型

图 3-38 绘制草图（2）

⑤ 单击【特征】功能区中的 （拉伸切除）按钮，在打开的【切除-拉伸】属性管理器中选择切除方式为【完全贯穿】。单击 按钮，完成拉伸切除特征的创建，如图 3-39 所示。

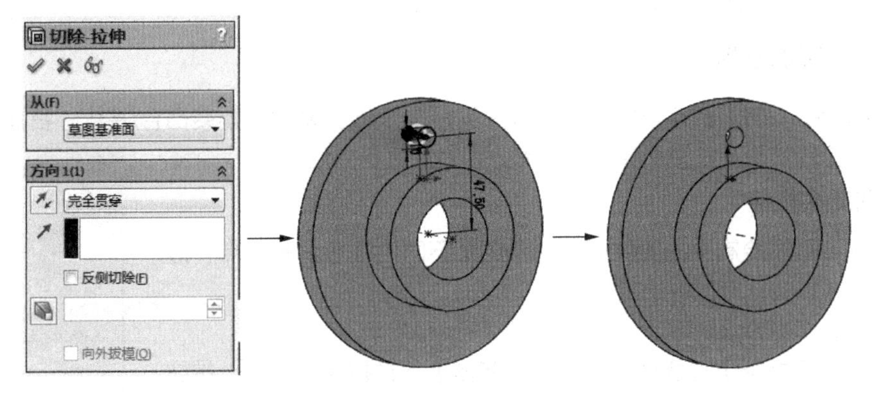

图 3-39 创建拉伸切除特征

⑥ 单击【参考几何体】下拉按钮中的 按钮，打开【基准轴】属性管理器，选择外圆面后，单击 按钮，完成基准轴的建立，如图 3-40 所示。

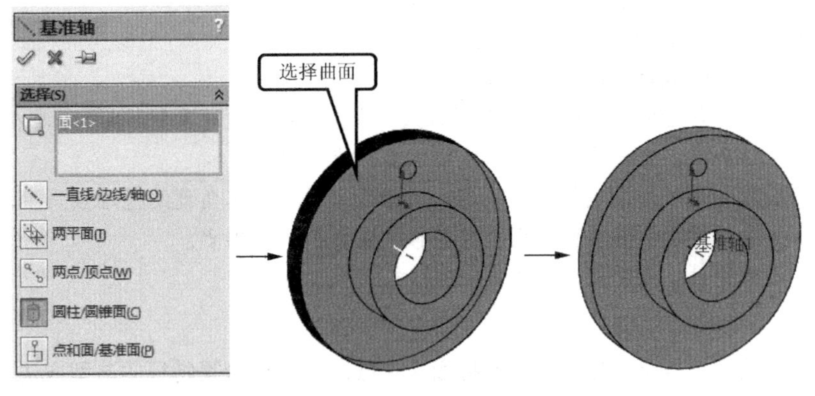

图 3-40 创建基准轴

⑦ 单击【特征】功能区中的 （圆周阵列）按钮，在打开的【圆周阵列】属性管理器中选择“基准轴 1”作为阵列轴，修改阵列个数为“4”，选择拉伸切除特征为阵列实体。单击 按钮，完成圆周阵列特征的创建，如图 3-41 所示，最终结果如图 3-35 所示。

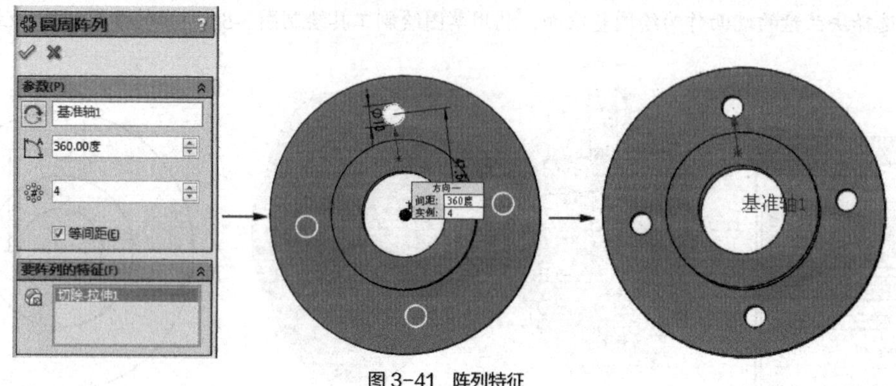

图 3-41 阵列特征

3.3 创建基础实体特征（3）

下面介绍扫描和放样等基础实体特征的创建方法。

3.3.1 知识准备

SolidWorks 2014 的基础特征造型方法包括拉伸凸台/基体、旋转凸台/基体、扫描、放样、拉伸切除、旋转切除及扫描切除等，下面分别对其进行介绍。

1. 创建基准点

基准点与草图绘制中的实体点是两个完全不同的概念，基准点一般用作草图绘制和特征造型中的定位参考。

生成基准点的方法如下。

（1）单击【特征】功能区中【参考几何体】下拉按钮中的 按钮或选择菜单命令【插入】/【参考几何体】/【基准点】，打开图 3-42 所示的【点】属性管理器。

（2）在【点】属性管理器中选择生成基准点的方式，并完成相应的设置，然后在绘图区选择用于生成基准点的实体。

（3）单击 按钮，完成基准点的创建。

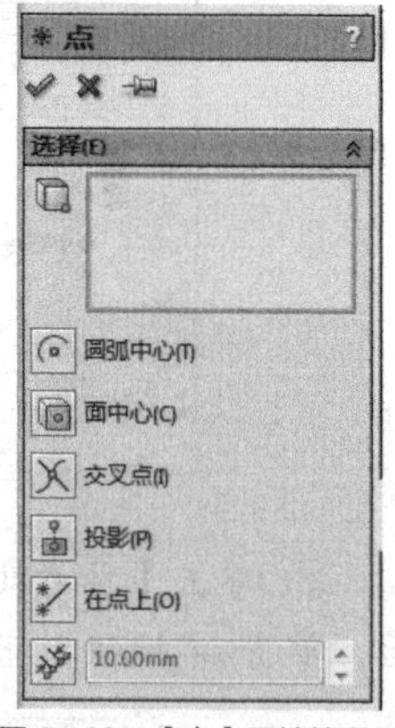

图 3-42 【点】属性管理器

基准点的类型及生成基准点的方式如下。

- ：通过一条边线、轴线或草图直线以及一个点，或者通过 3 个点生成基准点。
- ：通过一个点生成平行于一基准面的基准点。
- ：生成通过一边线或轴线，并与一个面或基准成一定角度的基准点。
- ：生成平行于一基准面或面，并偏移指定距离的基准点。
- ：生成通过一点垂直于一边线、轴线或曲线的基准点。

2. 扫描

扫描是通过沿着一条路径移动轮廓或截面来生成基体、凸台等特征的造型方法。

下面以图 3-43 所示的内六角扳手为例来说明简单扫描的操作步骤。

① 进入零件绘制模式，选择【前视基准面】作为绘图基准面。

② 单击【草图】功能区中的⊙按钮，以原点为中心绘制一个六边形。在【多边形】属性管理器中将边数设为“6”，选择【内切圆】单选项，并输入直径值“12”，如图3-44所示。

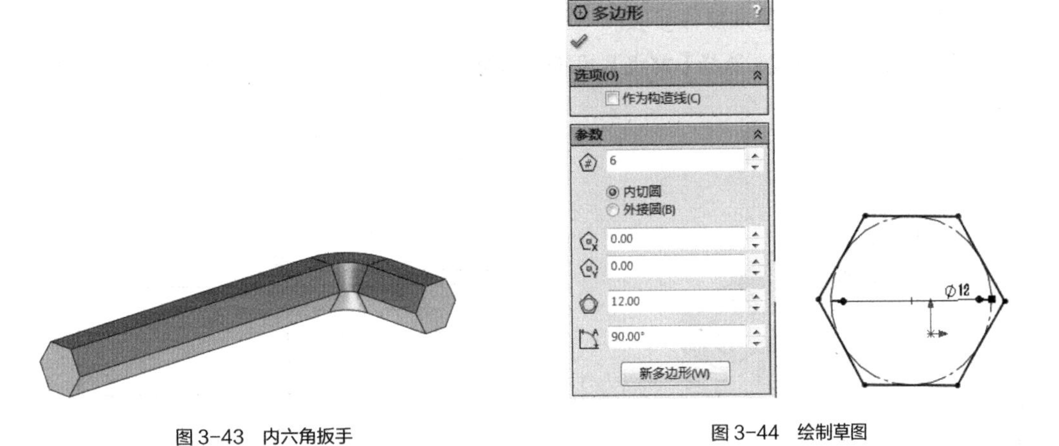

图3-43　内六角扳手　　　　图3-44　绘制草图

③ 选择【上视基准面】作为绘图基准面，单击按钮，结果如图3-45所示。

④ 利用草绘工具绘制轨迹线，并标注尺寸，结果如图3-46所示。

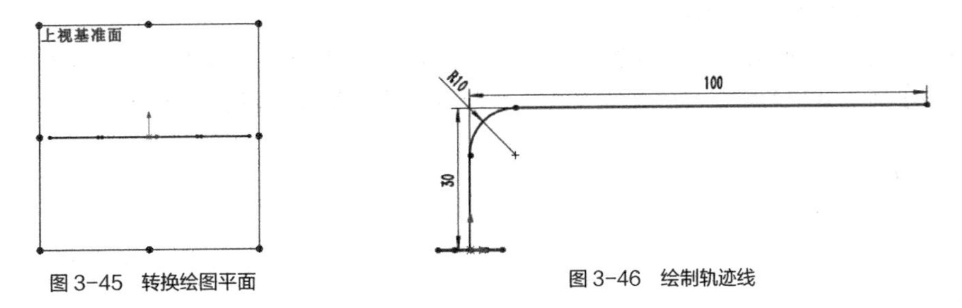

图3-45　转换绘图平面　　　　图3-46　绘制轨迹线

⑤ 单击【特征】功能区中的 扫描 按钮，在打开的【扫描】属性管理器中选择六边形作为轮廓，选择另一草图作为扫描路径，然后单击✔按钮，完成扫描特征的创建，如图3-47所示。

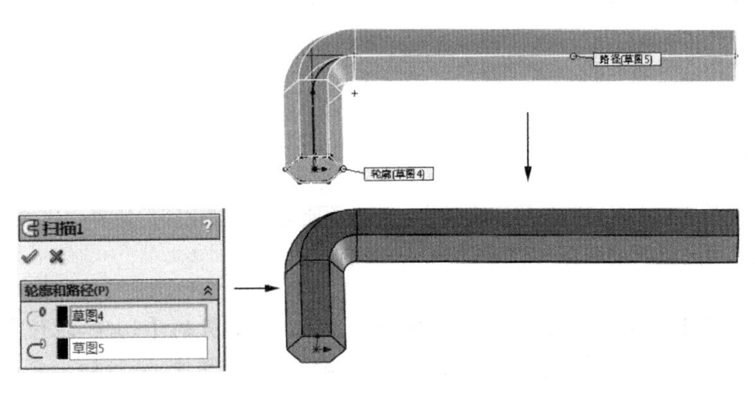

图3-47　创建扫描

3. 切除

在特征造型中，可采用拉伸、旋转、扫描等切除方法去除已有实体的部分材料。

（1）拉伸切除

拉伸切除是采用拉伸的方法去除已有实体部分材料的特征造型方法。下面以图 3-48 所示的接头为例介绍拉伸切除的基本操作步骤。

① 进入零件绘制模式，选择【前视基准面】作为绘图基准面，利用草图绘制工具绘制图 3-49 所示的草图。

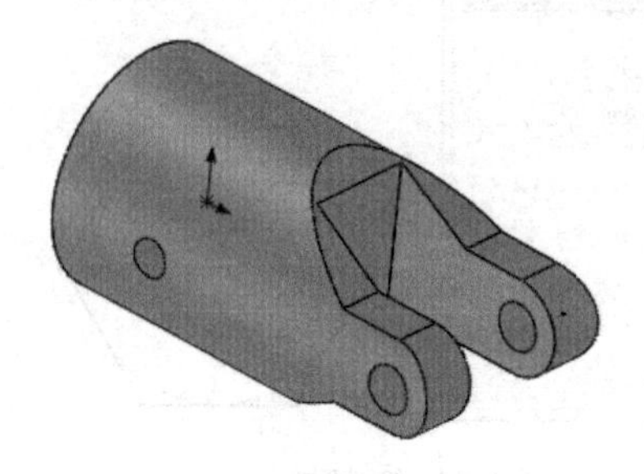

图 3-48 接头

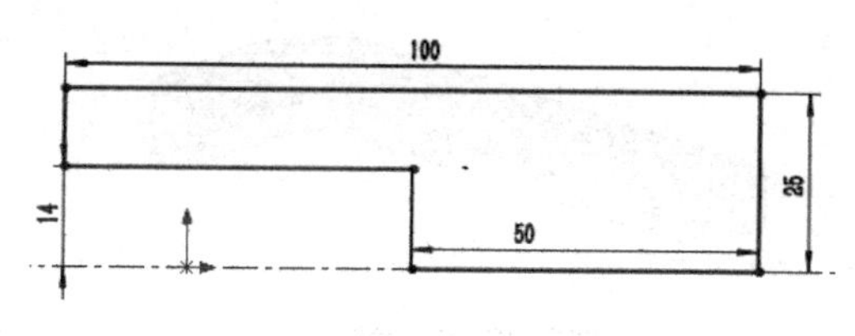

图 3-49 绘制草图（1）

② 单击【特征】功能区中的（旋转凸台/基体）按钮，打开【旋转】属性管理器，选择中心线作为旋转轴，选择草图作为轮廓，此时绘图区的草图变为旋转特征的预览状态。单击按钮，完成旋转特征的创建，如图 3-50 所示。

③ 选择实体模型的前端面作为绘图基准面，分别单击按钮和按钮，进入草图绘制环境，单击【草图】功能区中的按钮，绘制矩形，并标注尺寸，结果如图 3-51 所示。

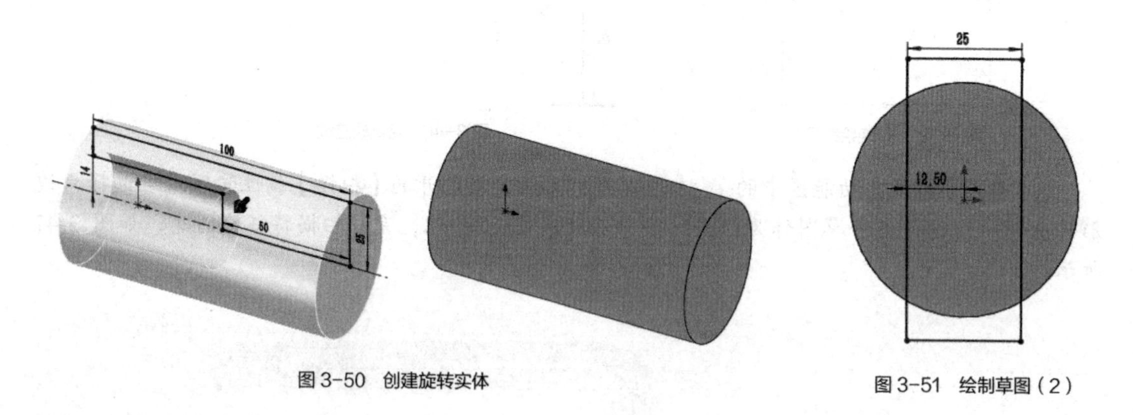

图 3-50 创建旋转实体

图 3-51 绘制草图（2）

要点提示

此时绘制矩形的长边并不需要标注精确的尺寸，但必须使得长边超出圆的边界，这样才能保证将圆柱体在直径方向上完全切割。

④ 单击【特征】功能区中的（拉伸切除）按钮，在打开的【切除-拉伸】属性管理器中选择拉伸切除方式为【给定深度】，并输入深度值“45”，然后单击按钮，完成拉伸切除特征的创建，如图 3-52 所示。

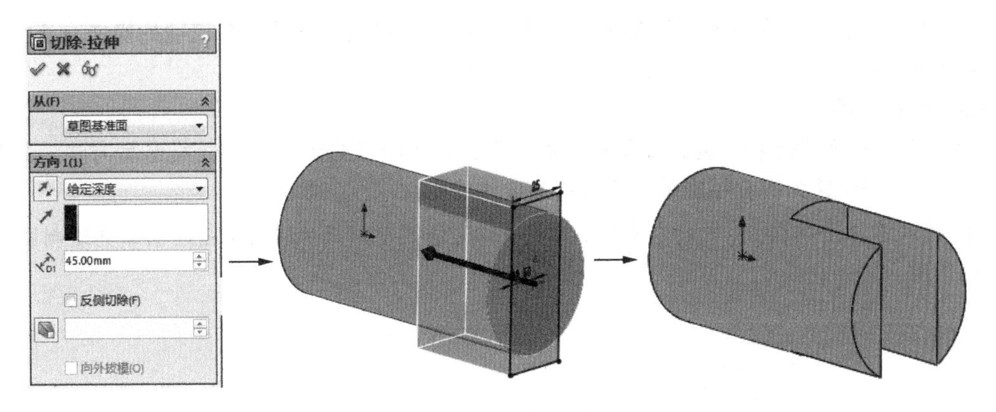

图 3-52 拉伸切除结果（1）

⑤ 选择【前视基准面】作为绘图基准面，然后单击按钮，利用草图绘制工具绘制图 3-53 所示的草图，并标注尺寸。

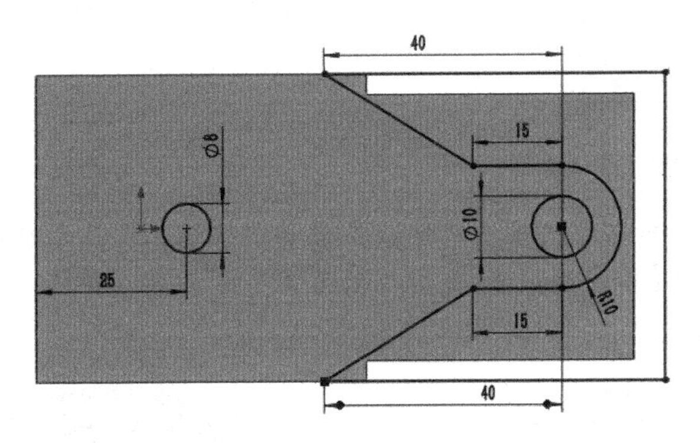

图 3-53 绘制草图（3）

⑥ 单击【特征】功能区中的（拉伸切除）按钮，在打开的【切除-拉伸】属性管理器中选择【方向 2】复选项，并选择【方向 1】和【方向 2】栏中的切除方式都为【完全贯穿】，如图 3-54 所示，然后单击按钮，完成拉伸切除特征的创建，最终结果如图 3-48 所示。

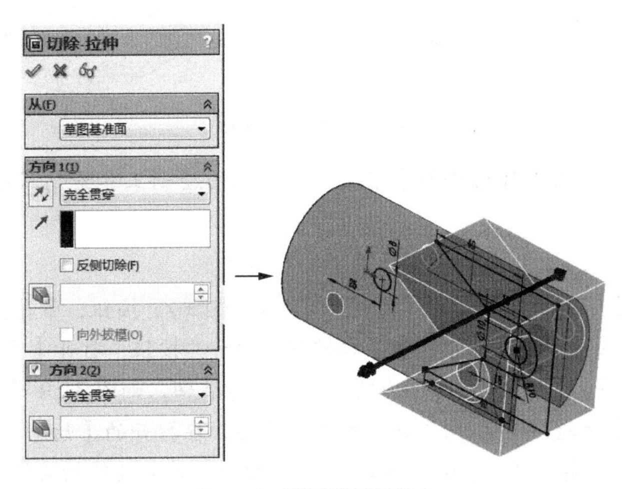

图 3-54 拉伸切除结果（2）

【切除–拉伸】属性管理器中各选项的操作与【拉伸】属性管理器中各选项的操作方法类似，读者可以参照学习。

（2）旋转切除

旋转切除是通过绕中心线旋转草图来对已有的实体特征去除材料的特征造型方法。下面以图 3-55 所示的带轮为例介绍旋转切除的基本操作步骤。

① 进入零件绘制模式，选择【前视基准面】作为绘图基准面，利用草图绘制工具绘制图 3-56 所示的草图。

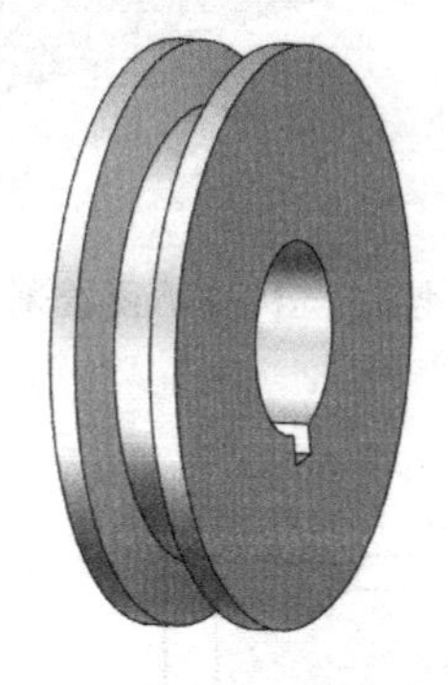

图 3-55 带轮

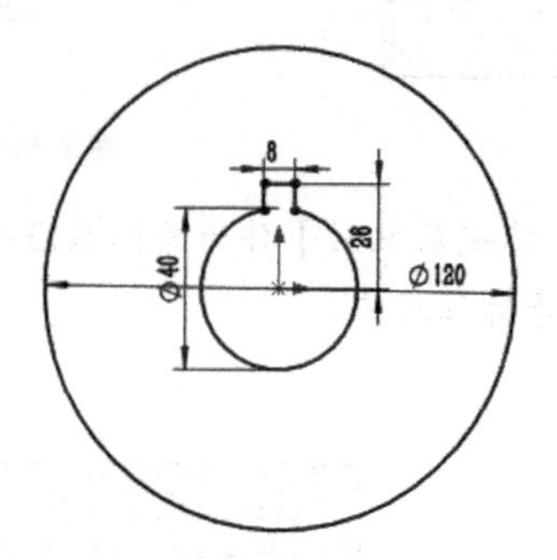

图 3-56 绘制草图（1）

② 单击【特征】功能区中的（拉伸凸台/基体）按钮，在打开的【凸台–拉伸】属性管理器中选择拉伸方式为【给定深度】，并输入深度值“30”，然后单击按钮，完成拉伸特征的创建，如图 3-57 所示。

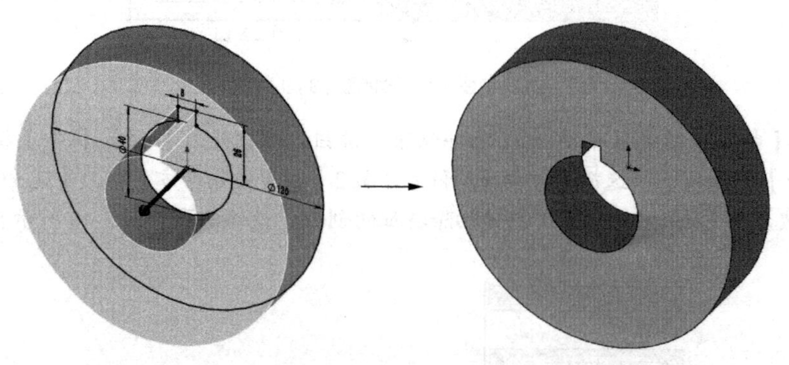

图 3-57 创建拉伸实体

③ 选择【右视基准面】作为绘图基准面，利用草图绘制工具绘制草图并标注尺寸，结果如图 3-58 所示。

④ 单击绘图区右上角的按钮，退出草图绘制环境。

⑤ 单击【视图】下拉菜单，单击【临时轴】 临时轴(X) 按钮，带轮显示出临时轴线。或者单击【特征】功能区中【参考几何体】下拉按钮中的按钮，打开【基准轴】属性管理器，选择圆柱体的外圆面后，单击按钮，为圆柱体添加基准轴，如图 3-59 所示。

⑥ 单击【特征】功能区中的（旋转切除）按钮，在打开的【切除–旋转】属性管理器中选择【单向】，并输入旋转角度“360”，然后单击按钮，完成旋转切除特征的创建，如图 3-60 所示。

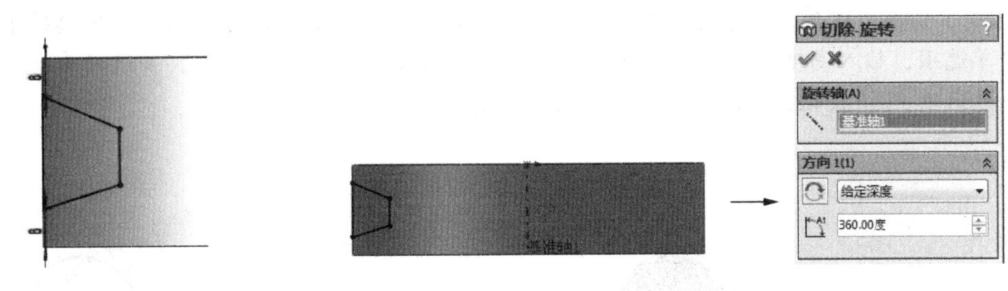

图3-58　绘制草图（2）　　图3-59　创建基准轴

（3）扫描切除

扫描切除是沿着一条路径移动轮廓或截面来切除实体的特征造型方法。下面以图3-61所示的螺杆为例来介绍扫描切除的基本操作步骤。

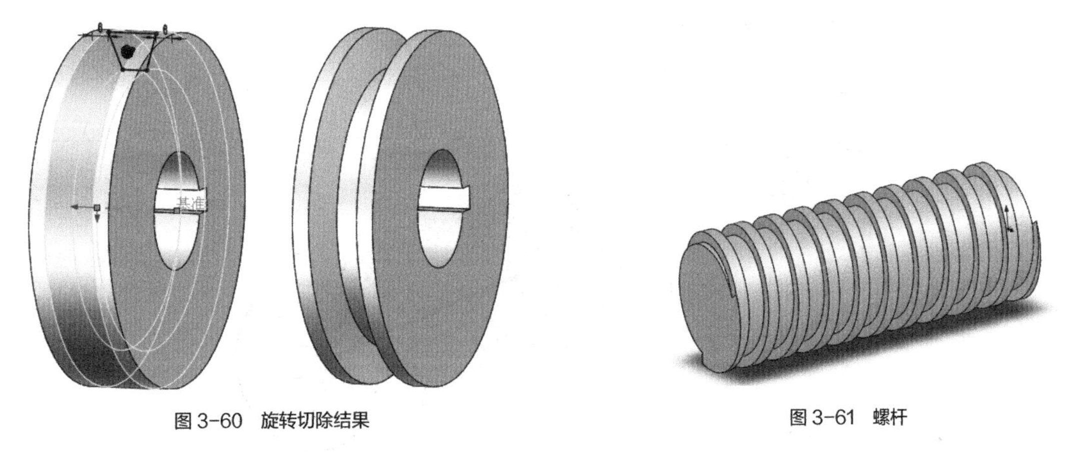

图3-60　旋转切除结果　　图3-61　螺杆

① 进入零件绘制模式，选择【前视基准面】作为绘图基准面，利用草图绘制工具绘制图3-62所示的草图。

② 单击【特征】功能区中的（拉伸凸台/基体）按钮，在打开的【凸台-拉伸】属性管理器中选择拉伸方式为【给定深度】，并输入深度值“80”，然后单击按钮，完成拉伸特征的创建，结果如图3-63所示。

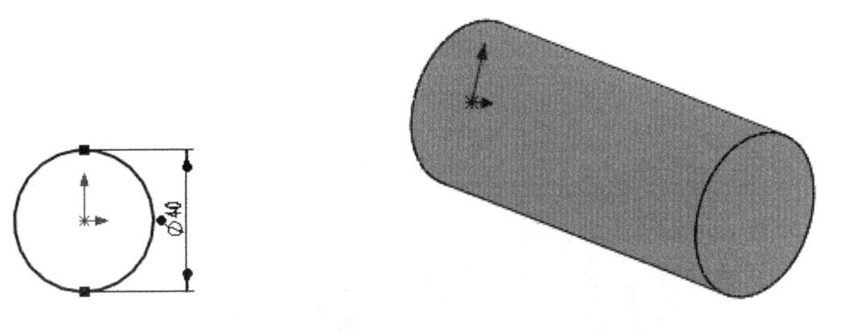

图3-62　绘制草图（1）　　图3-63　创建拉伸实体

③ 选择模型端面作为绘图基准面，如图3-64所示，然后单击按钮，进入草绘环境。

④ 选择外圆轮廓线后，单击【草图】功能区中的（转换实体引用）按钮，得到一圆，结果如图3-65所示。

⑤ 选择步骤④创建的圆，选择菜单命令【插入】/【曲线】/【螺旋线/涡状线】，打开【螺旋

线/涡状线】属性管理器，在【定义方式】栏中选择【高度和螺距】，在【参数】栏中选择【恒定螺距】单选项，输入高度值“100”、螺距值“10”，设定起始角度为“135”，并选择【反向】复选项，然后单击✓按钮，完成螺旋线的插入，如图 3-66 所示。

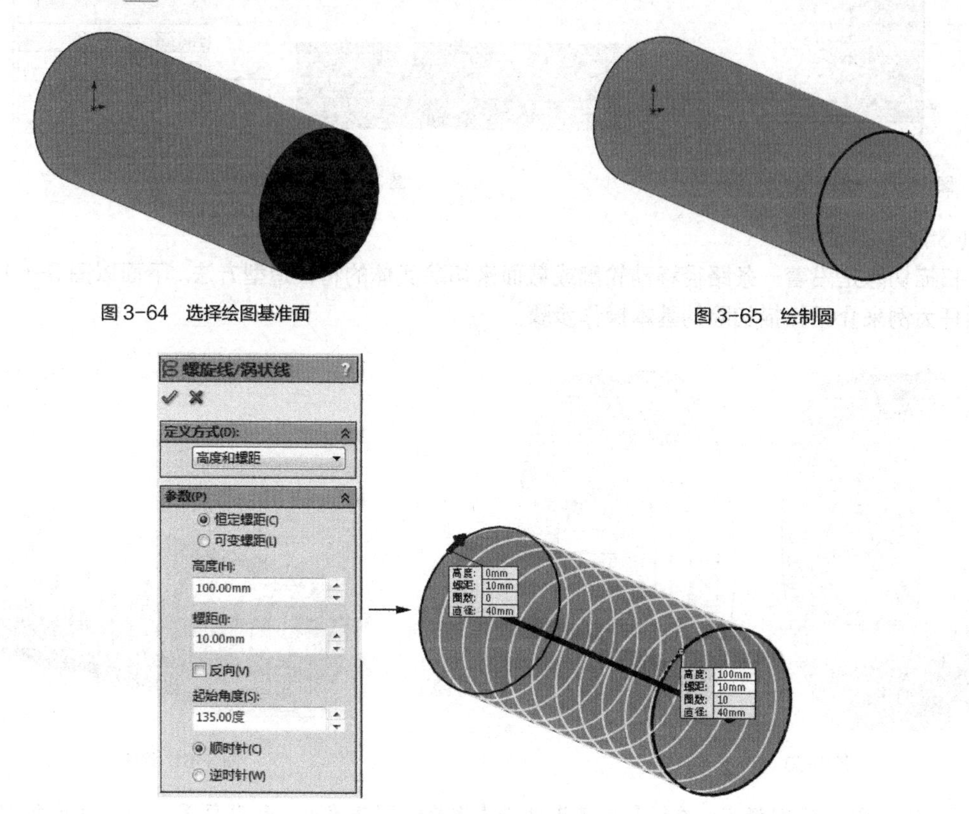

图 3-64　选择绘图基准面

图 3-65　绘制圆

图 3-66　创建螺旋线

⑥ 单击【特征】功能区中【参考几何体】下拉按钮中的按钮，选择螺旋线及其一个端点，然后单击✓按钮，完成基准面的创建，如图 3-67 所示。

⑦ 选择新建的基准面作为绘图基准面，绘制图 3-68 所示的草图。

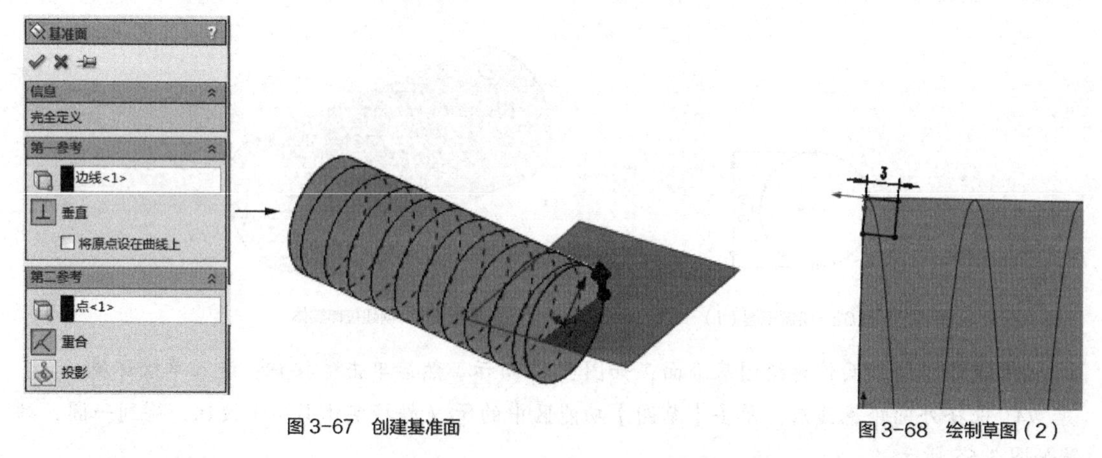

图 3-67　创建基准面

图 3-68　绘制草图（2）

⑧ 单击【特征】功能区中的扫描切除按钮，打开【切除-扫描】属性管理器，选择新绘制的

草图作为轮廓，选择螺旋线作为路径，此时绘图区出现预览视图，然后单击✔按钮，完成扫描切除特征的创建，如图3-69所示。

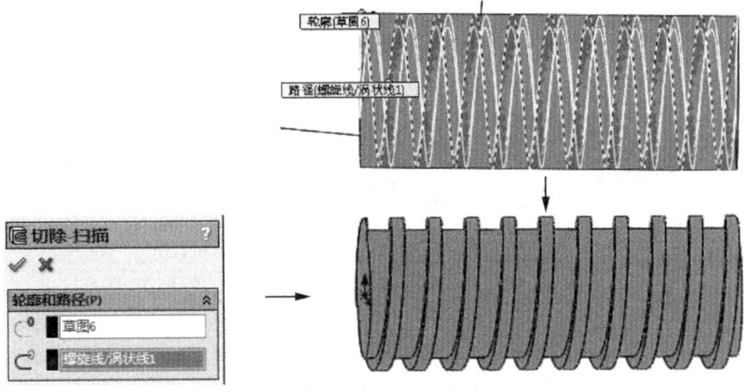

图3-69　创建螺纹

4. 放样

放样是通过在多个轮廓之间进行过渡以生成特征的造型方法，主要用于截面形状变化较大的场合。

（1）简单放样

下面以图3-70所示的凿子为例来介绍放样的基本操作步骤。

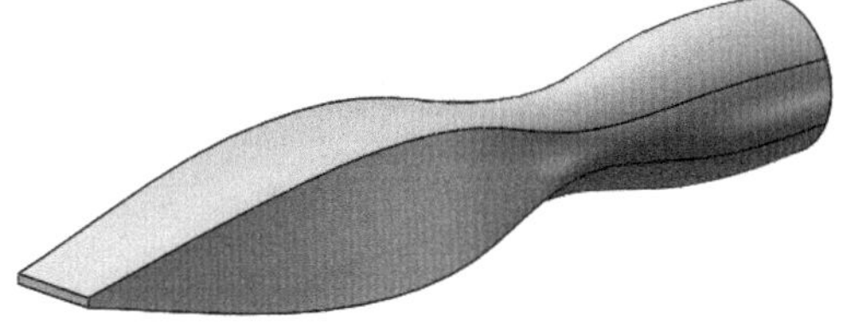

图3-70　凿子

① 进入零件绘制模式，选择【前视基准面】作为绘图基准面。

② 单击【特征】功能区中【参考几何体】下拉按钮中的按钮，在打开的【基准面】属性管理器中单击按钮，并输入距离值“30”，然后单击✔按钮，完成基准面1的创建，如图3-71所示。

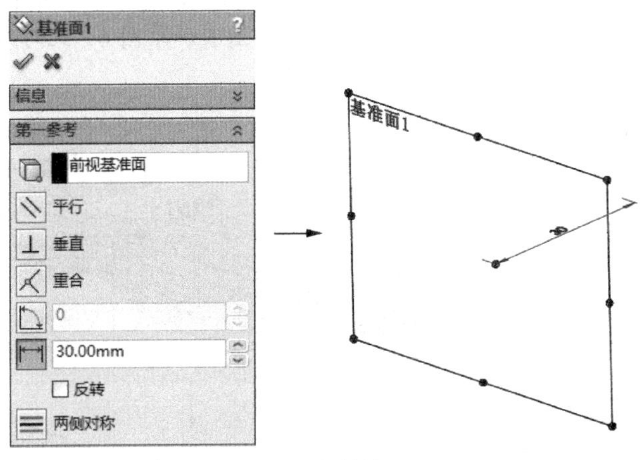

图3-71　创建基准面1

③ 用同样的方法创建基准面2、基准面3和基准面4，其中基准面3和基准面4之间的距离为100，其余各个面之间的距离为30，结果如图3-72所示。

④ 分别在各个基准面上绘制草图。其中，在前视基准面、基准面1和基准面2上分别绘制以原点为圆心直径分别为30、30和20的圆，在基准面3和基准面4上分别绘制以原点为中心、

边长为 25 的正方形和一边为 20、一边为 2 的矩形，结果如图 3-73 所示。

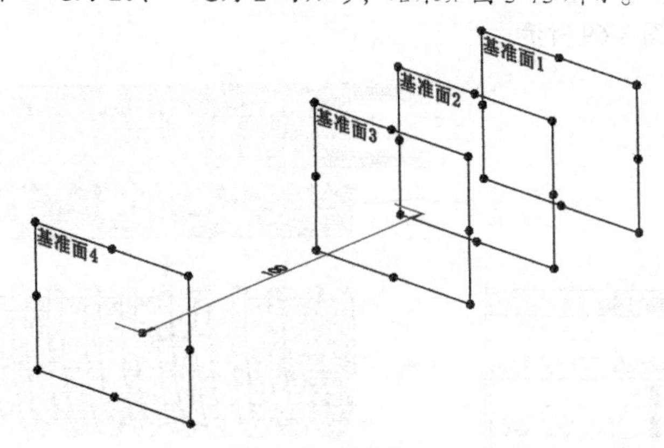

图 3-72　创建基准面 2

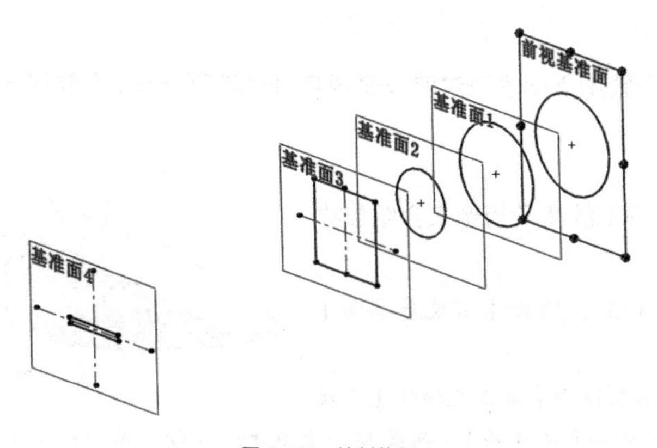

图 3-73　绘制草图

⑤ 单击【特征】功能区中的（放样凸台/基体）按钮，打开【放样】属性管理器，在【轮廓】栏中依次选择草图 1、草图 2、草图 3、草图 4、草图 5 和草图 6，此时绘图区出现预览视图。单击按钮，完成放样特征的创建，如图 3-74 所示。

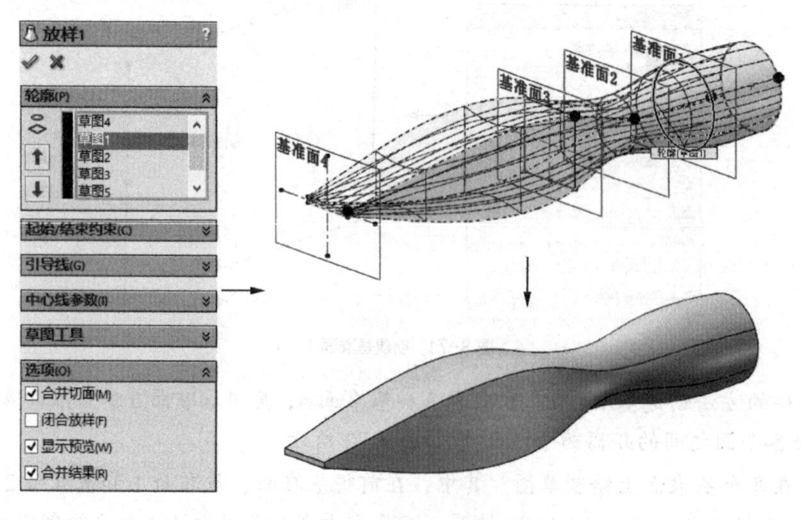

图 3-74　创建放样特征

要点提示

在选择放样轮廓项目时，务必按顺序选取，且应保证选取点的方向一致，否则放样特征会发生扭曲。

（2）中心线放样

下面以图 3-75 所示的手柄为例介绍中心线放样的基本操作步骤。

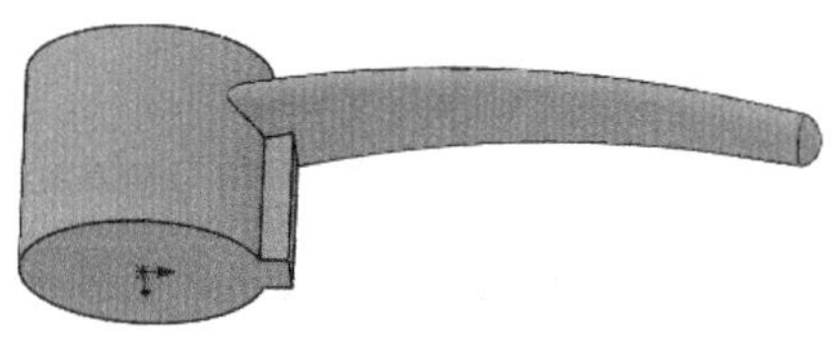

图 3-75　手柄

① 进入零件绘制模式，选择【前视基准面】作为绘图基准面。

② 单击【草图】功能区中的按钮，绘制以原点为圆心、直径为 30 的圆，结果如图 3-76 所示。

③ 单击【特征】功能区中的（拉伸凸台/基体）按钮，在打开的【拉伸】属性管理器中选择拉伸方式为【给定深度】，并输入深度值“25”，然后单击按钮，完成拉伸特征的创建，结果如图 3-77 所示。

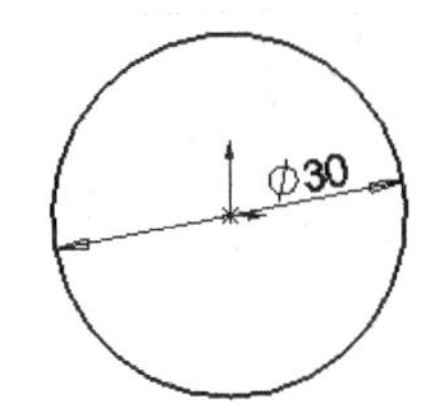

图 3-76　绘制草图（1）

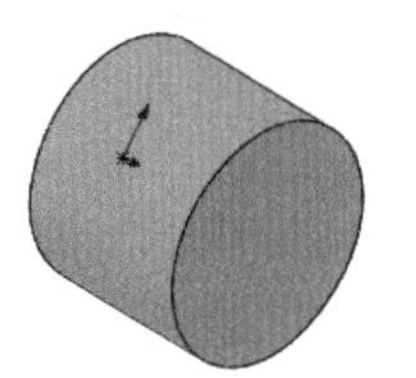

图 3-77　创建拉伸实体

④ 选择菜单命令【插入】/【特征】/【圆顶】，在打开的【圆顶】属性管理器中输入距离值“2”，选择拉伸特征的顶面作为要圆顶的面，然后单击按钮，完成圆顶特征的创建，如图 3-78 所示。

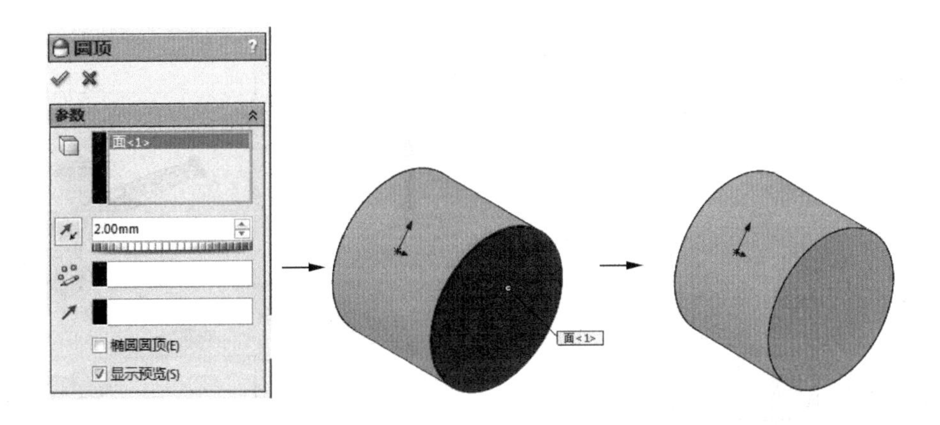

图 3-78　创建圆顶

⑤ 选择【上视基准面】作为绘图基准面，单击【草图】功能区中的按钮，绘制一圆弧，并标注尺寸，结果如图 3-79 所示。

⑥ 单击【特征】功能区中【参考几何体】下拉按钮中的按钮，打开【基准面】属性器，选择圆弧及其一端点，然后单击按钮，完成基准面 1 的创建，结果如图 3-80 所示。

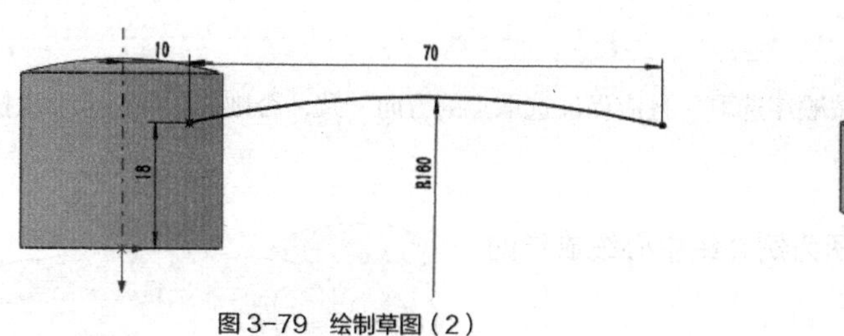

图 3-79 绘制草图（2）

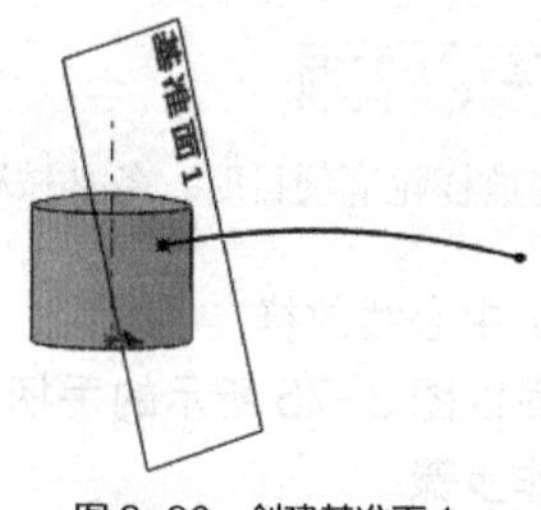

图 3-80 创建基准面 1

⑦ 用同样的方法，过圆弧的另一端点创建基准面 2，结果如图 3-81 所示。

⑧ 选择基准面 1 作为绘图基准面，单击【草图】功能区中的按钮，绘制以原点为中心的椭圆，并标注尺寸，结果如图 3-82 所示。

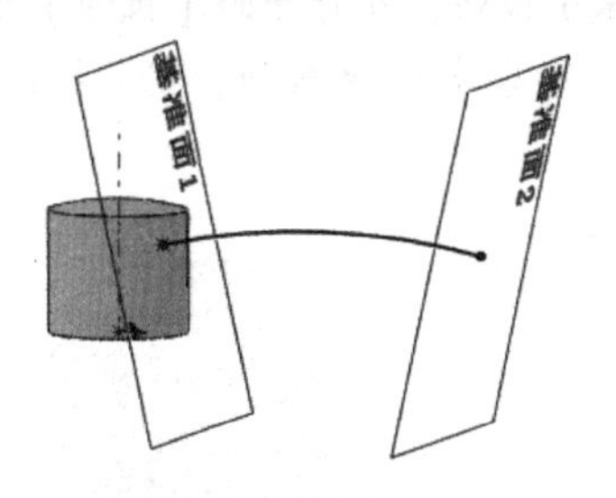

图 3-81 创建基准面 2

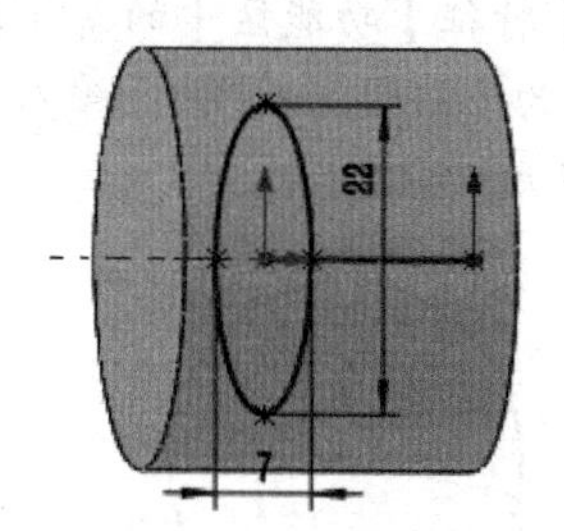

图 3-82 创建椭圆（1）

⑨ 选择基准面 2 作为绘图基准面，单击【草图】功能区中的按钮，绘制以原点为中心的椭圆，并标注尺寸，结果如图 3-83 所示。

⑩ 单击【特征】功能区中的放样凸台/基体按钮，打开【放样】属性管理器，在【轮廓】栏中选择两个椭圆，在【中心线参数】栏中选择圆弧，此时绘图区出现预览视图，然后单击按钮，完成放样特征的创建，如图 3-84 所示。

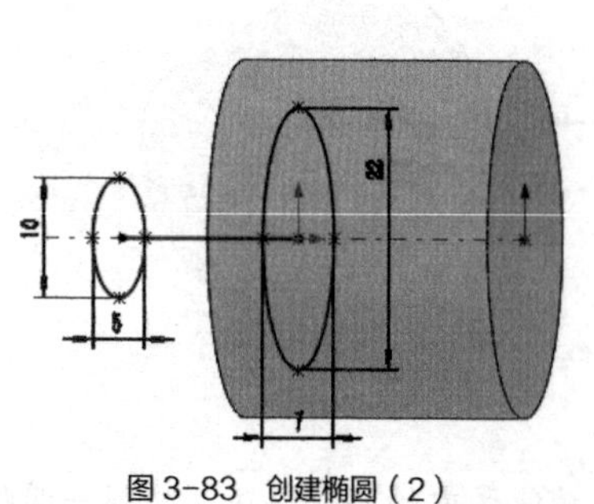

图 3-83 创建椭圆（2）

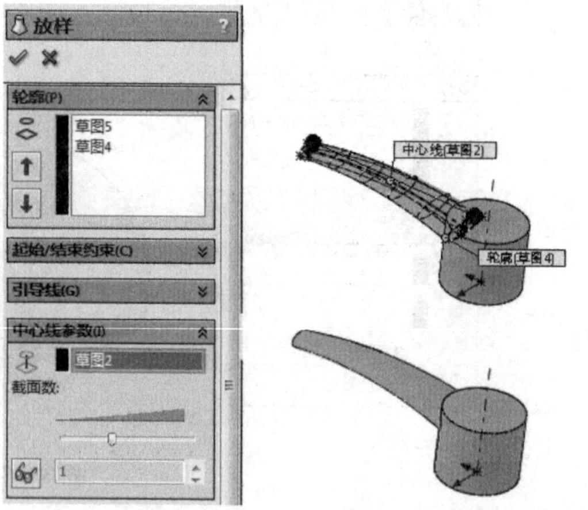

图 3-84 创建放样实体

⑪ 选择菜单命令【插入】/【特征】/【圆顶】，在【圆顶】属性管理器中输入距离值“2”，选择手柄模型的端面作为要圆顶的面，然后单击按钮，完成圆顶特征的创建，如图 3-85 所示。

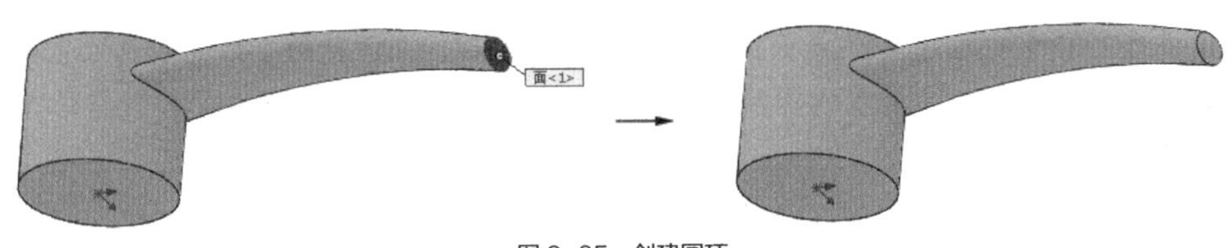

图3-85　创建圆顶

⑫ 选择手柄头的底面作为绘图基准面，绘制草图并标注尺寸，结果如图3-86所示。

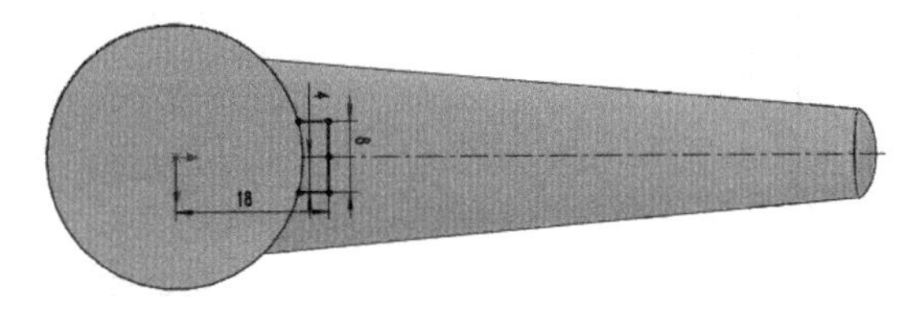

图3-86　绘制草图（3）

⑬ 单击【特征】功能区中的（拉伸凸台/基体）按钮，在打开的【凸台-拉伸】属性管理器中选择拉伸方式为【成形到下一面】，如图3-87所示。

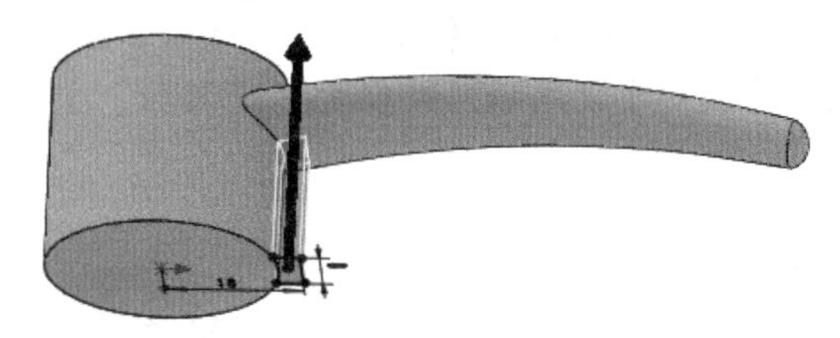

图3-87　创建拉伸特征

⑭ 单击按钮，完成拉伸特征的创建，最终结果如图3-75所示。

3.3.2　典型实例——创建螺栓

下面用本章所学的知识绘制图3-88所示的螺栓模型。

① 进入零件绘制模式，选择【前视基准面】作为绘图基准面。

② 单击【草图】功能区中的按钮，以原点为圆心绘制一内切圆直径为24的六边形，结果如图3-89所示。

③ 单击【特征】功能区中的（拉伸凸台/基体）按钮，在打开的【拉伸】属性管理器中选择拉伸方式为【给定深度】，并输入深度值“10”，然后单击按钮，完成拉伸特征的创建，结果如图3-90所示。

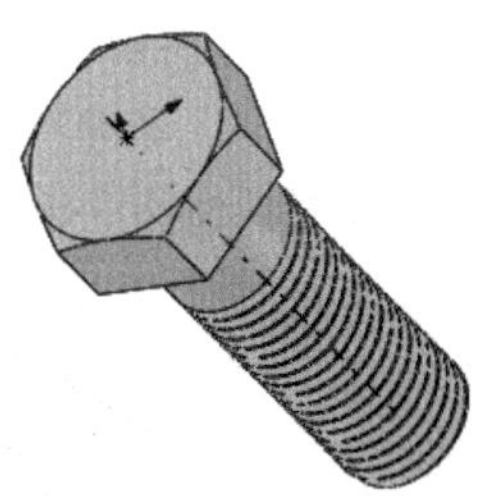

图3-88　螺栓模型

④ 选择模型的一端面作为绘图基准面，单击【草图】功能区中的按钮，以原点为圆心绘制一直径为18的圆，结果如图3-91所示。

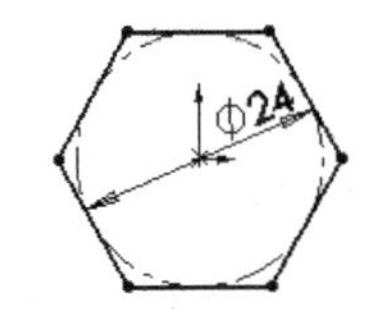

图3-89　绘制草图（1）

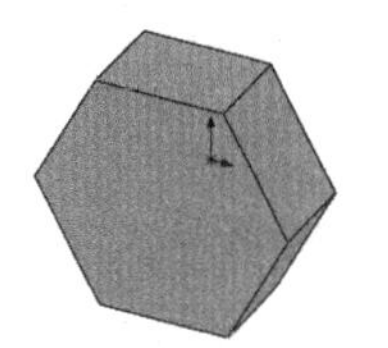

图3-90　创建拉伸实体（1）

⑤ 单击【特征】功能区中的 （拉伸凸台/基体）按钮，在打开的【拉伸】属性管理器中选择拉伸方式为【给定深度】，并输入深度值“50”，然后单击 按钮，完成拉伸特征的创建，结果如图 3-92 所示。

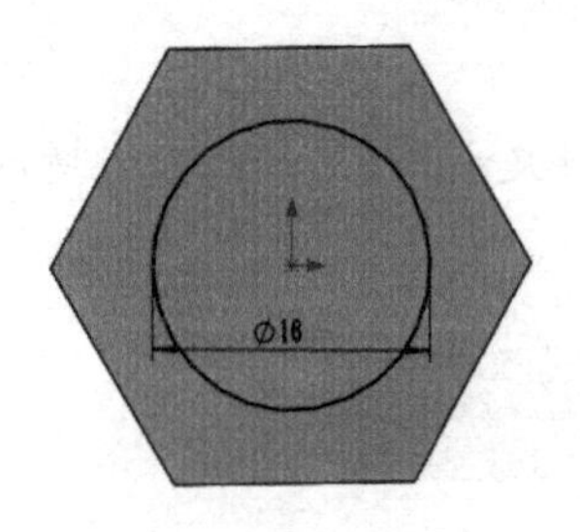

图 3-91 绘制草图（2）

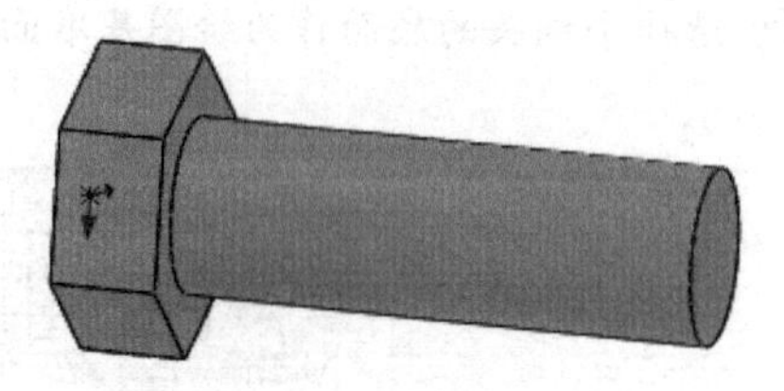

图 3-92 创建拉伸实体（2）

⑥ 选择模型的一端面作为绘图基准面，单击【草图】功能区中的 按钮，以原点为圆心绘制一直径为 14 的圆，结果如图 3-93 所示。

⑦ 选择菜单命令【插入】/【曲线】/【螺旋线/涡状线】，打开【螺旋线/涡状线】属性管理器，在【定义方式】栏中选择【高度和螺距】，在【高度】栏中输入高度值“38”、【螺距】值“2”、【起始角】度“0”，并选择【反向】复选项，然后单击 按钮，完成螺旋线的插入，结果如图 3-94 所示。

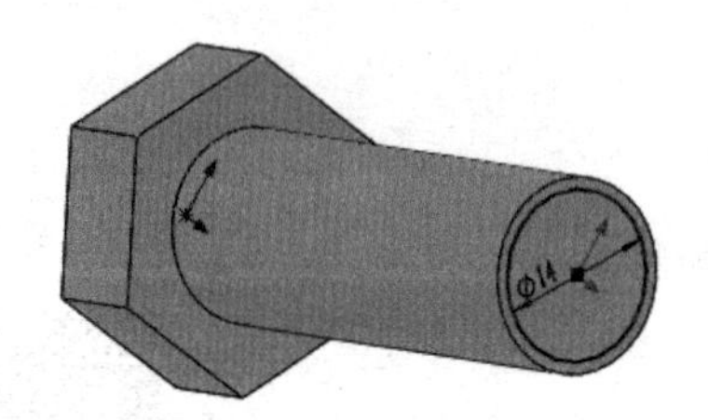

图 3-93 绘制草图（3）

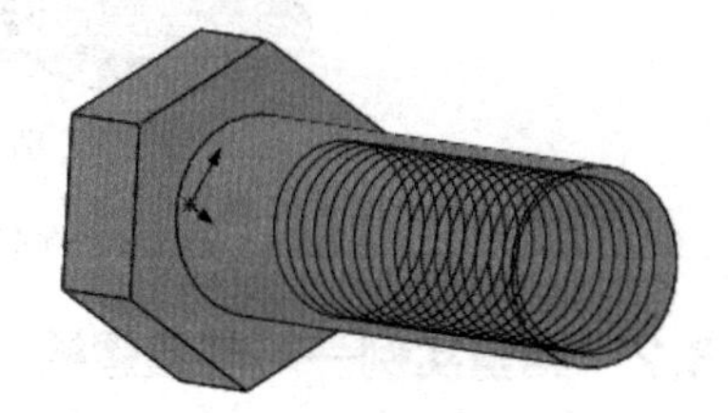

图 3-94 创建螺旋线

⑧ 将【上视基准面】作为绘图基准面，绘制草图并标注尺寸，结果如图 3-95 所示。

⑨ 单击【特征】功能区中的 扫描切除 按钮，打开【切除-扫描】属性管理器，选择新绘制的草图作为轮廓，选择螺旋线作为路径，此时绘图区出现预览视图。单击 按钮，完成扫描切除特征的创建，如图 3-96 所示。

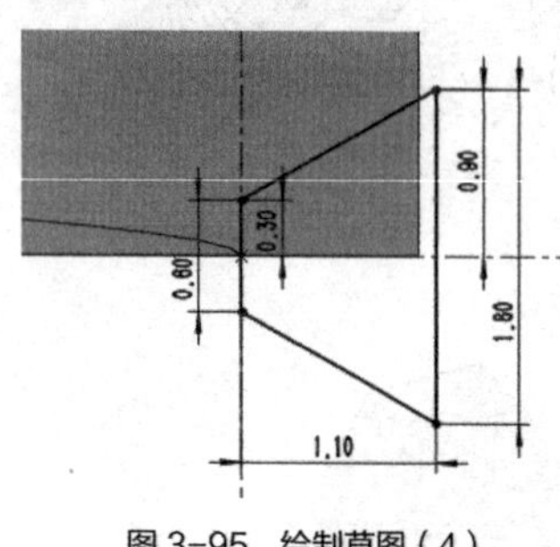

图 3-95 绘制草图（4）

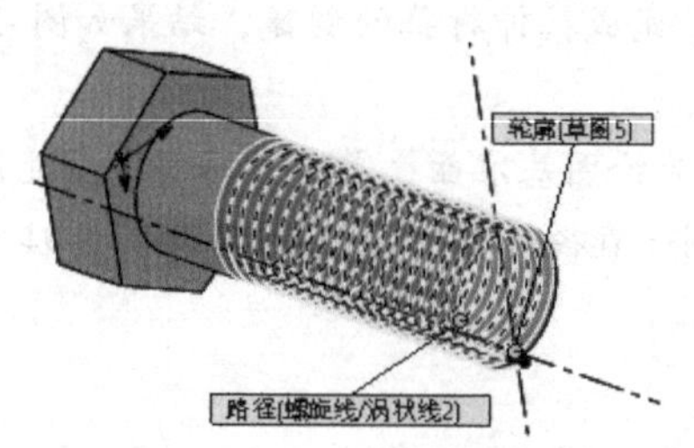

图 3-96 创建扫描切除特征

⑩ 将【上视基准面】作为绘图基准面，绘制草图并标注尺寸，结果如图 3-97 所示。

⑪ 选择菜单命令【视图】/【临时轴】，为基体特征添加临时轴，结果如图 3-98 所示。

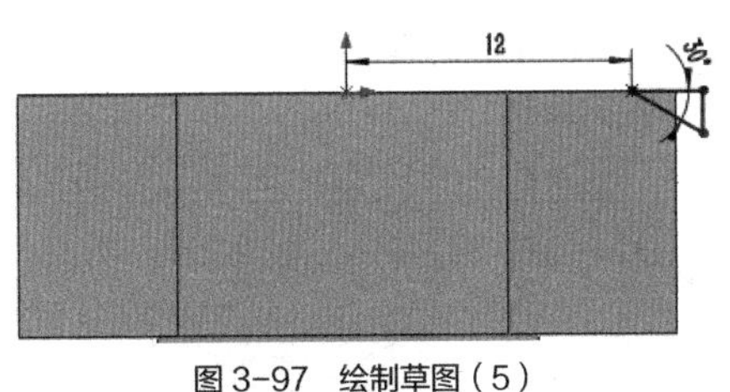

图 3-97 绘制草图（5）

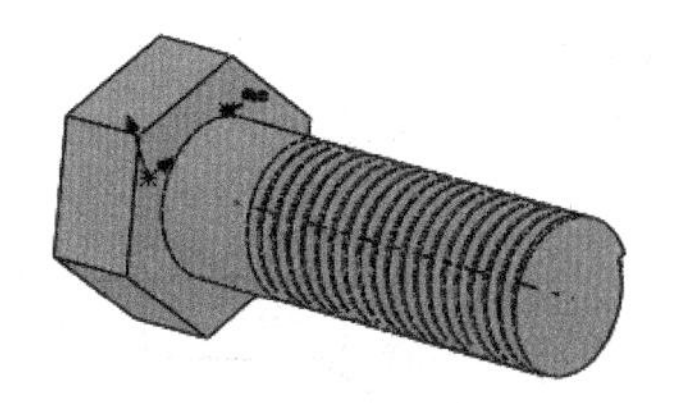

图 3-98 创建基准轴

⑫ 单击【特征】功能区中的（旋转切除）按钮，在打开的【切除–旋转】对话框中选择临时轴作为旋转轴，并选择【单向】选项，输入旋转角度“360”，预览效果如图 3-99 所示。

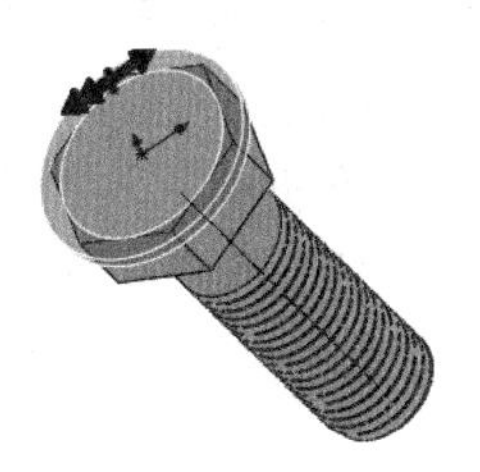

图 3-99 创建旋转切除实体

⑬ 单击按钮，完成旋转切除特征的创建，最终结果如图 3-88 所示。

3.4 综合训练

下面通过两个综合实例巩固所学知识，帮助读者进一步掌握三维实体建模的基本要领。

3.4.1 实例 1——创建开关模型

下面利用拉伸工具和拉伸切除工具设计图 3–100 所示的开关实体特征。

① 单击按钮，新建零件文件。

② 在模型树中选择【上视基准面】后，单击按钮，进入草绘状态，且使绘图区域正视于上视基准面，以便于绘制草图。

③ 利用直线工具和中心线工具绘制图 3-101 所示的草图，注意中心线的位置。

④ 单击【特征】功能区中的（拉伸凸台/基体）按钮，在打开的【凸台–拉伸】属性管理器中设置【给定深度】为 5，然后单击按钮，完成拉伸特征的创建，生成基础实体，结果如图 3-102 所示。

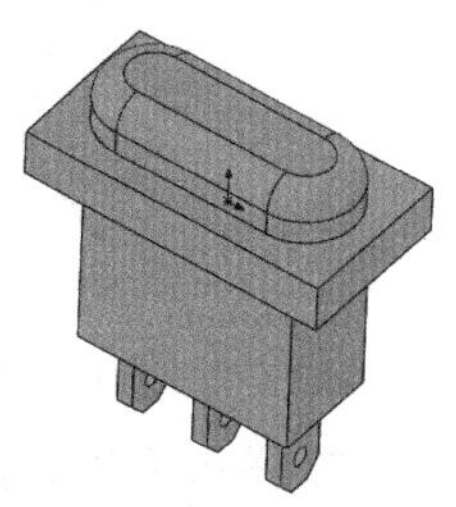

图 3–100 开关模型

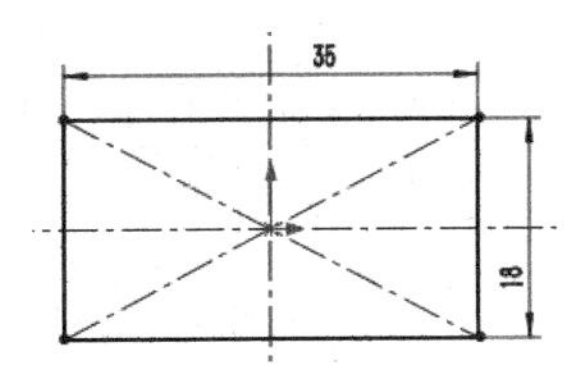

图 3–101 绘制草图（1）

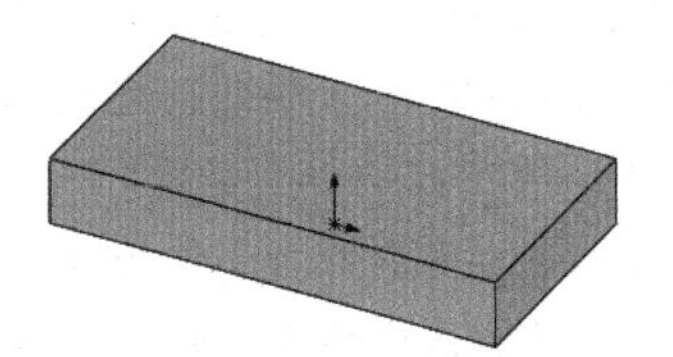

图 3–102 创建拉伸实体（1）

⑤ 单击【特征】功能区中的（拉伸凸台/基体）按钮，选择图 3-103（a）所示的平面作为

草绘基准平面，使视角正视于所选平面，绘制如图 3-103（b）所示的草图，拉伸深度为 5.5，方向如图 3-103（c）所示，然后单击✔按钮，完成拉伸特征的创建。

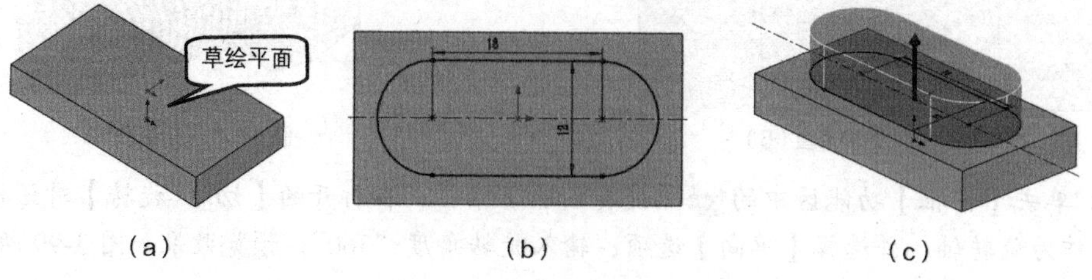

图 3-103 创建拉伸实体（2）

⑥ 单击【特征】功能区中的（拉伸凸台/基体）按钮，选择图 3-104 所示的平面作为草绘基准平面，单击【标准视图】功能区中的按钮，使视角正视于所选平面，绘制图 3-105 所示的草图，拉伸深度为 19.0，方向如图 3-106 所示，然后单击✔按钮，完成拉伸特征的创建，结果如图 3-107 所示。

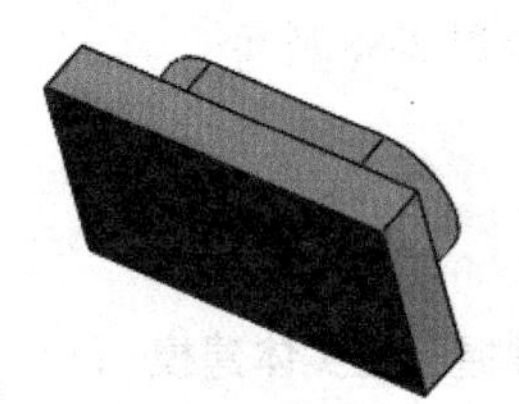

图 3-104 选择草绘平面

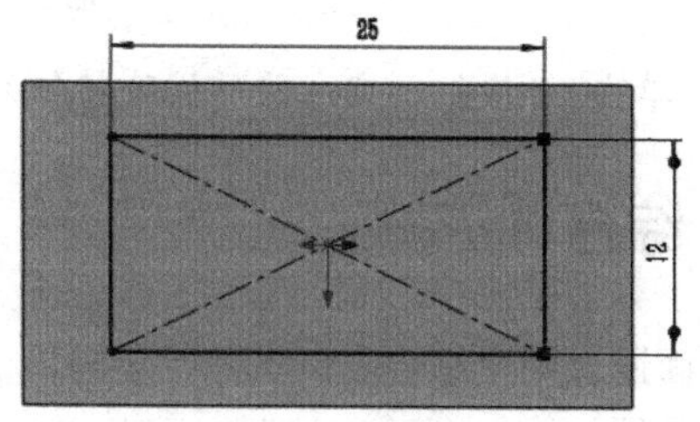

图 3-105 绘制草图（2）

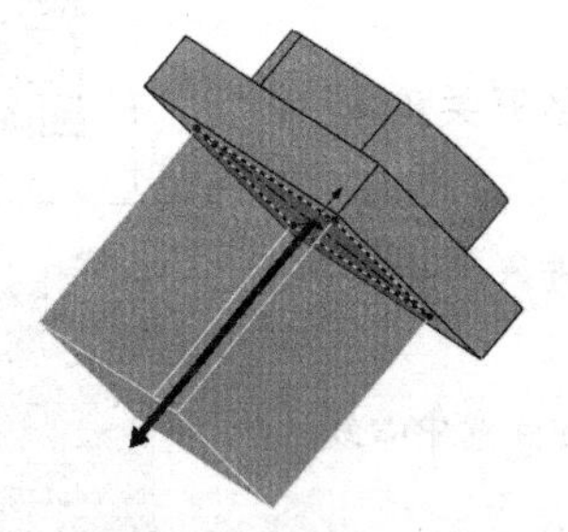

图 3-106 设置拉伸参数

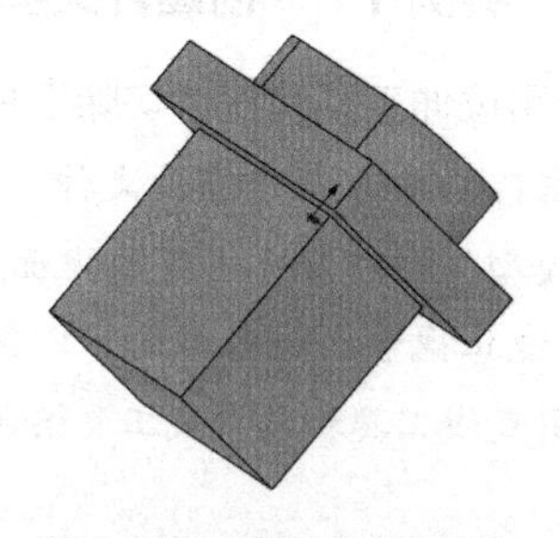

图 3-107 创建拉伸实体（3）

⑦ 单击【特征】功能区中的（拉伸凸台/基体）按钮，选择图 3-108 所示的平面作为草绘基准平面，单击【标准视图】功能区中的按钮，使视角正视于所选平面，绘制图 3-108 所示的草图，拉伸深度为 10.0，然后单击✔按钮，完成拉伸特征的创建，结果图 3-109 所示。

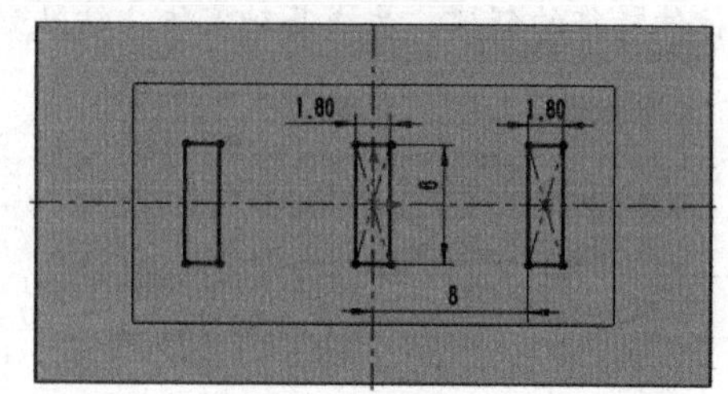

图 3-108 绘制草图（3）

⑧ 选择【右视基准面】作为草绘基准平面，单击【标准视图】功能区中的按钮，使视角正视于所选平面，单击【特征】功能区中的（拉伸切除）按钮，绘制图 3-110 所示的草图。

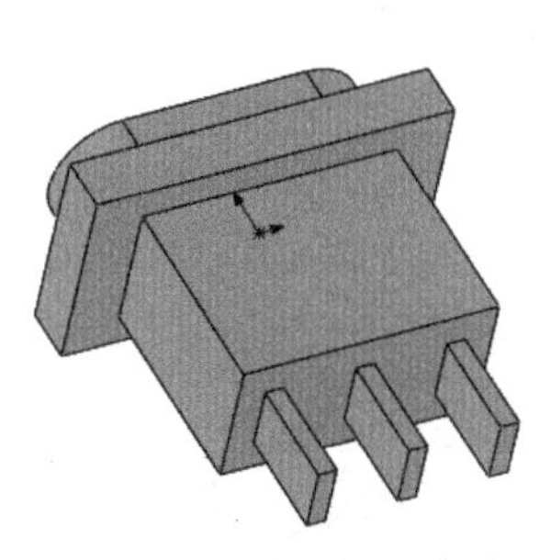

图3-109 创建拉伸实体（4）

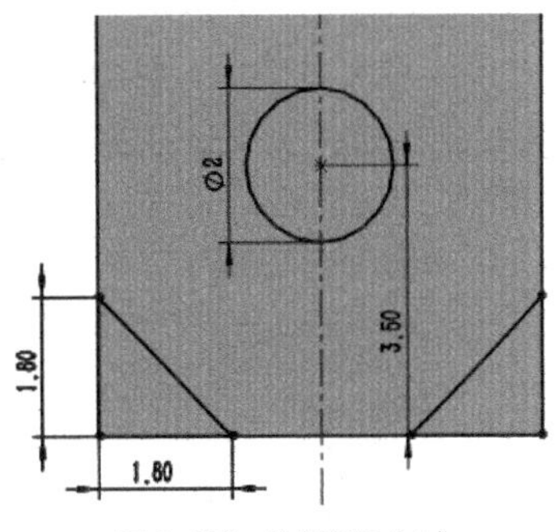

图3-110 绘制草图（4）

⑨ 单击绘图区右上角的按钮，退出草图绘制环境，此时打开【切除–拉伸】对话框，设置【方向 1】栏中的终止条件为【完全贯穿-两者】、【方向 2】栏中的终止条件为【完全贯穿】，然后单击按钮，生成图 3-111 所示的拉伸切除实体。

⑩ 单击【特征】功能区中的（圆角）按钮，打开【圆角】属性管理器，在【圆角类型】栏中选择【恒定大小】单选项，在【圆角项目】栏中选择【切线延伸】复选项，并输入圆角半径“3.00”，选择要倒圆角的边线，如图 3-112 所示，其他参数保持不变。

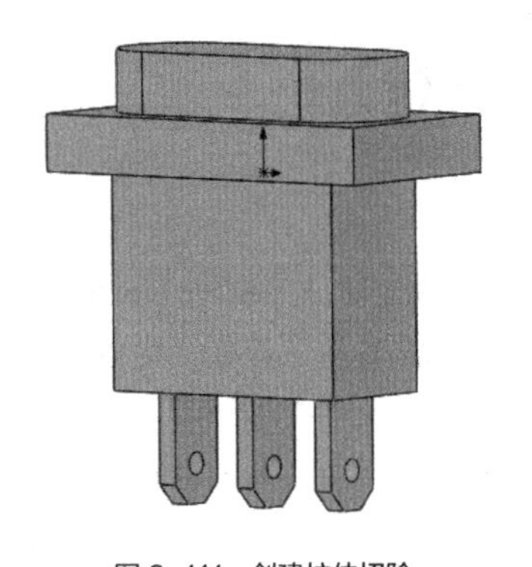

图3-111 创建拉伸切除

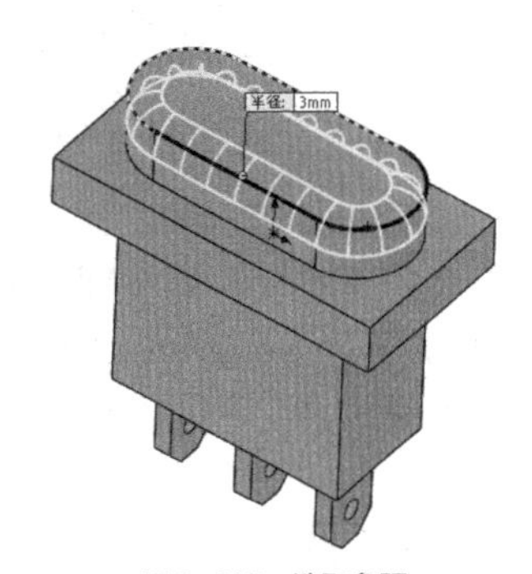

图3-112 选取参照

⑪ 单击按钮，完成圆角特征的创建，最终结果如图 3-100 所示。

创建支架模型 1

3.4.2 实例 2——创建支架模型

本例将使用扫描、拉伸和拉伸切除工具创建图 3-113 所示的支架模型。

① 单击按钮，新建零件文件。

② 以【前视基准面】作为绘图平面，绘制图 3-114 所示的草图（包括一条中心线），草图关于中心线对称。

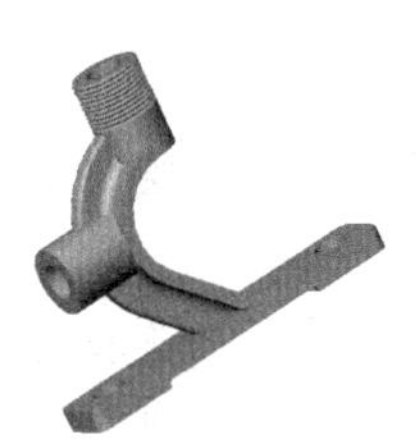

图3-113 支架模型

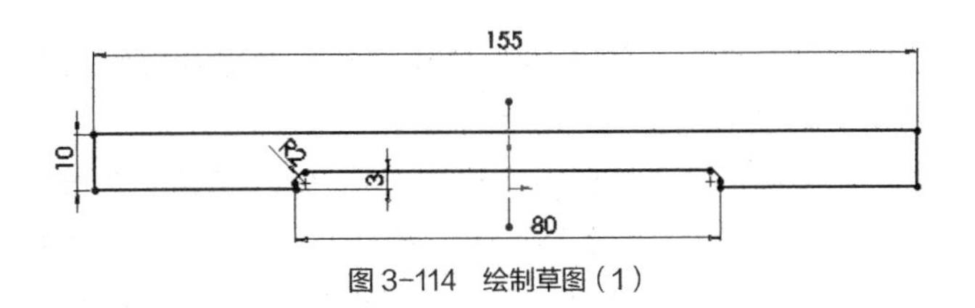

图3-114 绘制草图（1）

③ 单击（拉伸凸台/基体）按钮，在弹出的【凸台-拉伸】属性管理器的【方向 1】栏中设置终止条件为【两侧对称】，拉伸深度为“30”，如图 3-115 所示。

④ 单击按钮，生成如图 3-116 所示的拉伸实体。

图 3-115 拉伸参数设置

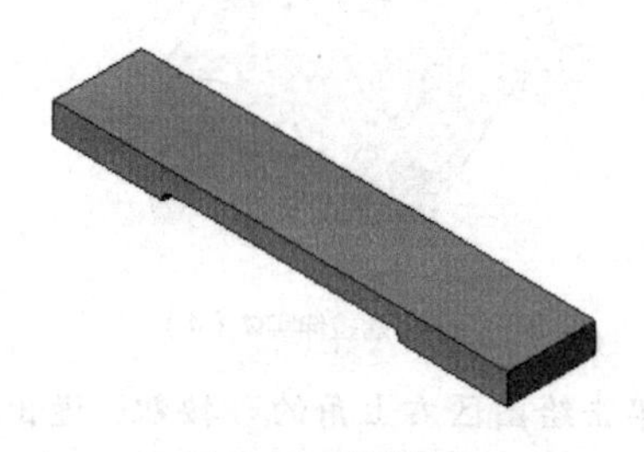
图 3-116 拉伸结果

⑤ 单击（拉伸切除）按钮，将拉伸实体的上表面作为草绘平面，使用【转换实体】命令把拉伸实体的外轮廓线转换成轮廓线，并倒圆角 *R*5，再绘制两个 ϕ15 的圆，如图 3-117 所示。

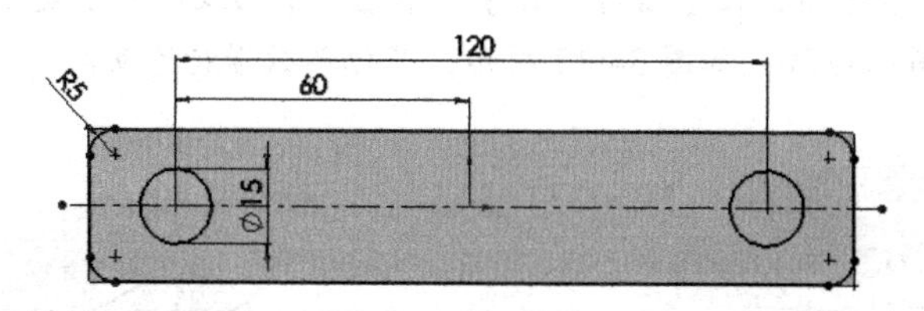

图 3-117 绘制草图（2）

⑥ 单击按钮完成草绘，弹出【切除-拉伸】属性管理器，设置终止条件为【给定深度】、拉伸深度值为“30”，选取【反侧切除】复选项，如图 3-118 所示，然后单击按钮，完成拉伸切除，结果如图 3-119 所示。

图 3-118 设置拉伸切除参数

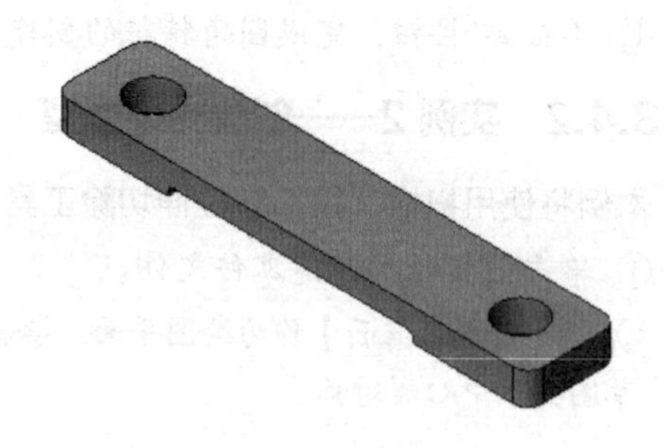
图 3-119 拉伸切除结果

⑦ 单击（拉伸凸台/基体）按钮，选择步骤⑥的绘图基准面作为草绘平面，绘制一 ϕ30 的圆，结果如图 3-120 所示。

⑧ 单击按钮完成草绘，系统弹出【凸台-拉伸】属性管理器，在【从】栏的下拉列表中选择【等距】，输入距离值为 75；在【方向 1】栏中选择终止条件为【给定深度】，拉伸深度值为“40”，如图 3-121 所示，单击按钮，完成拉伸，结果如图 3-122 所示。

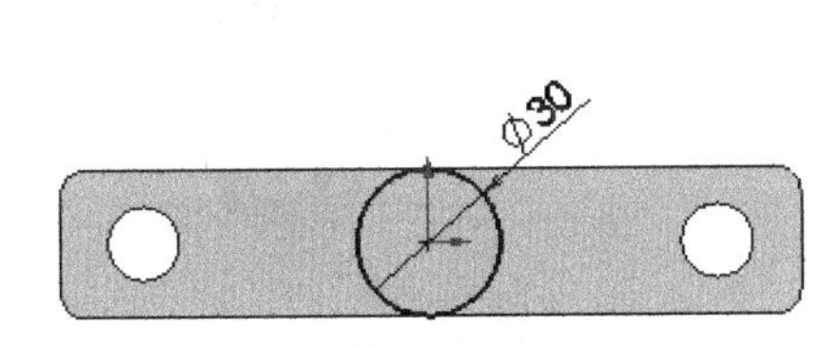

图3-120 绘制草图（3）

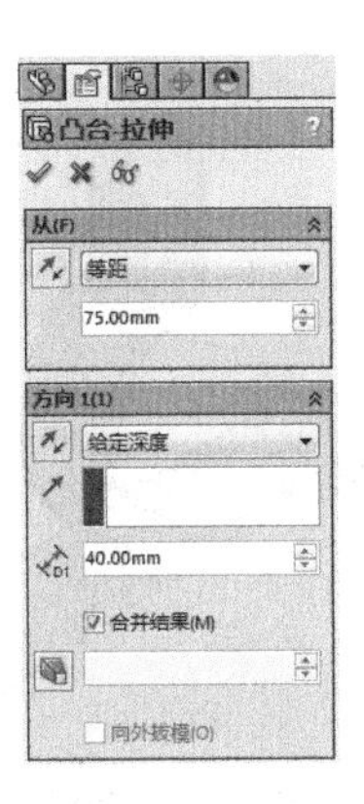

图3-121 拉伸设置

⑨ 以【右视基准面】作为草绘基准面，绘制图3-123所示的草图作为扫描轮廓线。

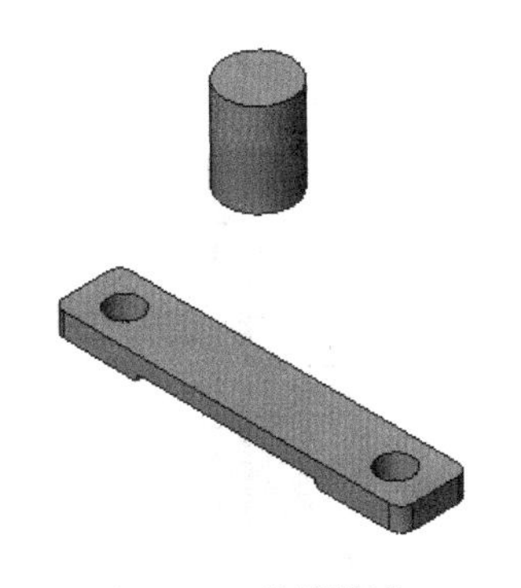
图3-122 拉伸圆柱体

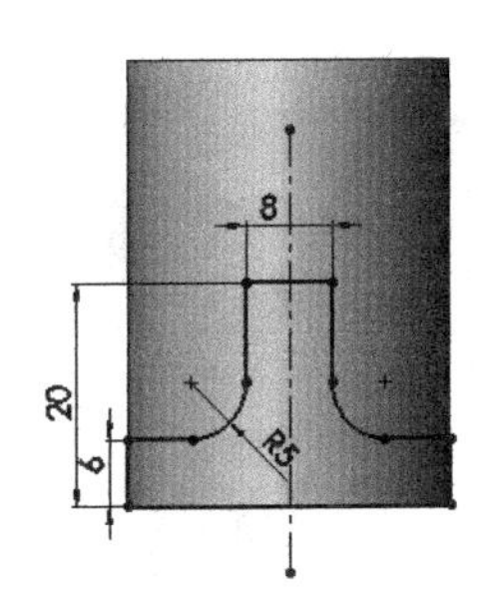

图3-123 绘制草图（4）

⑩ 以【前视基准面】作为草绘基准面，绘制图3-124所示的草图作为扫描路径。圆弧的两个端点分别与圆柱体下端面和线段具有相切关系。

⑪ 单击（扫描）按钮，弹出【扫描】属性管理器，选择图3-123所示的草图作为扫描轮廓，图3-124所示的草图作为路径，如图3-125所示，然后单击按钮，完成扫描，结果如图3-126所示。

创建支架模型2

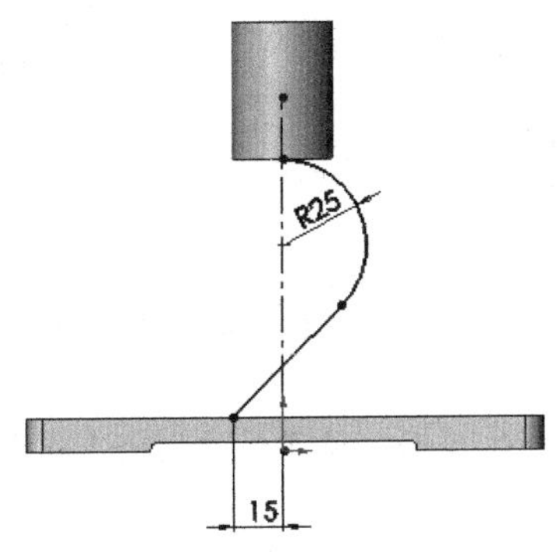

图3-124 绘制草图（5）

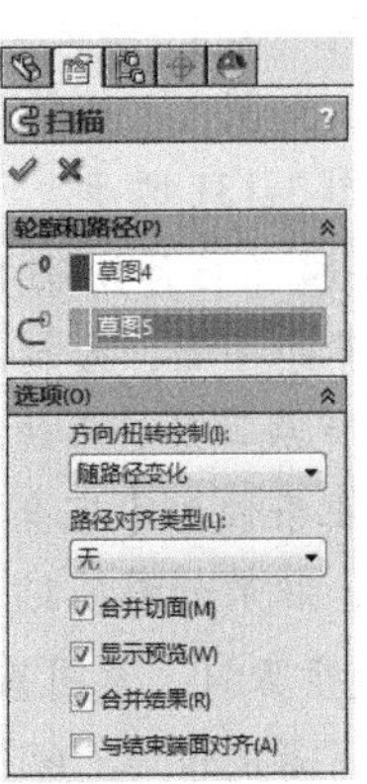

图3-125 设置扫描参数

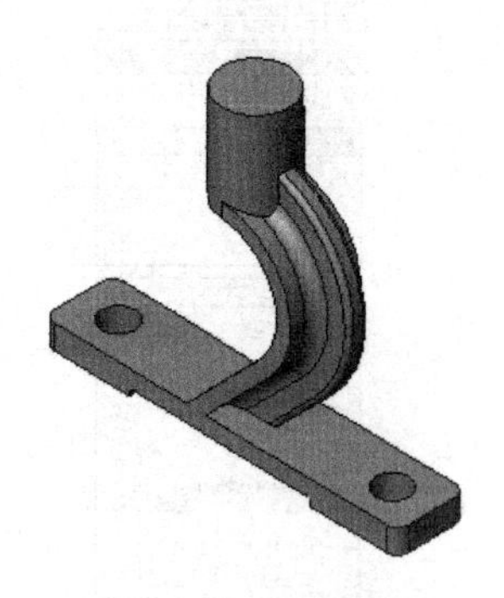

图 3-126 扫描结果

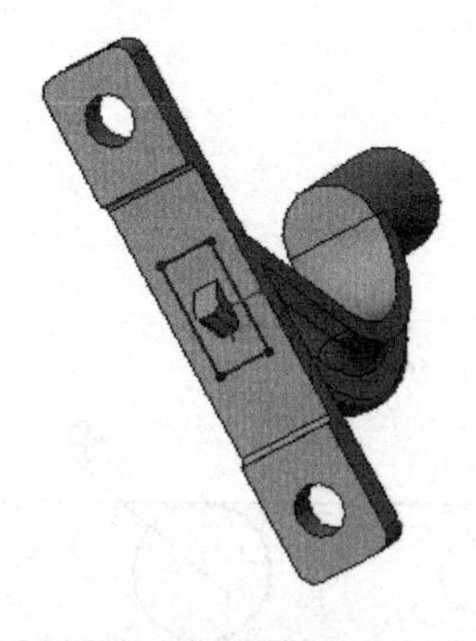

图 3-127 绘制草图（6）

⑫ 单击（拉伸切除）按钮，选择图 3-127 所示的底部表面作为绘图平面，绘制一矩形，单击按钮，完成草绘，系统弹出【切除–拉伸】属性管理器，设置终止条件为【完全贯穿】，单击按钮，切除多余实体，结果如图 3-128 所示。

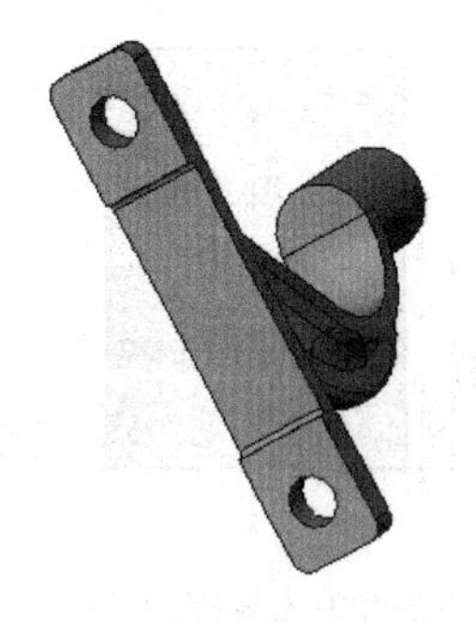

图 3-128 切除多余实体

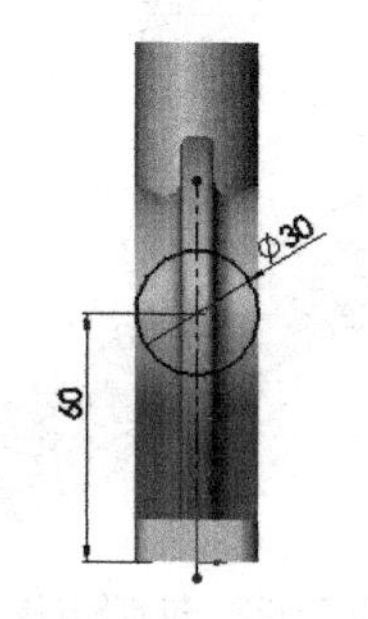

图 3-129 绘制草图（7）

⑬ 单击（拉伸凸台/基体）按钮，选择【右视基准面】作为绘图基准面，绘制一 ϕ30 的圆，如图 3-129 所示，然后单击按钮完成草绘，系统弹出【凸台–拉伸】属性管理器，在【从】栏中的下拉列表中选择【等距】，输入距离值“60”；在【方向 1】栏中设置终止条件为【成形到一面】，单击按钮改变方向，选择圆弧面为终止面，如图 3-130 所示，最后单击按钮完成拉伸，结果如图 3-131 所示。

⑭ 单击（拉伸切除）按钮，选择步骤⑬的圆柱体顶面作为草绘平面，绘制图 3-132 所示的草图。然后单击按钮完成草绘，系统弹出【拉伸切除】属性管理器，设置终止条件为【完全贯穿】，最后单击按钮完成拉伸切除，结果如图 3-133 所示。

图 3-130 设置拉伸参数

⑮ 重复步骤⑭，草图基准选择图 3-134 所示的圆柱体顶面，设置拉伸切除【终止条件】为【给定深度】，深度值为“60”，切除结果如图 3-135 所示。

⑯ 单击按钮，选择步骤⑮的圆柱体顶平面作为绘图基准面，使用【转换实体】命令将圆柱体的外圆边线转换为实体线，如图 3-136 所示，然后单击按钮，完成草图绘制。

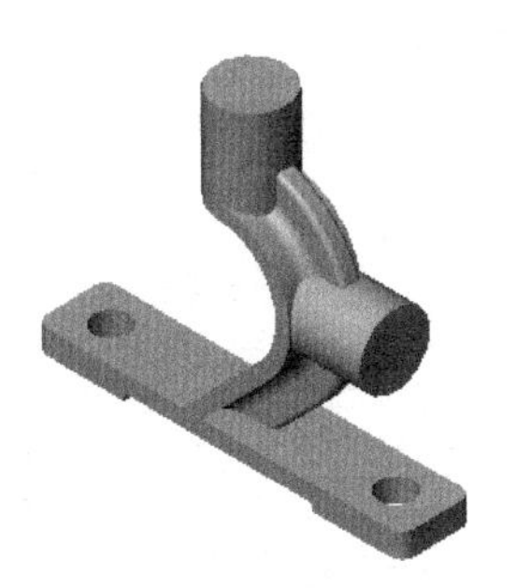

图 3-131　拉伸结果

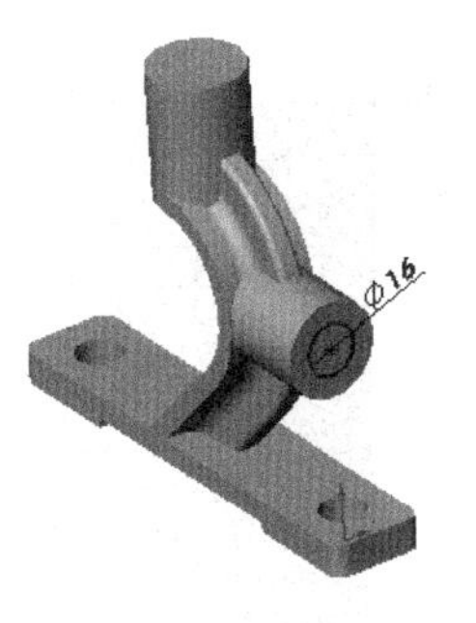

图 3-132　绘制草图（8）

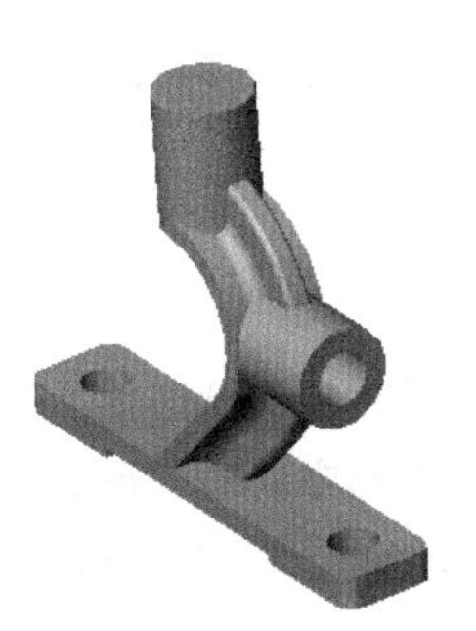

图 3-133　拉伸切除结果

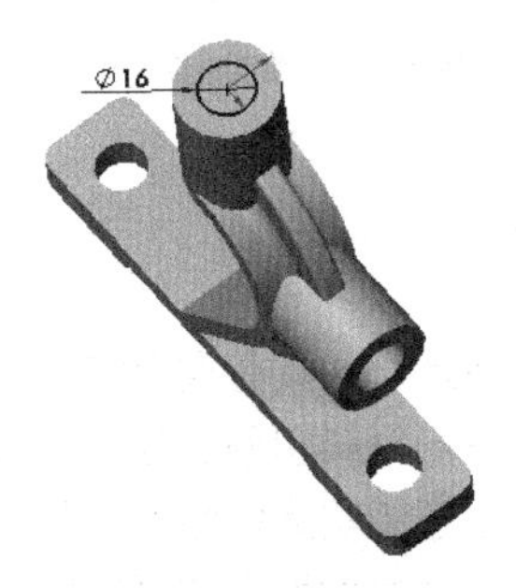

图 3-134　绘制草图（9）

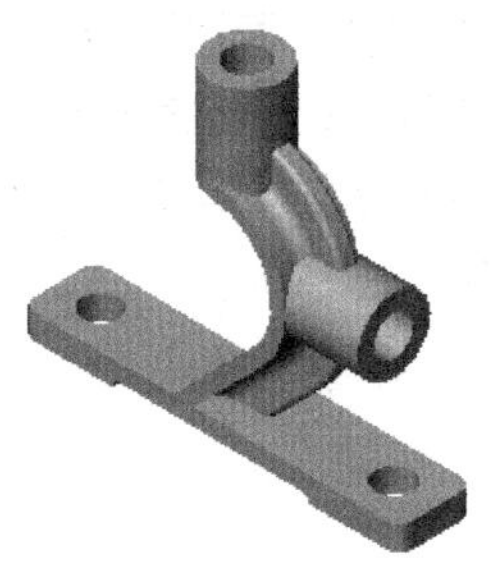

图 3-135　切除结果

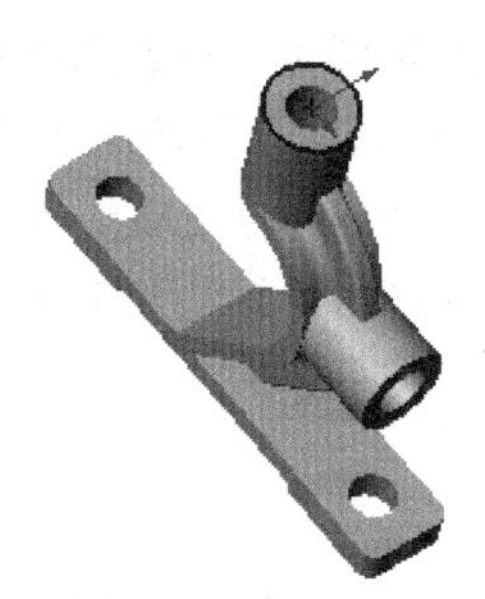

图 3-136　转换实体线

⑰ 选择菜单命令【插入】/【曲线】/【螺旋线/涡状线】，在弹出的【螺旋线/涡状线】属性管理器中设置参数：【螺距】为“2”、选取【反向】复选项、【圈数】为“10”、【起始角度】为“0”，然后单击按钮，完成螺旋线的创建，如图 3-137 所示。

⑱ 单击按钮，选择【右视基准面】作为绘图基准面，绘制图 3-138 所示的草图，三角形为等边三角形，边长为 2，其中一边与圆柱体的投影边线重合，然后单击按钮，完成草图的绘制。

⑲ 单击（扫描切除）按钮，选择图 3-138 所示的草图作为扫描轮廓、螺旋线作为扫描路径，如图 3-139 所示。

⑳ 单击按钮，最终结果如图 3-113 所示。

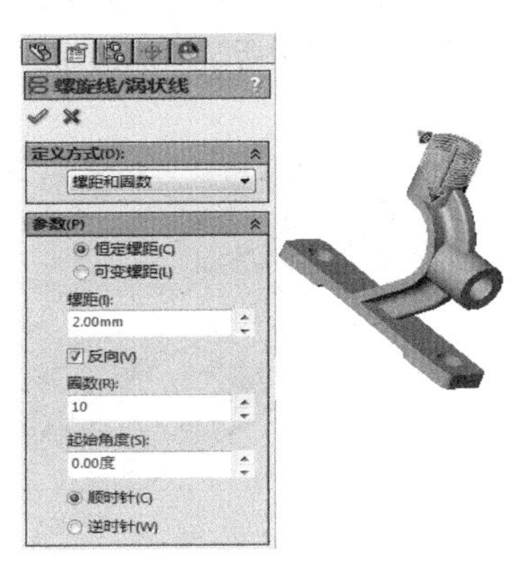

图 3-137　创建螺旋线

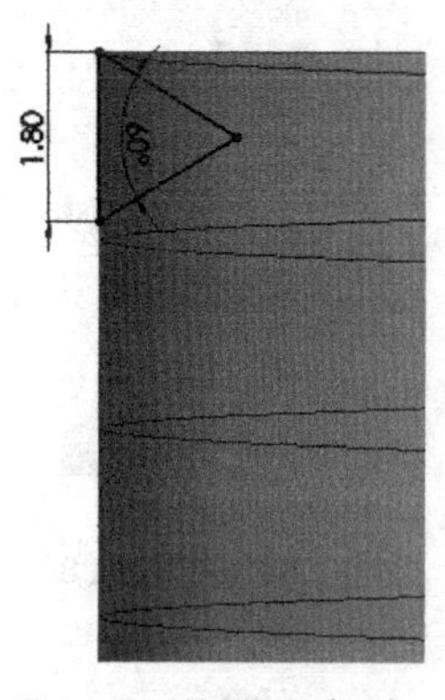

图 3-138　绘制草图（10）

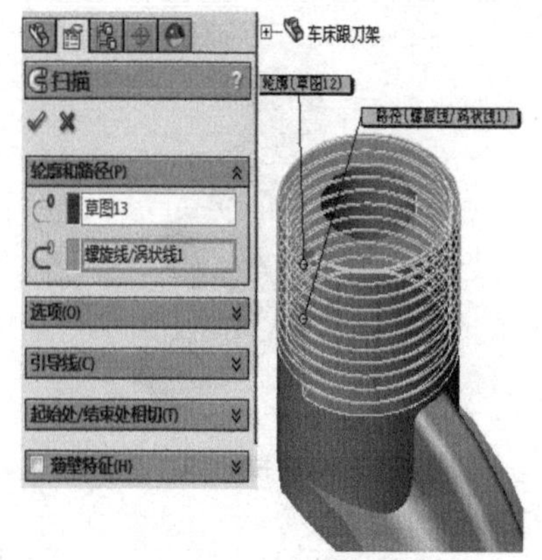

图 3-139　扫描切除设置

小结

实体模型是一种具有实心结构、质量、重心及惯性矩等物理属性的模型形式。在实体模型上可以方便地进行材料切割、穿孔等操作，它是现代三维造型设计中的主要模型形式，使用各种三维设计软件创建的实体模型可以用于工业生产的各个领域，如 NC 加工、静力学和动力学分析、机械仿真以及构建虚拟现实系统等。

基础实体特征按照创建原理不同可使用拉伸、旋转、扫描及放样等方法。前 3 种特征的建模原理具有一定的相似性。一定形状和大小的草绘剖面沿直线轨迹拉伸，即可生成拉伸实体特征；一定形状和大小的草绘剖面沿曲线轨迹扫过，即可生成扫描实体特征；一定形状和大小的草绘剖面绕中心轴线旋转，即可生成旋转实体特征。放样实体特征的创建原理略有不同，将不同形状和大小的多个截面按照一定轨迹依次相连，即可创建混合实体特征。

习题

1. 说明实体特征的主要特点及用途。
2. 简要说明拉伸建模的基本原理。
3. 综合利用所学知识创建图 3-140 所示的零件。

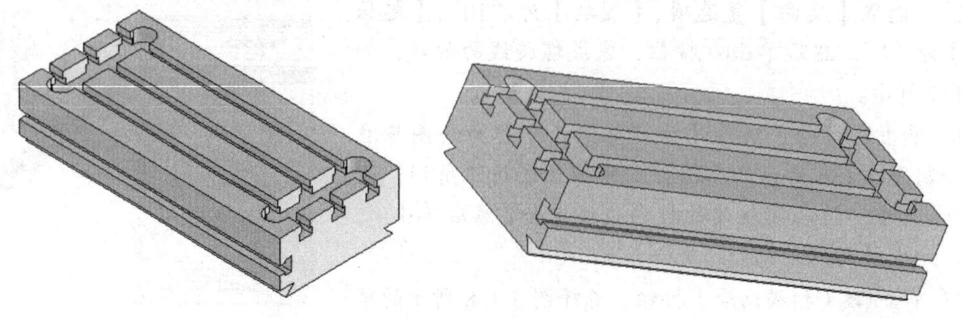

图 3-140　绘制零件（1）

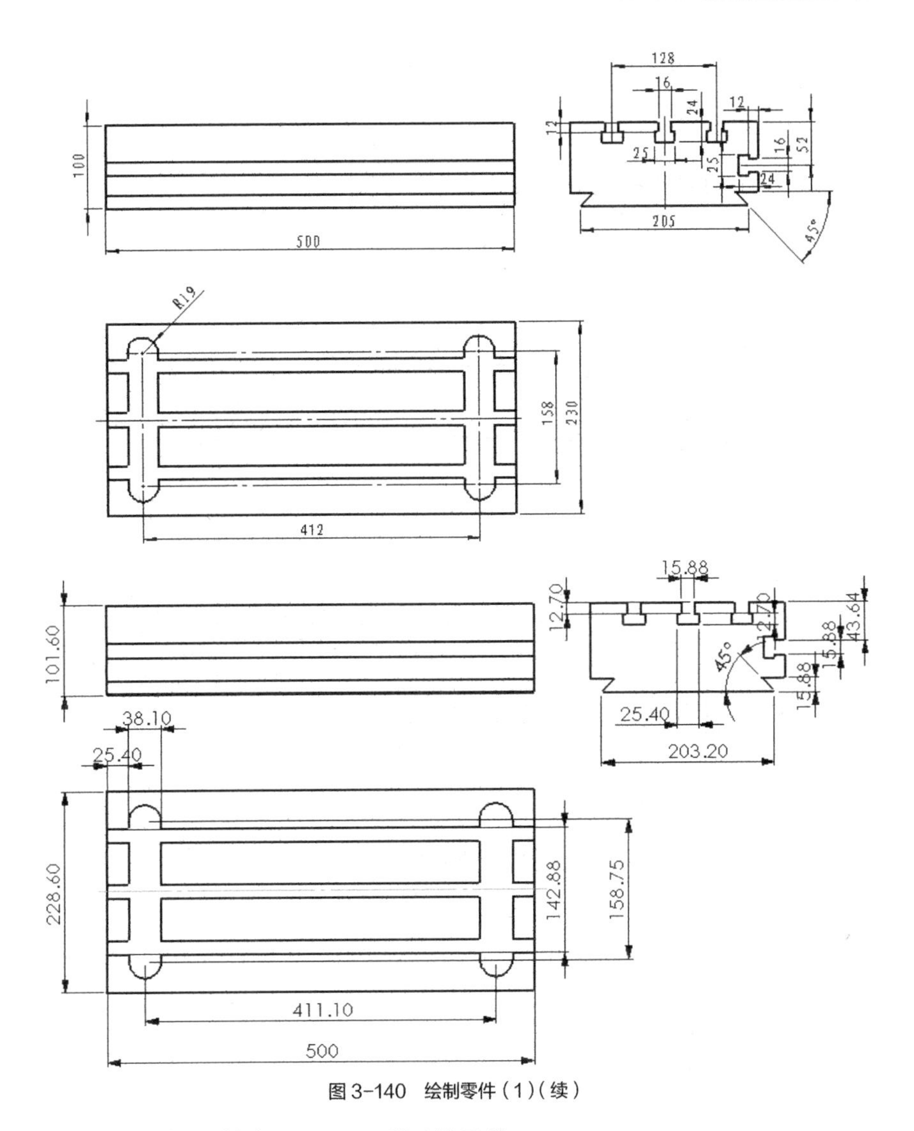

图3-140 绘制零件（1）（续）

4. 综合利用所学知识创建图3-141所示的零件。

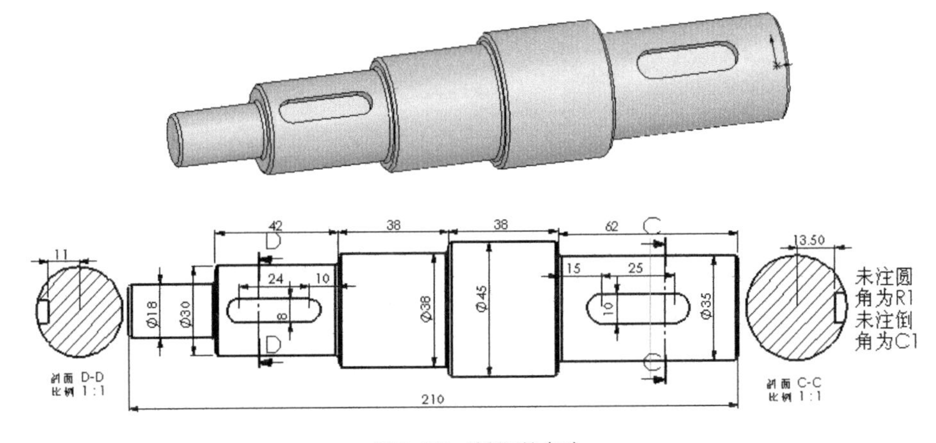

图3-141 绘制零件（2）

5. 综合利用所学知识创建图 3-142 所示的零件。

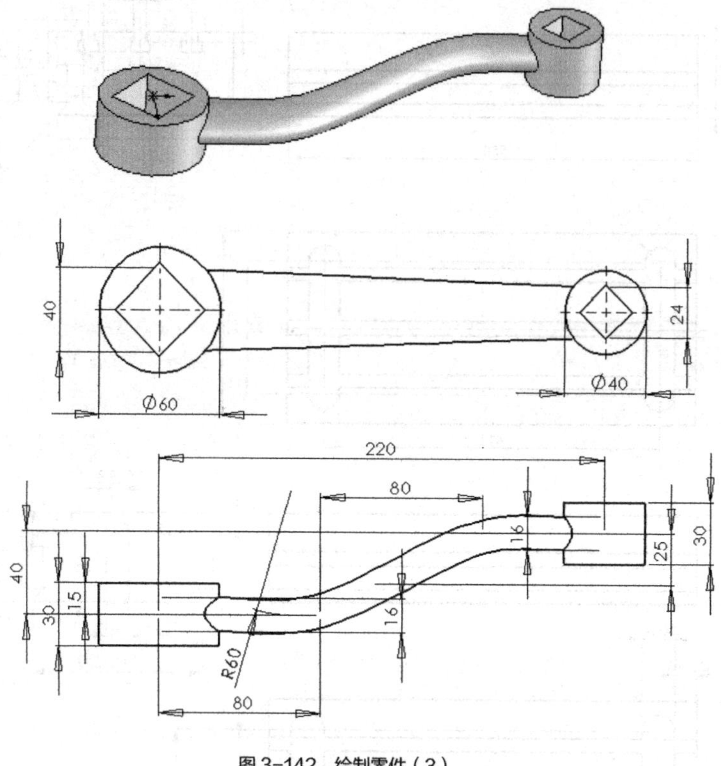

图 3-142 绘制零件（3）

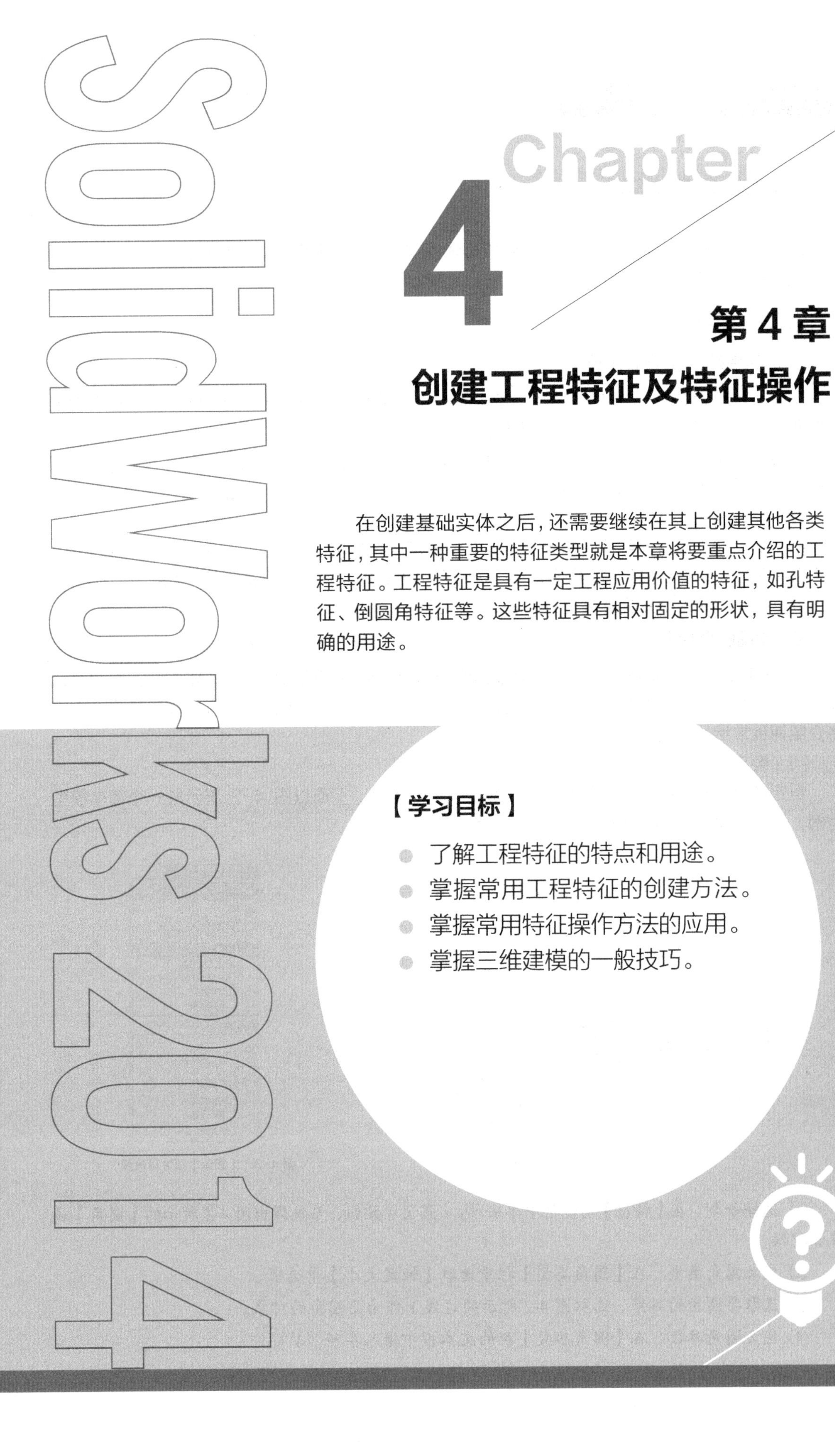

4 第 4 章 创建工程特征及特征操作

在创建基础实体之后，还需要继续在其上创建其他各类特征，其中一种重要的特征类型就是本章将要重点介绍的工程特征。工程特征是具有一定工程应用价值的特征，如孔特征、倒圆角特征等。这些特征具有相对固定的形状，具有明确的用途。

【学习目标】

- 了解工程特征的特点和用途。
- 掌握常用工程特征的创建方法。
- 掌握常用特征操作方法的应用。
- 掌握三维建模的一般技巧。

4.1 创建工程特征

所谓工程特征就是针对工程实际需要所出现的零件特征，它们和实际紧密联系，实际意义远大于其几何构型意义。

4.1.1 知识准备

1. 工程特征及其设计工具

SolidWorks 软件除了提供几何拓扑学中所必须的简单特征外，同样为方便用户设计而内置了圆角、倒角、筋、抽壳、拔模、圆顶和异形孔等工程特征功能，如图 4-1 所示。通常使用基本特征进行零件的初始造型设计，然后使用工程特征进行零件的细化成型设计。

图 4-1 工程特征设计工具

在零件设计过程中，经常会遇到一些具有很多简单重复特征的零件，如手机外壳、刷子等，如果每个都独立建模，将会浪费很多时间，这时可以根据重复特征的分布情况，使用 SolidWorks 提供的阵列和镜像特征工具解决这一问题。

2. 创建圆角特征

【圆角】工具的功能是建立与指定边线相连的两个曲面相切的曲面，使实体曲面实现圆滑过渡。SolidWorks 2014 中提供了 4 种倒圆角的方法，用户可以根据不同情况进行圆角操作。下面将介绍两种常用的倒圆角方法。

（1）恒定半径圆角

恒定半径圆角是指整个圆角的长度上都是恒定的半径。下面以图 4-2 所示的一个简单模型为例，说明创建恒定半径圆角特征的一般过程。

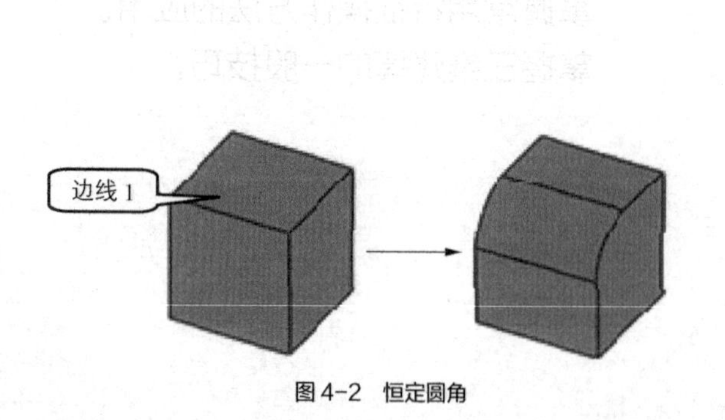

图 4-2 恒定圆角

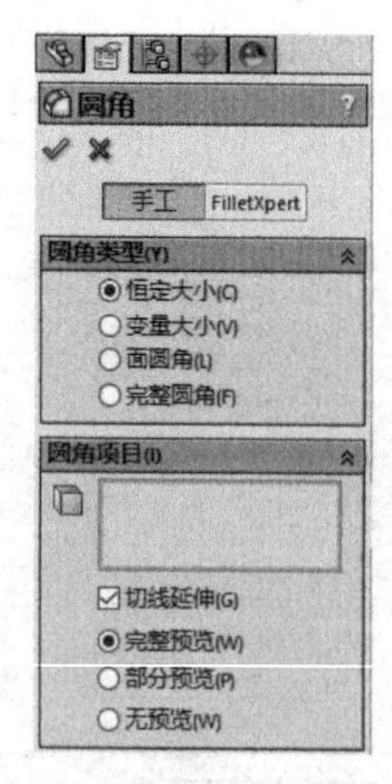

图 4-3 【圆角】属性管理器

① 选择命令。在【特征】功能区中单击（圆角）按钮，系统弹出图 4-3 所示的【圆角】属性管理器。

② 定义圆角类型。在【圆角类型】栏中选取【恒定大小】单选项。

③ 选取要圆角的对象。选取图 4-2 所示的边线 1 作为要圆角的对象。

④ 定义圆角参数。在【圆角参数】栏的文本框中输入半径“4”。

⑤ 单击✓按钮，完成恒定半径圆角特征的创建。

（2）变量半径圆角

变量半径圆角是指生成包含变量半径值的圆角，可以使用控制点帮助定义圆角。下面以图 4-4 所示的模型为例，说明创建变量半径圆角特征的一般过程。

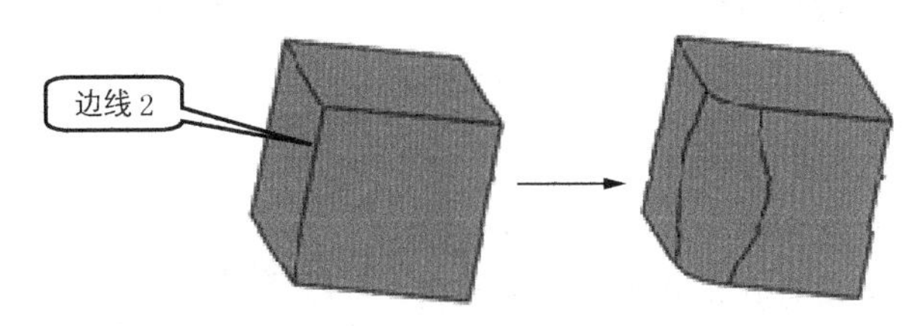

图 4-4　变量半径圆角

① 选择命令。在【特征】功能区中单击（圆角）按钮。

② 定义圆角类型。在【圆角类型】栏中选取【变量大小】单选项。

③ 定义圆角参数。在（实例数）文本框中输入数值“1”，在（附加的半径）列表框中选择【v1】，然后在（半径）文本框中输入数值“2”（即设置起点的半径），按 Enter 键确认；在（附加的半径）列表框中选择【v2】，输入半径值“2”，此时在边线 2 上会新添加一个点，按 Enter 键确认；选中边线 2 上的【p1】点，最后设置 p1 的半径值为“4”，按 Enter 键确认。

④ 单击✓按钮，完成变量圆角特征的创建。

3. 创建倒角特征

倒角工具是在所选的边线、面或顶点上生成一倾斜面特征。下面以图 4-5 所示的模型为例，说明创建恒定半径倒角特征的一般过程。

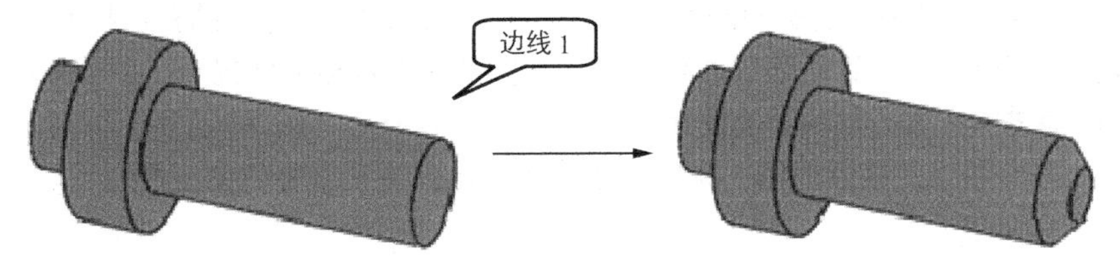

图 4-5　创建倒角（1）

① 选择命令。选择菜单命令【插入】/【特征】/【倒角】（或单击【特征】功能区中下拉按钮中的按钮），系统弹出【倒角】属性管理器。

② 定义倒角类型。在【倒角】属性管理器中选中【距离-距离】单选项。

③ 定义倒角对象。在系统提示下，选取图 4-5 所示的边线 1 作为倒角对象。

④ 定义倒角参数。选中【相等距离】复选项，然后在【距离】文本框中输入倒角数值。

⑤ 单击✓按钮，完成倒角特征的创建。

要点提示

利用【倒角】属性管理器还可以创建图 4-6 所示的顶点倒角特征，方法是在定义倒角类型时选择【顶点】单选项，然后选取倒角顶点，再输入目标参数即可。

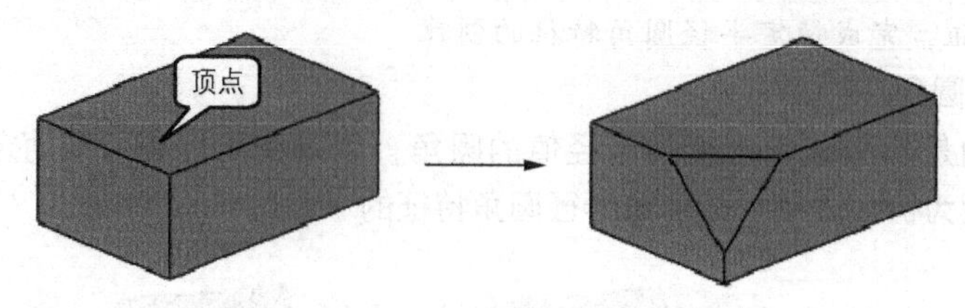

图 4-6 创建倒角（2）

4. 创建孔特征

孔特征命令的功能是在实体上钻孔，孔分为简单直孔和异形导向孔。简单直孔是具有圆截面的切口，它始于放置曲面并延伸到指定的终止曲面或用户定义的深度。异形孔则是多种不规则的孔，一般把不容易测面积和周长的形状称为异形体。

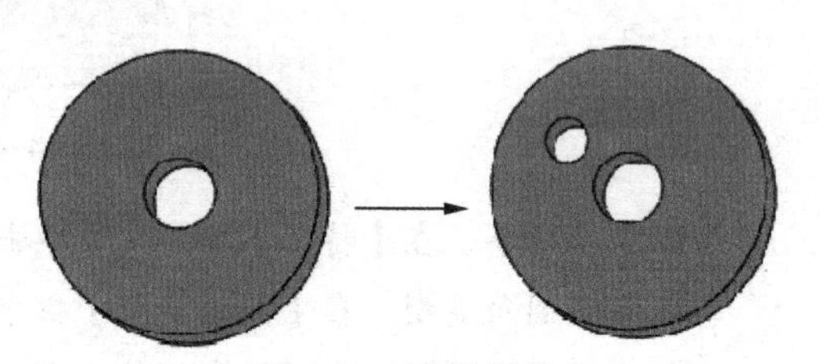

图 4-7 创建简单直孔

（1）创建简单孔特征

下面以图 4-7 所示的简单模型为例，说明创建孔（简单直孔）特征的一般过程。

① 选择命令。选择菜单命令【插入】/【特征】/【孔】/【简单直孔】，系统弹出【孔】属性管理器。

② 选择要创建孔的面，定义孔的参数。在【方向 1】栏的下拉列表中选择【完全贯穿】选项，在⊘（孔直径）文本框中输入数值。

③ 单击✔按钮，完成孔特征的创建。

（2）创建异形向导孔

SolidWorks 异形孔特征包括一系列（国标、ISO、Ansi Inch 等）的孔：柱形沉头孔、锥形沉头孔、直孔、直螺纹孔、锥形螺纹孔和旧制孔。异型孔工具极大地提高了各种孔的绘制速度，同时可以方便地进行修改，加快了建模速度。

下面以图 4-8 所示的模型为例，说明创建孔（异形向导孔）特征的一般过程。

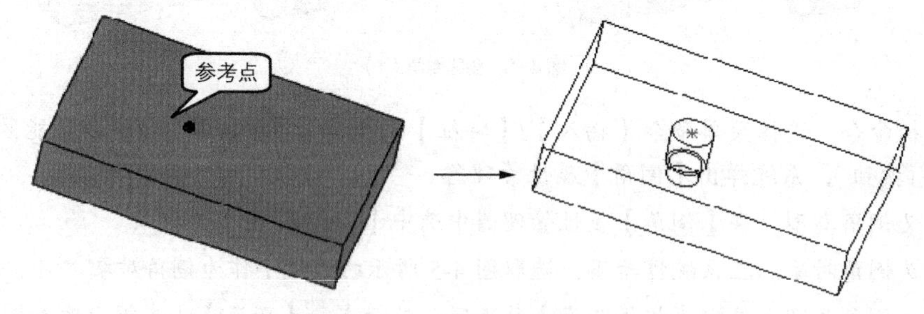

图 4-8 创建异形向导孔

① 创建参考点。在要创建孔的截面上创建点，该点主要是用来定位孔的位置，也可以绘制圆形、方形的草图，但是一定要有定位点，否则后面打孔的时候不好定位。

② 选择命令。选择菜单命令【插入】/【特征】/【孔】/【向导】。

③ 选择孔的类型并设置孔的参数。在【孔规格】属性管理器的【孔类型】栏中选取孔的类型并设置参数。

④ 放置孔。进入【位置】选项卡，单击 3D 草图 按钮，将孔放置在之前创建的参考点的

位置，如图 4-8 所示。

⑤ 单击✔按钮，完成异形向导孔特征的创建。

5. 创建抽壳特征

抽壳工具是将实体的一个或几个面去除，然后掏空实体的内部，留下一定壁厚（等壁厚或多壁厚）的壳。

（1）等壁厚抽壳

下面以图 4-9 所示的简单模型为例，说明创建等壁厚抽壳特征的一般过程。

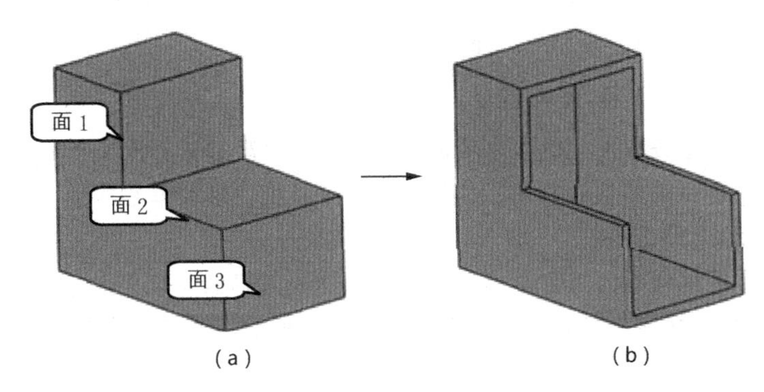

图 4-9 等壁厚抽壳

① 选择命令。在【特征】功能区中单击 抽壳 按钮，打开【抽壳】属性管理器，激活【移除的面】列表框。

② 选取要移除的面。选取连续的 3 个面，如图 4-9（a）所示。

③ 单击✔按钮，完成等壁厚特征的创建，结果如图 4-9（b）所示。

（2）多壁厚抽壳

下面以图 4-10 所示的简单模型为例，说明创建多壁厚抽壳特征的一般过程。

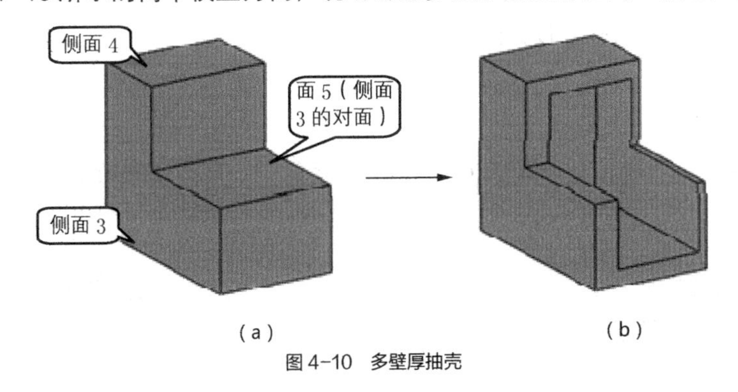

图 4-10 多壁厚抽壳

① 选择命令。在【特征】功能区中单击 抽壳 按钮，打开【抽壳】属性管理器。

② 选取要移除的面。选取面 3、面 4、面 5，如图 4-10（a）所示，厚度采取默认值。

③ 选择多厚度面。在【多厚度设定】栏中选取 3 个侧面定义不同厚度。

④ 单击✔按钮，完成多壁厚抽壳特征的创建，结果如图 4-10（b）所示。

6. 创建筋特征

筋（肋）特征的创建过程与拉伸特征基本相似，不同的是筋（肋）特征的截面草图是不封闭的，其截面是一条直线。

下面以图 4-11 所示的模型为例，说明创建筋（肋）特征的一般过程。

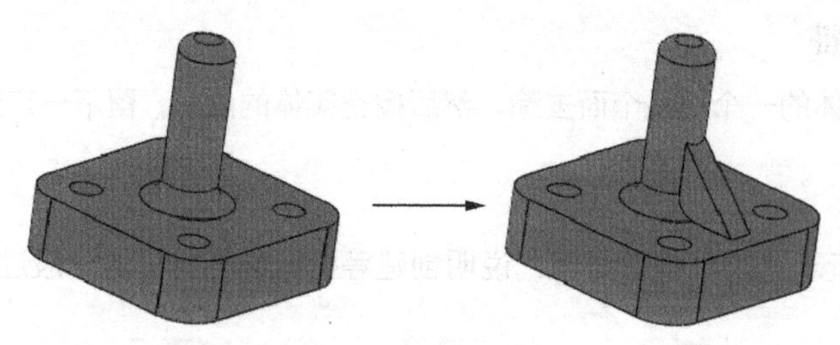

图 4-11　创建筋特征

① 打开素材文件“第 4 章\素材\创建筋特征”。

② 选择命令。在【特征】功能区中单击筋按钮，打开【筋】属性管理器。

③ 定义【筋】特征的横截面草图。选择筋的草绘截面，进入草绘环境，绘制几何图形，如图 4-12 所示，然后退出草绘环境。

④ 定义【筋】特征的参数。图 4-13 所示的箭头方向是筋的正确生成方向。在【筋】属性管理器中单击（两侧）按钮，然后在（筋厚度）文本框中输入筋的厚度值，如图 4-14 所示。

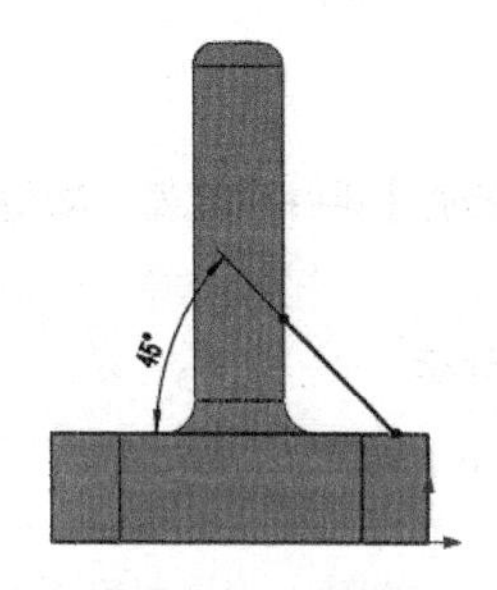

图 4-12　绘制草图

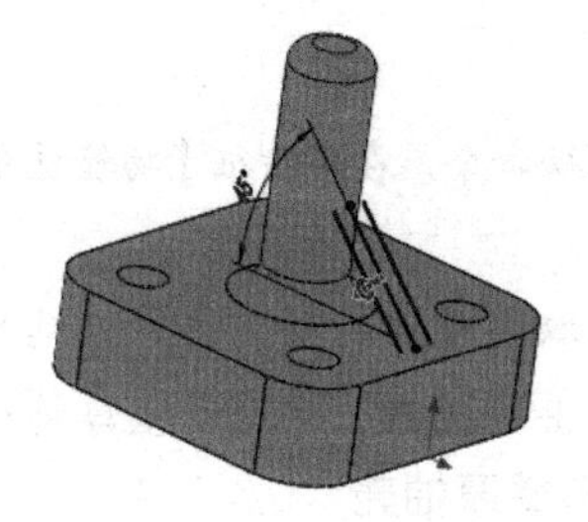

图 4-13　设置特征方向

⑤ 单击按钮，完成筋（肋）特征的创建。

要点提示

绘制横截面草图时，如果所绘制的线段与现存的模型交叉，也可以生成筋特征，如图 4-15 所示。

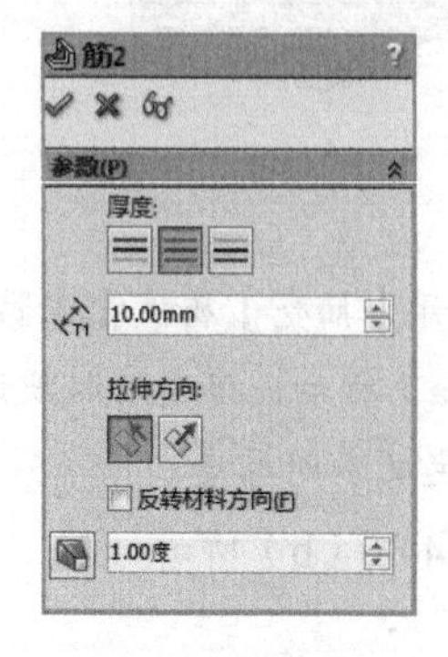

图 4-14　设置参数

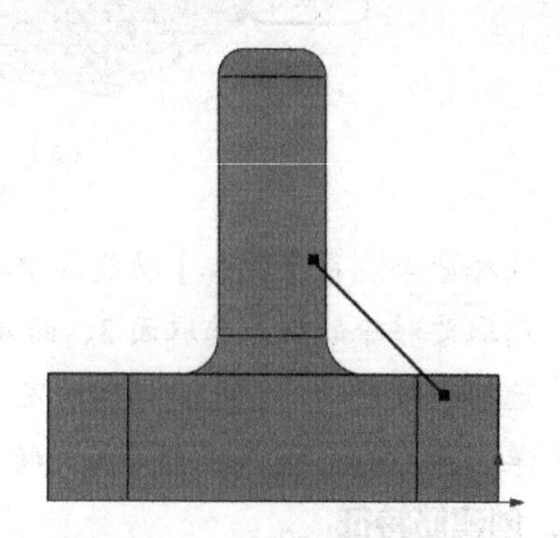

图 4-15　线段与模型交叉

7. 创建圆顶特征

圆顶特征工具可以同时在同一个模型上同时生成一个或多个圆顶。

下面以图 4-16 所示的模型为例，说明创建圆顶特征的一般过程。

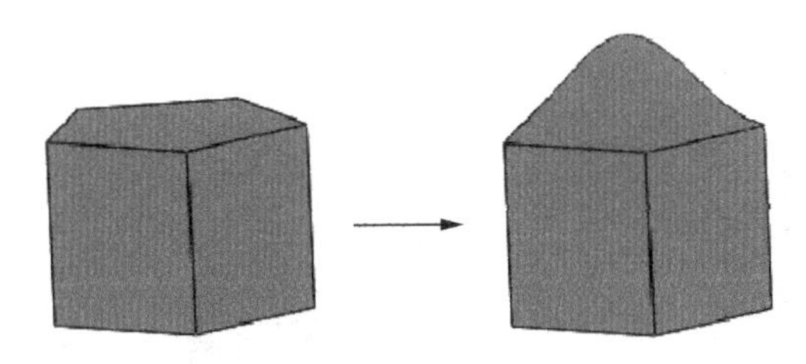

图 4-16　创建圆顶特征

① 选择命令。选择菜单命令【插入】/【特征】/【圆顶】。

② 选择圆顶放置面。

③ 定义圆顶的参数。在 （距离）文本框中设置圆顶的高度。

④ 单击✔按钮，完成圆顶特征的创建。

4.1.2 典型实例——创建拉手

本例主要运用拉伸、拉伸切除、放样和倒圆角等工具创建图 4-17 所示的拉手模型。

（1）创建拉伸特征

在前视基准面上创建深度为 2 的拉伸特征，如图 4-18 所示。

图 4-17　拉手模型

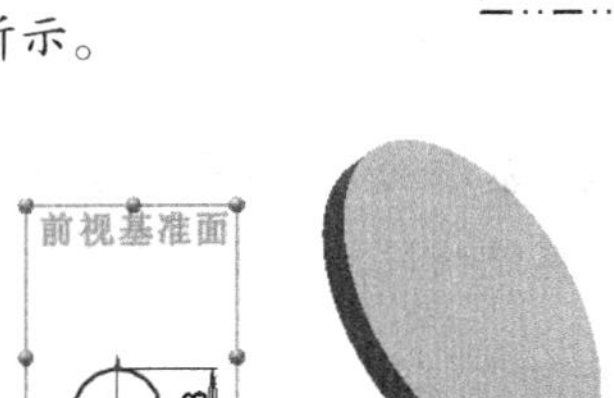

图 4-18　创建拉伸实体

（2）创建基准平面

① 创建与右视基准面偏距为 131 的基准面 1，如图 4-19 所示。

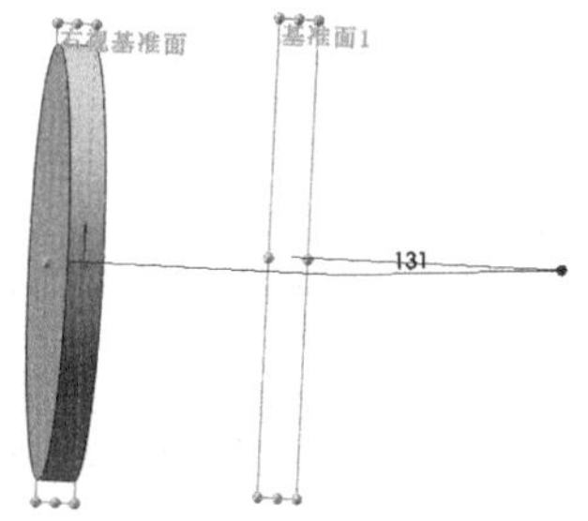

图 4-19　创建基准面 1

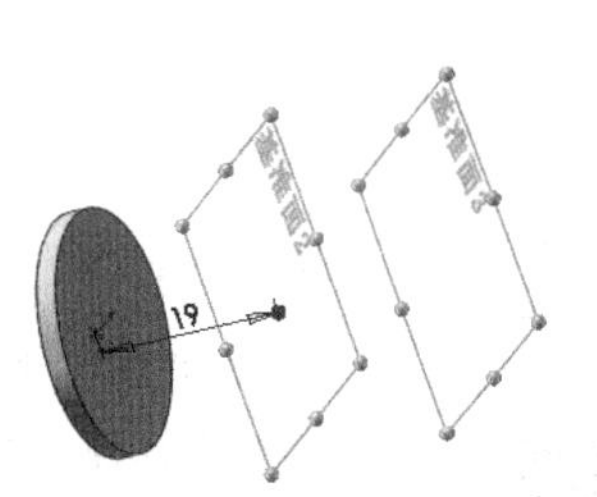

图 4-20　创建基准面 2

② 创建基准面 2 和基准面 3，其中基准面 2 与前视基准面的偏距为 19，基准面 3 与基准面 2 的偏距为 19，如图 4-20 所示。

③ 选择基准面 3，绘制图 4-21 所示的线段。

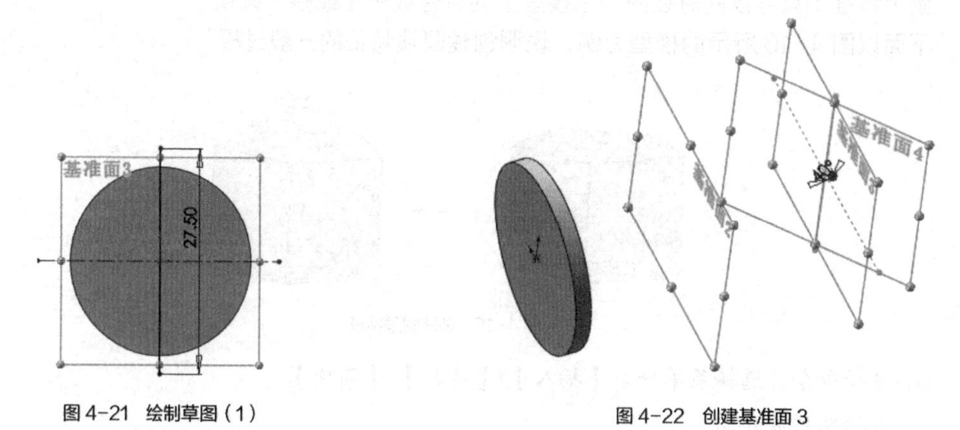

图 4-21 绘制草图（1）　　　　图 4-22 创建基准面 3

④ 过步骤③绘制的线段创建与基准面 3 成 40° 夹角的基准面 4，如图 4-22 所示。

⑤ 创建与右视基准面偏距为 30 的基准面 5，再分别创建基准面 6、基准面 7、基准面 8，其偏移距离如图 4-23 所示。

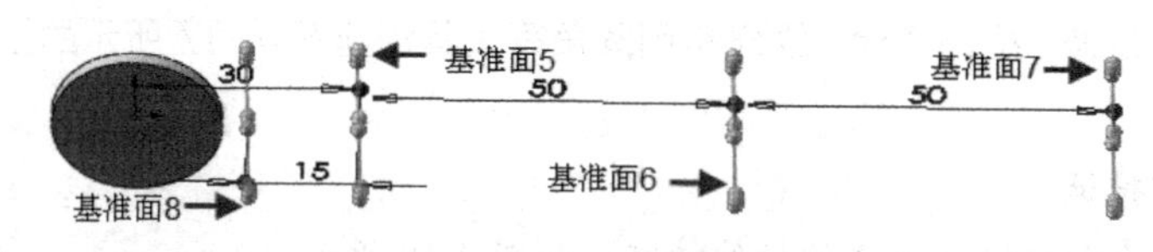

图 4-23 创建基准面 4

⑥ 选择基准面 8，在平面与平面的相交处绘制图 4-24 所示的线段。

⑦ 创建过线段与基准面 8 夹角为 328° 的基准面 9，如图 4-25 所示。

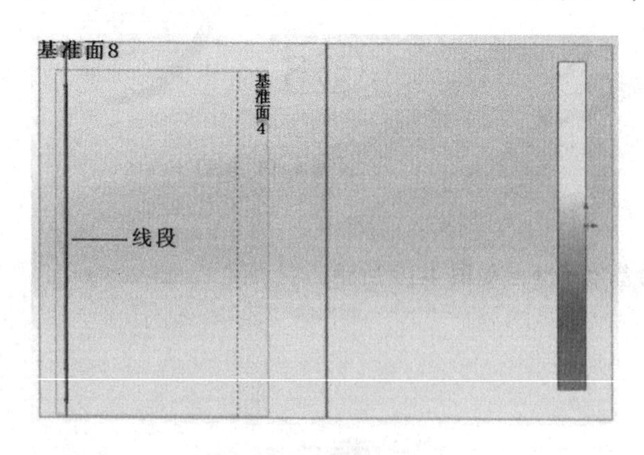

图 4-24 绘制草图（2）

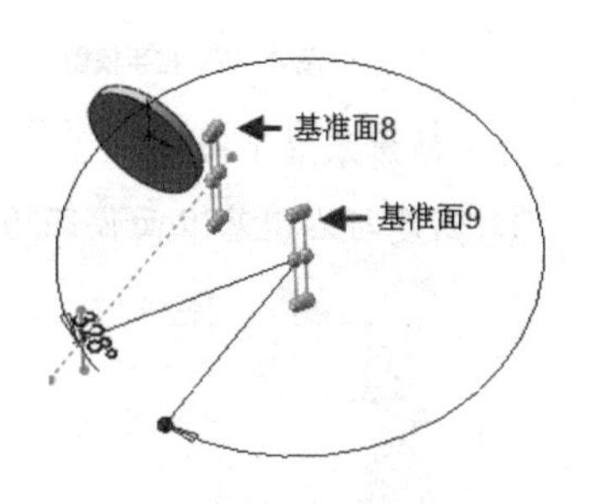

图 4-25 创建基准面 5

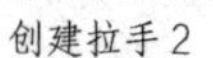
创建拉手 2

（3）创建拉手头部

① 在拉伸实体特征的上表面创建深度为 11 的拉伸实体特征，如图 4-26 所示。

② 继续创建深度为 11 的拉伸切除特征，如图 4-27 所示。

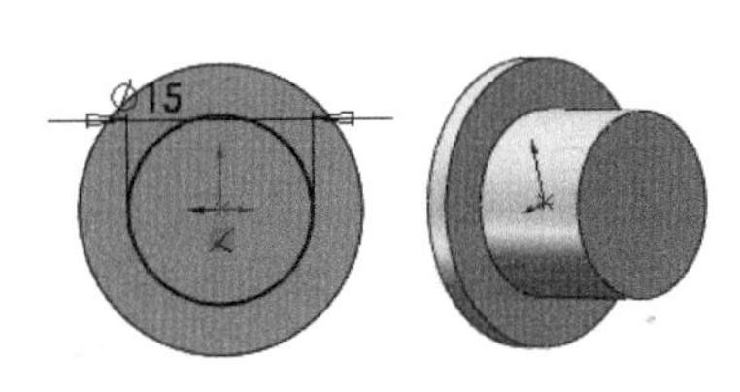

图 4-26 创建拉伸实体特征

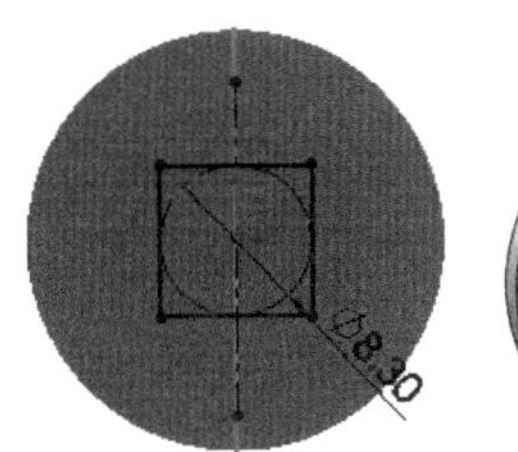

图 4-27 创建拉伸切除特征

（4）创建拉手柄部

① 在前视基准面上绘制图 4-28 所示的圆。

② 在基准面 2 上绘制图 4-29 所示的圆。

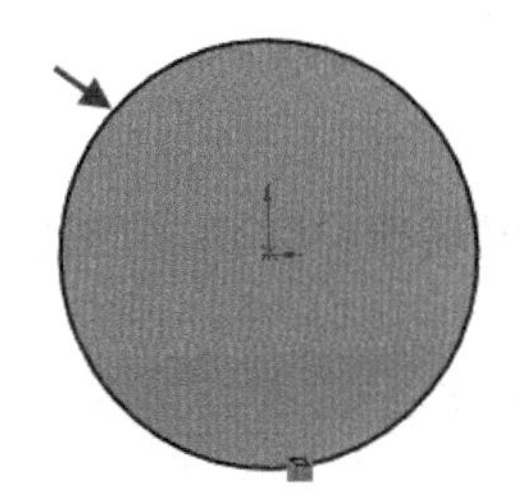

图 4-28 绘制圆（1）

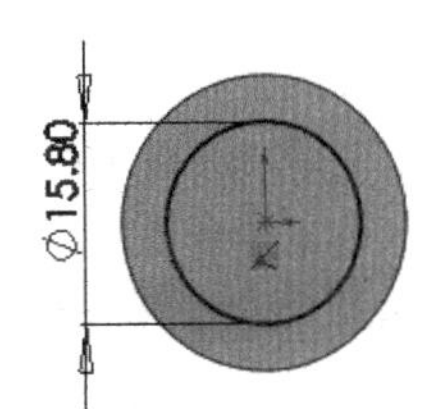

图 4-29 绘制圆（2）

③ 在基准面 4 上绘制图 4-30 所示的椭圆。

④ 在基准面 9 上绘制图 4-31 所示的椭圆。

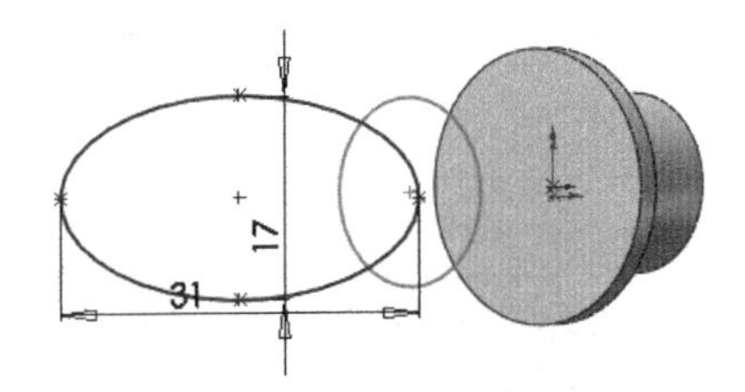

图 4-30 绘制椭圆（1）

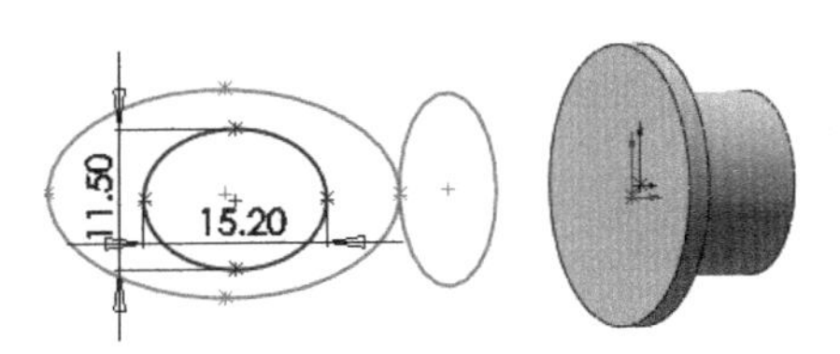

图 4-31 绘制椭圆（2）

⑤ 在基准面 5 上绘制图 4-32 所示的圆。

⑥ 在基准面 6 上绘制图 4-33 所示的草图。

⑦ 在基准面 7 上绘制图 4-34 所示的圆。

⑧ 在基准面 1 上绘制图 4-35 所示的圆。

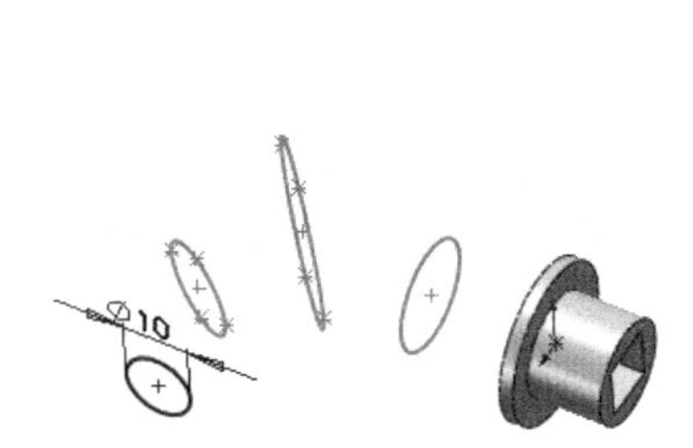

图 4-32 绘制圆（3）

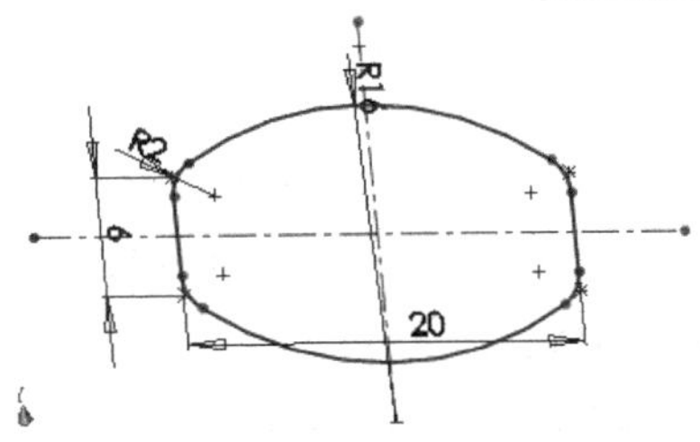

图 4-33 绘制草图（1）

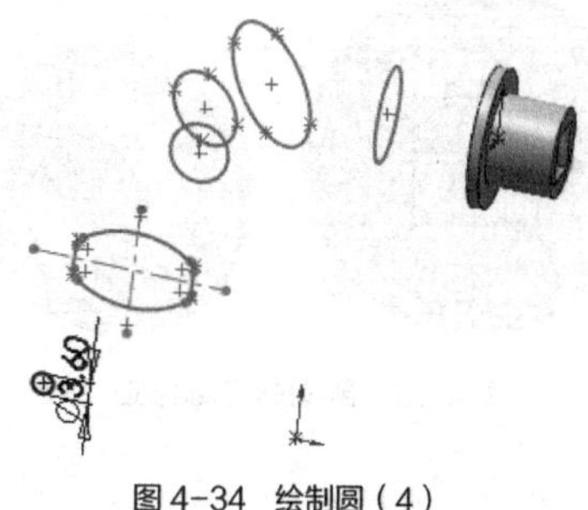

图 4-34 绘制圆（4）

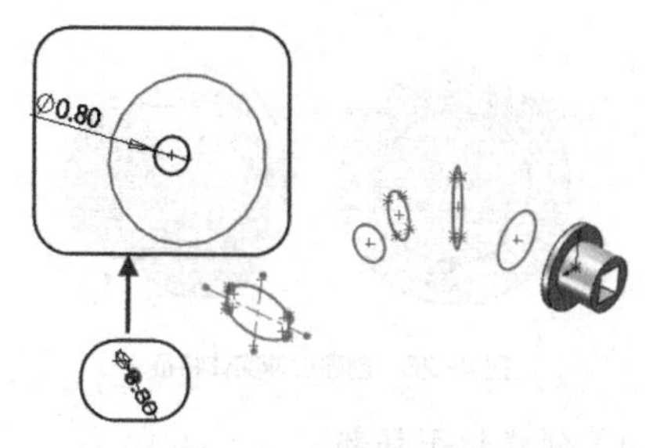

图 4-35 绘制圆（5）

⑨ 在上视基准面上绘制图 4-36 所示的草图。

要点提示

绘制该草图时，先选择步骤①在前视基准面上绘制的圆，然后利用【转换实体引用】工具绘制线段，再选择该线段，在其属性管理器中选择【作为构造线】复选项，使其成为构造线，如图 4-37 所示。用同样的方法对其他基准面上的草图执行同样的操作，然后再绘制样条曲线。

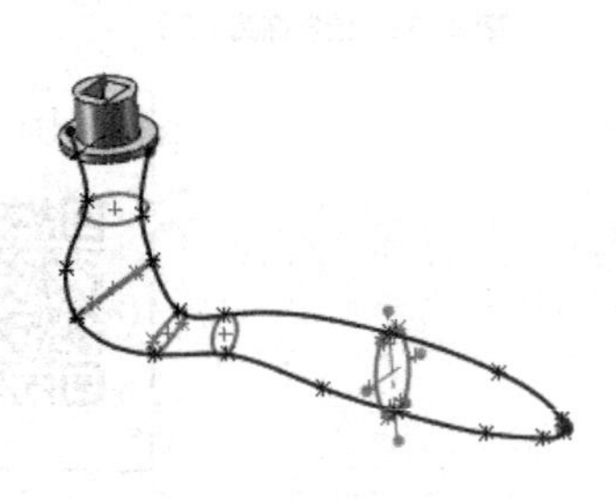

图 4-36 绘制草图（2）

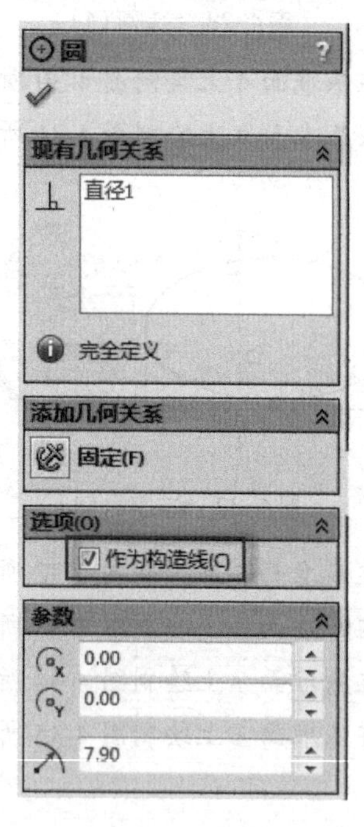

图 4-37 设置参数

⑩ 创建放样特征。如图 4-38 所示，选择步骤①～步骤⑧的草绘图形作为放样轮廓，步骤⑨的草绘作为引导线，创建的放样特征如图 4-39 所示。

（5）创建圆角及倒角特征

创建圆角特征，如图 4-40 所示。创建倒角特征，如图 4-41 所示。

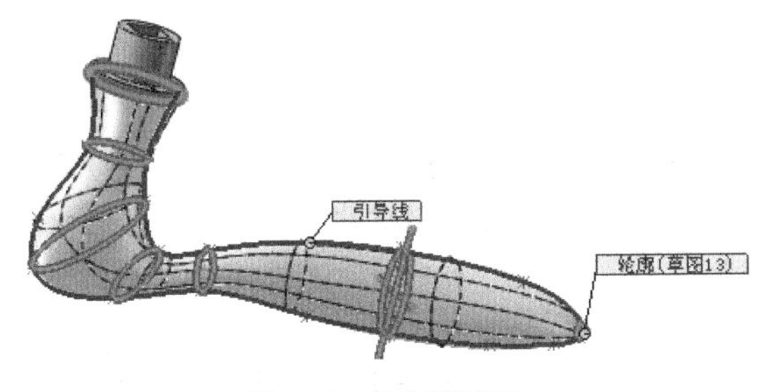

图 4-38　创建放样特征

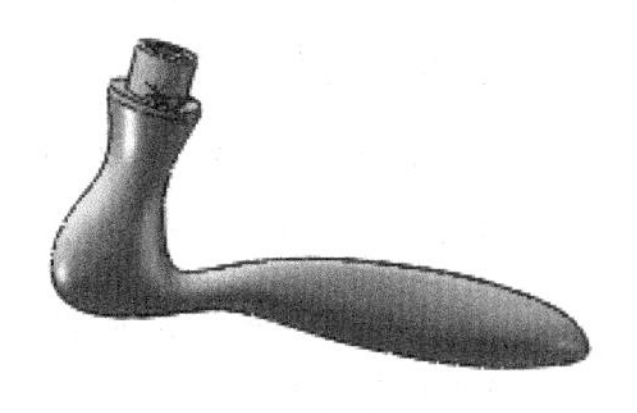

图 4-39　设计结果

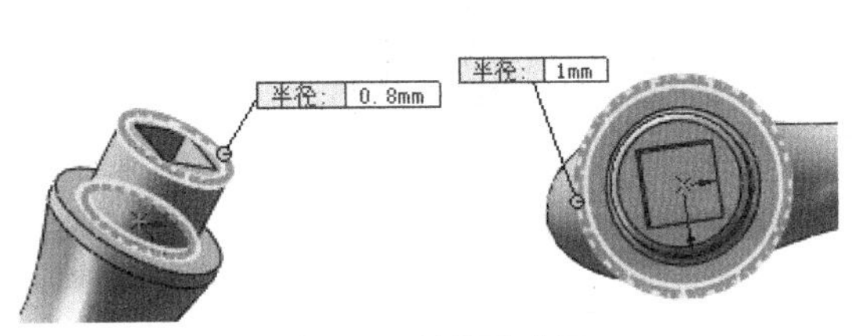

图 4-40　创建圆角特征

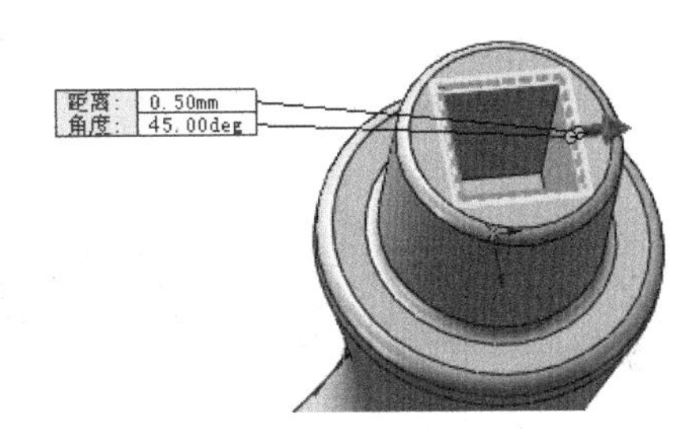

图 4-41　创建倒角特征

最终结果如图 4-17 所示。

4.2 阵列和镜像阵列

阵列和镜像阵列是快速生成一组相似特征的一种方法。

4.2.1 知识准备

1. 线性阵列和圆周阵列

特征的阵列功能是按线型或圆周形式复制源特征，下面详细介绍【线性阵列】、【圆周阵列】以及【镜像】特征。

（1）线型阵列

特征的线性阵列就是将源特征以线性排列方式进行复制，使源特征产生多个副本。

下面以图 4-42 所示的模型为例，说明创建线型阵列的一般过程。

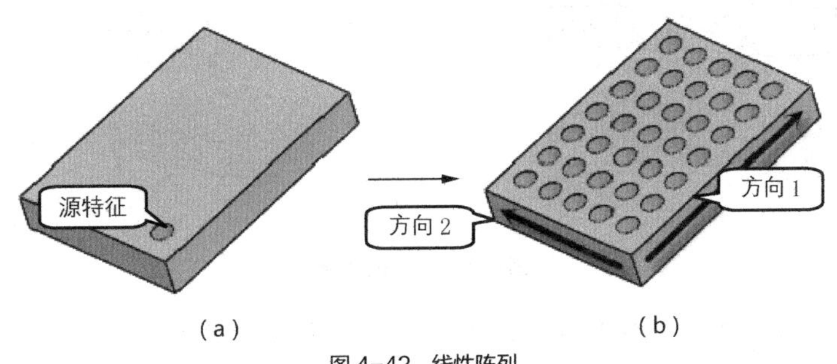

图 4-42　线性阵列

① 选择命令。选择菜单命令【插入】/【阵列/镜像】/【线性阵列】。

② 定义阵列源特征。在【要阵列的特征】栏中激活列表框，选取图 4-42（a）所示的拉伸切除特征为阵列的源特征。

③ 定义阵列参数。单击激活【方向 1】栏中按钮后的列表框，选取图 4-42（b）所示的边线作为方向 1，并设置阵列参数。用同样的方法定义【方向 2】栏中的参数。

④ 单击按钮，完成线性阵列特征的创建。

（2）圆周阵列

特征的圆周阵列就是将源特征以周向排列方式进行复制，使源特征产生多个副本。

下面以图 4-43 所示的模型为例，说明创建圆周阵列的一般过程。

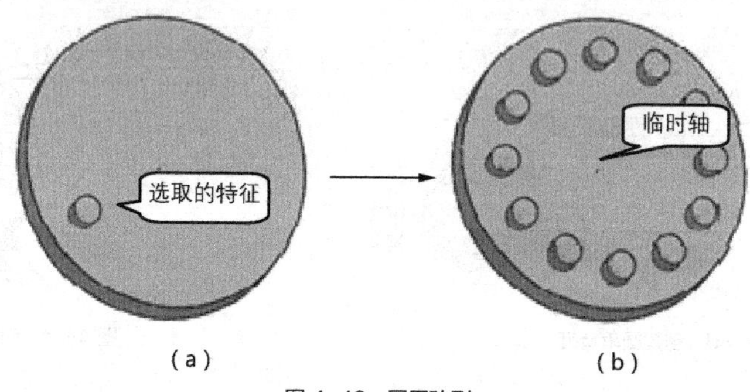

图 4-43 圆周阵列

① 选择命令。选择菜单命令【插入】/【阵列/镜像】/【圆周阵列】。

② 定义阵列源特征。在【要阵列的特征】栏中激活列表框，选取图 4-43（a）所示的拉伸特征为阵列的源特征。

③ 定义阵列参数。选择菜单命令【视图】/【临时轴】，即显示临时轴；激活【参数】栏中按钮后的列表框，选取图 4-43（b）所示的临时轴为圆周阵列轴，并设定参数。

④ 单击按钮，完成圆周阵列特征的创建。

2. 特征的镜像

特征的镜像复制就是将源特征相对一个面（这个面称为镜像基准面），进行镜像，从而得到源特征的一个副本。

下面以图 4-44 所示的模型为例，说明创建特征的镜像的一般过程。

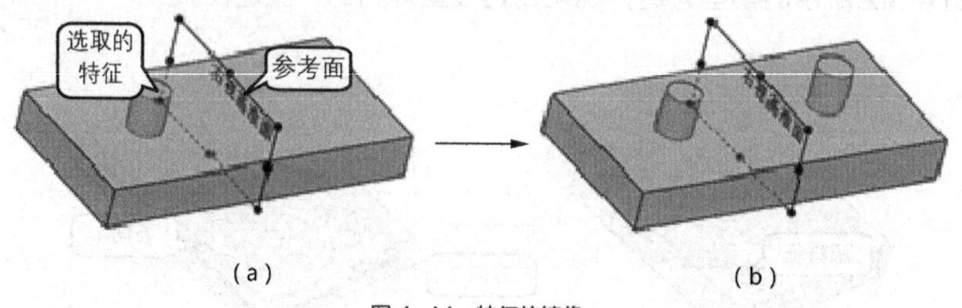

图 4-44 特征的镜像

① 选择命令。选择菜单命令【插入】/【阵列/镜像】/【镜像】。

② 选择镜像基准面。选取图 4-44（a）所示的基准面为镜像基准面。

③ 选取要镜像的特征。选取图 4-44（a）所示的拉伸特征作为要镜像的特征。

④ 单击✓按钮，完成特征的镜像创建，结果如图 4-44（b）所示。

4.2.2 典型实例——创建箱体模型

本例主要运用拉伸、拉伸切除、抽壳、筋、孔以及镜像、圆角等建模工具创建图 4-45 所示的减速箱体模型。

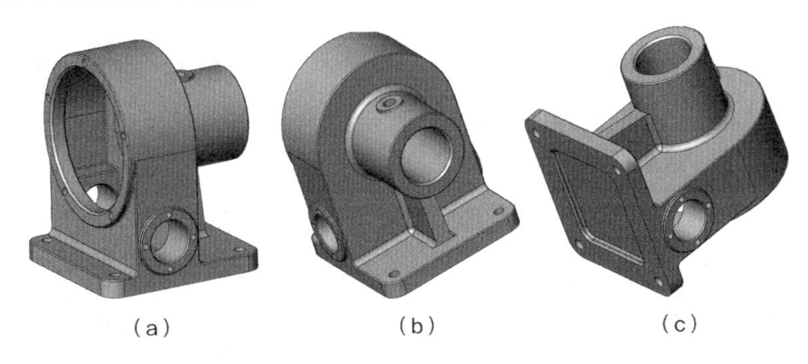

（a）　（b）　（c）

图 4-45　减速箱体模型

① 选择前视基准视图创建拉伸特征 1，拉伸方向为两侧对称，拉伸深度为 60，如图 4-46 所示。

② 创建抽壳特征，厚度为 10，结果如图 4-47 所示。

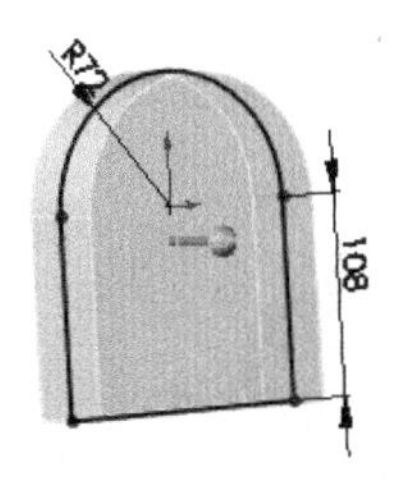

图 4-46　创建拉伸特征 1

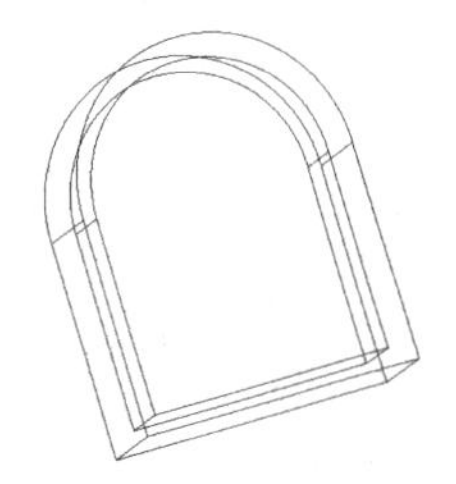

图 4-47　创建壳特征

③ 创建拉伸特征 2，深度为 5，如图 4-48 所示。

④ 创建拉伸特征 3，深度为 3，如图 4-49 所示。

⑤ 创建拉伸特征 4，方向 1 深度为 70，方向 2 深度为 15，如图 4-50 所示。

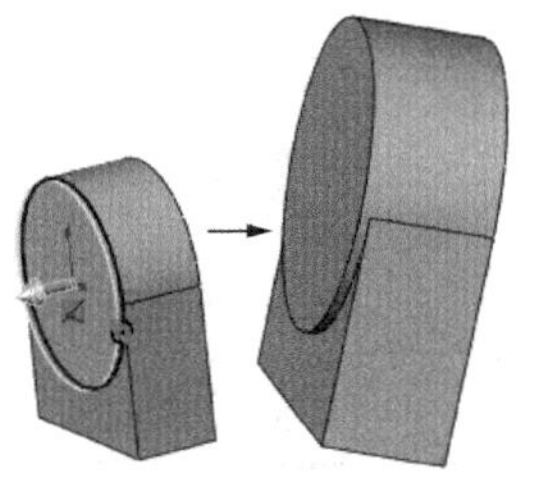

图 4-48　创建拉伸特征 2

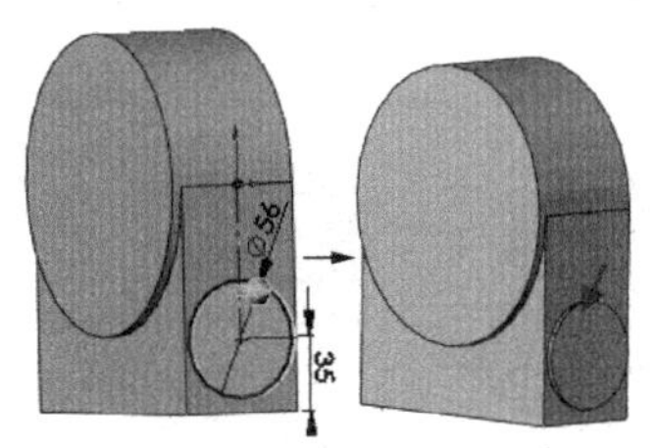

图 4-49　创建拉伸特征 3

⑥ 创建拉伸特征 5，深度为 40，如图 4-51 所示。

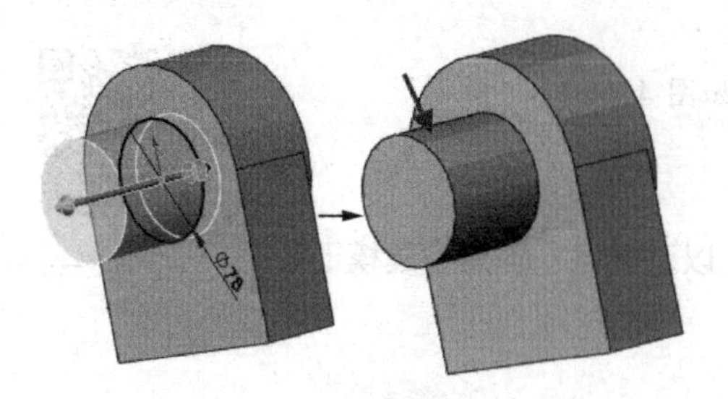

图 4-50 创建拉伸特征 4

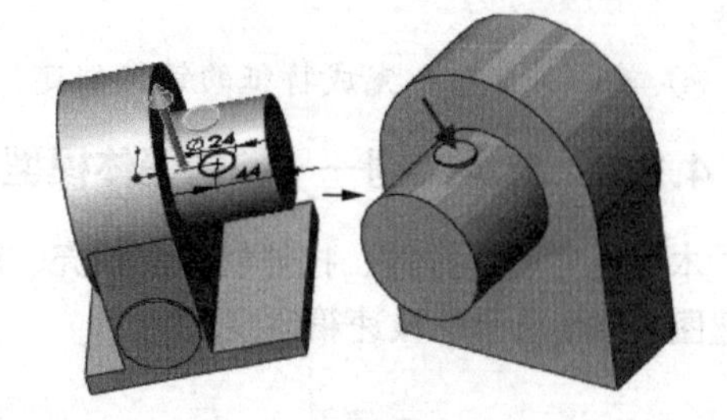

图 4-51 创建拉伸特征 5

⑦ 创建拉伸特征 6，深度为 30，如图 4-52 所示。

⑧ 创建镜像特征，结果如图 4-53 所示。

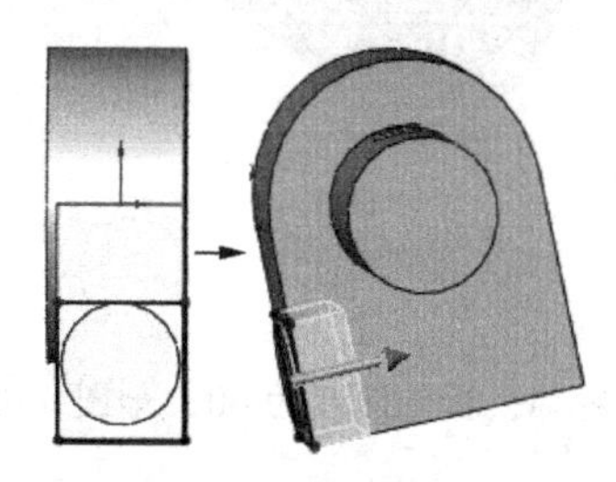

图 4-52 创建拉伸特征 6

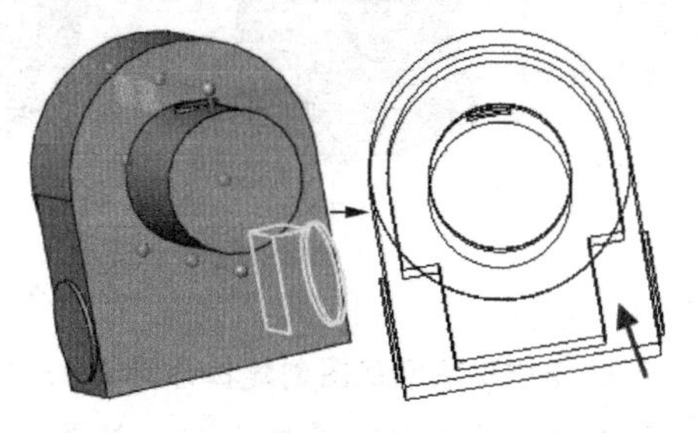

图 4-53 创建镜像特征

⑨ 创建拉伸特征 7，深度为 92，如图 4-54 所示。

⑩ 创建拉伸切除特征 1，如图 4-55 所示。

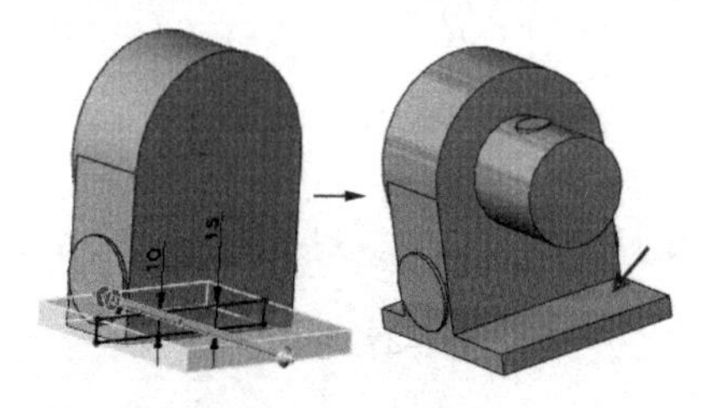

图 4-54 创建拉伸特征 7

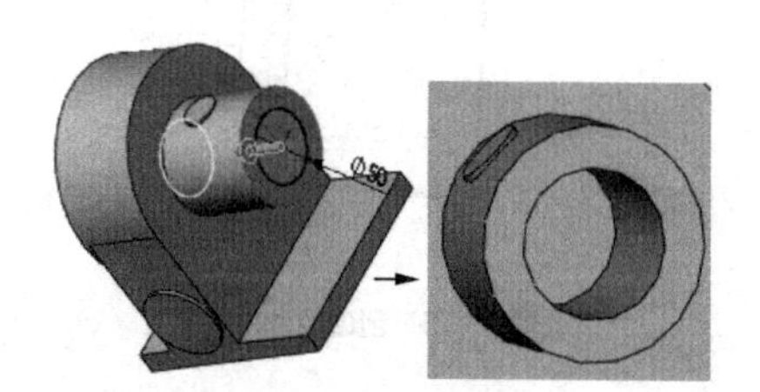

图 4-55 创建拉伸切除特征 1

创建箱体模型 3

⑪ 创建拉伸切除特征 2，如图 4-56 所示。

⑫ 创建拉伸切除特征 3，如图 4-57 所示。

⑬ 创建拉伸切除特征 4，切除深度为 5，如图 4-58 所示。

⑭ 创建圆角特征，如图 4-59 所示。

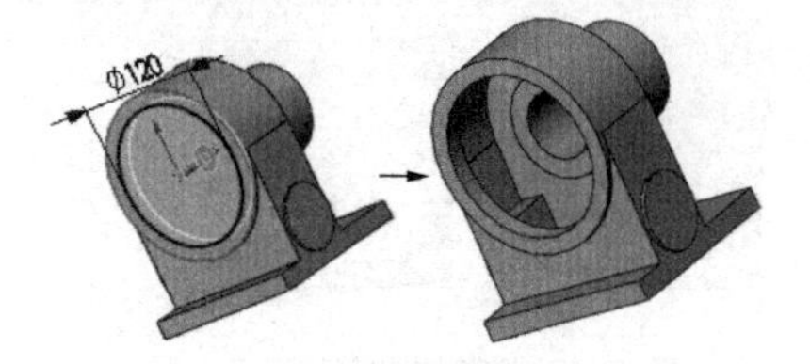

图 4-56 创建拉伸切除特征 2

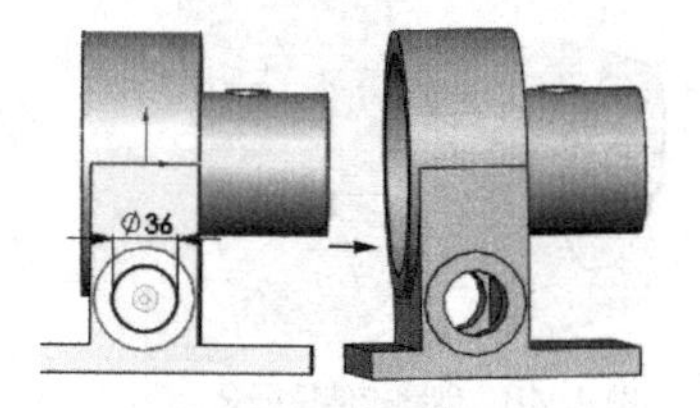

图 4-57 创建拉伸切除特征 3

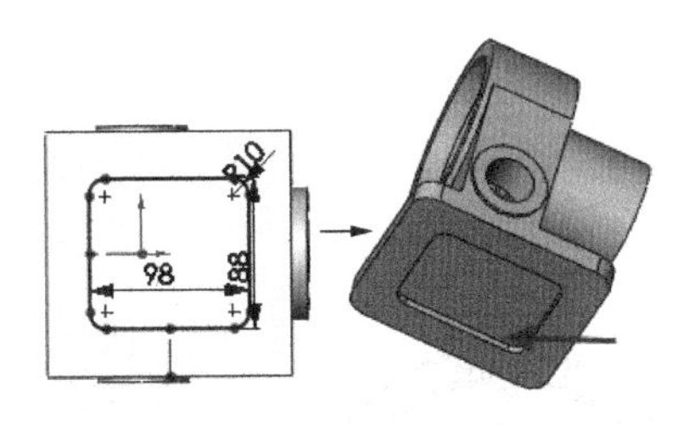

图 4-58　创建拉伸切除特征 4

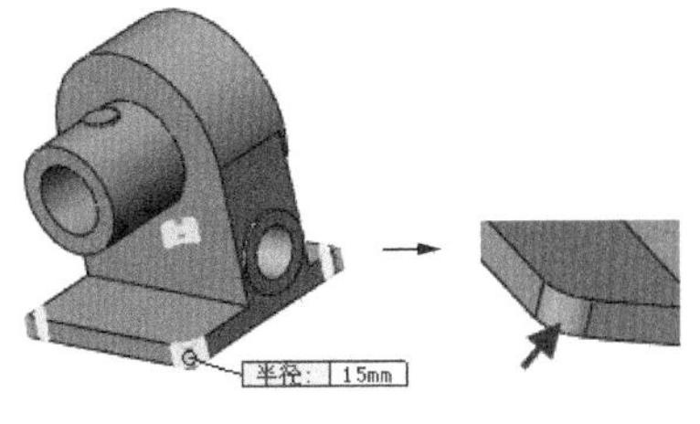

图 4-59　创建圆角特征

⑮ 创建简单孔特征，如图 4-60 所示。

⑯ 创建 M14 的直螺纹孔特征，如图 4-61 所示。

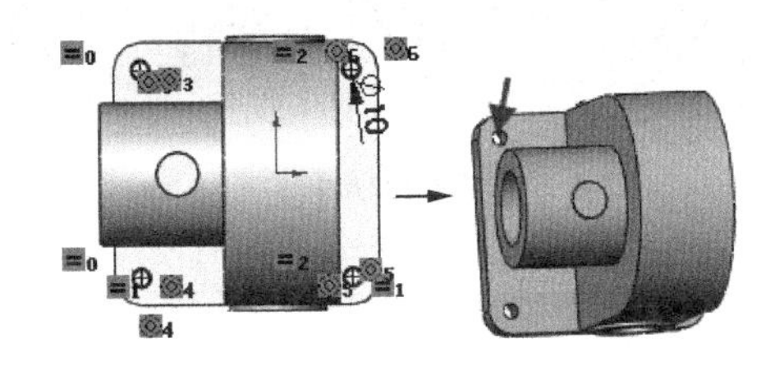

图 4-60　创建简单孔特征

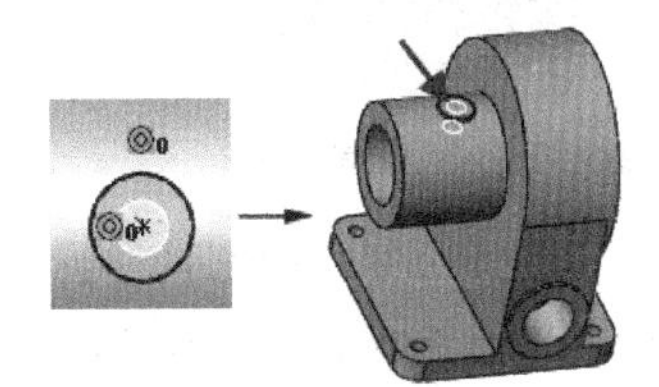

图 4-61　创建直螺纹孔特征

⑰ 创建倒角特征 1，如图 4-62 所示。

⑱ 创建倒角特征 2，如图 4-63 所示。

⑲ 创建圆角特征 1，如图 4-64 所示。

⑳ 创建圆角特征 2，如图 4-65 所示。

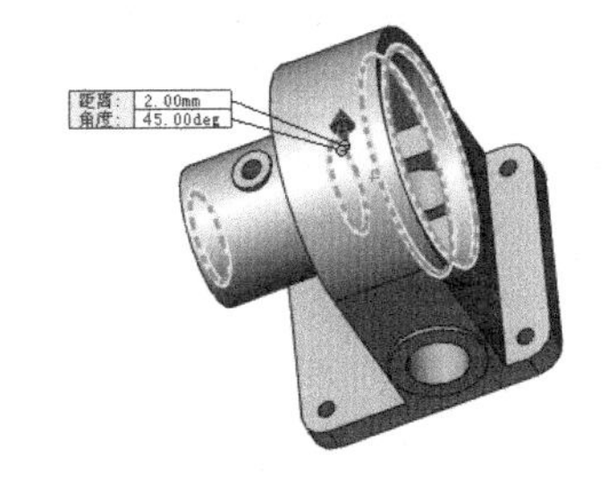

图 4-62　创建倒角特征 1

图 4-63　创建倒角特征 2

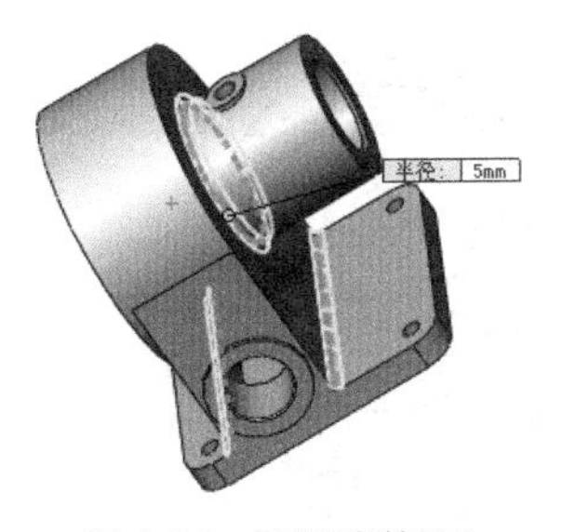

图 4-64　创建圆角特征 1

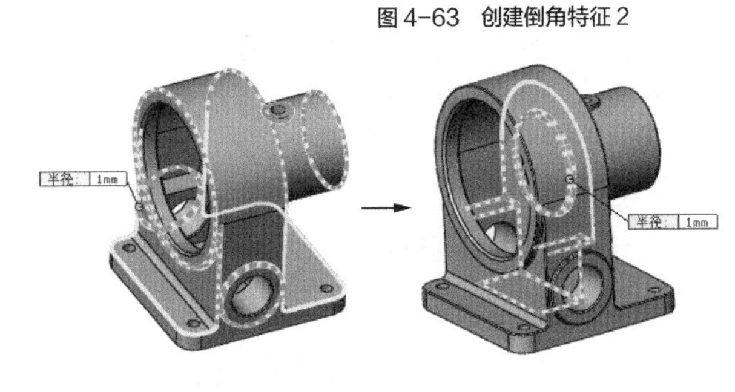

图 4-65　创建圆角特征 2

㉑ 创建圆角特征 3，如图 4-66 所示。

㉒ 创建螺纹孔 1，如图 4-67 所示。

图 4-66 创建圆角特征 3

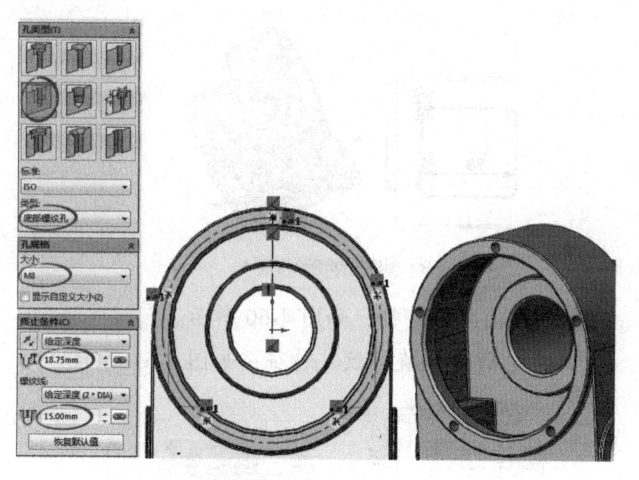

图 4-67 创建螺纹孔 1

㉓ 创建筋特征，两侧拉伸，厚度为 15，如图 4-68 所示。

㉔ 创建圆角特征 4，如图 4-69 所示。

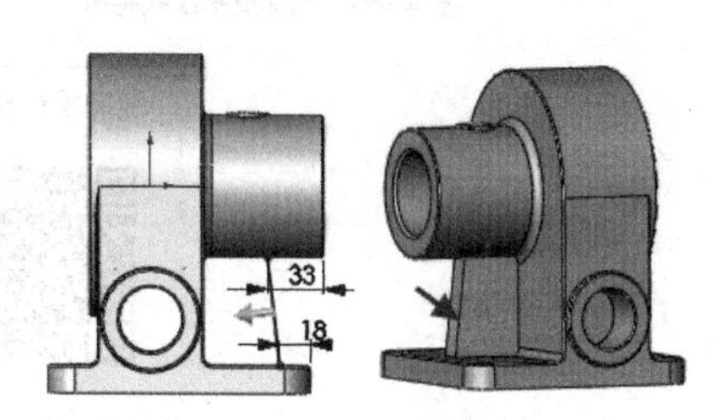

图 4-68 创建筋特征

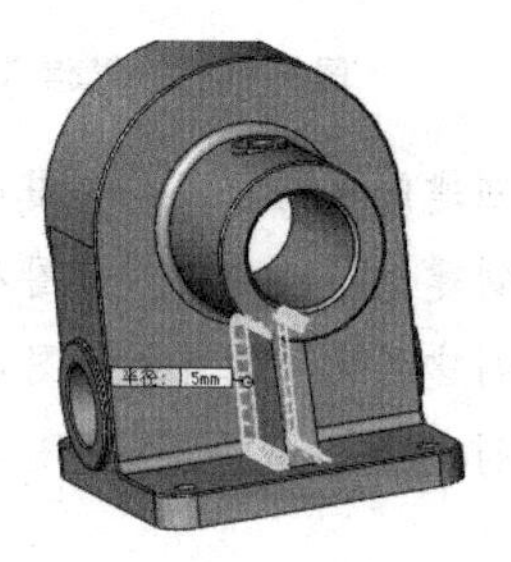

图 4-69 创建圆角特征 4

㉕ 创建螺纹孔 2，如图 4-70 所示。

㉖ 镜像螺纹孔，如图 4-71 所示，最终结果如图 4-45 所示。

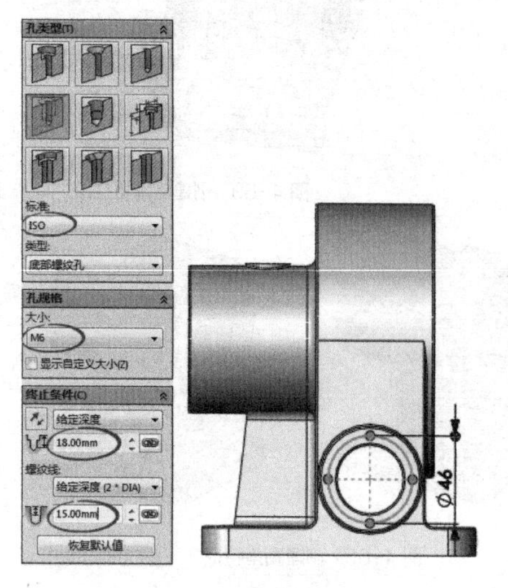

图 4-70 创建螺纹孔 2

图 4-71 镜像螺纹孔

4.3 综合训练

下面通过两个综合实例介绍创建三维实体模型的一般方法。

4.3.1 实例1——创建榔头模型

本例将创建一个榔头模型，如图4-72所示，全面训练前面所学的三维实体建模工具的用法。

（1）生成基体造型

在开始进行榔头造型前，首先要分析榔头零件的基本构型，选择合适的设计入口，通过观察可以发现：榔头的侧面轮廓比较复杂，而且一致性比较强，所以先用草图绘制侧面轮廓，然后使用拉伸凸台工具拉伸出基础实体。

① 选择前视基准面，单击【草图】功能区中的按钮，建立榔头头侧面的多边形草图，如图4-73所示，使用直线工具构建榔头的侧面轮廓。

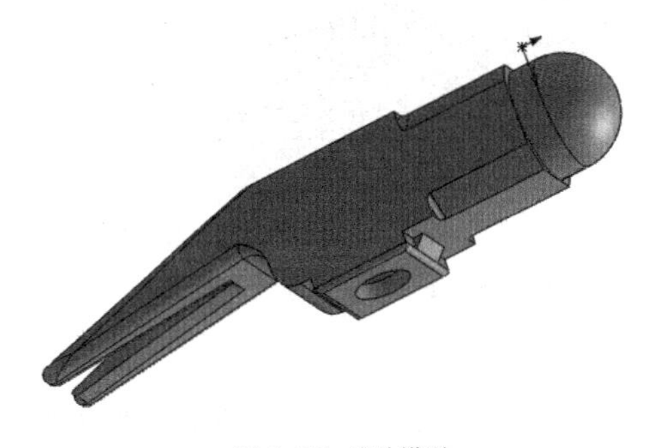

图4-72 榔头模型

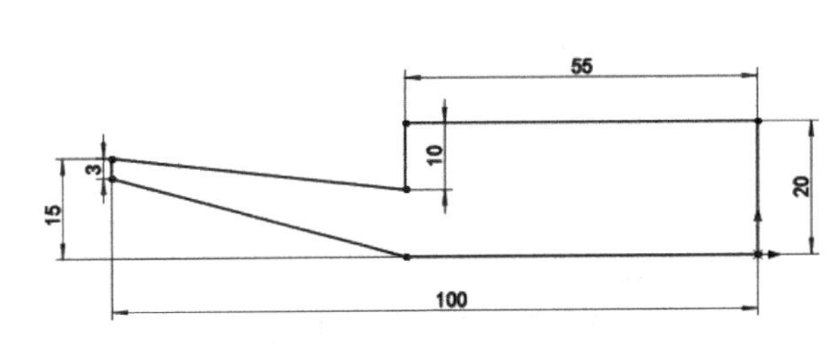

图4-73 绘制草图

② 单击（拉伸凸台/基体）按钮，在【凸台-拉伸】属性管理器中设定拉伸长度为20mm，如图4-74所示，创建的拉伸实体如图4-75所示，然后单击按钮，完成造型。

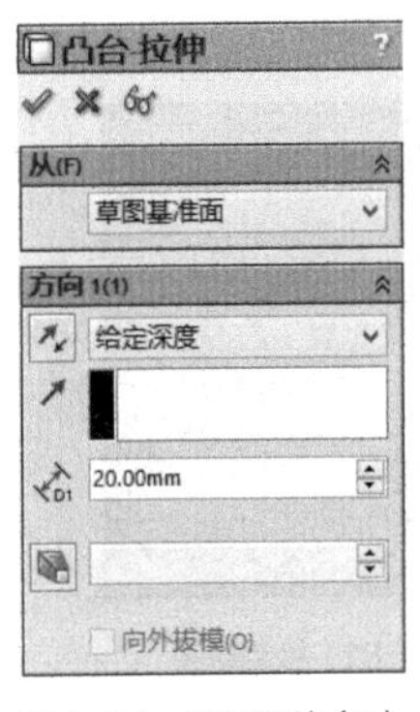

图4-74 设置参数（1）

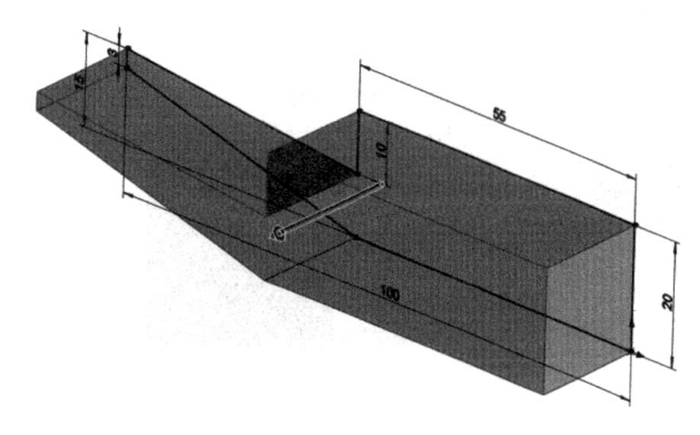

图4-75 拉伸结果（1）

（2）生成安装加固凸缘造型

在榔头的上部一般有一个安装凸缘，用于加固安装面，此造型可以使用一个简单的拉伸凸台特征实现。

① 选择拉伸实体上表面，如图4-76所示，单击按钮，进入草图绘制模式，绘制矩形，给定形状尺寸和定位尺寸，如图4-77所示。

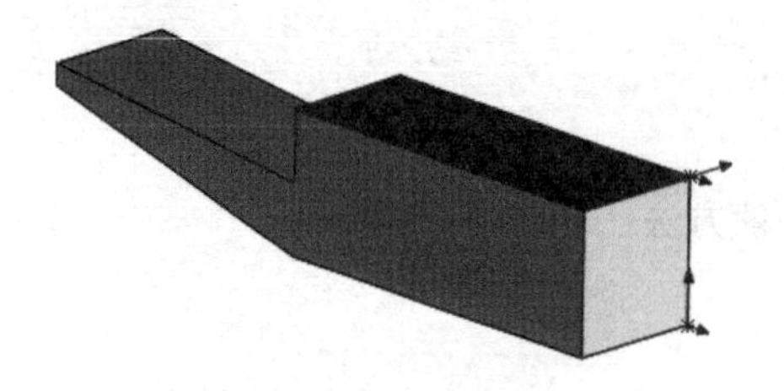

图 4-76 选择绘图面

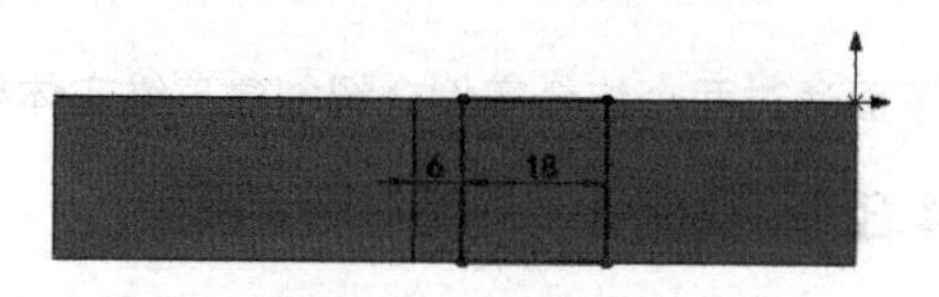

图 4-77 绘制草图

② 单击按钮，在【凸台-拉伸】属性管理器中设定拉伸长度为 3mm，如图 4-78 所示，创建的拉伸凸台实体如图 4-79 所示，然后单击按钮，完成造型。

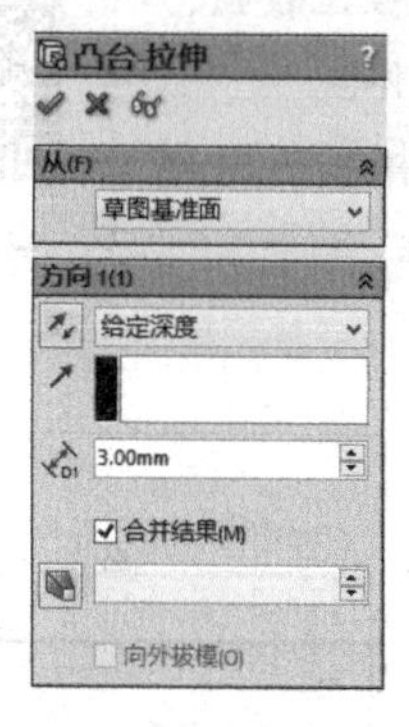

图 4-78 设置参数（2）

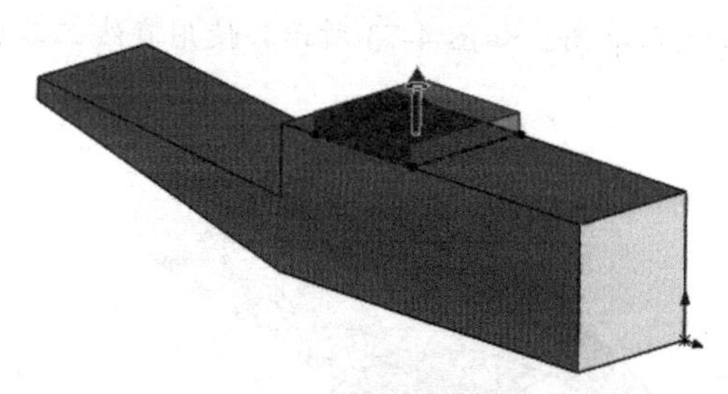

图 4-79 拉伸结果（2）

（3）生成头部凸缘造型

榔头头部是一个截面为八边形的八面体造型，可以使用一个八边形草图外切，或者使用 4 个三角形草图内切完成，此处采用后者，使用拉伸切除工具实现；另外在八面体的顶部有一个圆柱造型，可以通过使用圆草图外切实现。

① 选择零件实体右表面，如图 4-80 所示，单击按钮，进入草图绘制模式，绘制 4 个三角形草图，如图 4-81 所示，给出定位尺寸。

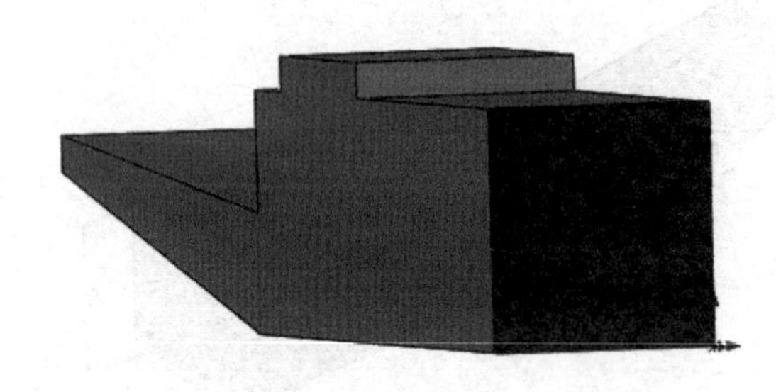

图 4-80 选择绘图面

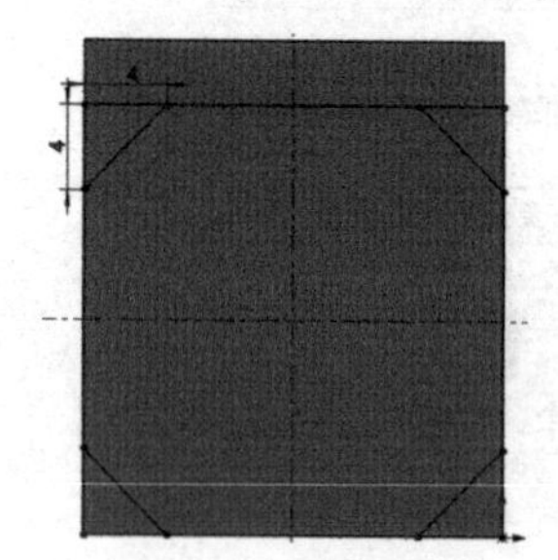

图 4-81 绘制草图

要点提示

这里可绘制两条中心线，然后使用镜像工具进行镜像，可以快速绘制出图 4-81 所示的 4 个三角形。

② 单击按钮，在【切除-拉伸】属性管理器中设定切除深度为 25mm，如图 4-82 所示，创建的拉伸切除特征如图 4-83 所示，然后单击按钮，完成造型。

图 4-82　设置参数（1）

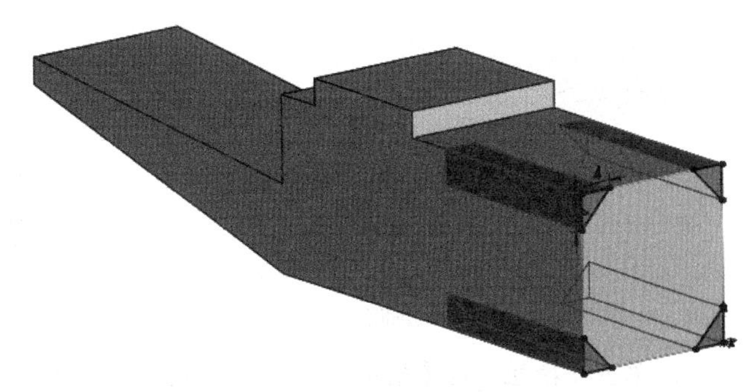

图 4-83　拉伸切除结果（1）

③ 选择零件实体右表面，如图 4-84 所示，单击按钮，进入草图绘制模式，使用中心线工具，找出表面中心点，以中心点为圆心，绘制圆，圆弧与矩形表面边线重合，如图 4-85 所示。

④ 单击按钮，在【切除–拉伸】属性管理器中设定切除深度为 5mm，因为要留下的是圆的内部，所以选择反侧切除，如图 4-86 所示，切除圆外实体，创建的拉伸切除特征如图 4-87 所示，单击按钮，完成造型。

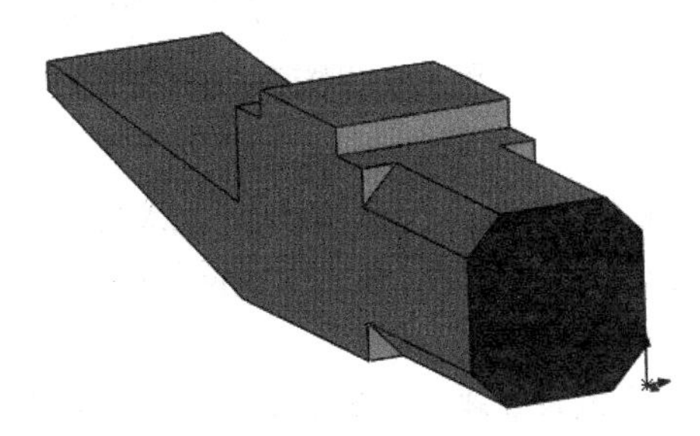

图 4-84　选择绘图面

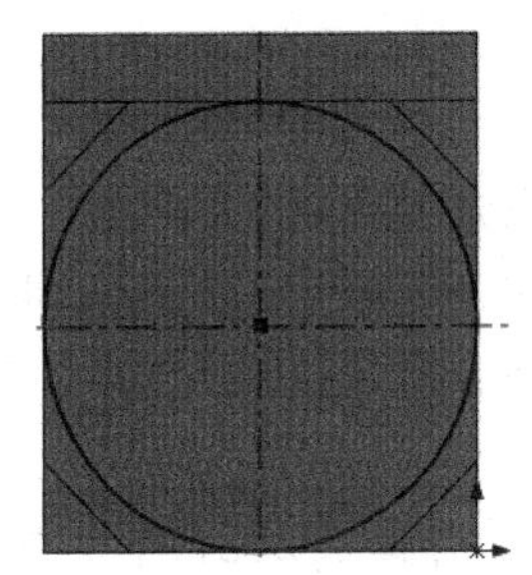

图 4-85　绘制草图

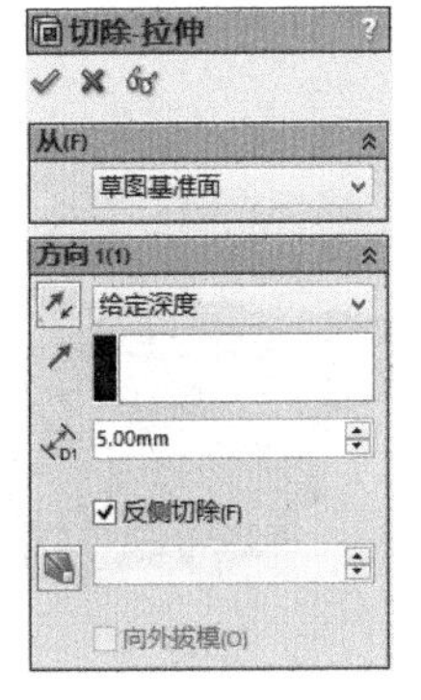

图 4-86　设置参数（2）

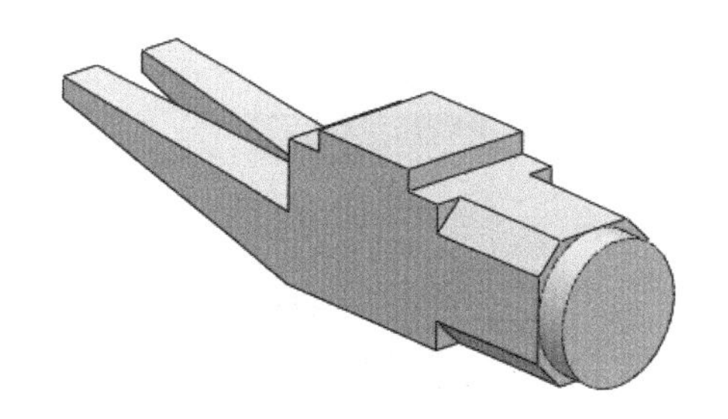

图 4-87　拉伸切除结果（2）

（4）生成羊角尾部造型

榔头的尾部一般有一道楔形槽，用于起钉。此楔形槽的造型实现比较困难，此处首先生成其粗略造型，使用一个梯形草图来切除实现。

① 选择上视基准面，如图 4-88 所示，单击按钮，进入草图绘制模式，绘制楔形草图，如图 4-89 所示，给出定位和形状尺寸。

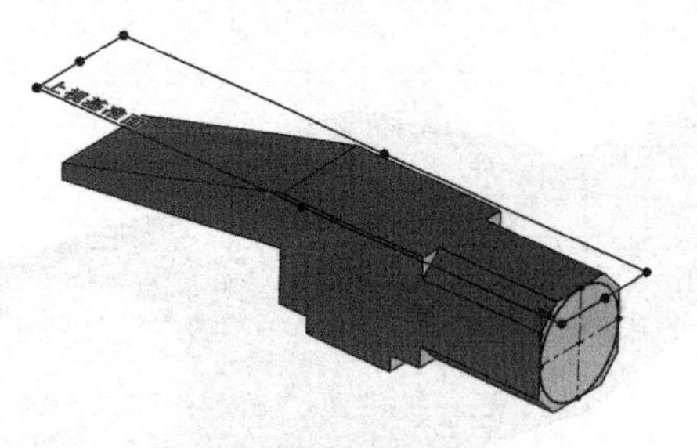

图 4-88 选择绘图面

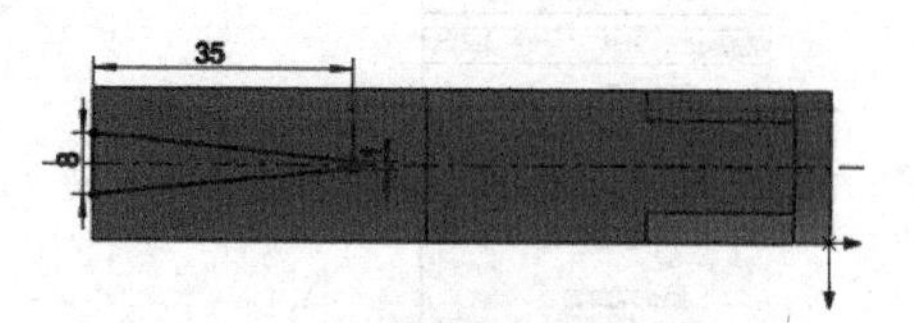

图 4-89 绘制草图

② 单击按钮，在【切除-拉伸】属性管理器中设定终止条件为【完全贯穿】，如图 4-90 所示，创建拉伸切除特征，然后单击按钮，完成造型，结果如图 4-91 所示。

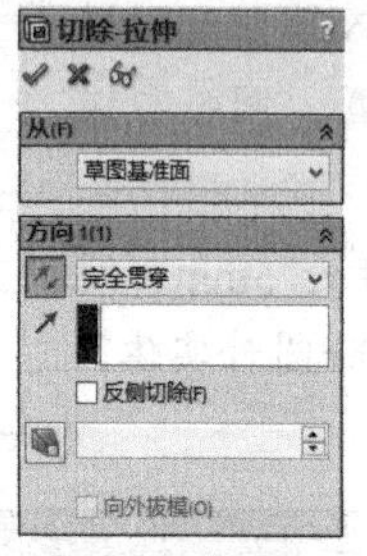

图 4-90 设置参数

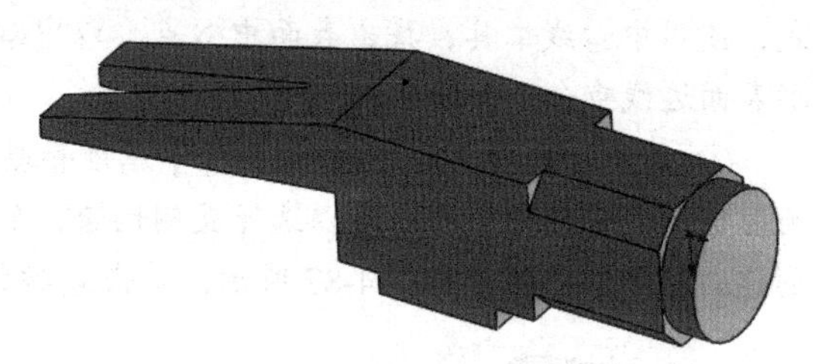

图 4-91 切除拉伸结果

（5）创建等半径圆角

等半径圆角是 SolidWorks 中应用较多的圆角特征选项，此选项在所选的边线或所选面的边线上生成半径相等的圆角，圆角半径统一指定。此处处理榔头头部的几处边线和安装凸缘面的 4 条边线。

① 在【特征】功能区中单击按钮，进入【圆角】属性管理器，如图 4-92 所示。在【圆角类型】栏中设置圆角类型为【恒定大小】；在【圆角项目】栏中单击实体选择框，待其变为蓝色后，选择榔头中前部的 4 条边线，在【圆角参数】栏中设置圆角半径为“1.00”，如图 4-93（a）所示，然后单击按钮，完成造型，结果如图 4-93（b）所示。

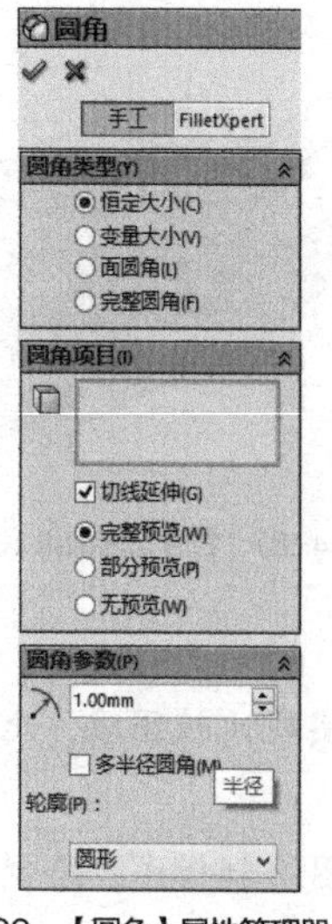

图 4-92 【圆角】属性管理器（1）

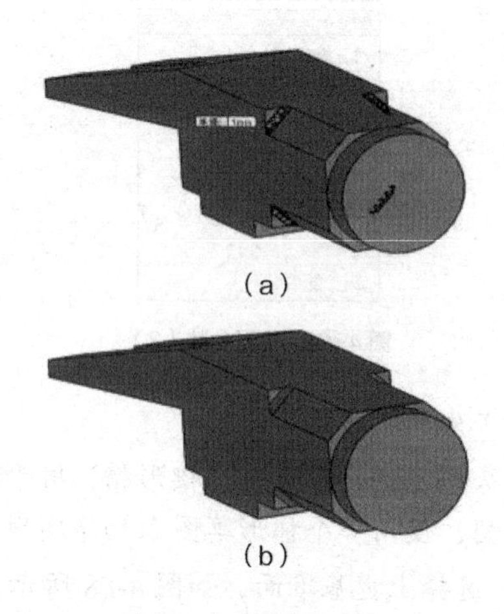

（a）

（b）

图 4-93 圆角效果（1）

② 在【特征】功能区中单击按钮，进入【圆角】属性管理器，如图 4-94 所示，在【圆角类型】栏中设置圆角类型为【恒定大小】；在【圆角项目】栏中设置圆角半径为“1”，单击实体选择框，待其变为蓝色后，选择榔头安装凸缘上表面，如图 4-95（a）所示，然后单击按钮，完成造型，结果如图 4-95（b）所示。

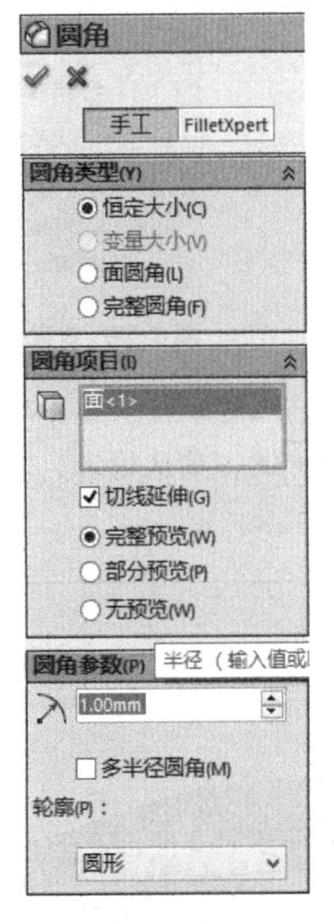

图 4-94 【圆角】属性管理器（2）

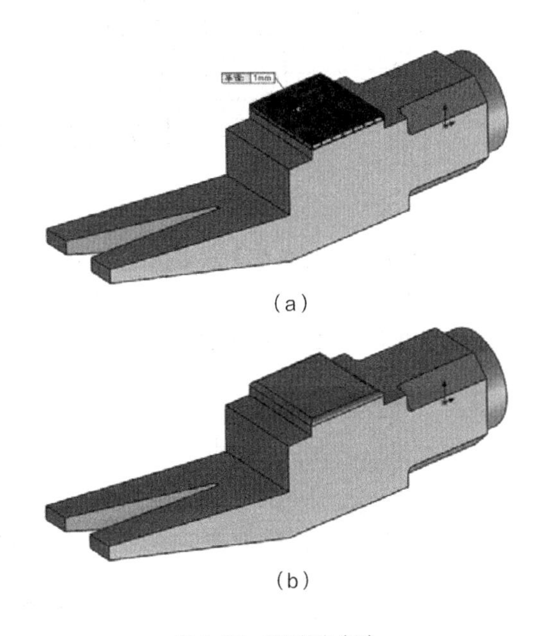

（a）

（b）

图 4-95 圆角效果（2）

（6）创建变半径圆角

① 在【特征】功能区中单击按钮，进入【圆角】属性管理器，在【圆角类型】栏中设置圆角类型为【变量大小】，如图 4-96 所示；在【圆角项目】栏中单击实体选择框，如图 4-97 所示，待其底色变为蓝色后，选择榔头尾部下边线，如图 4-98 所示，边线上默认显示两个顶点和 3 个未激活的控制点。

图 4-96 设置参数（1）

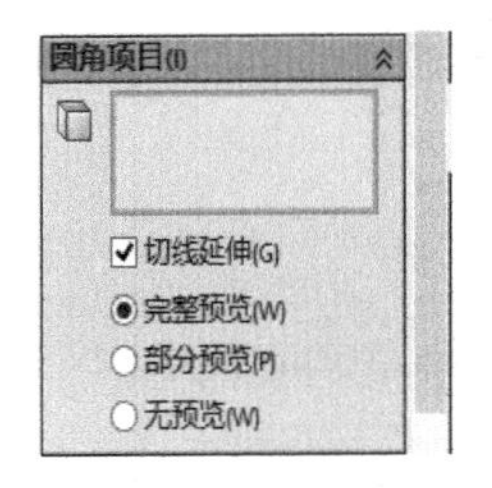

图 4-97 参数设置（2）

② 【圆角】属性管理器中会多出【变半径参数】栏，如图 4-99 所示，在其中可以选择特定定点或控制点对象，逐个指定半径，还可以设置控制点数量，零件实体上会显示顶点和控制点及其对应的位置和半径。

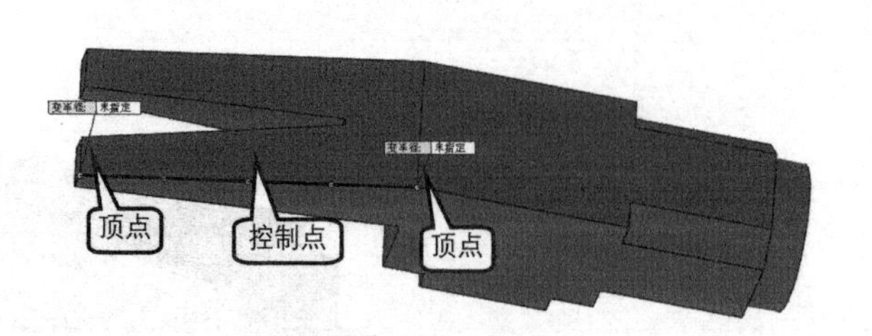

图 4-98 选取边线

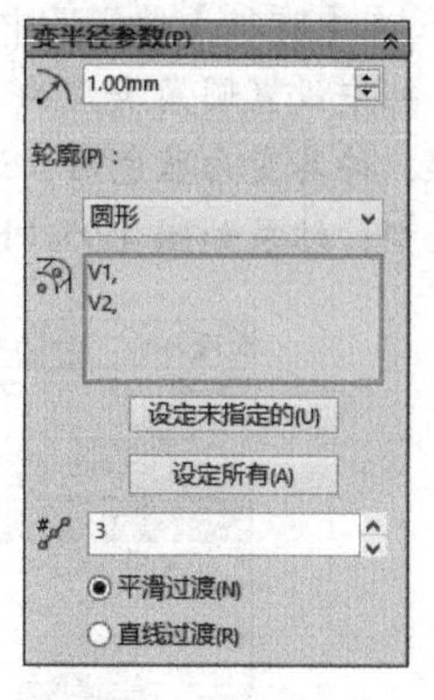

图 4-99 设置参数（3）

③ 在【变半径参数】栏中选定顶点 V1，如图 4-100 所示，此时零件实体中对应的定点复选框会变为高亮色，如图 4-101 所示，设定半径为 2mm，按 Enter 键，确认输入，零件实体中会即时更新注释框：显示半径值 2mm。

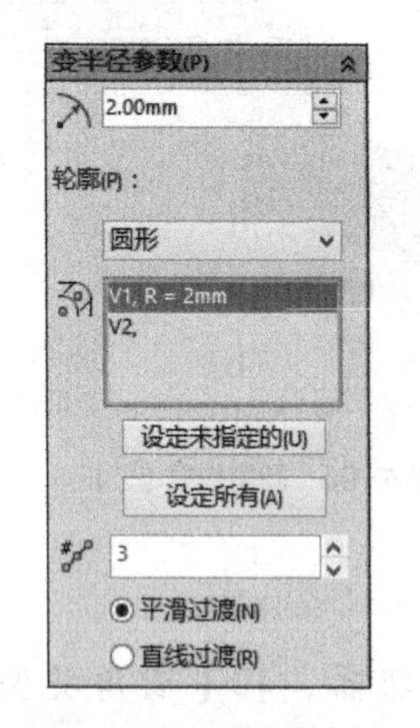

图 4-100 设置参数（4）

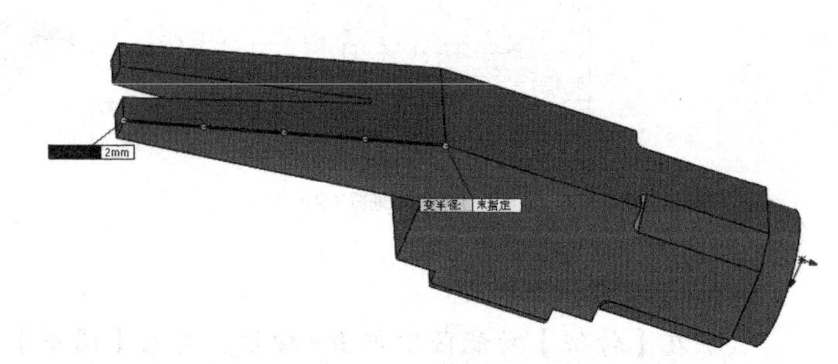

图 4-101 预览效果（1）

④ 使用同样方法设定顶点 V2，如图 4-102 所示，设定半径为 0.5mm，零件实体即时更新显示，如图 4-103 所示。

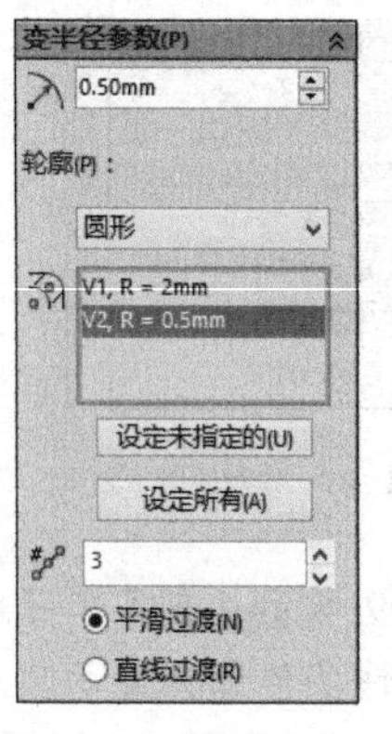

图 4-102 参数设置（5）

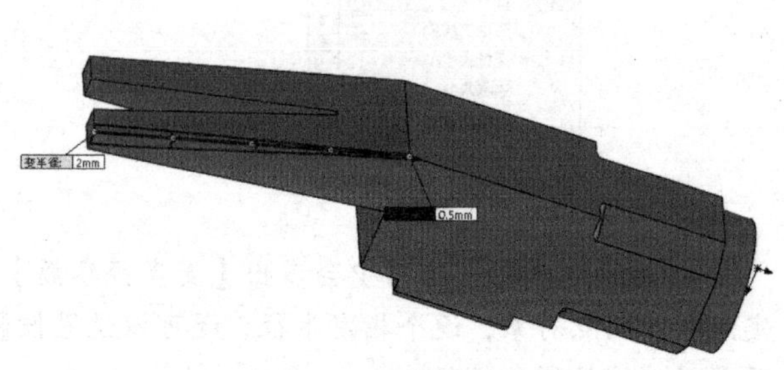

图 4-103 预览效果（2）

⑤ 在零件实体上单击第一个控制点，则控制点被激活，如图 4-104 所示，出现控制点注释

框，其中有半径值 R 和位置值 P。同时，在【变半径参数】栏的对象选择框中会出现控制点 P1 选项（见图 4-105），选定 P1，设定半径值为 1.8mm，按 Enter 键，确认输入，零件实体即时更新显示，如图 4-106 所示，然后单击✔按钮，完成造型，结果如图 4-107 所示。

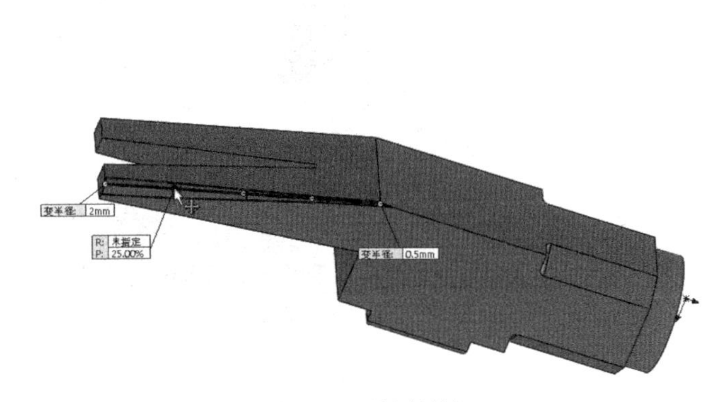

图 4-104 选取控制点

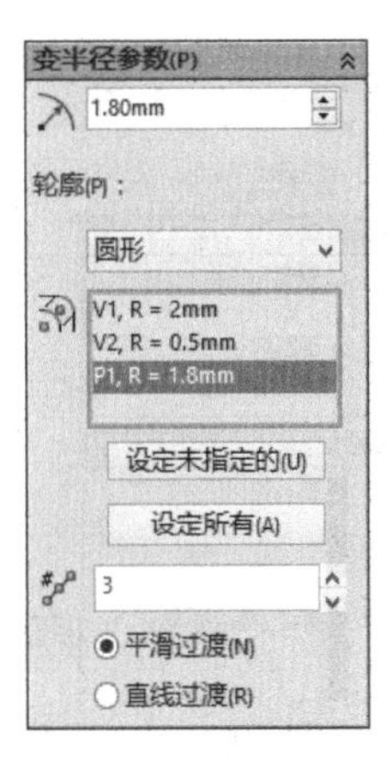

图 4-105 设置参数（6）

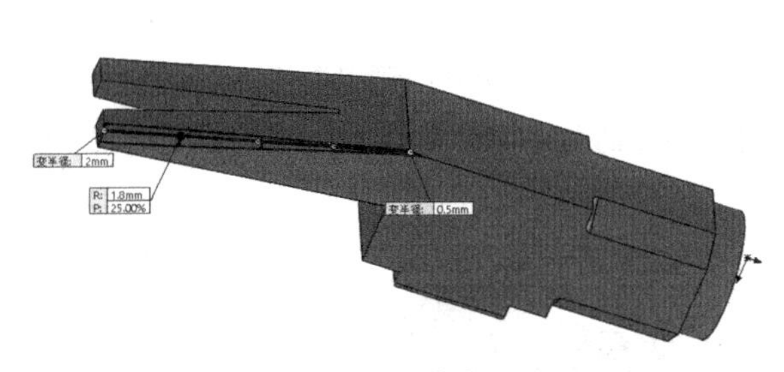

图 4-106 更新显示

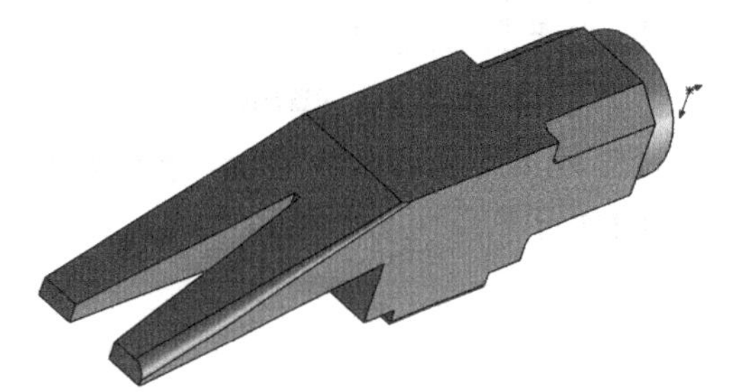

图 4-107 变半径圆角结果（1）

⑥ 重复步骤①～⑤，生成羊角另一下边线的变半径圆角，结果如图 4-108 所示。

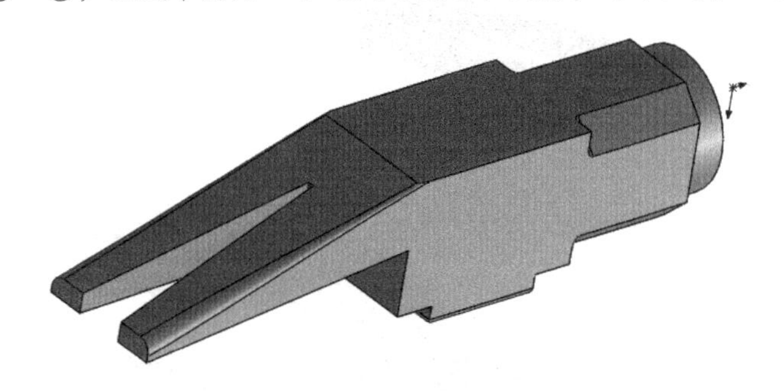

图 4-108 变半径圆角结果（2）

（7）生成面圆角

除了等半径圆角可以处理边线圆角外，面圆角也可以处理两个面的相交边线，生成相切于两个面的面圆角。这里用此工具处理榔头尾部的 3 个面的两条相交线。

① 在【特征】功能区中单击按钮，进入【圆角】属性管理器，在【圆角类型】栏中设置圆角类型为【面圆角】，如图 4-109 所示；在【圆角项目】栏中分别单击【面 1】和【面 2】选项框，选择榔头中部的两个面，在【圆角参数】栏中设置半径

为“4”，通过预览可以看见在两面的相交线上生成了一个与两个面相切的圆角，如图 4-110（a）所示，然后单击✓按钮，完成造型，结果如图 4-110（b）所示。

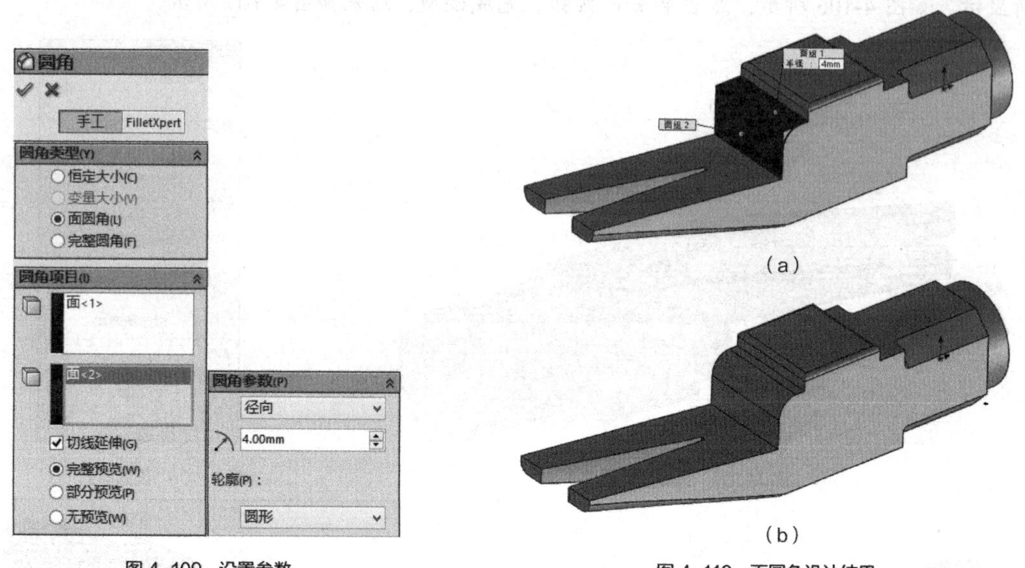

（a）

（b）

图 4-109　设置参数

图 4-110　面圆角设计结果

② 用与步骤①相同的方法，在榔头中部另外两个面的相交线出生成半径为 4mm 的圆角，如图 4-111 所示。

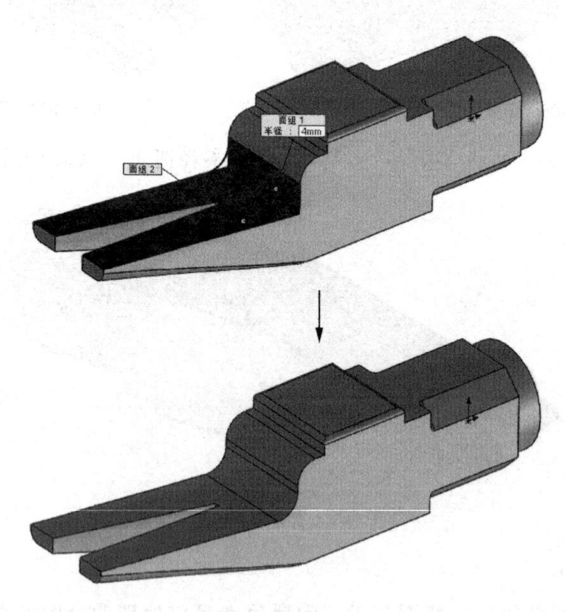

图 4-111　设计结果

（8）生成完整圆角

完整圆角可以在 3 个面组的中间面上生成一个与其他两个面相切的圆角造型，非常适合连接连个相间的平面，下面用此工具处理榔头羊角头。

① 在【特征】功能区中单击按钮，进入【圆角】属性管理器，设置【圆角类型】为【完

整圆角】，如图 4-112 所示；在【圆角项目】栏中单击上边侧面选项框，选择羊角上侧面，单击中央面组选项框，选择羊角前侧面，单击下边侧选项框，选择羊角下侧面。通过预览可以看见在上下侧面间生成了一个与之相切的圆角，并与中央面融合，如图 4-113（a）所示，然后单击✔按钮，完成造型，结果如图 4-113（b）所示。

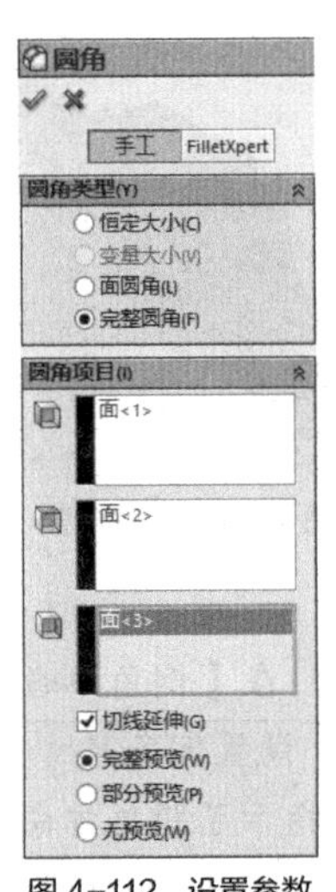

图 4-112 设置参数

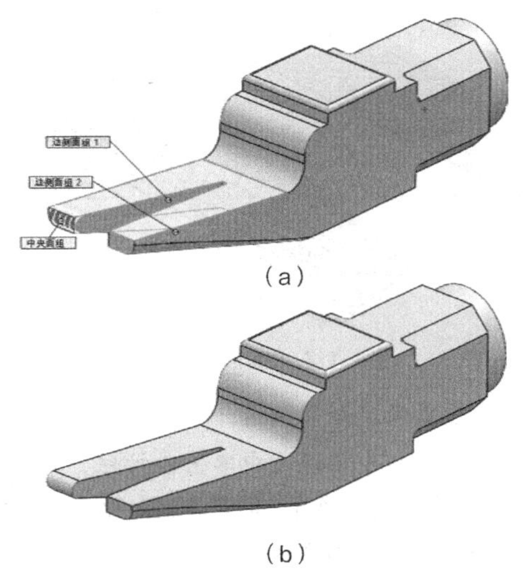

图 4-113 面圆角结果

② 重复上述步骤，对另外一个羊角进行圆角处理，结果如图 4-114 所示。

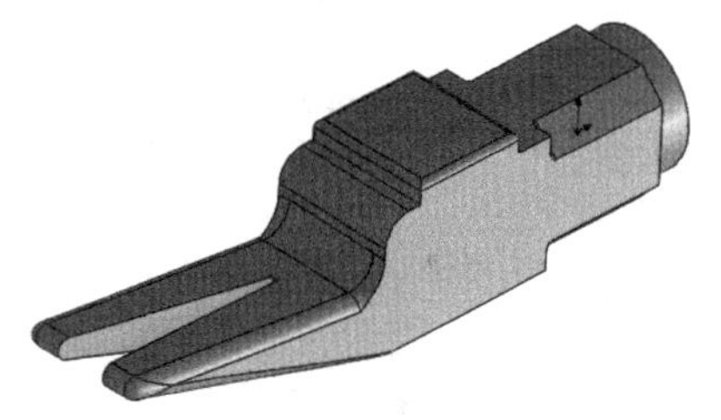
图 4-114 圆角处理结果

（9）生成距离-距离倒角

倒角的两种模式并没有大的区别，实际中可视情况选择其中一种使用，这里首先选择距离-距离模式处理羊角楔形槽内侧的上边线。

① 在【特征】功能区中单击按钮，进入【倒角】属性管理器：在【倒角参数】栏中选择倒角类型为【距离-距离】，如图 4-115 所示；单击倒角特征选项栏，使其变为蓝色，选择羊角楔形槽内侧边线，设置倒角尺寸为 D1=1mm，D2=3mm，生成倒角特征预览如图 4-116 所示。另外图中注释框指示了 D1 和 D2 的方向。

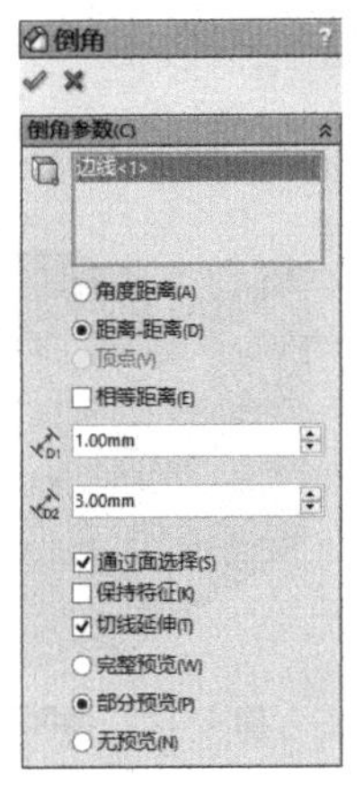

图 4-115 设置参数

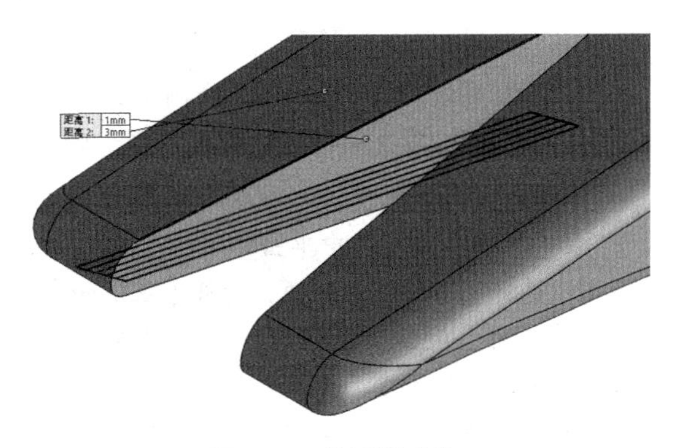
图 4-116 倒角预览（1）

② 选择楔形槽另一侧边线，保持倒角尺寸不变，倒角预览如图 4-117 所示，然后单击✓按钮，完成造型，结果如图 4-118 所示。

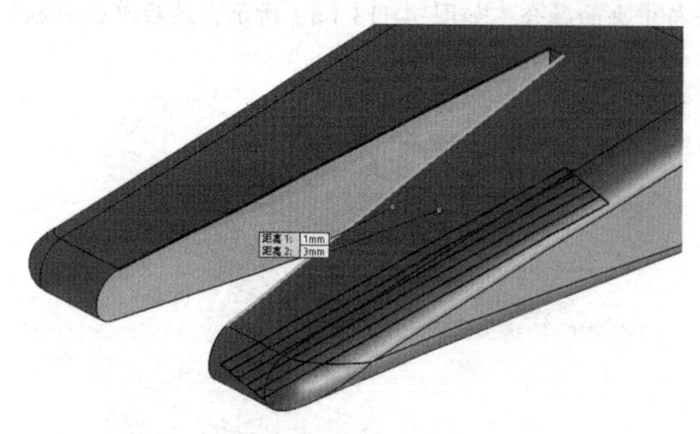

图 4-117 倒角预览（2）

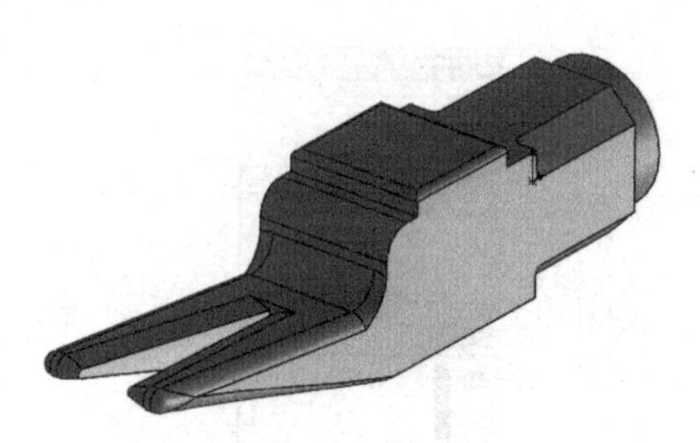

图 4-118 倒角结果

（10）生成角度距离倒角

① 在【特征】功能区中单击按钮，进入【倒角】属性管理器，在【倒角参数】栏中选择倒角类型为【角度距离】，如图 4-119 所示，选择羊角楔形槽内边线，设置倒角尺寸为 D=1mm、角度为“45”，生成倒角特征预览如图 4-120 所示。另外图中注释框指示了距离方向，角度为箭头所指面和生成倒角面所成的角度。

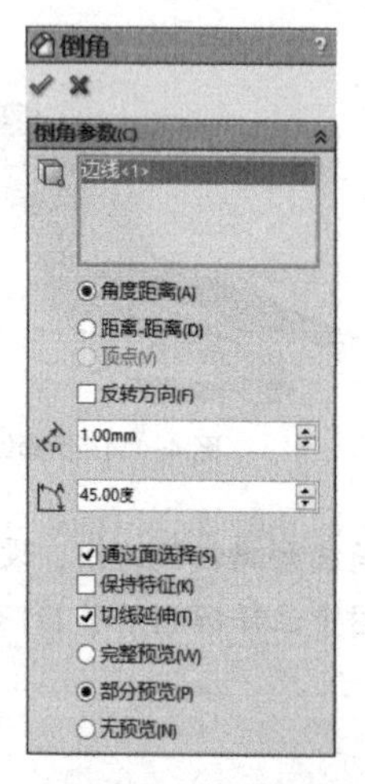

图 4-119 设置参数

图 4-120 倒角预览（1）

② 选择楔形槽底侧边线，保持倒角尺寸不变，倒角预览如图 4-121 所示，然后单击✓按钮，完成造型，结果如图 4-122 所示。

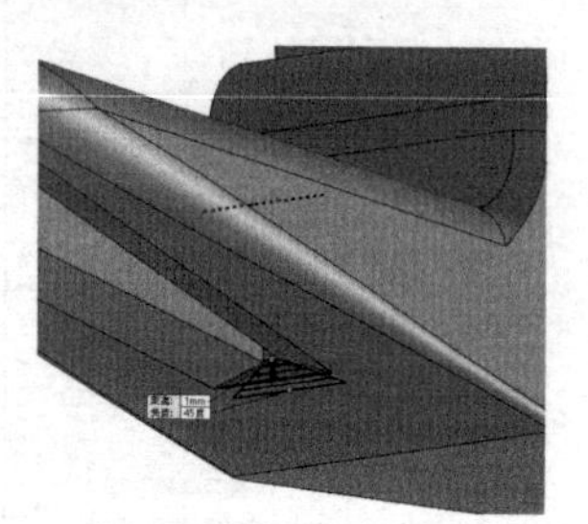

图 4-121 倒角预览（2）

（11）生成筋特征

① 在【特征】功能区中单击（参考几何体）按钮，在弹出的下拉菜单中选择【基准面】选项，打开【基准面】属性管理器，选择榔头的一个侧面，单击按钮选择【距离】模式，设置距离为 10mm，如图 4-123 所示，将基准面生成在榔头对称面上，如图 4-124 所示。预览成功后，单击✓按钮，结果如图 4-125 所示。

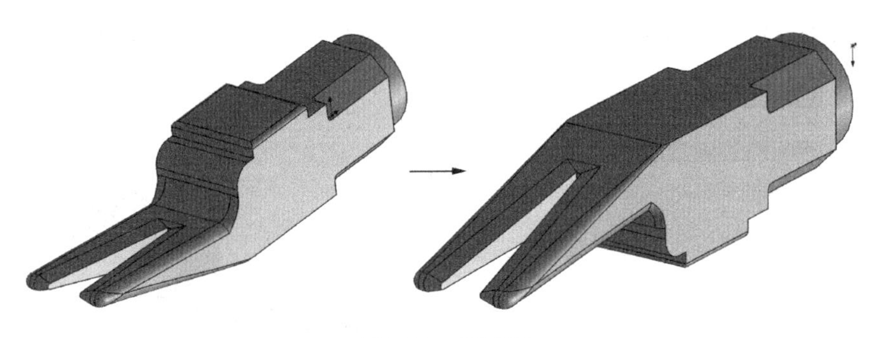

图 4-122 倒角结果

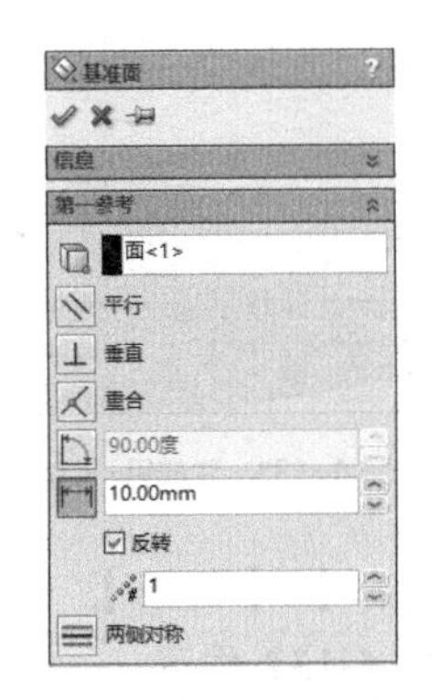

图 4-123 设置参数

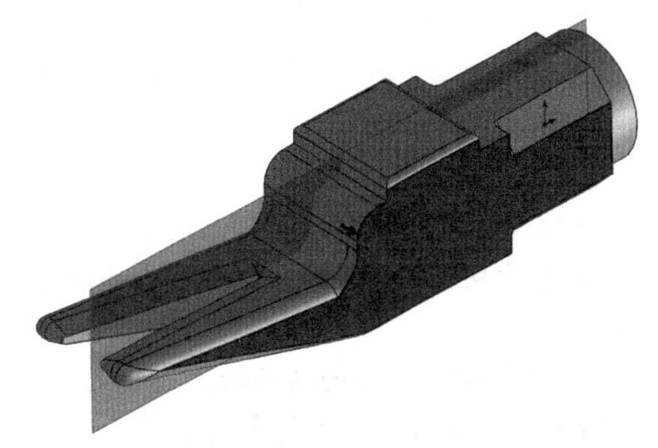

图 4-124 预览效果

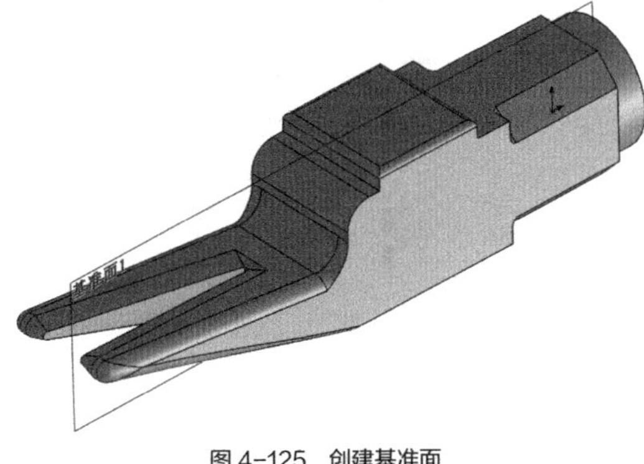

图 4-125 创建基准面

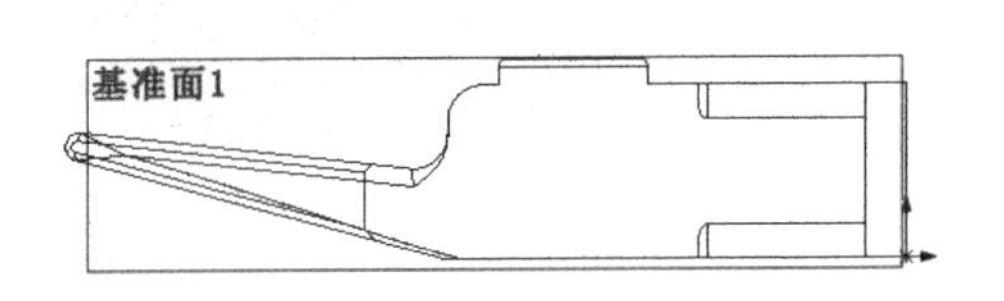

图 4-126 切换视图

② 在视图工具栏中单击按钮，在弹出的下拉菜单中单击按钮，从设计树中选择【基准面 1】，然后单击按钮，视图切换为正视基准面 1，如图 4-126 所示。

③ 单击按钮，进入草图绘制模式，绘制一条直线，如图 4-127 所示，然后单击按钮，完成草图。单击视图工具栏中的按钮，结果如图 4-128 所示。

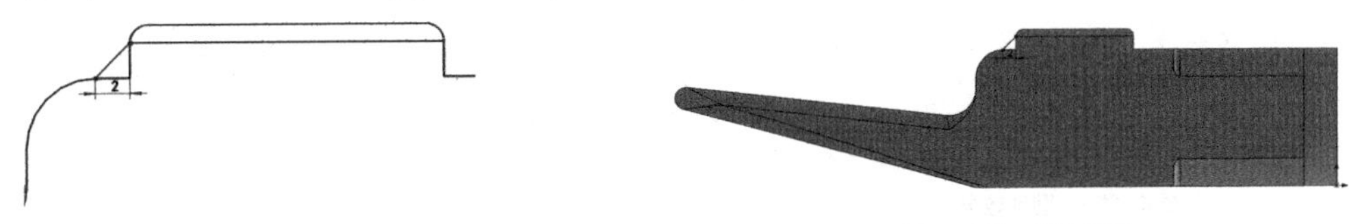

图 4-127 绘制草图　　图 4-128 设计效果

④ 在设计树中选择步骤③绘制的草图，然后单击（筋）按钮，打开【筋】属性管理器，

参数设置如图 4-129 所示，然后单击✓按钮，完成筋特征造型，结果如图 4-130 所示。

图 4-129　设置参数

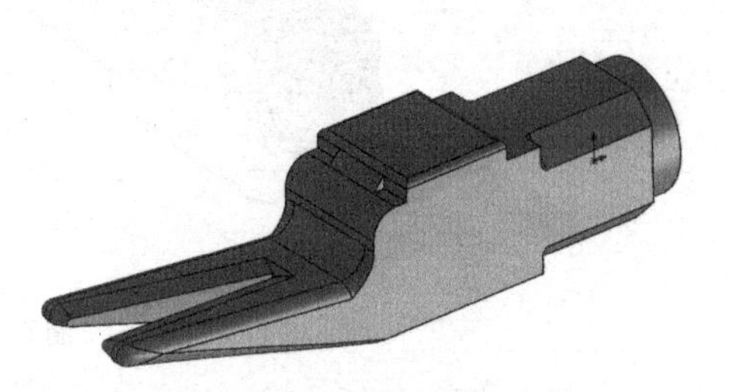

图 4-130　生成筋特征

⑤ 重复步骤①~④，生成安装凸缘另外一侧的筋特征，结果如图 4-131 所示。

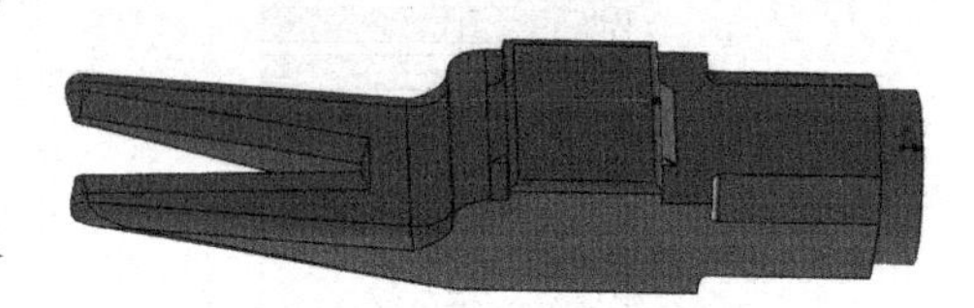

图 4-131　生成另一侧筋特征

（12）生成圆顶

榔头的头部一般为球面，以便于从各个方向敲击时都能方便发力。下面将在榔头头部的圆面生成一圆顶。

① 选择榔头头部的圆面后，选择菜单命令【插入】/【特征】/【圆顶】，设定圆顶参数为 10mm，选取【显示预览】复选项，预览生成的圆顶，如图 4-132 所示。

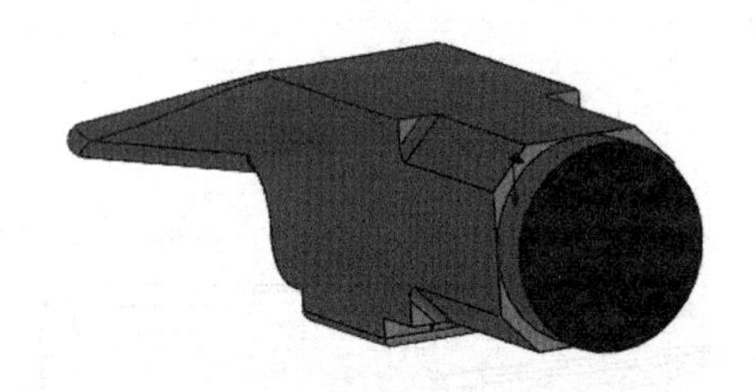

图 4-132　设置参数

② 单击✓按钮，完成圆顶特征，结果如图 4-133 所示。

（13）生成光孔

光孔是工程中比较常见的孔，而且也可以利用圆结合拉伸切除工具实现，单异形孔向导可以控制如孔端倒角等选项，相比较来说更易使用，下面在榔头上生成安装孔。

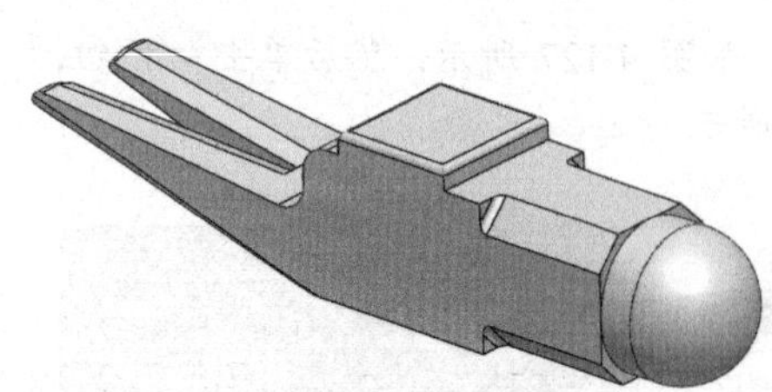

图 4-133　圆顶效果

① 创建孔中心定位点草图：选择安装凸缘上表面，单击*按钮，通过智能尺寸工具定义点的位置，生成草图，如图 4-134 所示。

② 采用后选择方式调用异形孔向导工具：不预选择面，在【特征】功能区中单击（异型孔向导）按钮，打开【孔规格】属性管理器，设置【孔类型】为【孔】、【标准】为国标【GB】、【类型】为【钻孔大小】、【大小】为【ϕ8.0】、【终止条件】为【完全贯穿】，如图 4-135 所示。

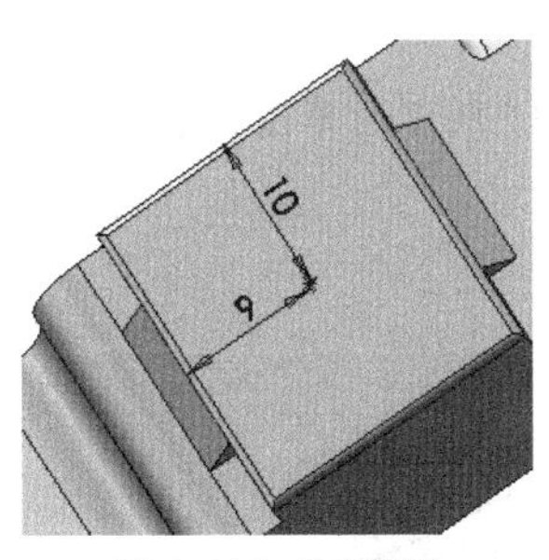

图 4-134　绘制草图

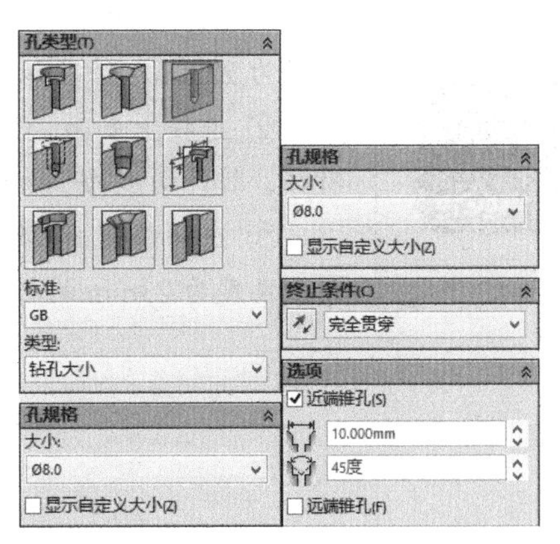

图 4-135　设置参数

③ 在【孔规格】属性管理器中进入【位置】选项卡，单击 3D 草图 按钮，此时鼠标光标变为形状，在安装凸缘表面选择步骤①中创建的定位点，此时出现光孔造型预览，如图 4-136 所示。

④ 单击按钮，创建孔特征，结果如图 4-137 所示。

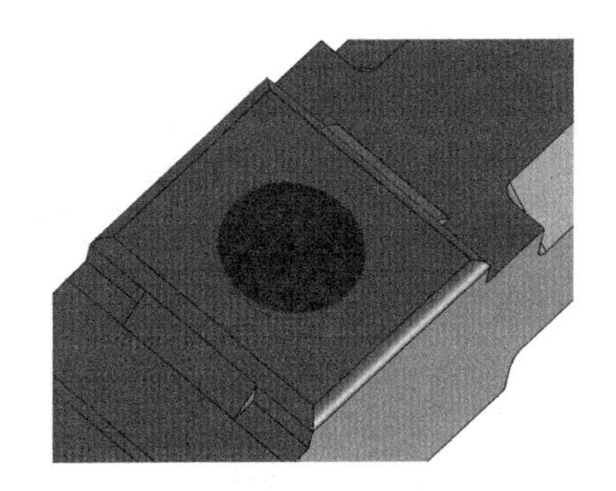

图 4-136　预览效果

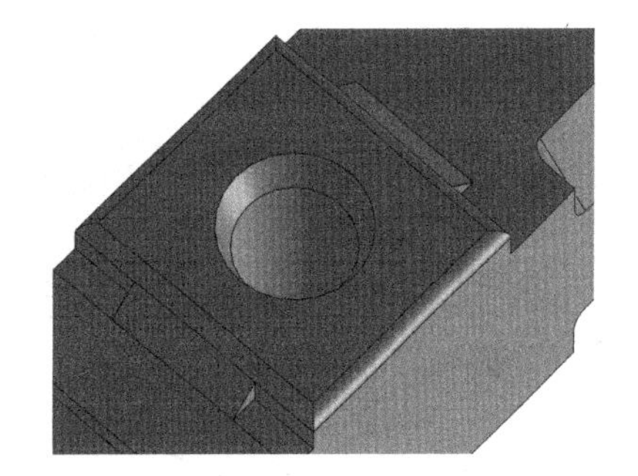

图 4-137　孔特征

最终结果如图 4-72 所示。

4.3.2　实例 2——创建集线器模型

下面介绍图 4-138 所示的 8 口集线器的建模过程，首先使用基本特征和工程特征工具建立集线器的基体，然后使用线性阵列建立集线器的底座凸脚，再使用圆周阵列和线性阵列生成集线器一侧的散热孔，最后使用镜像特征生成集线器另外一侧的散热孔，从而完成零件设计。

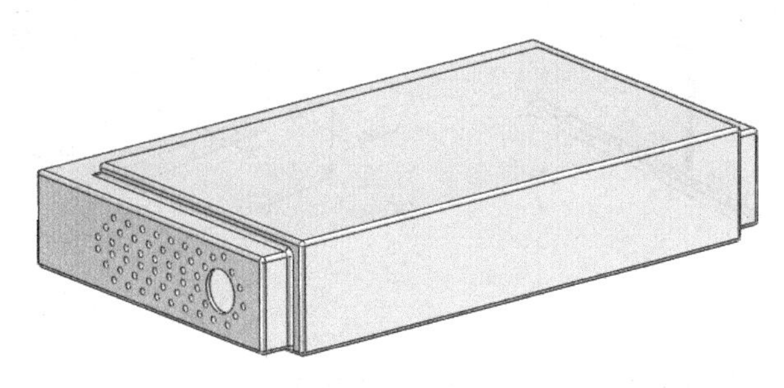

图 4-138　8 口集线器

① 选择上视基准面建立草图，使用拉伸凸台工具生成拉伸特征，拉伸高度为 22mm，结果如图 4-139 所示。

② 选择上表面，绘制图 4-140 所示的草图，使用拉伸凸台工具生成拉伸特征，拉伸高度为 3mm。

③ 选择前表面（有凸缘），绘制图 4-141 所示的草图，使用拉伸凸台工具生成高度为 23mm 的拉伸特征。

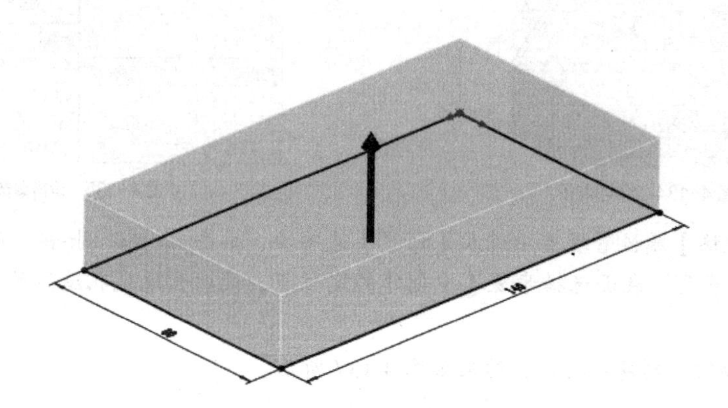

图 4-139　创建拉伸实体（1）

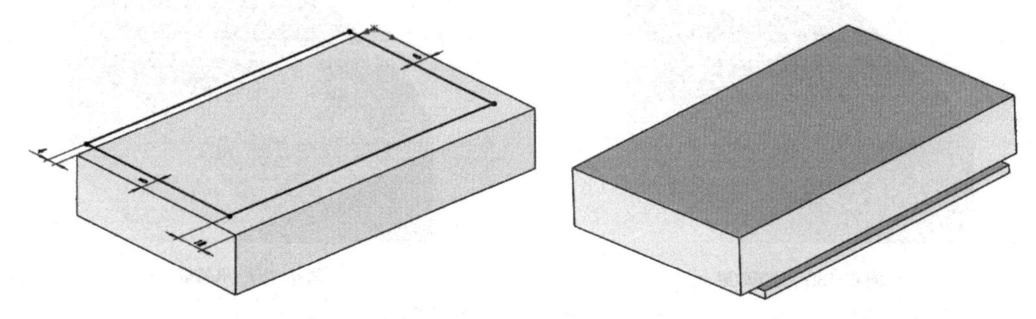

图 4-140　创建拉伸实体（2）

④ 单击下表面（有凸缘），绘制图 4-142 所示的草图，使用拉伸凸台工具生成高度为 1mm 的拉伸特征。

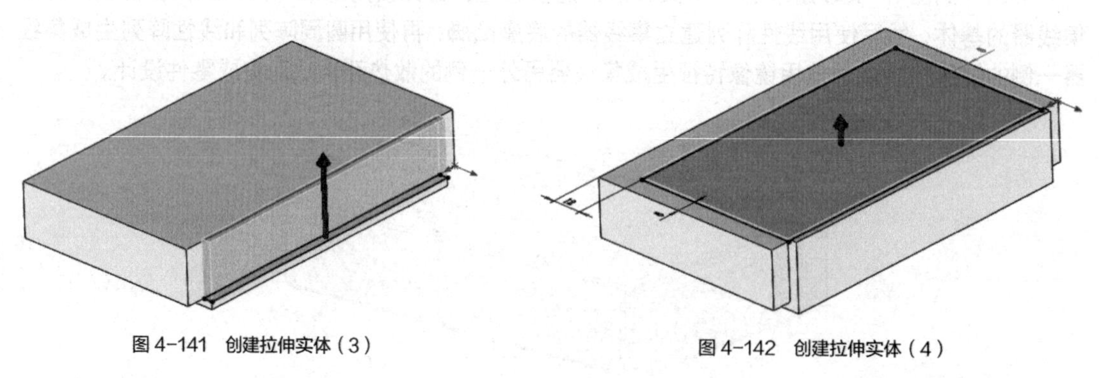

图 4-141　创建拉伸实体（3）　　图 4-142　创建拉伸实体（4）

⑤ 选择后侧表面，绘制矩形草图，如图 4-143 所示，使用拉伸切除工具生成深度为 1mm 的切除特征。

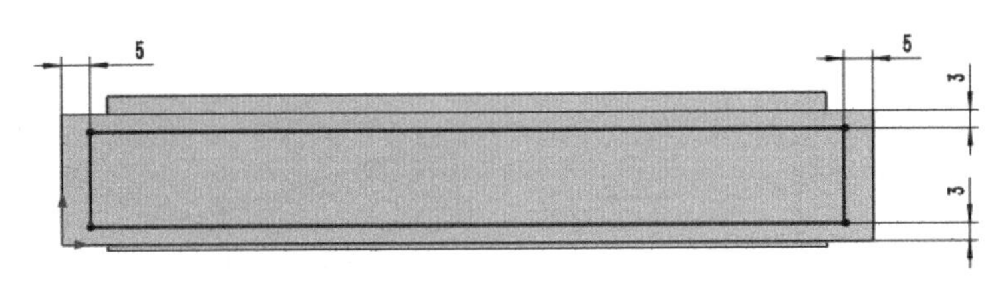

图4-143　创建拉伸切除特征（1）

⑥ 在新生成的面上绘制矩形草图，使用拉伸切除工具生成深度为1mm的切除特征，为抽壳做准备，如图4-144所示。

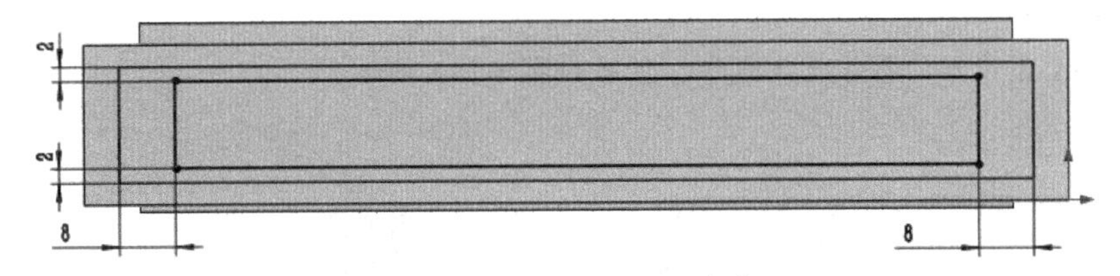

图4-144　创建拉伸切除特征（2）

⑦ 启用圆角工具，选择等半径圆角，选取【拉伸1】特征，生成半径为1mm的圆角，如图4-145所示；再启用圆角工具，生成3个凸出面的半径为1mm的等半径圆角，如图4-146所示。

⑧ 使用抽壳特征工具，选择步骤⑥中生成的矩形凹面，设定抽壳厚度为1mm，生成壳体特征，如图4-147所示。

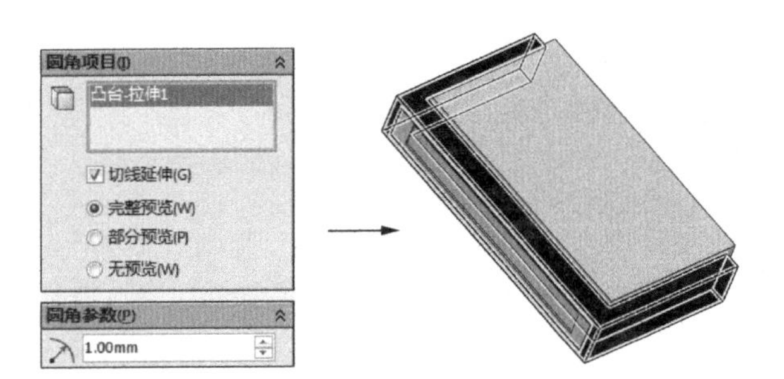

图4-145　创建圆角（1）

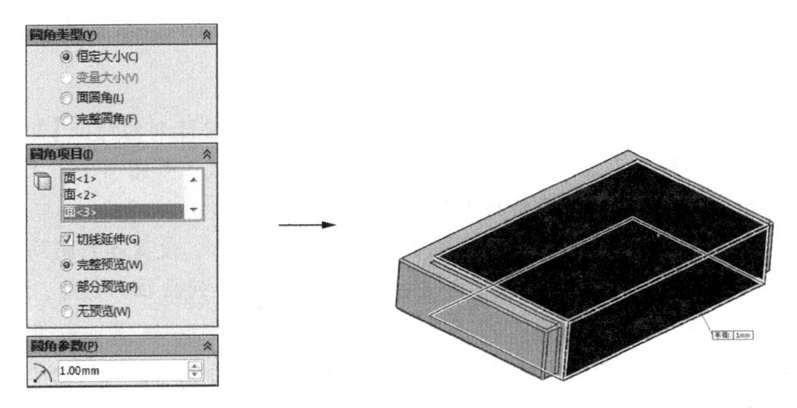

图4-146　创建圆角（2）

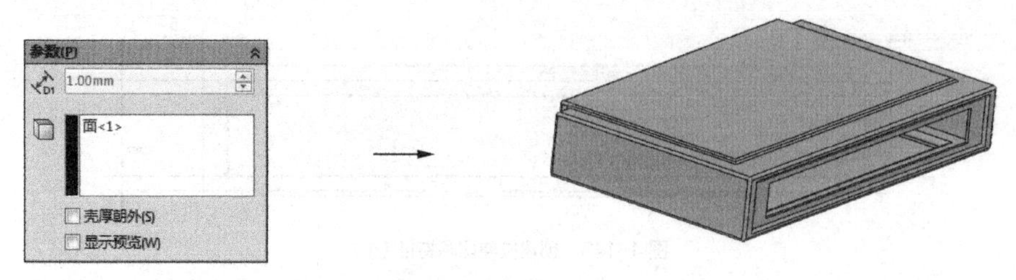

图 4-147 创建壳特征

⑨ 在集线器的侧面建立一个直径为 10mm 的圆，使用拉伸切除工具生成完全贯穿的切除特征，如图 4-148 所示。

最终 Tplink 集线器的基体就生成了，结果如图 4-149 所示。

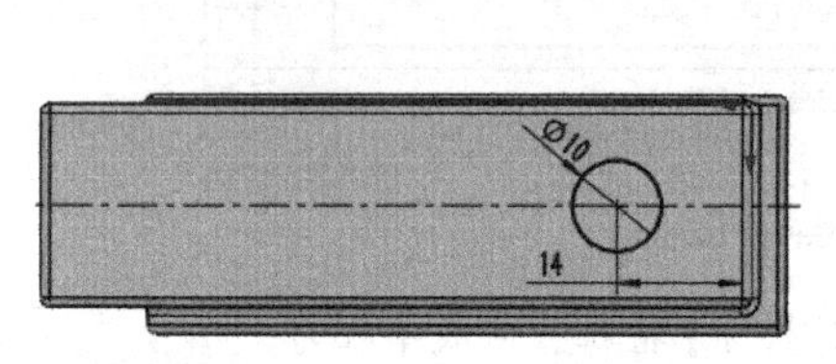

图 4-148 创建切除特征

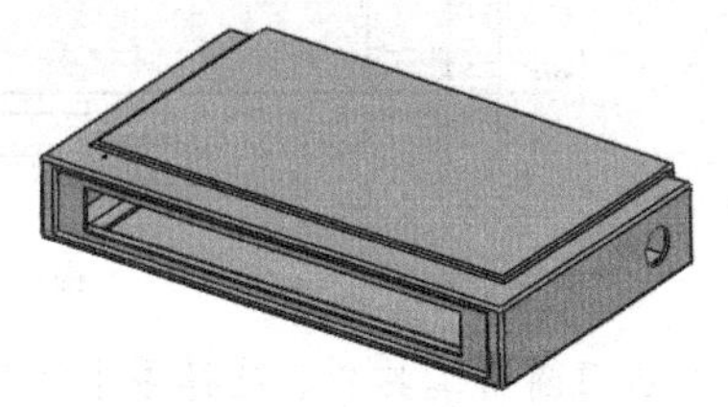

图 4-149 生成的基体

⑩ 在集线器底面建立底脚座的圆形草图，如图 4-150 所示，然后选择拉伸凸台工具创建高度为 1.5mm 的拉伸特征。

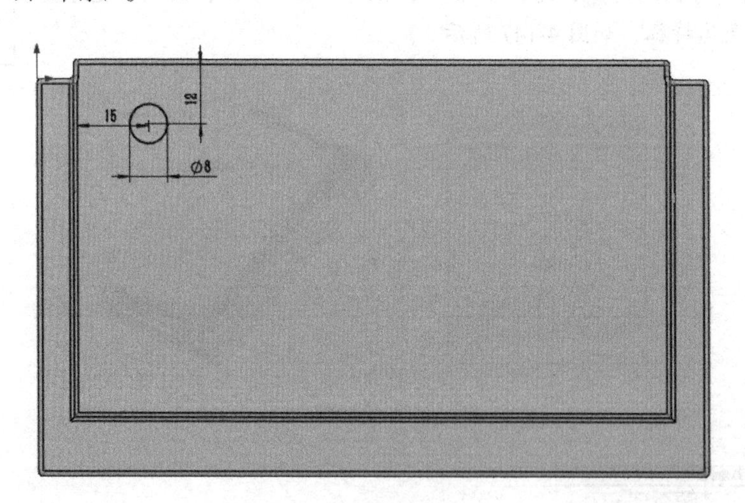

图 4-150 创建拉伸特征

⑪ 单击（线性阵列）按钮，调用线性阵列工具，激活【要阵列的特征】列表框，选择步骤⑨建立的拉伸特征，激活【方向 1<1>】列表框，选择一条边线，如图 4-151 所示，设置间隔距离为 95mm，阵列实例数（包括源特征）为 2，如图 4-152 所示。

⑫ 激活【方向 2<2>】列表框，选择边线 2，如图 4-153 所示，设置阵列间隔距离为 45mm，阵列实例数为 2，如图 4-154 所示，然后单击按钮，完成线性阵列特征的创建，结果如图 4-155 所示。

⑬ 单击集线器的侧面，绘制圆草图，如图 4-156 所示，然后使用拉伸切除工具生成深度大于 1mm 的切除孔。

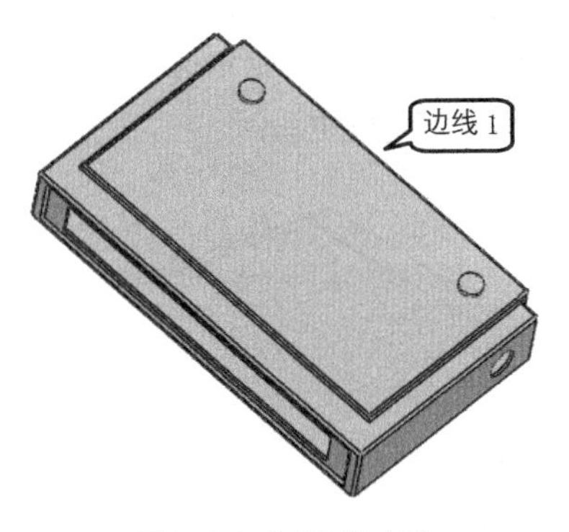

图 4-151　选取对象（1）

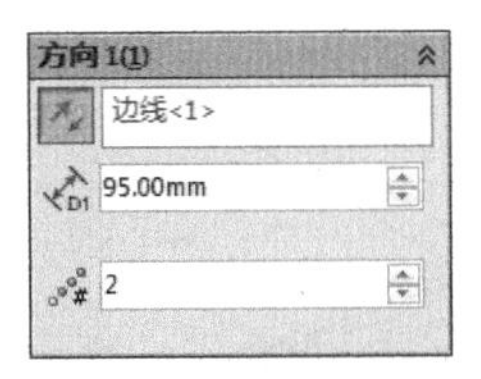

图 4-152　设置参数（1）

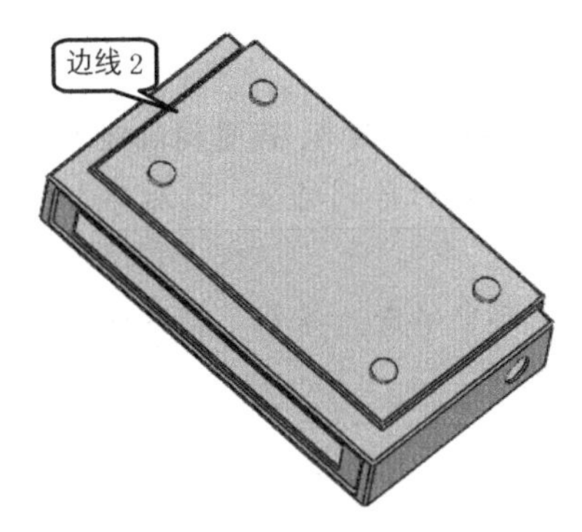

图 4-153　选取对象（2）

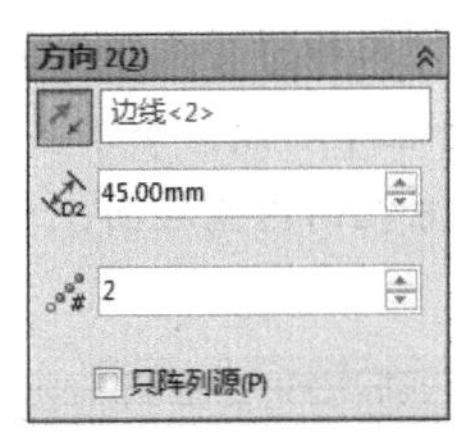

图 4-154　设置参数（2）

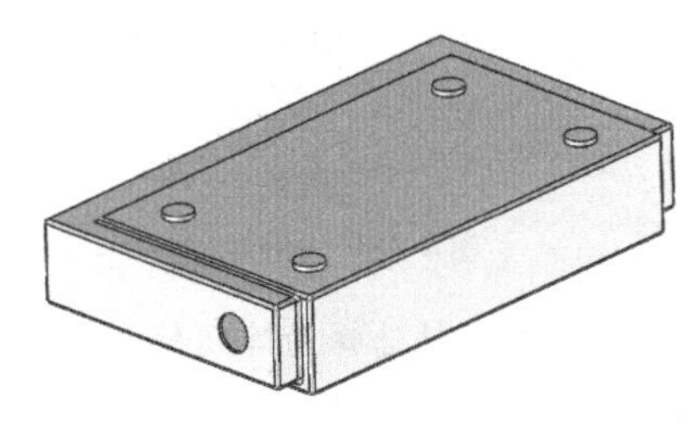

图 4-155　创建线性阵列特征

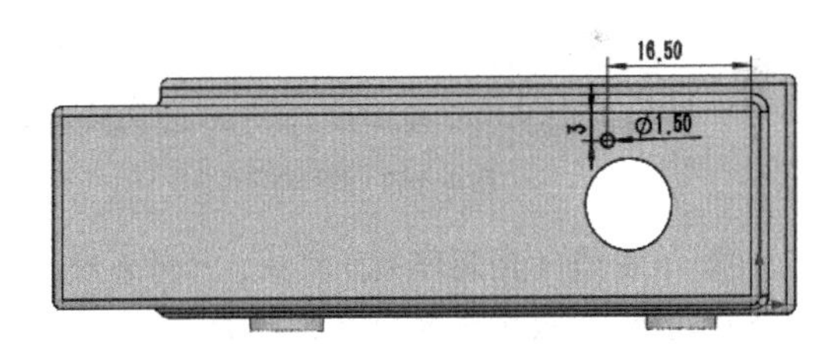

图 4-156　创建拉伸切除特征

⑭ 在同样的表面上生成一条一端与圆心重合，方向与上边线成 40° 的线段，结果如图 4-157 所示。

创建集线器模型 3

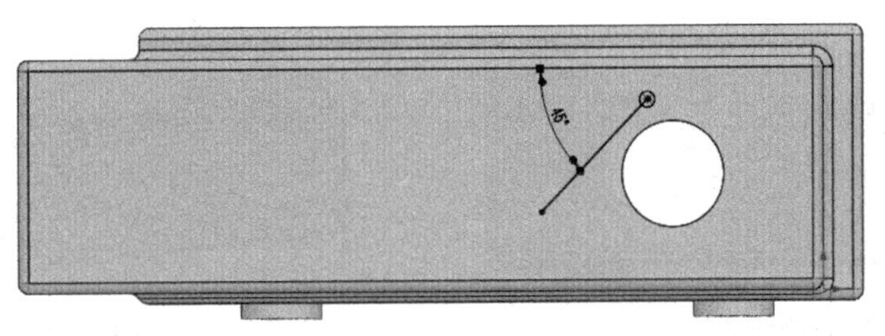

图 4-157　绘制草图

⑮ 单击（线性阵列）按钮，调用线性特征工具，在【方向 1<1>】列表框中选择步骤⑬创建的线段，设置间隔距离为 4mm，实例数为 3；在【要阵列的特征】列表框中选择步骤⑫创建的孔，然后单击按钮，完成线性阵列特征的创建，结果如图 4-158 所示。

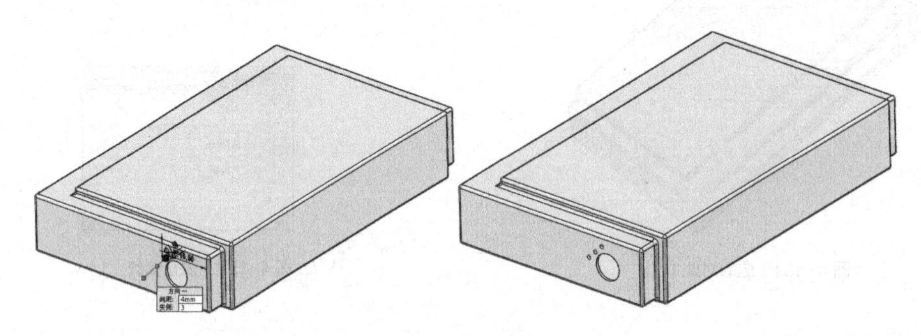

图 4-158 阵列特征（1）

⑯ 单击（线性阵列）按钮，在【方向 1<1>】列表框中选择边线 3，设置间隔距离为 5mm，实例数为 8；在【要阵列的特征】列表框中选择步骤⑭生成的线性阵列特征，然后单击按钮，完成线性阵列特征的创建，结果如图 4-159 所示。

⑰ 在【特征】功能区中单击按钮，在弹出的下拉菜单中单击按钮，然后在【选择】列表框中选择电源孔的内圆柱面，生成的基准轴如图 4-160 所示。

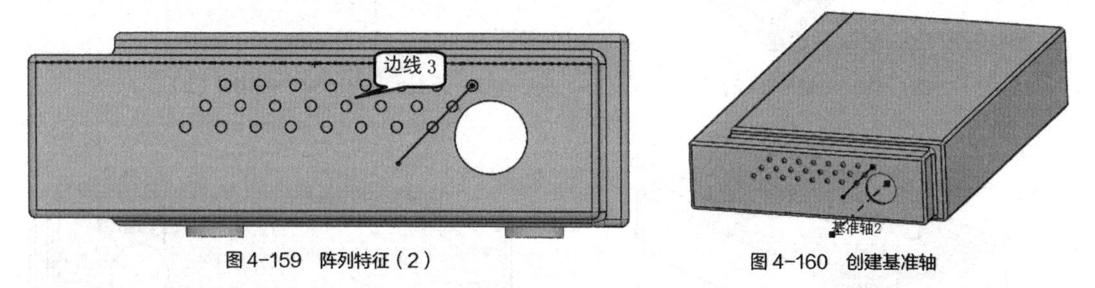

图 4-159 阵列特征（2）

图 4-160 创建基准轴

⑱ 单击（圆周阵列）按钮，此时系统会自动将新建立的基准轴选择为阵列轴（如果没有，可手动选择），设定阵列角度为 90°，实例数为 3；在【要阵列的特征】列表框中使用特征设计树选择步骤⑭创建的线性阵列，然后单击按钮，完成线性阵列特征的创建，结果如图 4-161 所示。

⑲ 调用基准面工具，选择距离模式，设置距离为 13mm，必要时选择【反转】复选项，将生成的基准面置于上下表面中间，如图 4-162 所示。

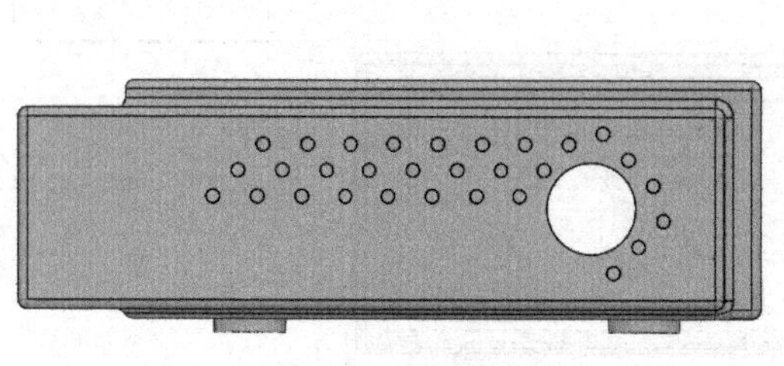

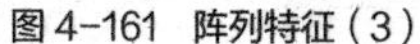

图 4-161 阵列特征（3）

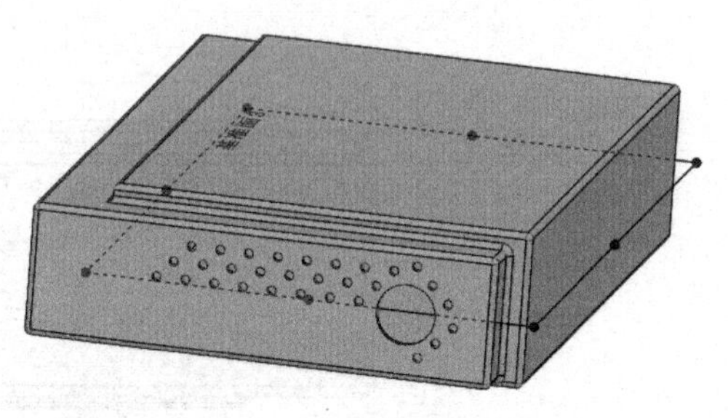

图 4-162 生成基准面

⑳ 单击[镜向]按钮，在【镜像面/基准面】栏中选择步骤⑱建立的基准面，在【要镜像的特征】栏中选择步骤⑱中创建的线性阵列，然后单击[✔]按钮，结果如图 4-163 所示。

㉑ 使用基准面工具建立左右侧面的中心面，设置距离为 70mm，选择【反转】复选项，将生成的基准面置于实体内，如图 4-164 所示。单击[镜向]按钮，如果没有进行其他操作，系统自动将新生成的基准面作为镜像面，从特征设计树中选择“阵列(圆周)1”和“镜向 1”（步骤⑲）作为镜像源特征，然后单击[✔]按钮，最终结果如图 4-138 所示。

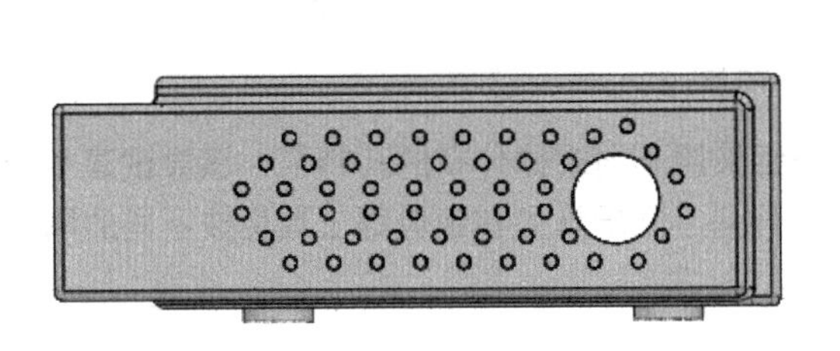

图 4-163　镜像特征

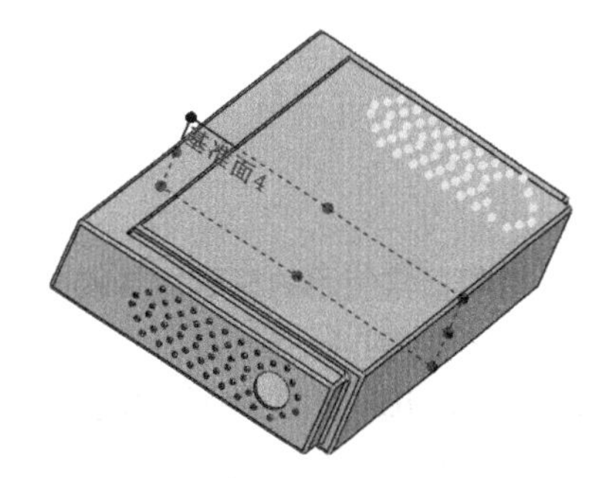

图 4-164　最终结果

小结

利用第 3 章学习的基本特征工具可以绘制零件的基本实体特征，运用本章的工程特征工具可以进一步细化零件设计，完善各个细节，使设计定型。本章讲述了圆角、倒角、筋、抽壳、圆顶和异形孔向导工具等工程特征工具的使用以及镜像阵列特征的操作方法，使用户设计零件的能力提高到了一个新的层次。结合基本特征工具和工程特征工具，可以完成大部分零件的造型设计。

习题

1. 什么是工程特征，有何特点?
2. 创建工程特征的方法与创建基础实体特征有何差异?
3. 什么是特征的阵列操作，说明其特点和用途。
4. 创建榔头棒零件，使用基本特征工具生成基本造型，如图 4-165 所示，然后使用圆角、倒角、圆顶和异形孔向导工具细化设计，如图 4-166 所示。

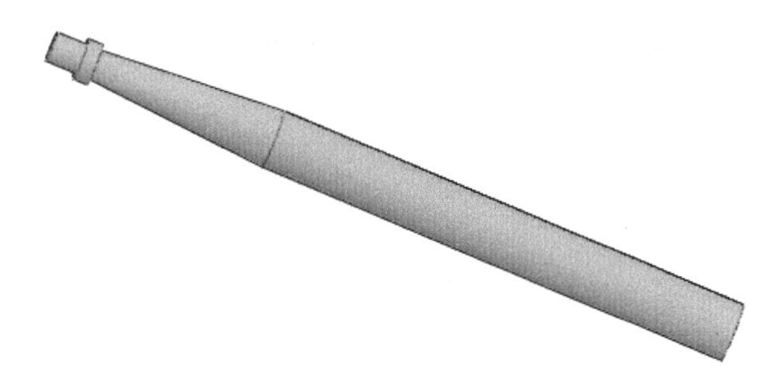

图 4-165　榔头棒（1）

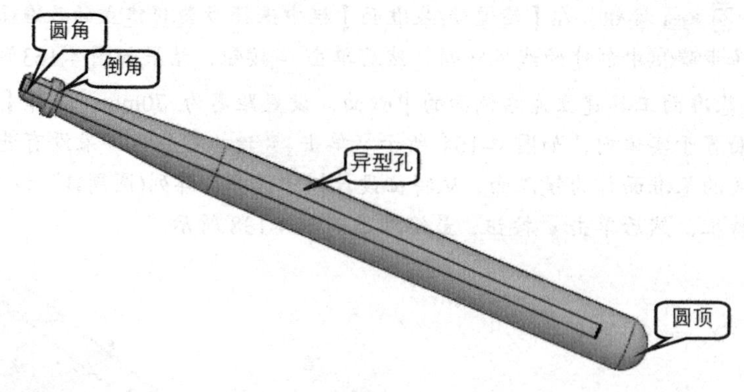

图 4-166　榔头棒（2）

5. 我们日常使用的牙刷，其刷毛孔就是一组按照不同规律分布的孔特征，请尝试建立牙刷的基体特征，如图 4-167 所示，然后使用线性阵列、圆周阵列和镜像等工具生成不同的刷毛孔分布，如图 4-168 和图 4-169 所示。

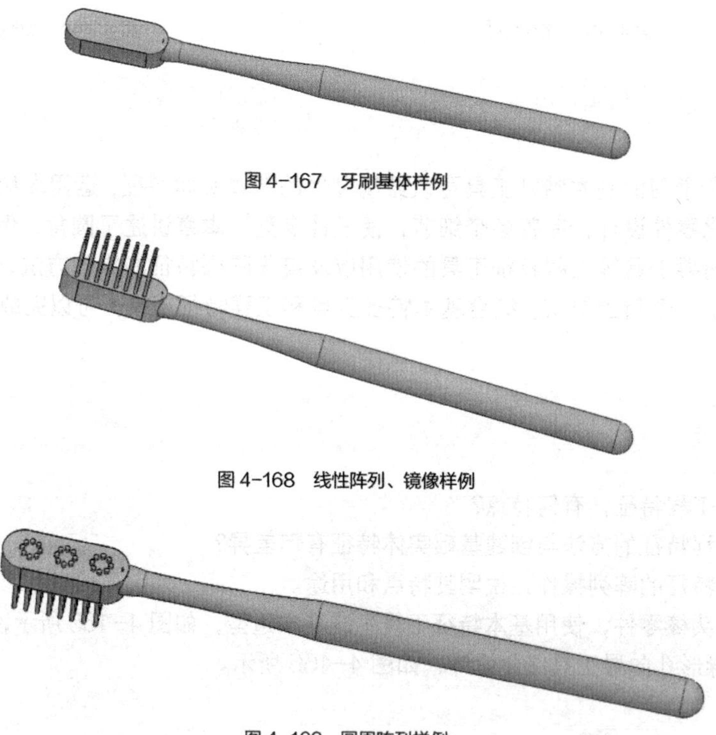

图 4-167　牙刷基体样例

图 4-168　线性阵列、镜像样例

图 4-169　圆周阵列样例

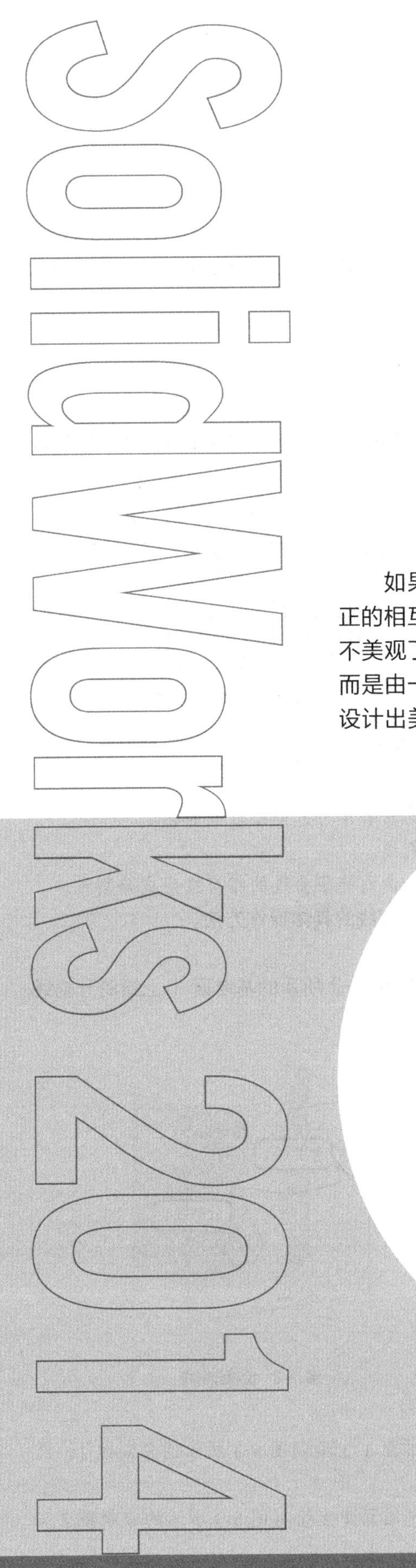

Chapter 5

第 5 章 曲线和曲面

如果你在街上看见一辆小汽车的外型全部是由方方正正的相互垂直的平面组成的，你会有什么感觉？对，当然是不美观了！现实中的物体往往并不是由规则的图形组成的，而是由一系列的曲面构成，这就对设计者提出了要求，要想设计出美观而有创意的产品，首先得学会建立各种曲面。

【学习目标】

- 了解曲面和曲线在设计中的应用。
- 掌握曲线的设计和用法。
- 掌握常用曲面的创建方法。
- 掌握常用曲面的编辑方法和技巧。

5.1 创建曲线特征

曲面的建立又与曲线是分不开的。曲线是曲面的骨架，而曲面则是曲线的蒙皮，要想建立高质量的曲面，基础就是学会建立曲线。

5.1.1 知识准备

1. 设计工具

前面说过，曲线是构成形形色色的物体的基本元素，那么曲线到底有哪些生成方式以及有什么样的具体作用呢？

首先来看一下工具栏，用鼠标右键单击工具栏的空白处，在弹出的快捷菜单中选择【曲线】命令，打开【曲线】工具栏，如图 5-1 所示。

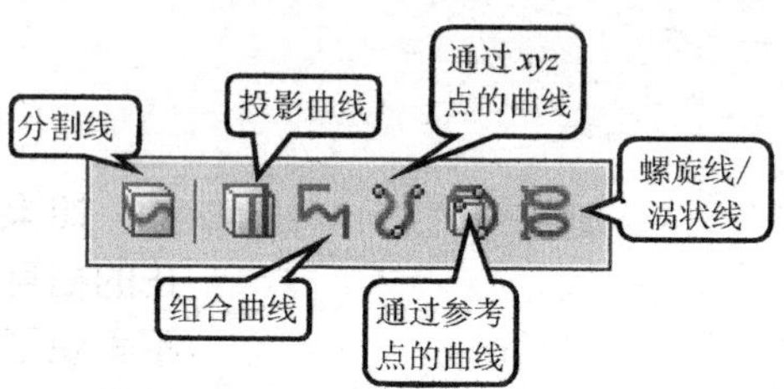

图 5-1 曲线设计工具

下面将介绍各种曲线的生成方法。

（1）创建分割线

分割线是将草图、曲面、曲线之类的实体投影到曲面或平面上形成的曲线。它可以将所选的面分割成多个分离的面，从而让用户可以单独对其中的某个面进行操作。

一般来说，分割线工具可以生成下面 3 类分割线。

- 轮廓：用基准平面与模型表面或曲面相交生成的轮廓作为分割线分割曲面。
- 投影：将曲线投影到曲面或模型表面，生成分割线。
- 交叉点：以所选择的实体、曲面、面、基准面、曲面样条曲线的相交线生成分割线。

下面分别介绍生成投影分割线、轮廓分割线和交叉分割线的具体操作方法。

① 投影分割线

下面通过实例来介绍投影分割线的具体使用方法，在图 5-2 所示的基准面 1 上绘制分割线草图，结果如图 5-3 所示。

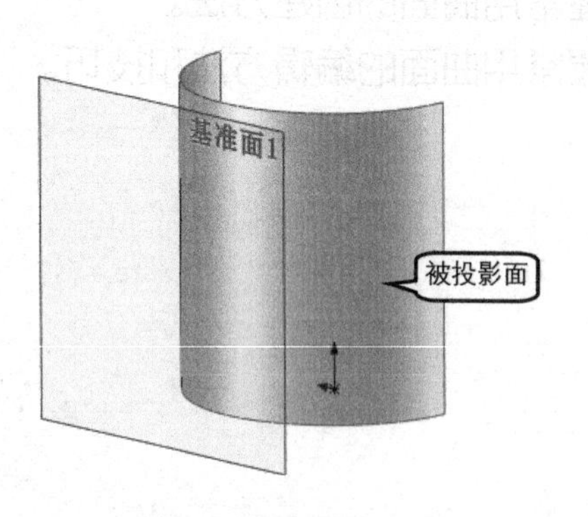

图 5-2 参照对象

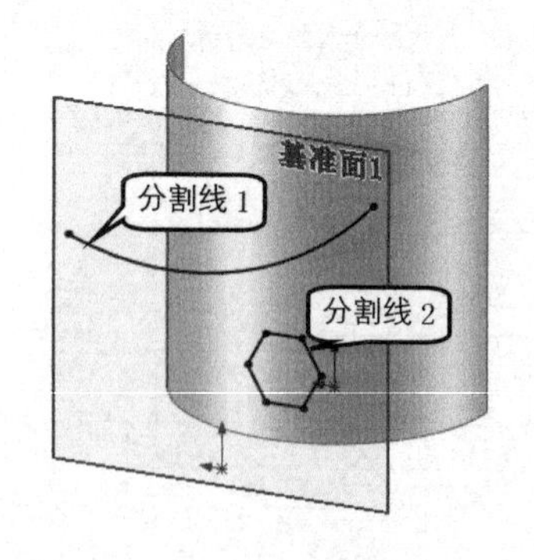

图 5-3 绘制分割线

- 打开素材文件“第 5 章\素材\创投影分割线”。
- 单击按钮，打开【圆弧】属性管理器，在基准面 1 上绘制图 5-3 所示的分割线 1，尺寸和位置不定。
- 单击按钮，打开【多边形】属性管理器，在基准面 1 上绘制图 5-3 所示的分割线 2，尺寸和位置不定。

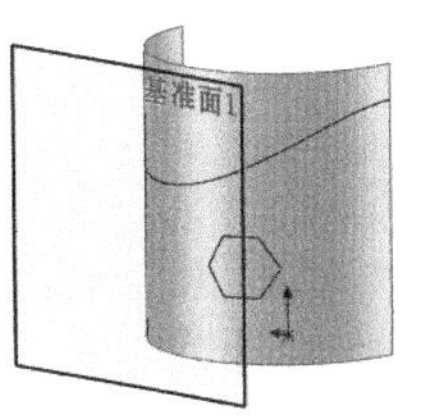

图5-4 设计结果

- 选择菜单命令【插入】/【曲线】/【分割线】，打开【分割线】属性管理器。
- 定义分割类型。在【分割类型】栏中选中【投影】单选项。
- 定义分割曲线。选择绘制的草图2为分割线参照。
- 定义分割面。选中图5-2所示的曲面作为被分割曲面。选择【单向】和【反向】复选项。
- 单击✔按钮，完成投影分割线的创建，结果如图5-4所示。

要点提示

此例中的样条曲线是非封闭曲线，因此必须贯穿曲面的两条边线（即将曲面分割成两块区域）才能起到分割线的作用。

② 轮廓分割线

下面通过实例来介绍轮廓分割线的具体使用方法。

- 打开素材文件“第5章\素材\轮廓分割线”。
- 选择命令。选择菜单命令【插入】/【曲线】/【分割线】，打开【分割线】属性管理器。
- 定义分割类型。在【分割类型】栏中选中【轮廓】单选项。
- 定义参考参照。选择右视基准面为分割参照，如图5-5所示。
- 定义分割面。选取图5-5所示的曲面作为要分割的面。
- 单击✔按钮，完成轮廓分割线的创建，结果如图5-6所示。

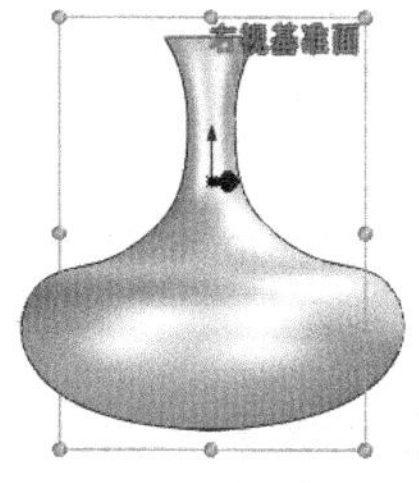

图5-5 选取参照

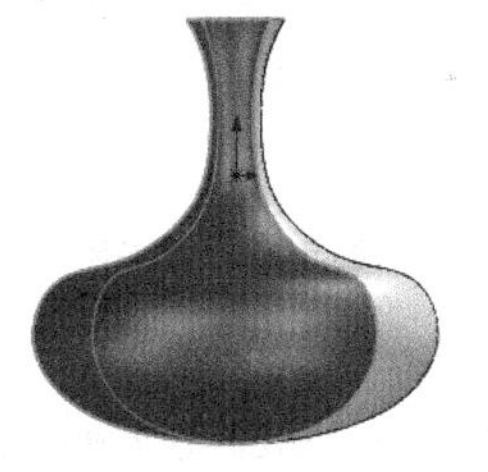
图5-6 分割结果

③ 交叉分割线

下面通过实例来介绍交叉分割线的具体使用方法。

- 打开素材文件“第5章\素材\交叉点分割线”。
- 选择命令。选择菜单命令【插入】/【曲线】/【分割线】，打开【分割线】属性管理器。
- 定义分割类型。在【分割类型】栏中选中【交叉点】单选项。
- 定义参考面。分别定义分割面和要分割的面，如图5-7所示。
- 单击✔按钮，完成轮廓分割线的创建。

要点提示

另外，如果用户在【曲面分割选项】栏中通过【分割所有】复选项、【自然】和【线性】单选项来控制的话，可以得到图5-8所示的几种情况。

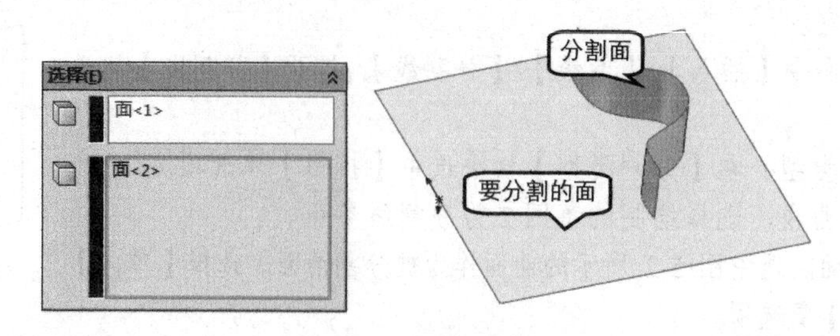

图 5-7 交叉分割线

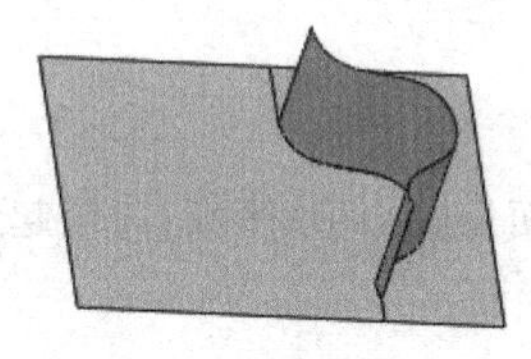
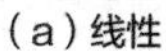

（a）线性

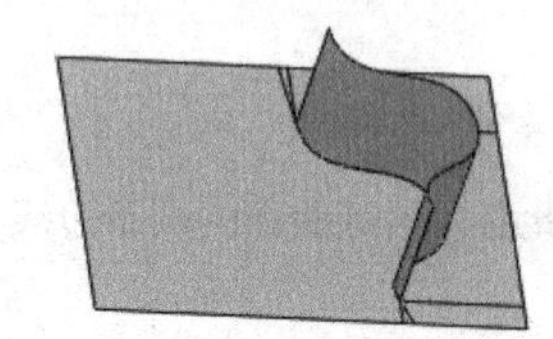

（b）分割所有+自然

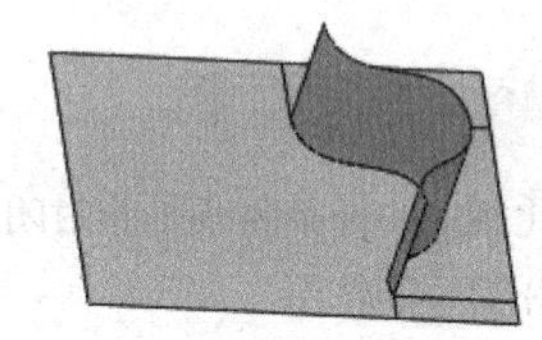

（c）分割所有+线性

图 5-8 分割类型

（2）创建投影曲线

投影曲线就是将曲线沿其所在平面的法向，投射到指定曲面上而生成的曲线。投影曲线的产生包括【草图到面】和【草图到草图】两种方式。

下面通过实例来介绍创建投影曲线的具体使用方法。

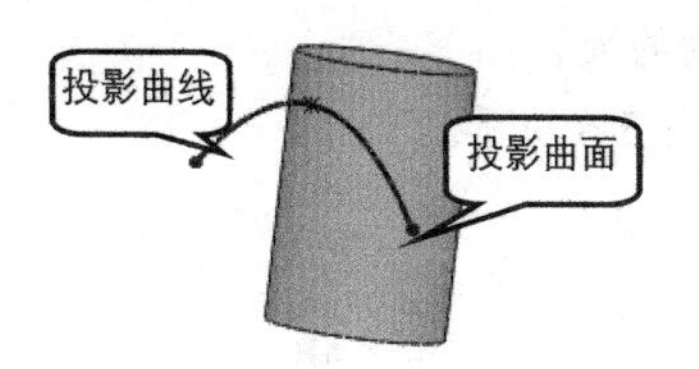

图 5-9 选取参照

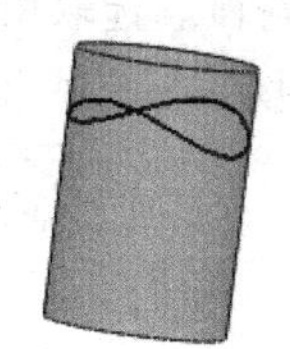

图 5-10 设计结果

① 打开素材文件“第 5 章\素材\创建投影曲线”。

② 选择命令。选择菜单命令【插入】/【曲线】/【投影曲线】，打开【投影曲线】属性管理器。

③ 定义投影方式。在【选择】栏的【投影类型】中选中【面上草图】单选项。

④ 定义投影曲线。选中图 5-9 所示的曲线为投影曲线。

⑤ 定义投影面。激活（投影面）列表框后，选取图 5-9 所示的圆柱面为投影面。

⑥ 定义投影方向。选中【反转投影】复选项，使投影方向朝向投影面。

⑦ 单击按钮，完成投影曲线的创建，结果如图 5-10 所示。

（3）创建组合曲线

组合曲线可以通过将曲线、草图几何和模型边线组合为一条单一曲线来生成组合曲线。使用该曲线作为生成放样或扫描的引导曲线。

下面通过实例来演示组合曲线生成的方法。

① 打开素材文件“第 5 章\素材\创建组合曲线”。

② 选择命令。选择菜单命令【插入】/【曲线】/【组合曲线】，打开【组合曲线】属性管理器。

③ 定义组合曲线。依次选取图 5-11（a）所示的边线 1、边线 2、边线 3 和边线 4 作为组合对象。

④ 单击✔按钮，完成组合曲线的创建，结果如图 5-11（b）所示。

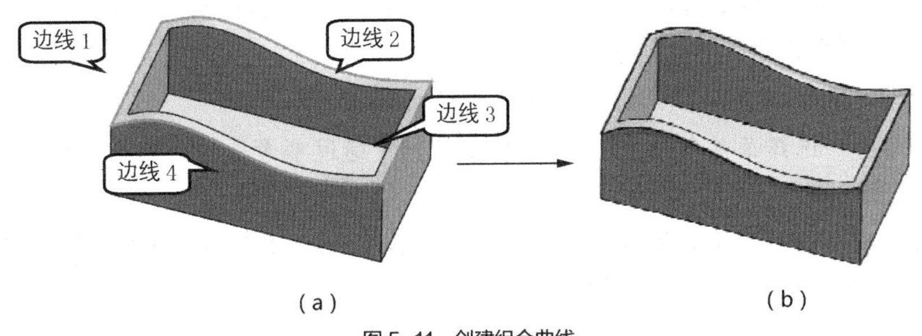

（a）　　（b）

图 5-11　创建组合曲线

（4）通过 XYZ 点的曲线

通过 XYZ 点的曲线是指通过输入一系列的空间点的 XYZ 坐标值或者利用已做好的坐标数据文件来成生曲线的方式。

下面通过实例来介绍其具体使用方法。

① 单击按钮，在弹出的【曲线文件】对话框中输入图 5-12（a）所示的数值，然后单击 确定 按钮。

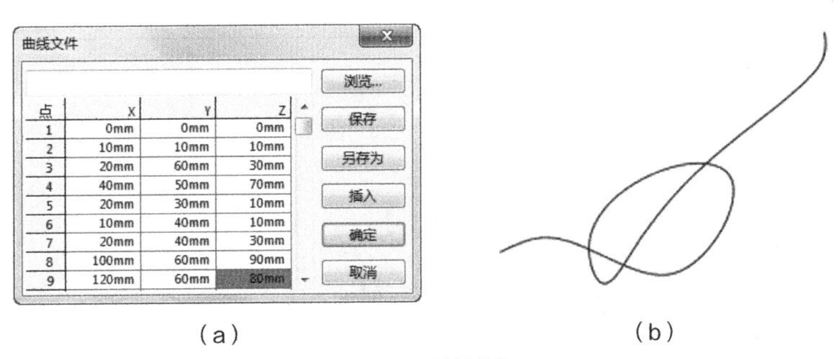

点	X	Y	Z
1	0mm	0mm	0mm
2	10mm	10mm	10mm
3	20mm	60mm	30mm
4	40mm	50mm	70mm
5	20mm	30mm	10mm
6	10mm	40mm	10mm
7	20mm	40mm	30mm
8	100mm	60mm	90mm
9	120mm	60mm	80mm

（a）　　（b）

图 5-12　编辑数据

② 选择菜单命令【窗口】/【视口】/【四视图】，结果如图 5-13 所示。

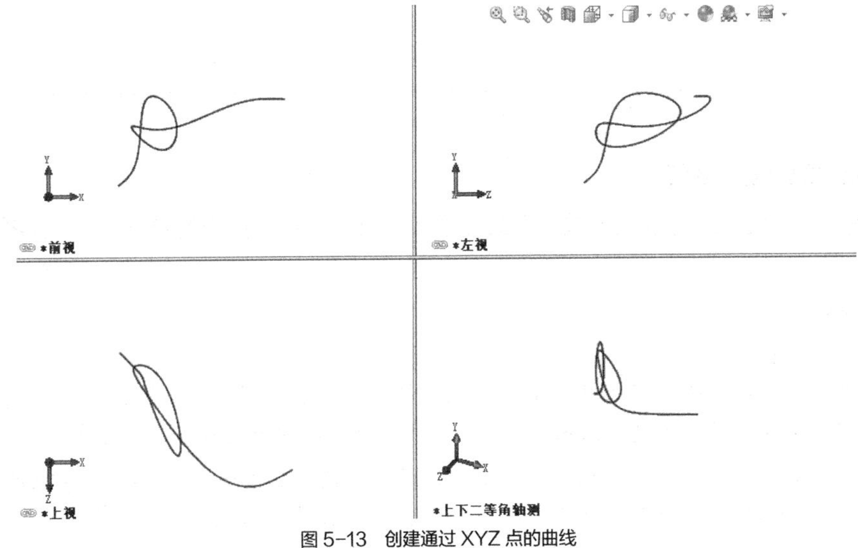

图 5-13　创建通过 XYZ 点的曲线

（5）通过参考点的曲线

通过参考点的曲线是指生成一条通过位于一个或者多个基准面上点的曲线。

下面通过实例来介绍其具体的使用方法。

① 打开素材文件“第 5 章\素材\通过参考点的曲线”。

② 选择命令。选择菜单命令【插入】/【曲线】/【通过参考点的曲线】，打开【通过参考点的曲线】属性管理器。

③ 定义参数。按照图 5-14 所示的顺序选择 4 个顶点，并且按照图 5-15 所示选择【闭环曲线】复选项，然后单击✔按钮，完成曲线的制作。

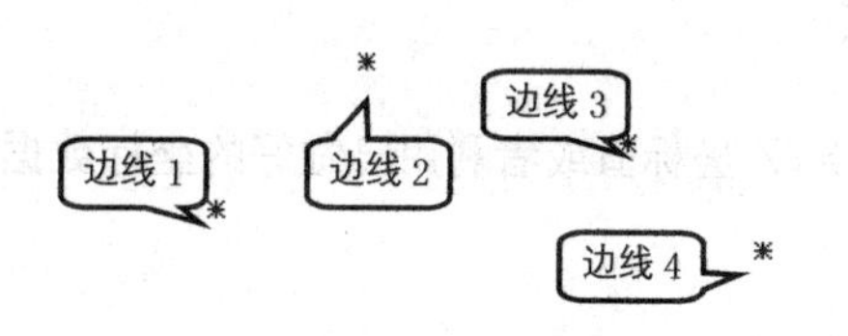

图 5-14　选取参照

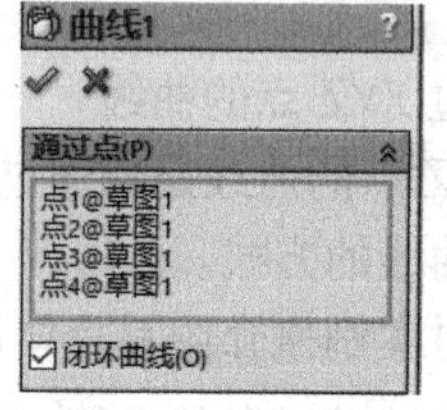

图 5-15　设计结果

④ 查看结果。选择菜单命令【窗口】/【视口】/【四视图】，结果如图 5-16 所示。

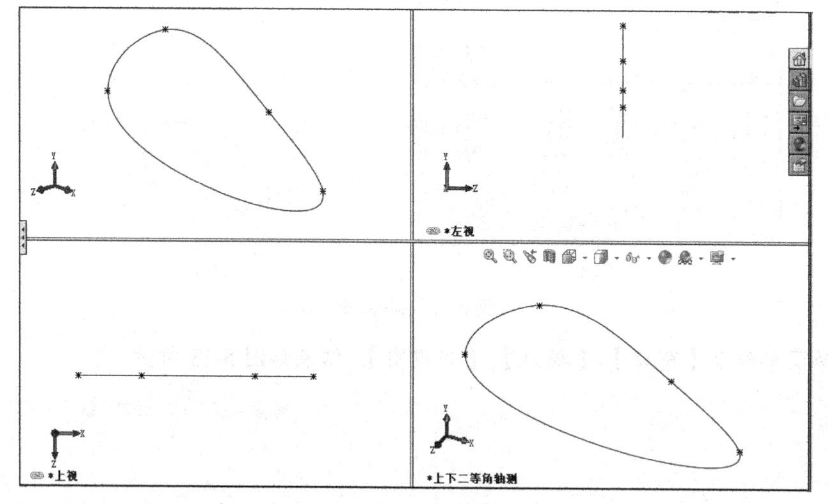

图 5-16　最终结果

2. 创建螺旋线/涡状线

螺旋线和涡状线曲线可以被当成一个路径或引导曲线使用在扫描的特征上，或者作为放样特征的引导曲线。

（1）创建螺旋线

① 新建零件文件。

② 绘制起始直径。选择“上视基准面”，然后在标准视图工具（视图定向）中单击按钮，在该平面内绘制一个直径为 80mm 的圆，用来生成螺旋线的起始直径，之后单击按钮退出。

③ 定义参数。单击按钮，选中步骤②绘制的草图圆，在【螺旋线/涡状线】属性管理器中设置参数，如图 5-17（a）所示，然后单击✔按钮，即完成外张形螺旋线的制作，结果如图 5-17（b）所示。

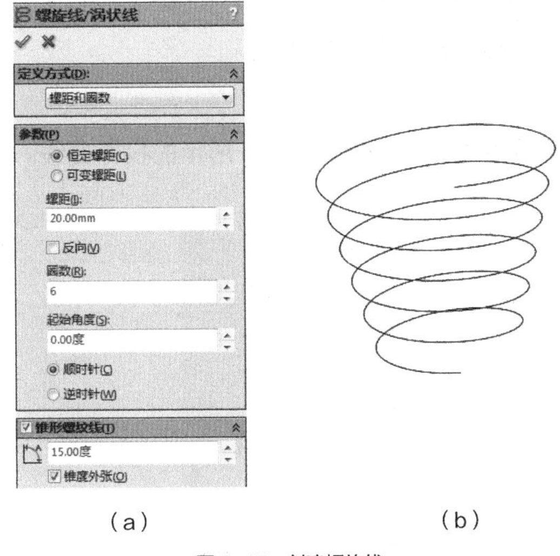

（a）　　　　　　（b）

图 5-17　创建螺旋线

要点提示

【螺旋线/涡状线】属性管理器中以下几个选项的作用介绍如下。

（1）定义方式：主要有【螺距和圈数】、【高度和圈数】、【高度和螺距】及【涡状线】4 种定义方式。

（2）【恒定螺距】和【可变螺距】：用来控制螺距是否为可变的。

（3）【锥形螺纹线】：控制柱形螺纹线和锥形螺纹线是向外扩张还是向内缩减。

（2）创建涡状线

① 新建零件文件。

② 绘制起始直径。选择【上视基准面】，然后在标准视图工具（视图定向）中单击按钮，在该平面内绘制一个直径为 10mm 的圆，用来生成螺旋线的起始直径，然后单击按钮退出。

③ 定义参数。单击按钮，选中步骤②绘制的草图圆，在【螺旋线/涡状线】属性管理器中设置参数，如图 5-18（a）所示，然后单击按钮，即完成涡状线的制作，结果如图 5-18（b）所示。

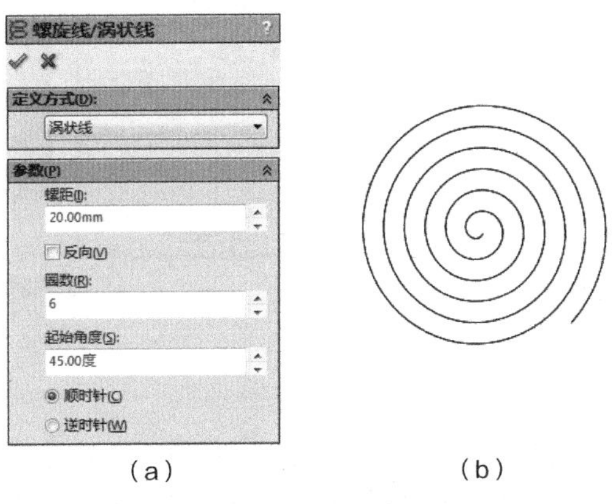

（a）　　　　　　（b）

图 5-18　创建涡状线

5.1.2 典型实例——创建投影曲线

下面通过实例介绍投影曲线的创建方法和技巧。

1. 创建投影曲线 1

本实例将利用草图到面的投影方式创建图 5-19 所示的投影曲线。

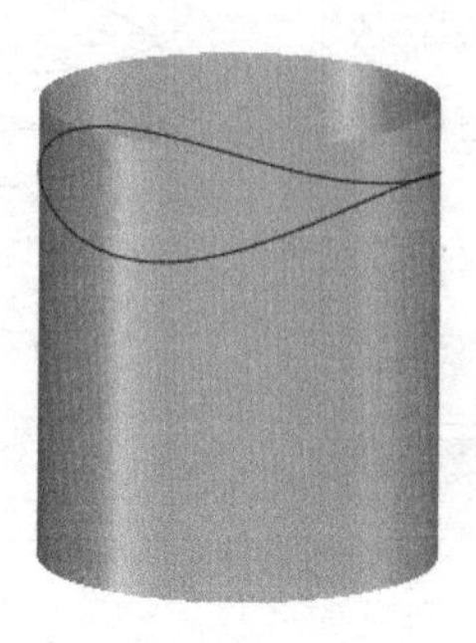

图 5-19 创建投影曲线 1

要点提示

投影曲线是通过投影方式生成曲线，生成投影曲线主要有以下两种方法。

（1）将一条绘制好的曲线投影到曲面或模型面上，以生成“贴”在面上的曲线。

（2）先分别在两个相交的平面或基准面上绘制草图，此时系统会将每一个草图沿所在平面的垂直方向投影，从而得到一个曲面，最后，这两个曲面在空间中相交而生成一条 3D 曲线。

① 打开素材文件“第 5 章\素材\创建投影曲线.SLDPRT”，如图 5-20 所示。

② 选择菜单命令【插入】/【曲线】/【投影曲线】。

③ 选取投影曲线和投影面如图 5-21 所示，结果如图 5-19 所示。

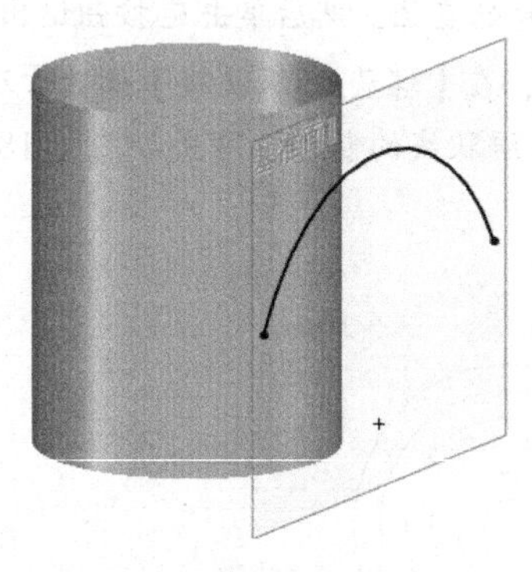

图 5-20 打开的素材

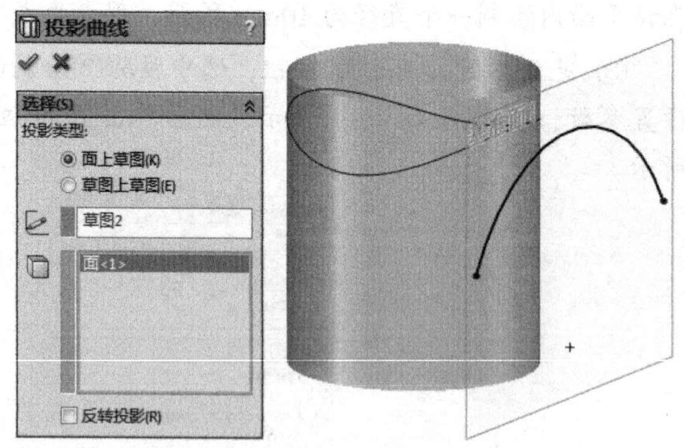

图 5-21 选取参照

要点提示

用户也可在绘图区中用鼠标右键单击空白处，从弹出的快捷菜单中选择某一投影类型。当选择了足够的实体来生成投影曲线时，就会出现预览图形，此时用鼠标右键单击就可以生成投影曲线。

2. 创建投影曲线 2

本例介绍利用“草图到草图”的投影方式创建图 5-22 所示的投影曲线。

① 打开素材文件“第 5 章\素材\投影曲线 2.SLDPRT”。

② 选择菜单命令【插入】/【曲线】/【投影曲线】。

③ 选取投影曲线和投影基准线如图 5-23 所示，结果如图 5-22 所示。

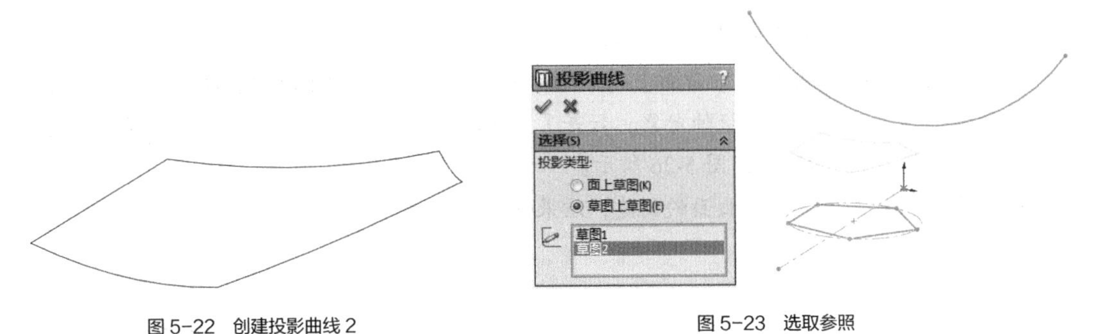

图 5-22　创建投影曲线 2　　　　图 5-23　选取参照

5.2 创建曲面特征

曲面设计是产品设计中一个非常重要的环节，好的曲面往往能让产品具有优秀的力学性能，有效地排除应力集中，也能增加产品的外形光顺性能，使产品具有美感。

5.2.1 知识准备

1. 曲面的特点和用途

作为设计人员来说，必须要掌握曲面的建立及编辑的各种方法。而 SolidWorks 在曲面方面有很强的功能，能够支持目前绝大部分的工业设计曲面的制作。

曲面是一种可用来生成实体特征的几何体，是用来描述相连的零厚度的几何体，这一点是与实体模型不同的地方，在实体模型中，任何方向上的尺寸都是大于零的。另外，还可在一个单一零件中拥有多个曲面实体。但注意，曲面是实体，因此不能无限延伸，即没有无限大的曲面。

本小节所介绍的曲面特征是用于完成相对复杂实体建模不可缺少的工具。它主要包括拉伸曲面、旋转曲面、扫描曲面、放样曲面、边界曲面、平面区域、延展曲面以及等距曲面 8 种类型，工具栏如图 5-24 所示。

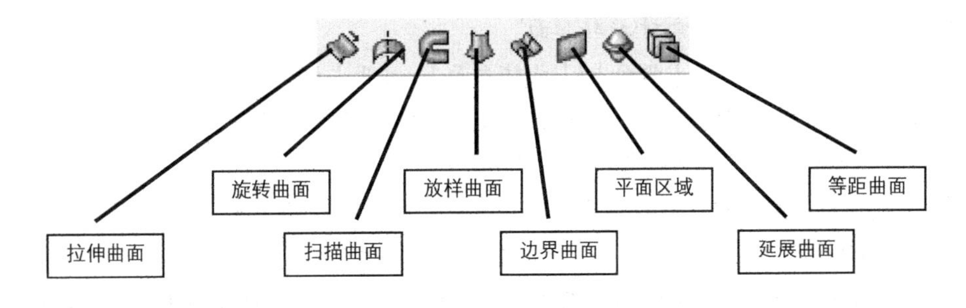

图 5-24　曲面设计工具

下面介绍曲面具体的生成方法。

2．创建拉伸曲面

拉伸曲面是将草图沿着拉伸方向扫掠形成的。一般有以下两种情况。

- 将一个 2D 草图拉伸为曲面时，拉伸方向垂直于草图方向。
- 将一个 3D 草图拉伸为曲面时，拉伸方向必须有参考实体指定。

下面以图 5-25 所示的曲面来介绍拉伸曲面的一般过程。

① 打开素材文件“第 5 章\素材\拉伸曲面”。

② 选择菜单命令【插入】/【曲面】/【拉伸曲面】，打开【拉伸】属性管理器。

③ 选取五边形的边线作为拉伸对象，打开【曲面-拉伸】属性管理器，设置【方向】为【给定深度】，输入深度值“45”，如图 5-26 所示。

④ 单击✔按钮，完成拉伸曲面的创建，结果如图 5-25（b）所示。

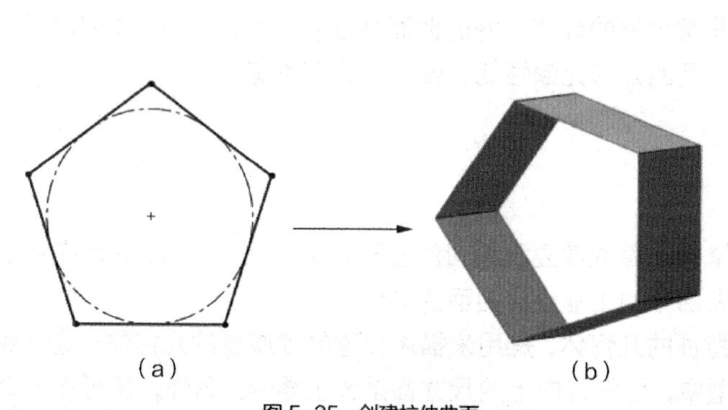

图 5-25　创建拉伸曲面

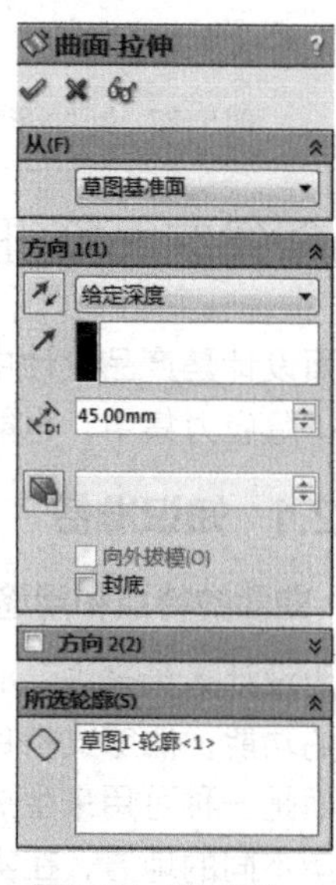

图 5-26　设置参数

3．创建旋转曲面

旋转曲面是将轮廓曲线按照指定的轴线旋转扫掠而成的。注意，旋转的轮廓除端点外不能与轴线有公共点（包括相交和相切）。

下面以图 5-27 所示的模型为例来介绍创建旋转曲面的一般过程。

① 打开素材文件“第 5 章\素材\旋转曲面”。

② 选择菜单命令【插入】/【曲面】/【旋转曲面】，打开【旋转】属性管理器。

③ 选取图 5-27（a）所示的边线，打开【曲面-旋转】属性管理器，设置【方向 1】为【给定深度】、角度为“360°”，如图 5-28 所示。

④ 单击✔按钮，完成旋转曲面的创建，结果如图 5-27（b）所示。

4．创建扫描曲面

扫描曲面是将轮廓通过沿路径方向扫掠而形成曲面的方式。扫描至少要具备两个要素，那就是轮廓和路径。曲面扫描特征与基体或凸台扫描特征类似，但后者的轮廓必须是闭环的，而前者的轮廓可以是闭环，也可以是开环。

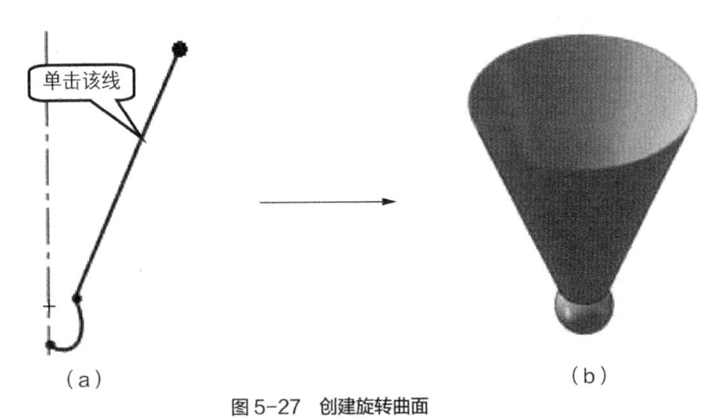

图 5-27　创建旋转曲面

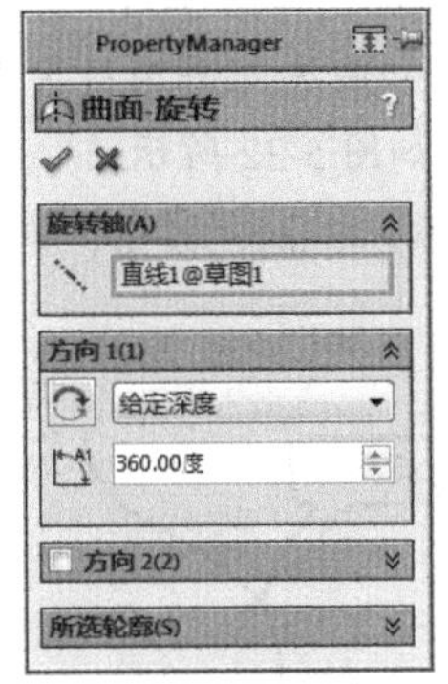

图 5-28　设置参数

要点提示

扫描路径可以是开环或闭合、包含在草图中的一组曲线、一条曲线或一组模型边线。但必须注意的一点是，路径的起点必须位于轮廓的基准面上。

下面以图 5-29 所示的模型为例，说明创建扫描曲面的一般过程。

① 打开素材文件“第 5 章\素材\扫描曲面”。

② 选择菜单命令【插入】/【曲面】/【扫描曲面】，打开【曲面-扫描】属性管理器。

③ 选取图 5-29（a）所示的边线作为扫描轮廓和路径，参数设置如图 5-30 所示。

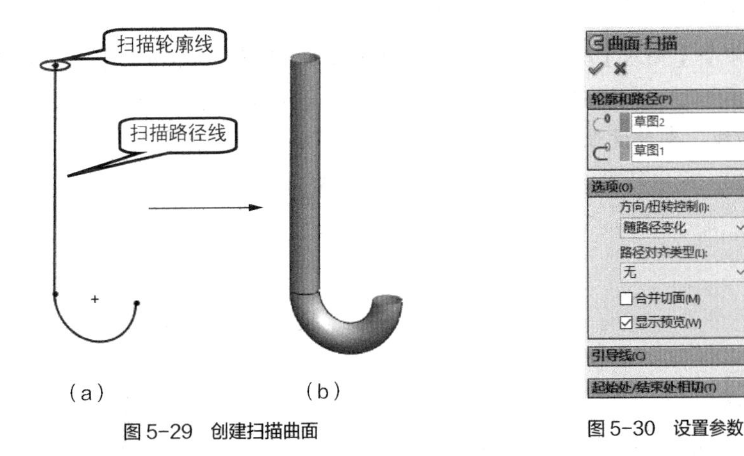

图 5-29　创建扫描曲面

图 5-30　设置参数

④ 单击✓按钮，完成扫描曲面的创建，结果如图 5-29（b）所示。

5. 创建放样曲面

放样曲面和放样基体或凸台类似，通过在轮廓之间进行过渡，生成特征。用户可以使用两个或多个轮廓生成放样，仅第一个和最后一个轮廓可以是点。单一 3D 草图中可以包含所有草图实体（包括引导线和轮廓）。

下面以图 5-31 所示的曲面为例，介绍放样曲线的一般过程。

① 打开素材文件“第 5 章\素材\放样曲面”。

② 选择菜单命令【插入】/【曲面】/【放样曲面】，打开【曲面-放样】属性管理器。

③ 选择图 5-31（a）所示的曲线 1 和曲线 3 作为放样轮廓，激活【引导线】列表框，选择曲线 2 和曲线 4 作为引导线，系统会弹出快捷菜单，单击其中的☑按钮即可，其他参数选用默认值，如图 5-32 所示。

④ 单击☑按钮，完成放样曲面的创建，结果如图 5-31（b）所示。

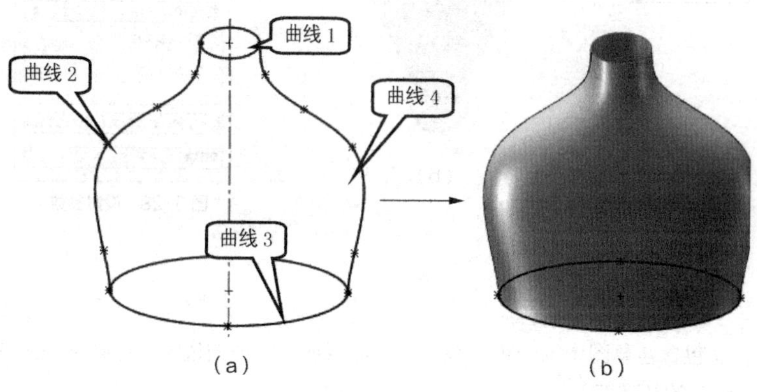

图 5-31　创建放样曲面

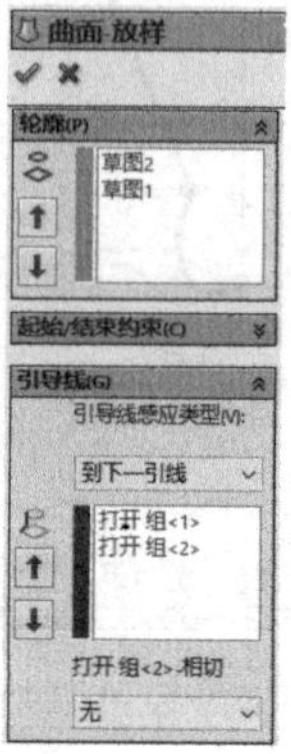

图 5-32　设置参数

6. 创建边界曲面

边界曲面特征主要用于生成在两个方向上（曲面所有边）相切或曲率连续的曲面。大多数情况下，这样产生的结果比放样曲面产生的结果质量更高。

下面以图 5-33 所示的曲面为例，介绍创建边界曲面的一般过程。

① 打开素材文件"第 5 章\素材\边界曲面"。

② 选择菜单命令【插入】/【曲面】/【边界曲面】，打开【边界-曲面】属性管理器。

③ 分别选取图 5-33（a）所示的曲线 1 和曲线 3 作为方向 1 的边界曲线，曲线 2 和曲线 4 作为方向 2 的边界曲线，参数设置如图 5-34 所示。

④ 单击☑按钮，完成边界曲面的创建，结果如图 5-33（b）所示。

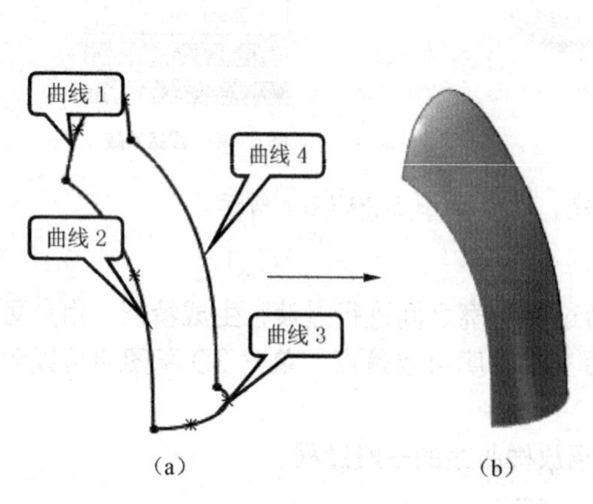

图 5-33　创建边界曲面

图 5-34　设置参数

7. 创建平面区域

平面区域是快速生成平面的一种方法，用户可以从非相交的闭合草图、一组闭合边线、多条共有平面分型线以及一对平面实体（如曲面或者边线等）等生成平面。

下面以图 5-35 所示的曲面为例，介绍创建平面区域的一般过程。

① 打开素材文件“第 5 章\素材\平面区域”。

② 选择菜单命令【插入】/【曲面】/【平面区域】，打开【平面】属性管理器。

③ 选取图 5-35（a）所示的边线作为区域对象，参数设置如图 5-36 所示。

④ 单击✔按钮，完成平面区域的创建，结果如图 5-35（b）所示。

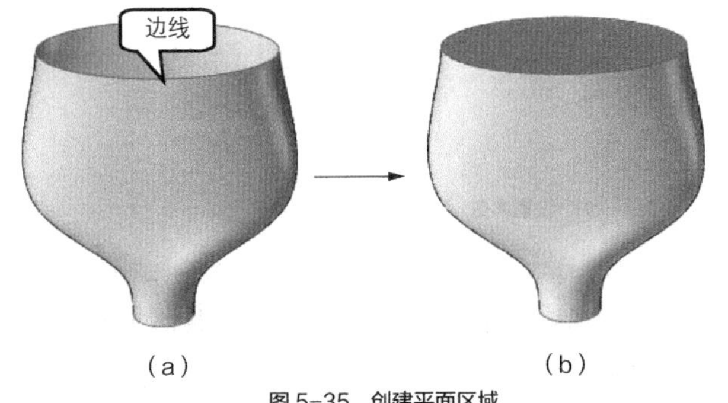

图 5-35 创建平面区域

图 5-36 设置参数

8. 创建填充曲面

填充曲面是将现有模型的边线、草图或曲线定义为边界，在其内部构建任意边数的曲面修补。

下面以图 5-37 所示的模型为例，介绍创建填充曲面的一般过程。

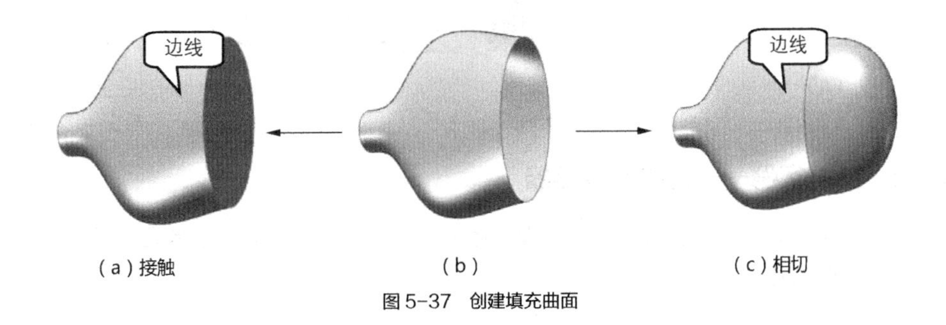

图 5-37 创建填充曲面

① 打开素材文件“第 5 章\素材\填充曲面”。

② 选择菜单命令【插入】/【曲面】/【填充曲面】，打开【填充曲面】属性管理器。

③ 选取图 5-37（a）所示的边线作为修补边界，参数设置如图 5-38 所示。

④ 单击✔按钮，完成填充曲面的创建，结果如图 5-37（b）所示。

9. 创建等距曲面

等距曲面与草图中的等距实体命令相似，用以将曲面中的每个点向曲面在该点的法向作等距而形成曲面。当指定距离为零时，新曲面就是原有曲面的复制品。

下面以图 5-39 所示的曲面为例，介绍创建等距曲面的一般过程。

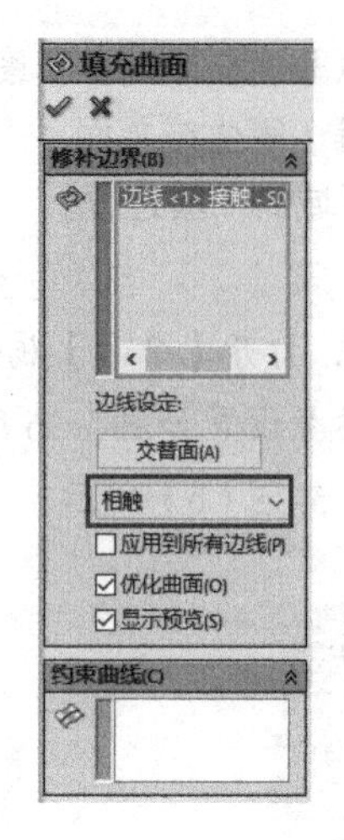

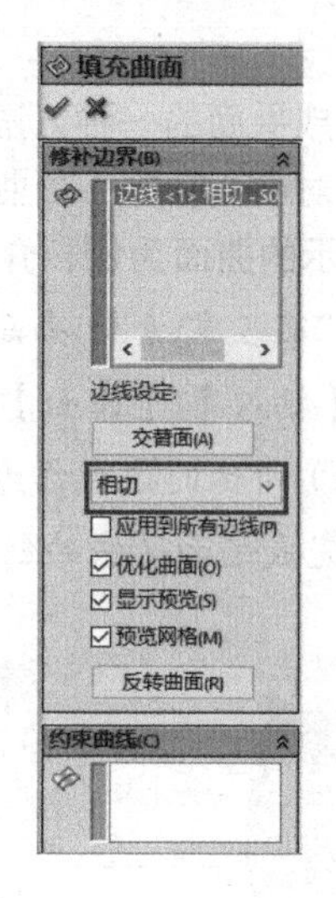

图 5-38 设置参数

① 打开素材文件“第 5 章\素材\等距曲面”。

② 选择菜单命令【插入】/【曲面】/【等距曲面】，打开【等距曲面】属性管理器。

③ 选择如图 5-39（a）所示的曲面，参数设置如图 5-40 所示。

④ 单击✔按钮，完成等距曲面的创建，结果如图 5-39（b）所示。

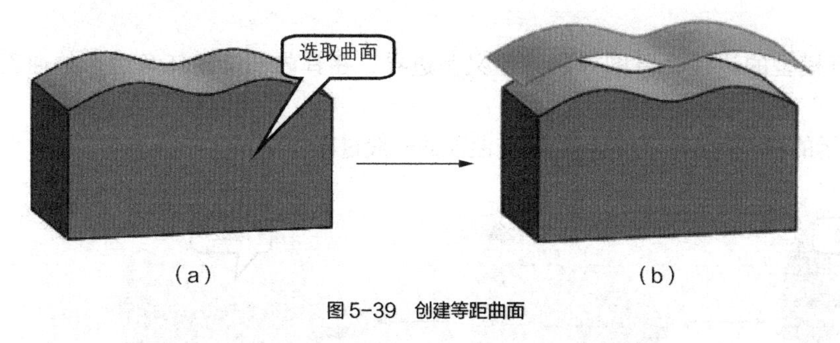

图 5-39 创建等距曲面

图 5-40 设置参数

5.2.2 典型实例——创建塑料容器

本小节主要学习利用放样曲面、扫描曲面、旋转曲面以及指纹曲面等工具设计图 5-41 所示的模型，综合训练曲面各个工具的用法。

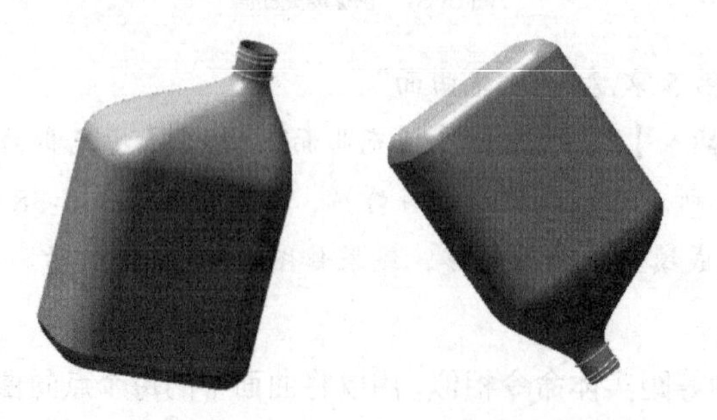

图 5-41 塑料容器

1. 创建放样曲面 1

（1）创建基准面 1，如图 5-42 所示。

（2）在上视基准面上绘制图 5-43 所示的草图 1。

（3）在新建基准面上使用【等距实体】等距实体工具绘制如图 5-44 所示的草图 2，距离为 10。

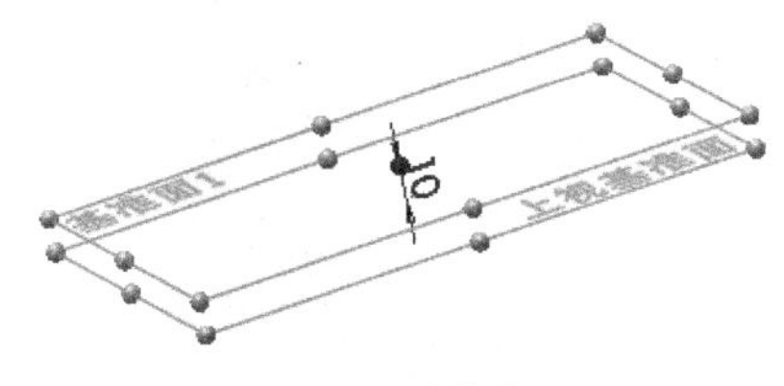

图 5-42　创建基准面

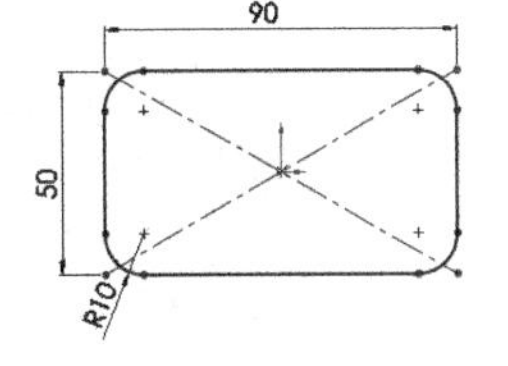

图 5-43　绘制草图 1

（4）在右视基准面上绘制图 5-45 所示的草图 3。

（5）选择菜单命令【插入】/【曲面】/【放样曲面】，选取草图 1 和草图 2 为轮廓线，选取草图 3 为引导线，创建的放样曲面如图 5-46 所示。

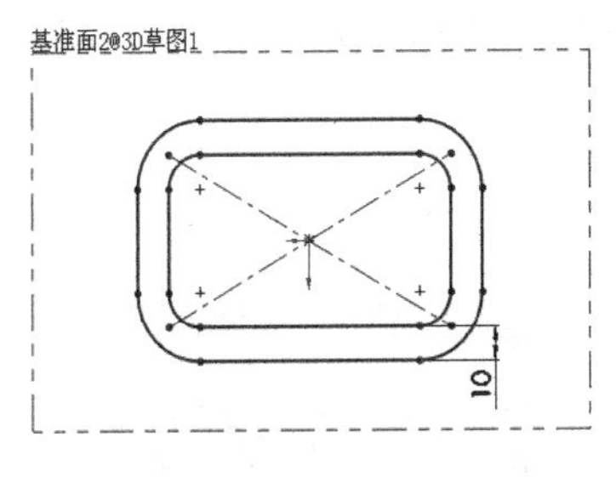

图 5-44　绘制草图 2

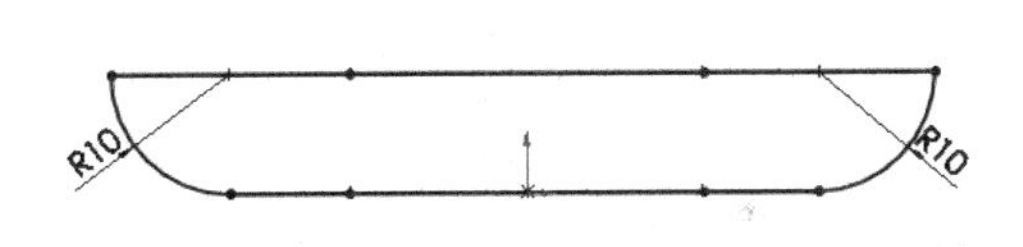

图 5-45　绘制草图 3

2. 创建曲面填充特征

（1）选择菜单命令【插入】/【曲面】/【填充曲面】，打开【填充曲面】属性管理器。

（2）选取草图 1 边线为区域对象。

（3）单击✔按钮，完成填充曲面的创建，结果如图 5-47 所示。

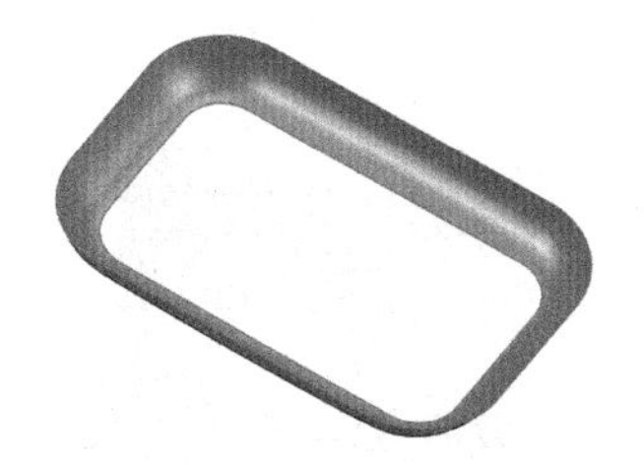

图 5-46　创建放样曲面

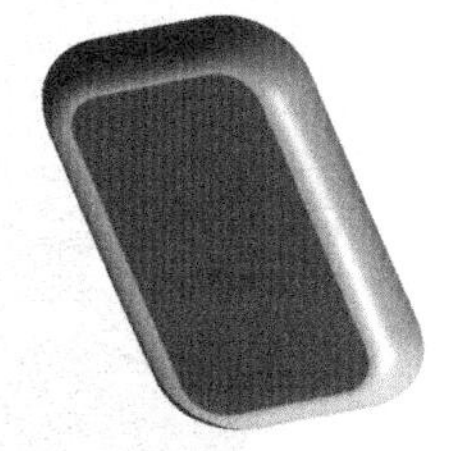

图 5-47　创建曲面填充特征

3. 创建直纹曲面特征

（1）选择菜单命令【插入】/【曲面】/【直纹曲面】。

（2）直纹曲面参数设置如图 5-48 所示，创建结果如图 5-49 所示。

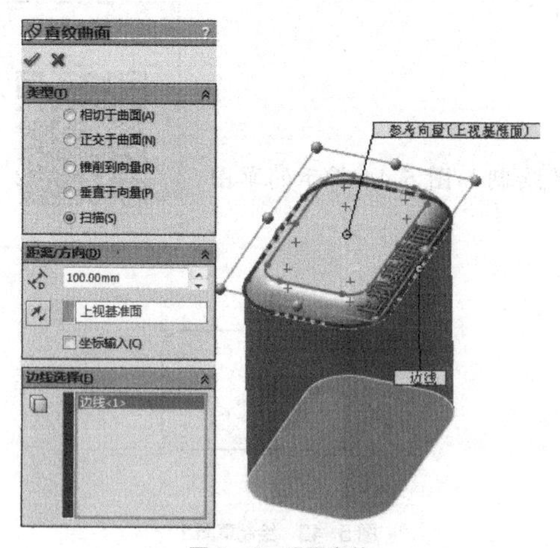

图 5-48　设置参数

图 5-49　创建直纹曲面特征

创建塑料容器 2

4. 创建放样曲面特征 2

（1）创建基准面 2，如图 5-50 所示。

（2）在新建基准面 2 上绘制图 5-51 所示的草图 4。

（3）选择菜单命令【插入】/【曲面】/【放样曲面】，放样曲面参数设置如图 5-52 所示，放样结果如图 5-53 所示。

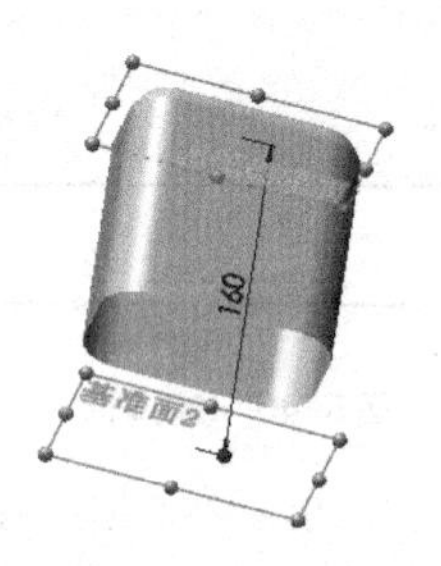

图 5-50　创建基准面 2

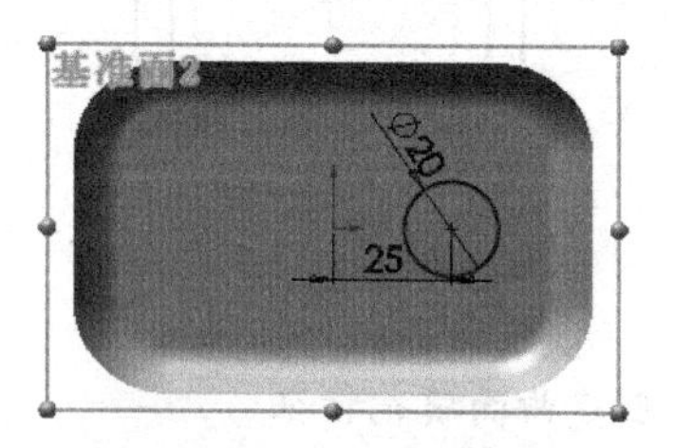

图 5-51　绘制草图 4

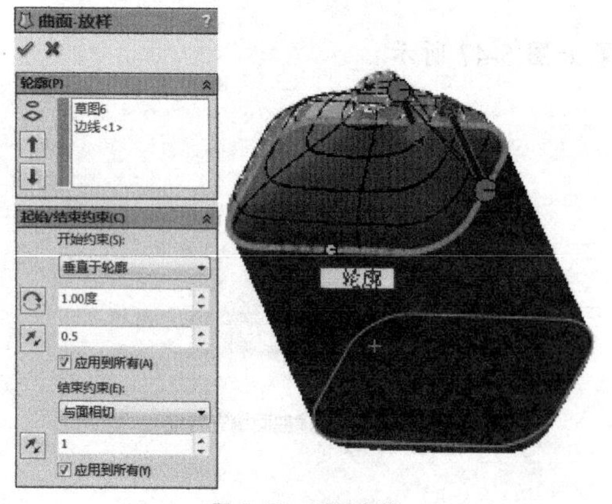

图 5-52　设置参数

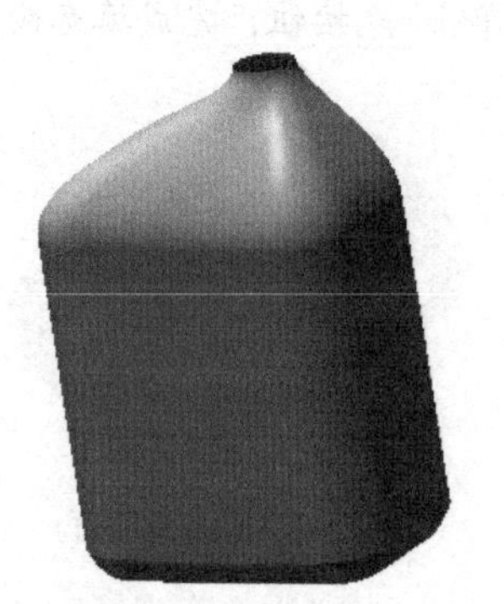

图 5-53　创建放样曲面

5. 创建旋转曲面特征

（1）在前视基准面绘制图 5-54 所示的旋转截面和旋转轴。

（2）选择菜单命令【插入】/【曲面】/【旋转曲面】，旋转结果如图 5-55 所示。

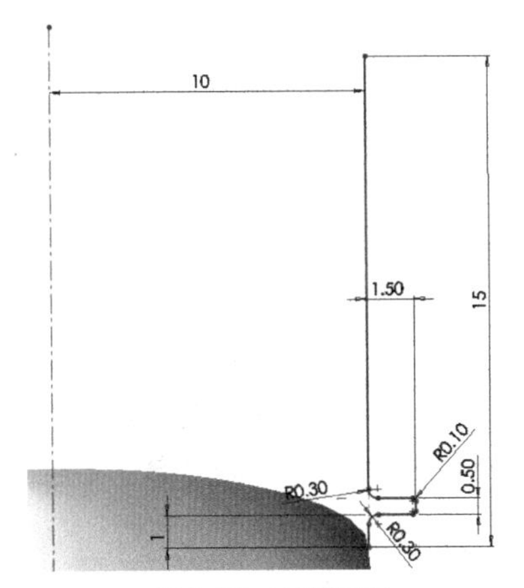

图 5-54　绘制草图 5

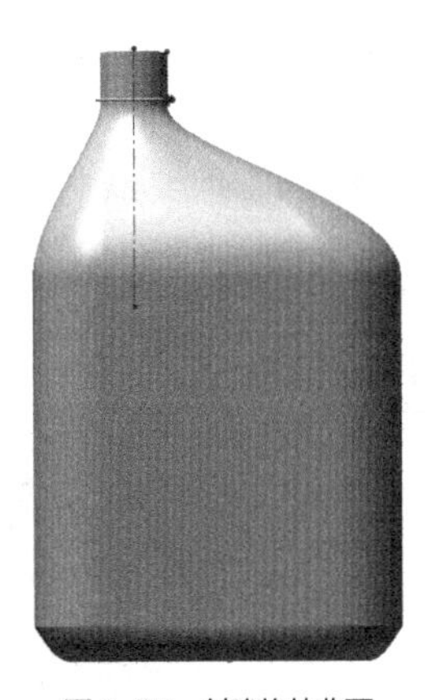

图 5-55　创建旋转曲面

6. 创建扫描曲面特征

（1）创建基准面 3，设置参数如图 5-56 所示，结果如图 5-57 所示。

（2）创建基准面 4，设置参数如图 5-58 所示，结果如图 5-59 所示。

（3）在基准面 3 上绘制草图，如图 5-60 所示。

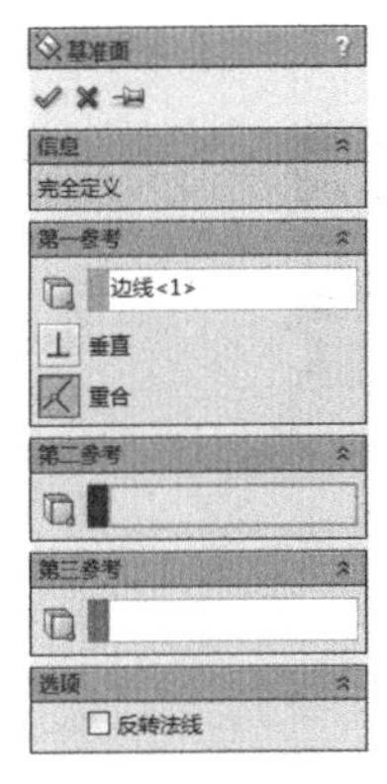

图 5-56　设置参数（1）

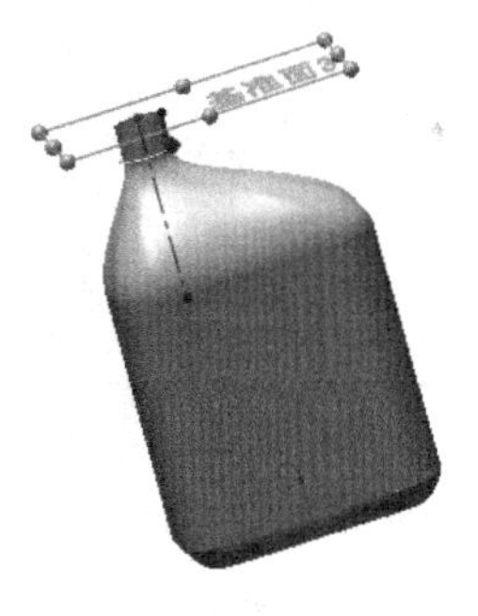

图 5-57　创建的基准面 3

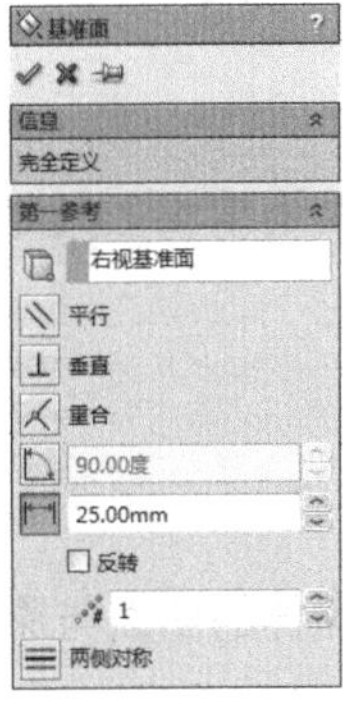

图 5-58　设置参数（2）

图 5-59　创建基准面 4

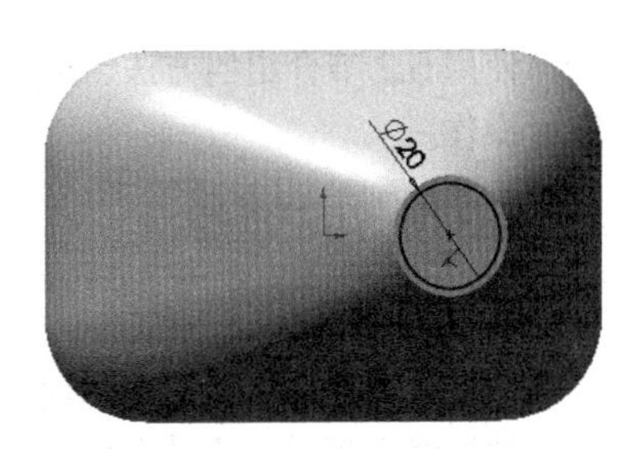

图 5-60　绘制草图 6

（4）选择菜单命令【插入】/【曲线】/【螺旋线/涡状线】，选择草图 6，设置参数如图 5-61 所示。

（5）在基准面 4 上绘制图 5-62 所示的草图。

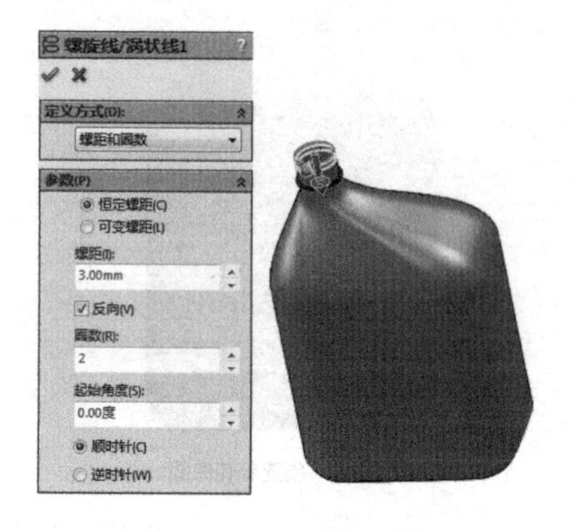

图 5-61 设置参数（3）

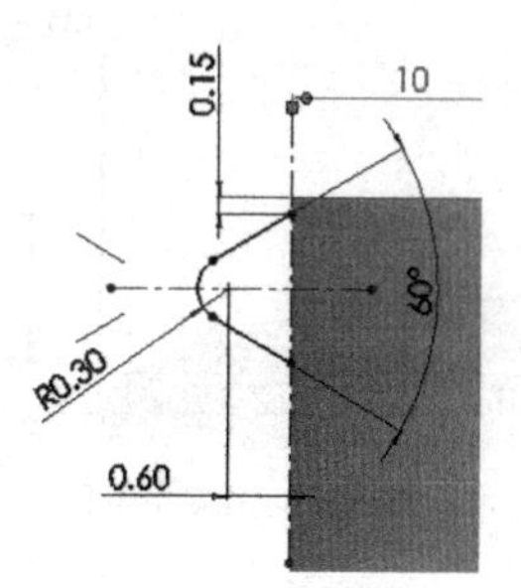

图 5-62 绘制草图 7

（6）选择菜单命令【插入】/【曲面】/【扫描曲面】，设置参数如图 5-63 所示，扫描结果如图 5-64 所示。

图 5-63 设置参数（4）

图 5-64 设计结果

最终设计结果如图 5-41 所示。

5.3 编辑曲面特征

使用 5.2 节介绍的方法创建的曲面还不精美，还需要进一步使用各种曲面编辑工具对其进行完善操作。

5.3.1 知识准备

1. 延伸曲面

用户可以通过选择一条边线、多条边线或一个面来延伸曲面，并且让延伸的曲面与原曲面在连接的边线上保持一定的几何关系。

下面结合图 5-65 所示的实例来介绍延伸曲面的方法。

① 打开素材文件“第 5 章\素材\延伸曲面”。

② 选择菜单命令【插入】\【曲面】\【延伸曲面】，打开图 5-66 所示的【延伸曲面】属性管理器，选择图 5-65（a）所示曲面 1 的边线，其余参数设置如图 5-66 所示。

③ 单击✔按钮，结果如图 5-65（b）所示。

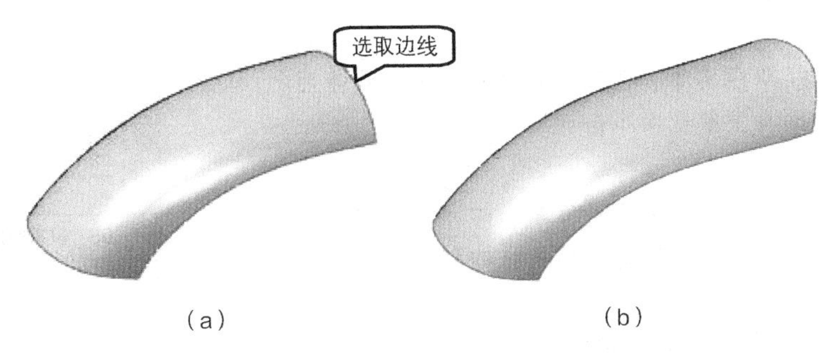

图 5-65 延伸曲面

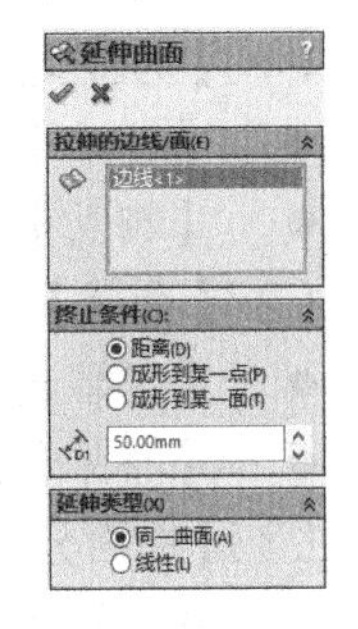

图 5-66 设置参数

这里对【延伸曲面】属性管理器中的选项说明如下。

（1）【终止条件】

- 【距离】：通过设定距离值来延伸曲面。
- 【成形到某一面】：将曲面延伸到与某一个指定的曲面相交为止。
- 【成形到某一点】：将曲面延伸到与某一个指定点重合的位置为止。

（2）【延伸类型】

- 【同一曲面】：沿曲面的几何体来延伸曲面。
- 【线性】：沿边线相切于原有曲面来延伸曲面。

2. 剪裁曲面

用户可以使用曲面、基准面或草图作为剪裁工具来剪裁相交曲面，也可以将曲面和其他曲面联合使用作为相互的剪裁工具。

下面结合图 5-67 所示的实例来介绍剪裁曲面的方法。

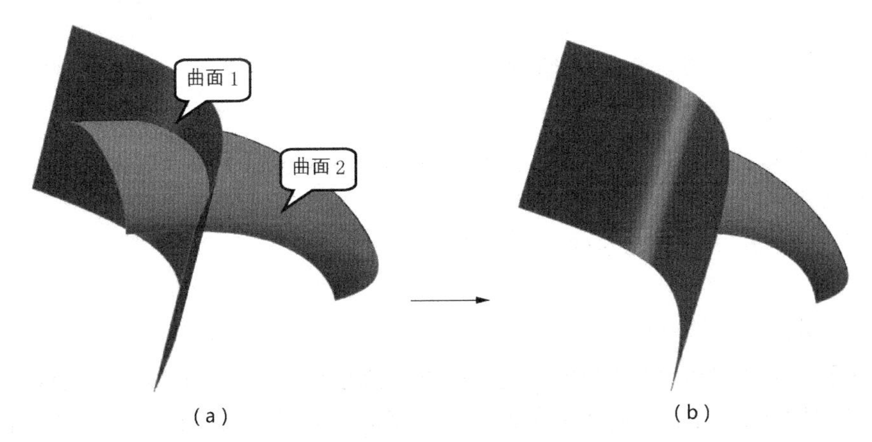

图 5-67 剪裁曲面

① 打开素材文件“第 5 章\素材\剪裁曲面”。

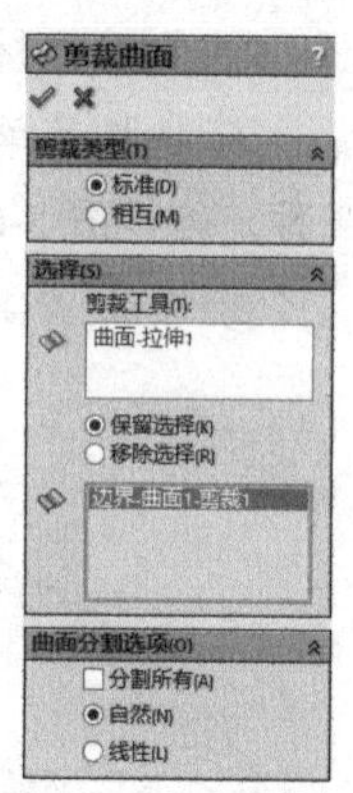
图 5-68 设置参数

② 单击按钮，打开【剪裁曲面】属性管理器，在【选择】栏的【剪裁工具】列表框中选择图 5-67（a）所示的“曲面 1”，在“被剪裁曲面”中选择“曲面 2”的下侧，其余参数设置如图 5-68 所示。

③ 单击按钮，然后调整视角，结果如图 5-67（b）所示。

下面对【剪裁曲面】属性管理器中的选项说明如下。

（1）【剪裁类型】

- 【标准】：使用曲面、草图实体、曲线、基准面等来剪裁曲面。
- 【相互】：使用曲面本身来剪裁多个曲面。

（2）【选择】

- 【保留选择】：将被剪裁曲面中鼠标光标单击的部分保留下来。
- 【移除选择】：将被剪裁曲面中鼠标光标单击的部分移除。

（3）【曲面分割选项】

此栏中的选项与分割曲面类似，这里不再赘述。

3. 圆角曲面

对于曲面实体中以一定角度相交的两个相邻面，用户可使用圆角使其之间的边线平滑过渡。

（1）恒定半径圆角

下面结合图 5-69 所示的实例来说明恒定半径圆角曲面的用法。

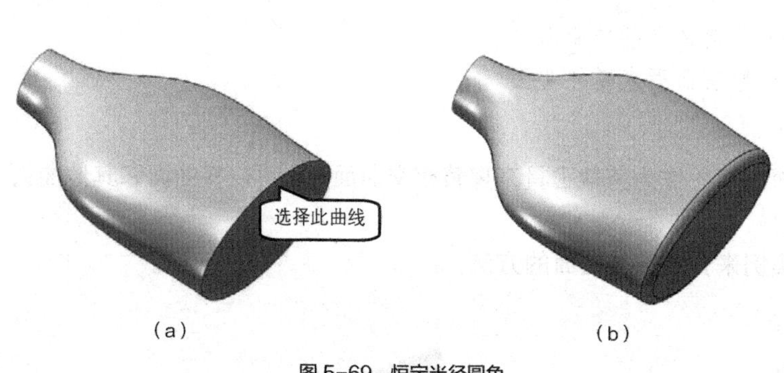

图 5-69 恒定半径圆角

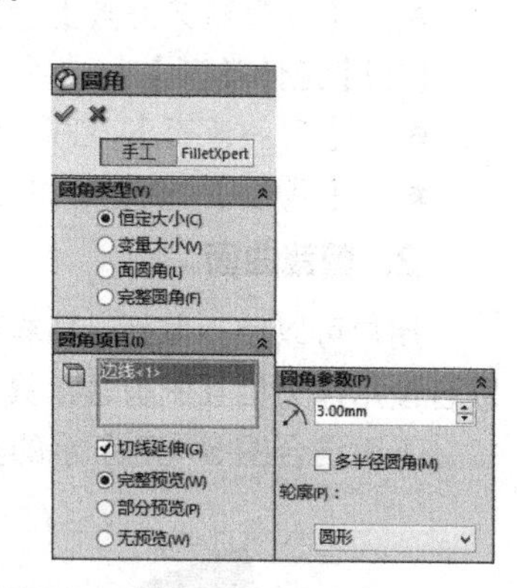
图 5-70 设置参数

① 打开素材文件“第 5 章\素材\圆角曲面 1”。

② 单击按钮，打开【圆角】属性管理器，选择图 5-69（a）所示要圆角的边线，其余参数设置如图 5-70 所示。

③ 单击按钮，结果如图 5-69（b）所示。

要点提示

【曲面圆角】属性管理器中的【保持特征】选项与实体圆角中的不同。在实体零件中，如果在圆角区域中有凸台或切除特征，则用户可以在圆角处理时保留特征，而在曲面实体中，用户可以保留凸台，但不能保留切除。

下面对恒定半径【圆角】属性管理器中的选项说明如下。

① 【逆转参数】栏

- 距离：输入公共顶点到逆转点的距离。
- 逆转顶点：选择需要逆转的公共顶点。
- 逆转距离：当不需要输入具体距离时，可以直接在边线上单击用户想开始逆转的点。
- 设定未指定的：将未指定的边按照当前逆转参数进行设定。
- 设定所有：将所有的边按照当前逆转参数进行设定。

② 【圆角选项】栏

【通过面选择】：通过选择圆角的两个面来确定圆角。

（2）面圆角

下面结合图 5-71 所示的实例来说明面圆角曲面的用法。

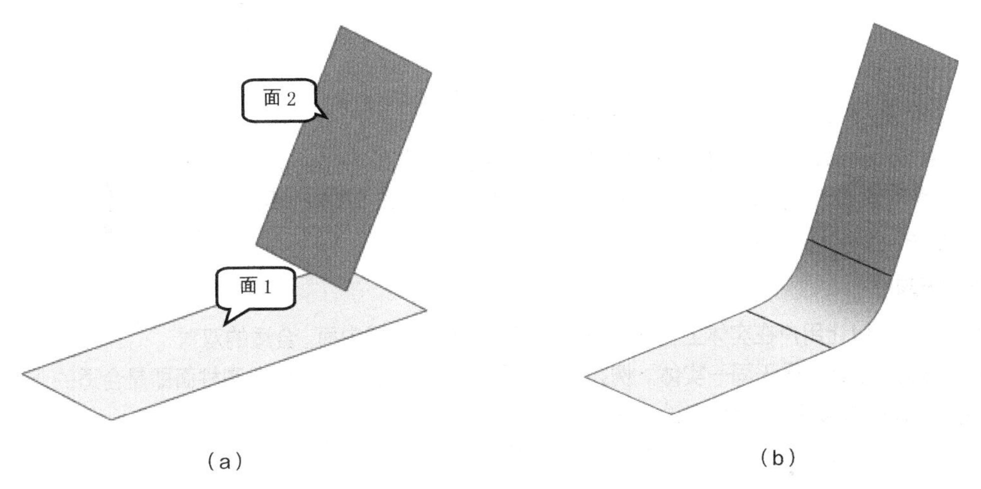

（a）　　（b）

图 5-71　面圆角

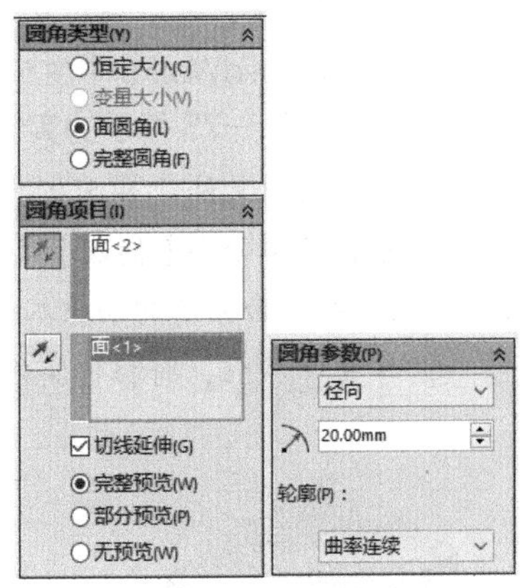

图 5-72　设置参数

① 打开素材文件“第 5 章\素材\圆角曲面 2”。

② 单击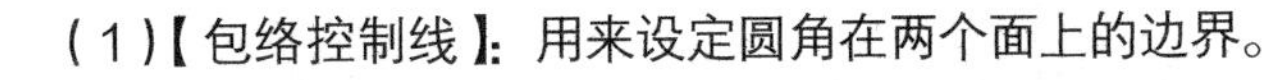按钮，打开【圆角】属性管理器，在【圆角类型】栏中选择【面圆角】，在【圆角项目】栏中设定圆角半径为“20mm”。

③ 在【面组 1】列表框中选中图 5-71（a）所示的“面 1”，单击按钮，在【面组 2】列表框中选中图 5-71（a）所示的“面 2”，单击按钮。在【圆角参数】栏的【轮廓】下拉列表中选择【曲率连续】选项，其余参数设置如图 5-72 所示。

④ 单击按钮，结果如图 5-71（b）所示。

下面对面【圆角】属性管理器中的选项说明如下。

（1）【包络控制线】：用来设定圆角在两个面上的边界。

（2）曲率连续：用来解出相邻曲面之间的不连续问题并生成一平滑曲率。曲率连续圆角不同于标准圆角，有以下 3 点。

- 它们都有样条曲线交叉剖面，而不是圆周交叉剖面。
- 曲率连续圆角比标准圆角要平滑，因为在边线处没有曲率跳跃。
- 标准圆角在边界包括一跳跃，因为它们在边界为相切连续。

4. 缝合曲面

缝合曲面是指将两个以上的相邻曲面组合成一个曲面。曲面的边线必须相邻且不重叠，但曲面不必处于同一基准面上。在缝合曲面形成一闭合体积或保留为曲面实体时生成一实体。

下面结合图 5-73 所示的实例介绍缝合曲面的方法。

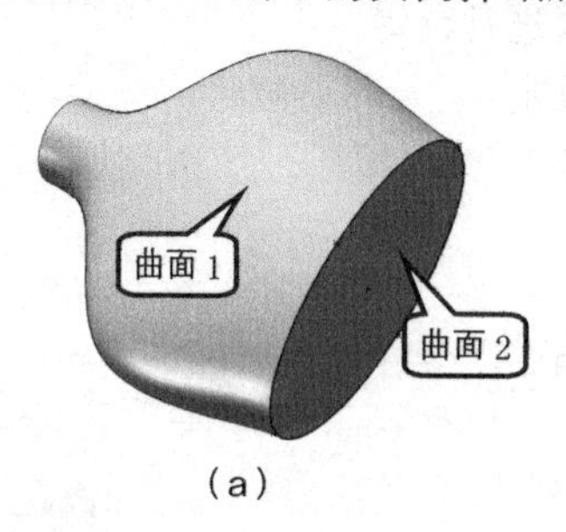

（a）

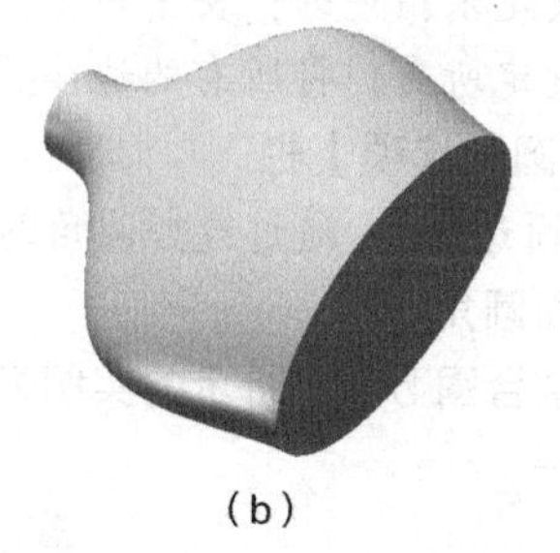

（b）

图 5-73 缝合曲面

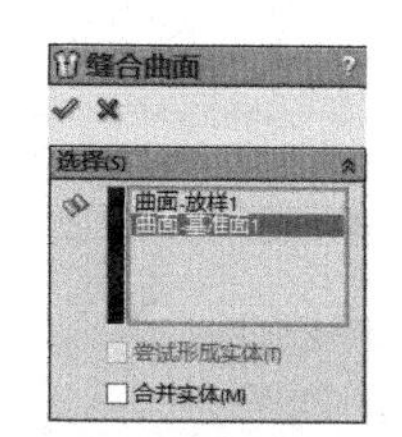

图 5-74 设置参数

① 打开素材文件“第 5 章\素材\缝合曲面”。

② 单击按钮，打开【缝合曲面】属性管理器，选中图 5-73（a）所示的“曲面 1”和“曲面 2”作为要缝合的面，其余参数设置如图 5-74 所示。

③ 单击按钮，结果如图 5-73（b）所示。

5. 中面

中面工具可以让用户在实体上合适位置的两双对面之间生成中面。合适的双对面应彼此等距。面必须属于同一实体。例如，两个平行的基准面或两个同心圆柱面即是合适的双对面。

用户可以生成以下 3 种类型的中面。

- 单个中面，从图形区域选择单对等距面。
- 多个中面，从图形区域选择多对等距面。
- 所有中面，单击查找双对面，让系统选择模型上所有合适的等距面。

与任何在 SolidWorks 中生成的曲面相同，以此方法生成的曲面包括所有的相同属性。

下面结合图 5-75 所示的实例介绍中面的用法。

① 打开素材文件“第 5 章\素材\中面”，如图 5-75（a）所示。

② 选择菜单命令【插入】/【曲面】/【中面】，在【中面】属性管理器中单击 查找双对面(F) 按钮，系统会自动将符合要求的面放入【双对面】列表框中，如图 5-76 所示。

③ 单击按钮，将拉伸实体隐藏，观察生成的 3 对中面，结果如图 5-75（b）所示。

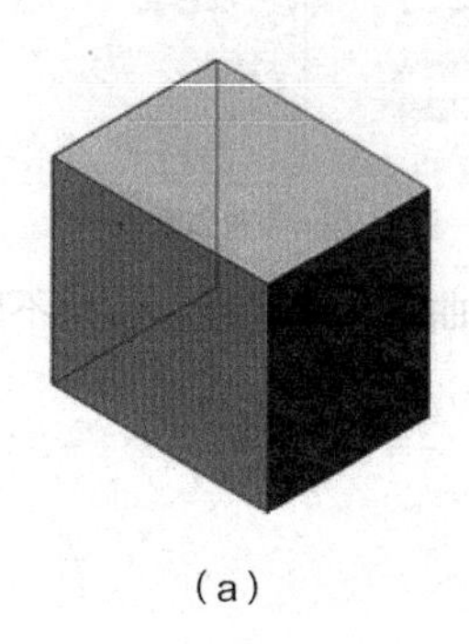

（a）

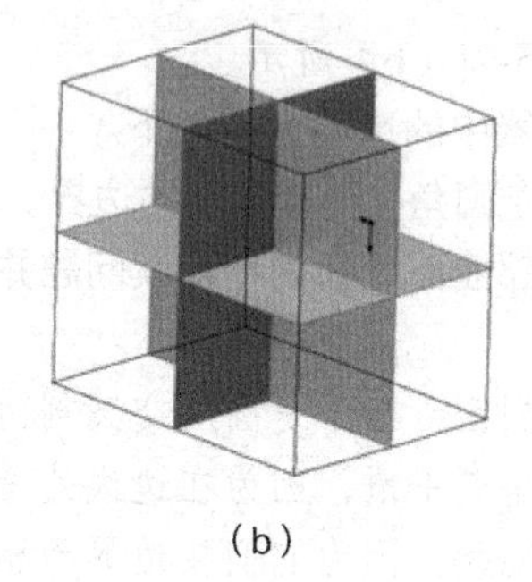

（b）

图 5-75 创建中面

图 5-76 设置参数

要点提示

中面是由实体的面形成的，如果是单纯的几组等距曲面实体，则中面工具变成灰色不可用。

下面对【中面】属性管理器中的选项说明如下。

- 【识别阈值】：是指通过阈值的设定来排除掉不符合阈值范围的双对面。例如，用户可以将系统设置到识别所有壁厚小于或等于 3mm 的合适双对面，任何不符合此标准的双对面将不包括在结果中。
- 更新双对面(U)：单击已选中的双对面，然后在“面 1”和“面 2”中分别选中用户想要的双对面，单击更新双对面，原来的双对面即被更换。
- 【缝合曲面】：如果可能的话，将生成的曲面缝合成一个曲面，不选择此复选项，则各中面保持独立。
- 【定位】：使用定位将中面放置在双对面之间，默认为 50%。此定位为中面到面 1 的距离占该双对面距离的百分比。

6. 填充曲面

填充曲面是指在现有模型边线、草图或者曲线定义的边界对曲面的缺失部分（如孔、缝等）进行的修补，通常用在诸如由于文件的转换引起了面的丢失或者由于曲面连续性不好而进行的裁剪与修补等情况中。

下面结合图 5-77 所示的实例介绍填充曲面的用法。

① 打开素材文件“第 5 章\素材\填充曲面 2”。

② 单击按钮，打开【填充曲面】属性管理器，选中图 5-77（a）所示曲面上的圆孔边线，在【曲率控制】下拉列表中选择【曲率】，并选择【应用到所有边线】复选项，如图 5-78 所示。

③ 单击按钮，结果如图 5-77（b）所示。

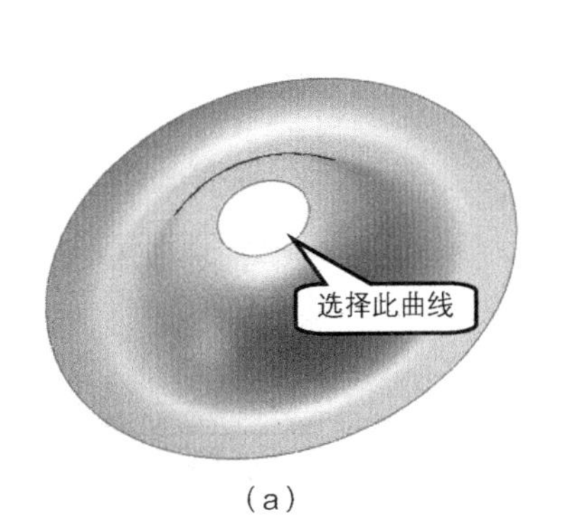

(a)

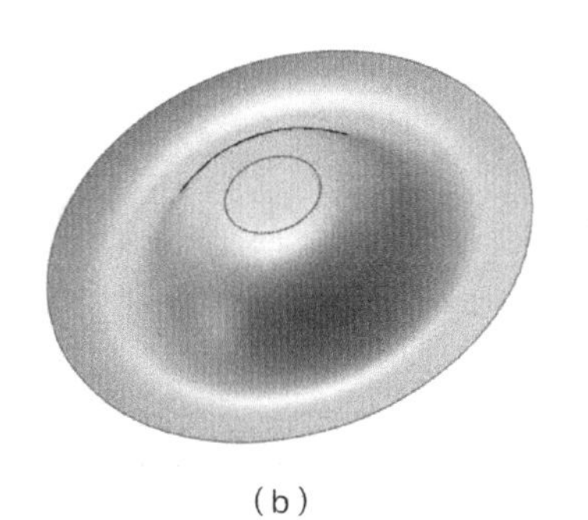
(b)

图 5-77　填充曲面

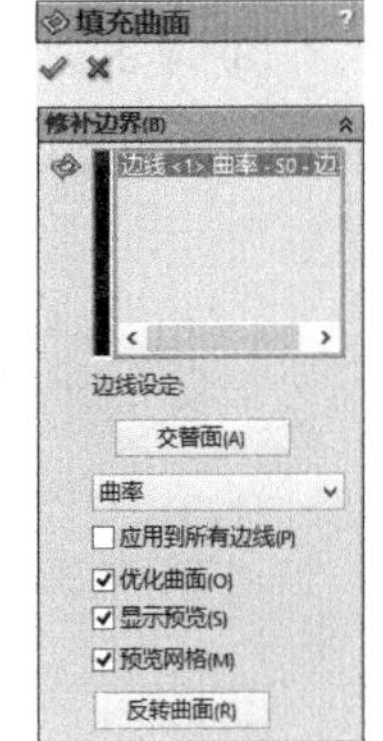

图 5-78　设置参数

下面对【填充曲面】属性管理器中的选项作出说明。

（1）【修补边界】栏

- 交替面(A)：当在实体中生成填充曲面时，所生成的填充曲面一般有两个方向，用户可以选择交替面进行切换。此按钮只有在【曲率控制】下拉列表中的选项是【相切】或【曲率】的情况下才有效。

- 【相触】：在所选边界内生成曲面。
- 【相切】：在所选边界内生成曲面，但保持修补边线的相切。
- 【曲率】：在与相邻曲面交界的边界边线上生成与所选曲面的曲率相配套的曲面。
- 【应用到所有边线】：用户可以将相同的曲率控制应用到所有边线。如果用户在将【接触】和【相切】应用到不同边线后选择此功能，将应用当前选择到的所有边线。
- 【优化曲面】：对二或四边曲面选择优化曲面选项。优化曲面选项应用与放样的曲面相类似。其优化的曲面修补的潜在优势包括重建时间加快以及当与模型中的其他特征一起使用时增强它的稳定性。

（2）【约束曲线】栏

对生成的填充曲面形状进行控制，即生成曲面必须经过约束曲线。

（3）【选项】栏

- 【修复边界】：通过自动建造遗失部分或裁剪过大部分来构造有效边界。
- 【合并结果】：当所有边界都属于同一实体时，可以使用曲面填充来修补实体。如果至少有一个边线是开环薄边，此时选择合并结果，那么曲面填充会用边线所属的曲面缝合。如果所有边界实体都是开环边线，那么可以选择生成实体。

7. 移动/复制曲面

移动曲面可以让用户在多实体零件中移动、旋转并复制实体和曲面实体，或两者配合使用将它们放置。

下面结合图 5-79 所示的实例来介绍移动/复制曲面的方法。

① 打开素材文件“第 5 章\素材\移动复制曲面”，如图 5-79（a）所示。

② 选择菜单命令【插入】/【曲面】/【移动/复制】，在【要移动/复制的实体】列表框中选择“曲面 1”，在【选项】中根据用户需要选择【平移】或者【旋转】，再设置相应参数。此处设置为平移，勾选【复制】复选项，更改复制数目为“1”，调节 Z 方向的步进量为 110，如图 5-80 所示。

③ 单击 ✔ 按钮，结果如图 5-79（b）所示。

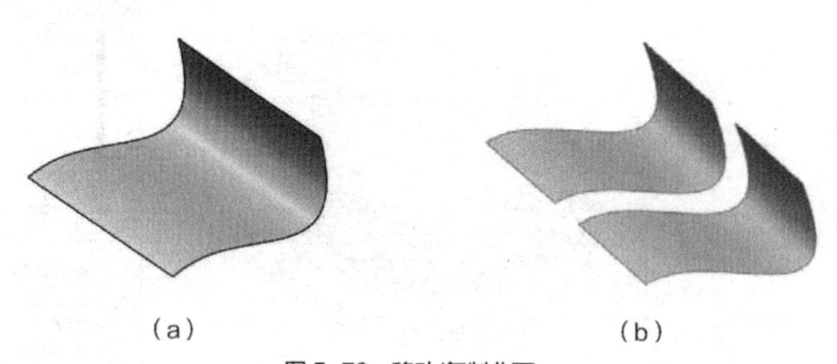

（a）　　（b）

图 5-79　移动/复制曲面

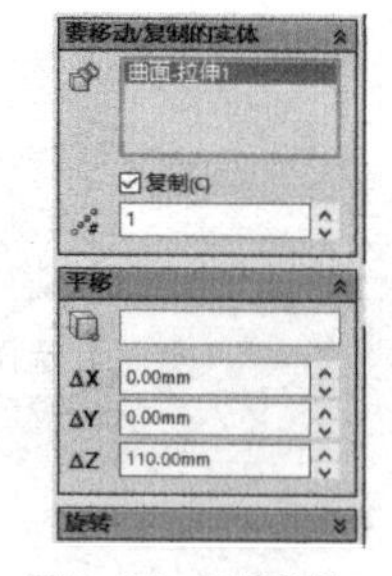

图 5-80　设置参数

要点提示

如果不是要求准确移动的话，用户也可以拖动图中曲面质心上出现的三重轴的箭头或圆圈来复制或者旋转曲面。另外，用户可以用移动面命令（选择菜单命令【插入】/【面】/【移动】）直接在实体或曲面模型上等距、平移以及旋转面和特征，此命令与移动/复制面类似。

8. 删除面

删除面工具可以从曲面实体删除面，或从实体中删除一个或多个面来生成曲面（即删除）；也可以从曲面实体或实体中删除一个面，并自动对实体进行修补和剪裁（即删除和修补）；还可以删除面并生成单一面，将任何缝隙填补起来（即删除和填充）。

下面通过图5-81所示的实例来介绍删除面的方法。

① 打开素材文件“第5章\素材\删除面”。

② 选择菜单命令【插入】/【面】/【删除】，打开【删除面】属性管理器，选择图5-81（a）所示的面作为删除面，然后在【选项】栏中选择【删除】单选项，如图5-82所示。

③ 单击✔按钮，结果如图5-81（b）所示。

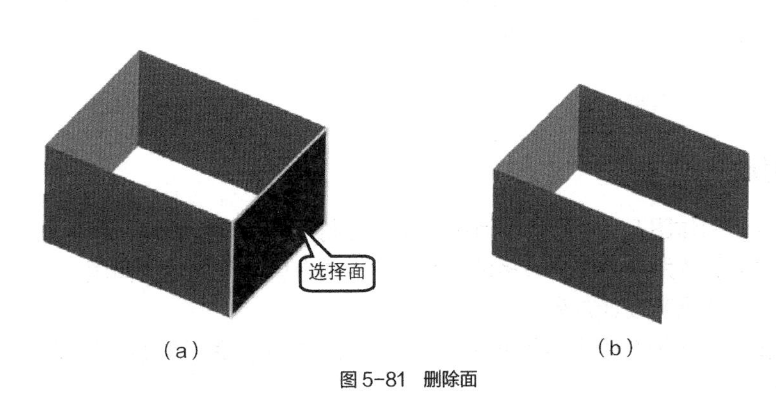

图5-81　删除面

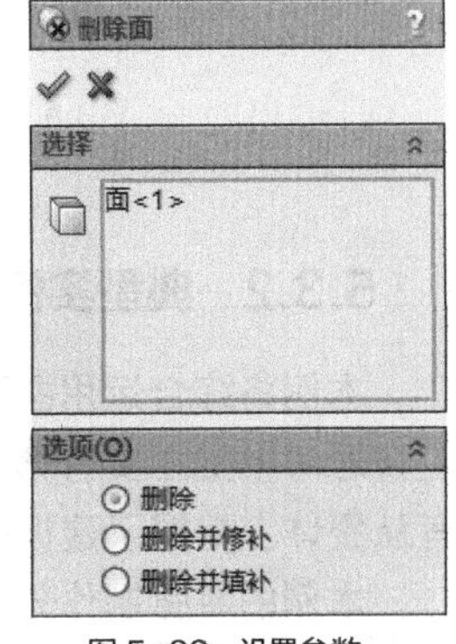

图5-82　设置参数

要点提示

注意删除面与删除曲面的区别：删除面是指抹除所选的曲面本身，但其子特征以及曲面内含有的特征依然存在，删除面在设计树中是作为一个特征而存在的，但删除曲面是指用户直接选中该曲面并按 Delete 键删除曲面特征，这样，曲面的子特征和曲面相关的特征将一并删除，曲面特征自此从设计树中消失。

9. 替换面

替换面是指用新曲面实体来替换曲面或实体中的面。替换曲面实体不必与旧的面具有相同的边界。替换面时，原来实体中的相邻面自动延伸并剪裁到需要替换的曲面实体。

下面结合图5-83所示的实例介绍替换面的方法。

① 打开素材文件“第5章\素材\替换面”。

② 选择菜单命令【插入】/【面】/【替换】，打开【替换面】属性管理器，在【替换的目标面】列表框中选中图5-83（a）所示下部实体的上表面，在【替换曲面】列表框中选中上部的拉伸曲面，参数设置如图5-84所示。

③ 单击✔按钮，然后用鼠标右键单击拉伸的曲面，单击按钮隐藏曲面，结果如图5-83（b）所示。

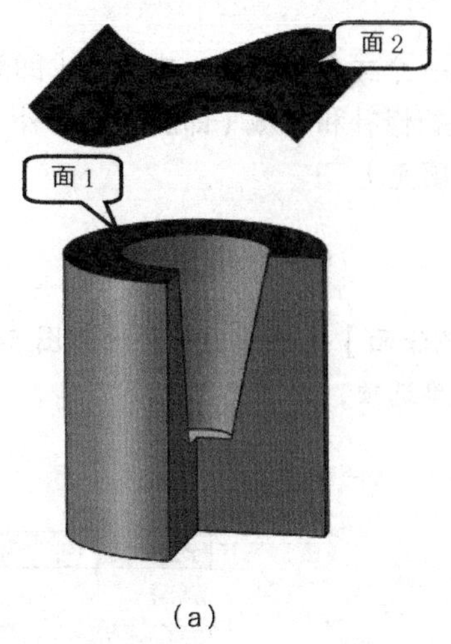

(a)

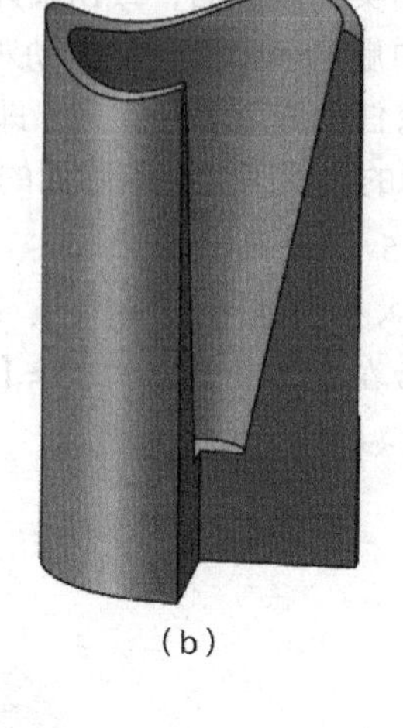
(b)

图 5-83 替换面

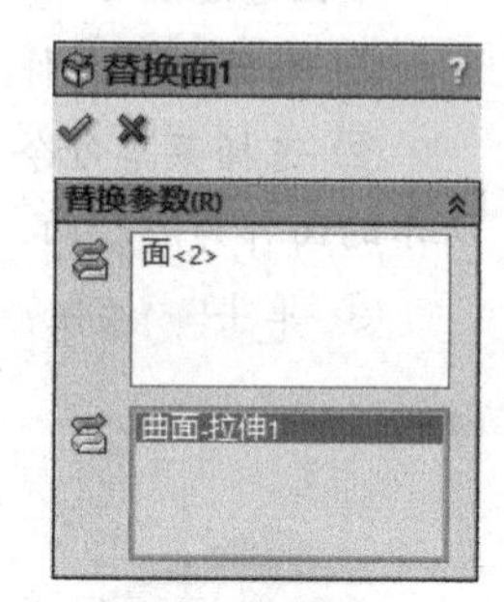

图 5-84 设置参数

5.3.2 典型实例——创建海豚模型

本例将综合运用曲面设计方法制作图 5-85 所示的海豚模型。在制作任何模型之前，都首先应该思考模型主要有哪些组成部分，特别是曲面比较多的产品，往往要考虑孰先孰后的问题，只有从整体上把握了建模的方向，才能提升设计效率。

本例的海豚制作分为 3 个步骤：先是海豚主体的制作，然后是鳍的制作，最后是细节处理。

1. 制作海豚主体

（1）绘制整体比例框架

① 新建一个文件。

② 选择【前视基准面】，单击 中心线(N) 按钮绘制一个矩形框，如图 5-86 所示，此矩形框用来规定海豚的长宽比例，然后单击按钮退出。

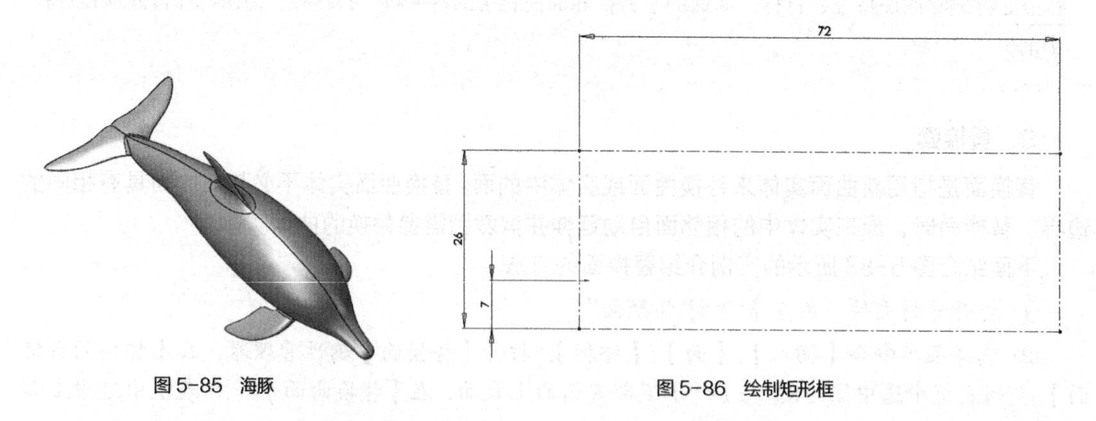

图 5-85 海豚　　图 5-86 绘制矩形框

（2）制作侧面轮廓和背鳍侧轮廓

① 选择【前视基准面】，单击按钮，绘制海豚的大概侧面轮廓，如图 5-87 所示。注意添加图上的几何关系，样条曲线在嘴部控制点和原点处草图 1 的竖直线相切，尾部两端点都在草图 1 的竖直线上，然后单击按钮退出。

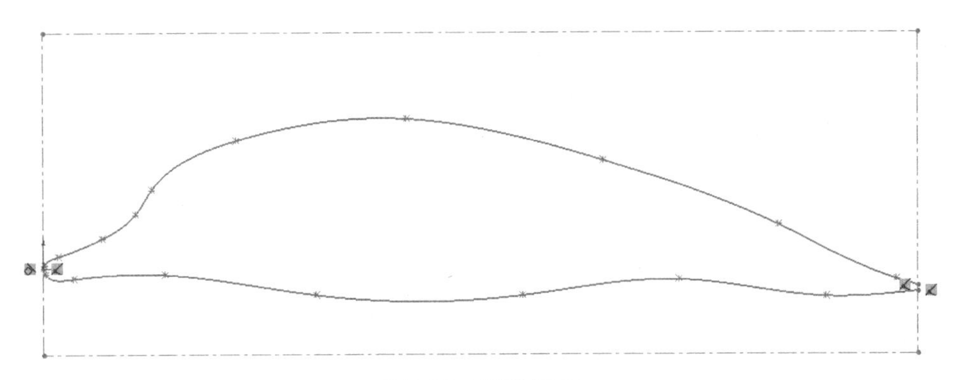

图5-87 绘制侧面轮廓

② 选择【前视基准面】，单击按钮，绘制海豚的背鳍侧轮廓，如图5-88所示。注意添加图上的几何关系，样条曲线端点在草图1中的样条曲线上，并作一条过两端点的中心线，然后单击按钮退出。

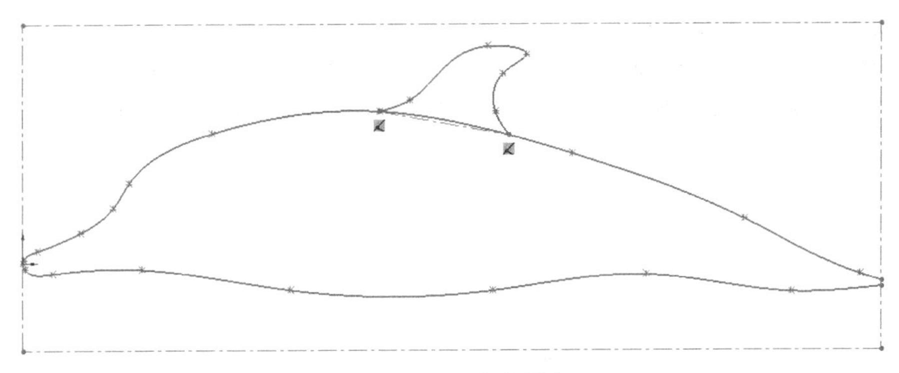

图5-88 绘制背鳍侧轮廓

（3）创建基准特征

① 选择【前视基准面】，单击 中心线(N) 按钮，绘制一条斜的中心线，如图5-89所示，便于后面制作腹鳍基准面，然后单击按钮退出。

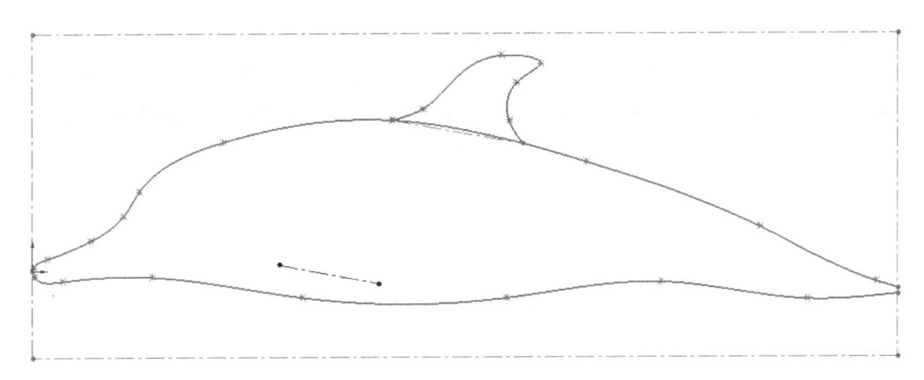

图5-89 绘制基准线

② 利用 基准面 工具绘制一个基准面，如图5-90所示，然后单击按钮退出。

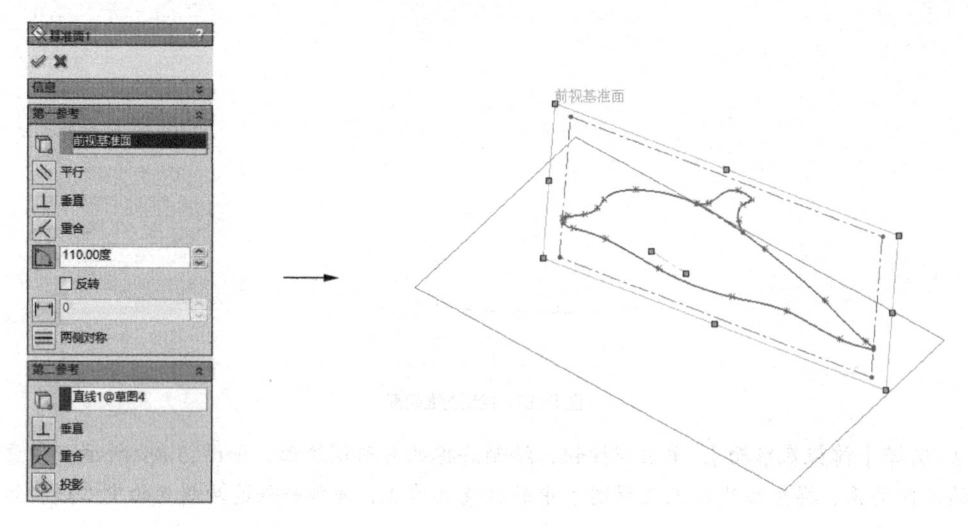

图 5-90　创建基准面

（4）创建侧轮廓平面投影线

① 选择【前视基准面】，单击按钮，绘制海豚的侧面投影线 1，如图 5-91 所示。注意添加图上的几何关系，样条曲线端点一个在原点，一个在草图 1 的竖直线上，然后单击按钮退出。

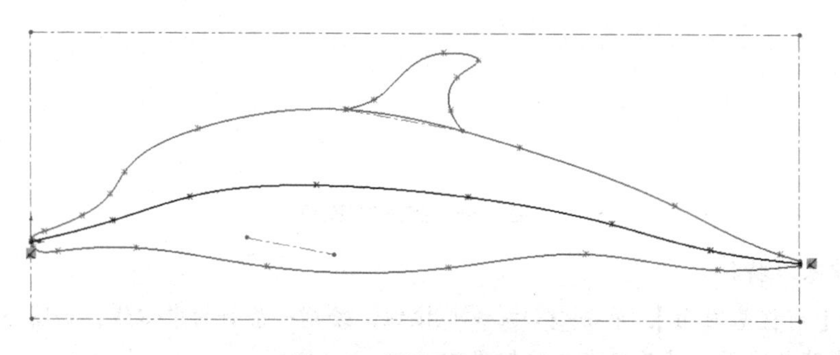

图 5-91　绘制侧面投影线 1

② 选择【上视基准面】，单击 中心线(N) 按钮，绘制两条竖直中心线，再用工具绘制海豚的侧面投影线 2，如图 5-92 所示。注意添加图上的几何关系，样条曲线的端点一个在原点，另一个在另一侧中心线上，并且样条曲线与左侧中心线相切，与右侧中心线垂直，然后单击按钮退出。

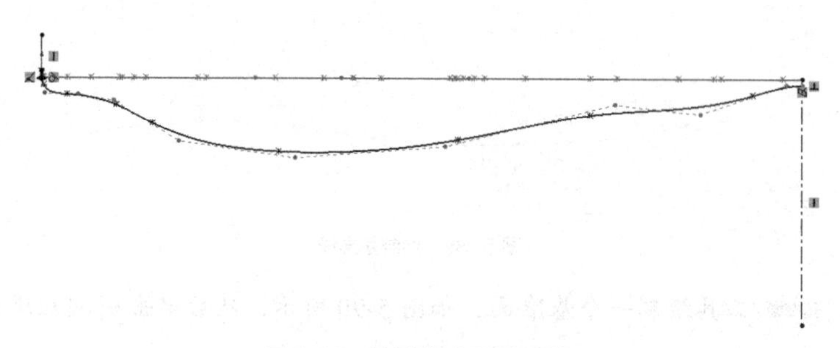

图 5-92　创建侧轮廓平面投影线

③ 单击 投影曲线 按钮，选择【投影类型】为【草图上草图】，并选择前面产生的两条平面投影线 1、2，如图 5-93 所示，然后单击 ✔ 按钮退出。

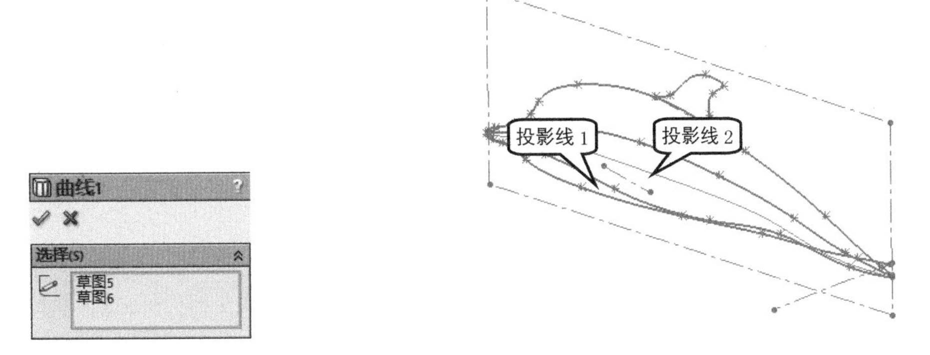

图 5-93　创建投影曲线

创建海豚模型 2

（5）制作尾部轮廓

① 利用 基准面 工具绘制一个基准面，属性如图 5-94 所示，然后单击按钮退出。

② 选择【基准面 2】，单击按钮，绘制海豚的尾部截面轮廓，如图 5-95 所示。注意添加图上的几何关系，样条曲线的端点在草图 1 中的竖直中心线上，可以利用 中心线(N) 工具绘制两条水平中心线并让样条曲线与之相切，它们可以用来控制样条曲线的端部方向，然后单击按钮退出。

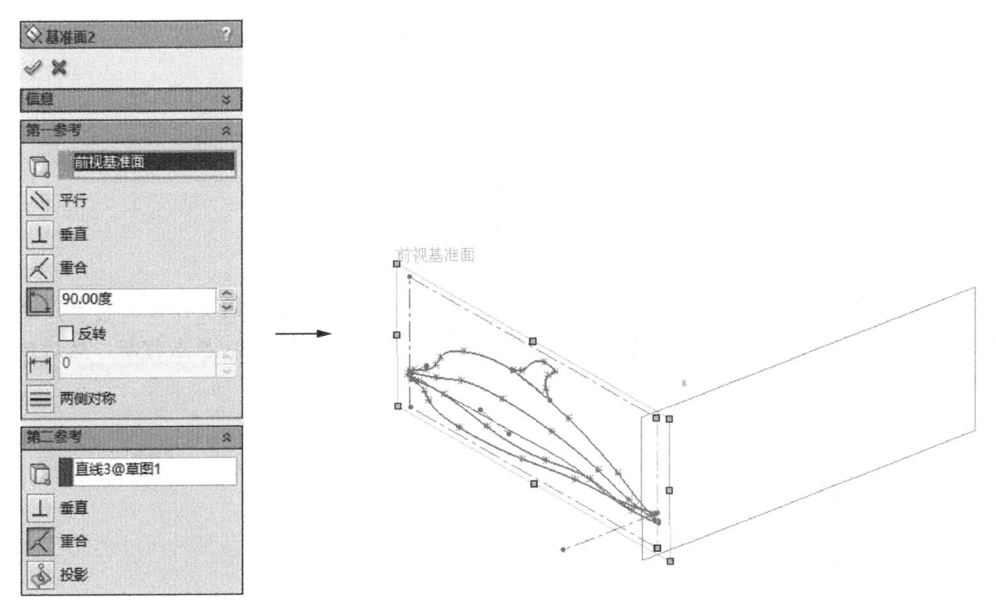

图 5-94　创建基准面

（6）制作侧影上部轮廓和侧影下部轮廓

① 制作侧影上部轮廓。选择【前视基准面】，单击（转换实体引用）按钮，将草图 2 转换过来，然后选择菜单命令【工具】/【草图工具】/【分割实体】，将曲线从原点打断，再删除下部

即可，如图 5-96 所示，最后单击按钮退出。

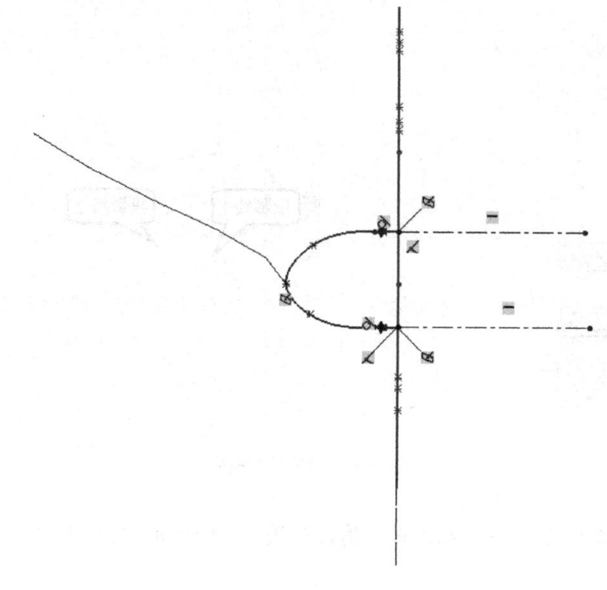

图 5-95 绘制尾部截面轮廓

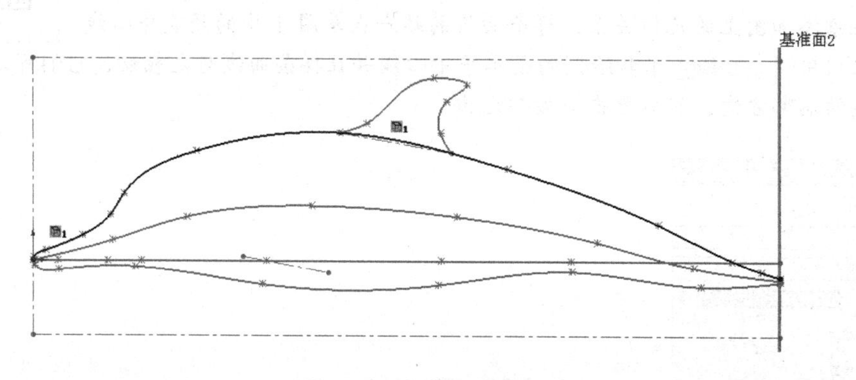

图 5-96 制作侧影上部轮廓

② 制作侧影下部轮廓。选择【前视基准面】，单击（转换实体引用）按钮，将草图 2 转换过来，然后选择菜单命令【工具】/【草图工具】/【分割实体】，将曲线从原点打断，然后删除上部即可，如图 5-97 所示，最后单击按钮退出。

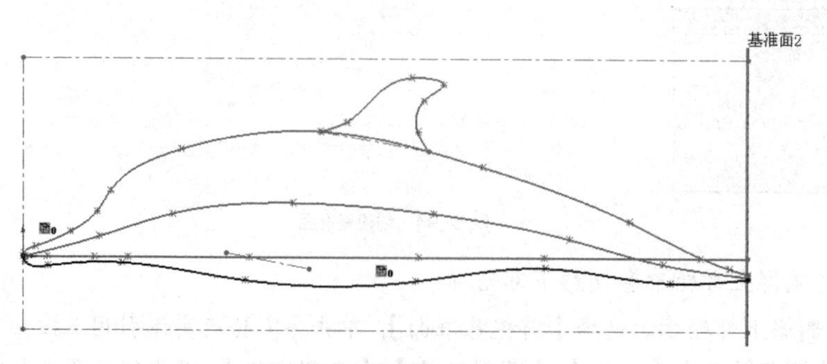

图 5-97 制作侧影下部轮廓

（7）制作左侧面和右侧面

① 制作海豚左侧面。单击按钮，在【轮廓】栏中按顺序选择“草图 7”“曲线 1”“草图 12（草图 7 和草图 12 位步骤（7）中的侧影上下部轮廓，曲线 1 位步骤（4）中的侧轮廓平面投影线）”，然后在【起始/结束约束】栏中设定【开始约束】为【垂直于轮廓】，在【引导线】栏中选中“草图 5（尾部截面轮廓）”，如图 5-98（a）所示，最后单击按钮退出，得到图 5-98（b）所示的单侧面。

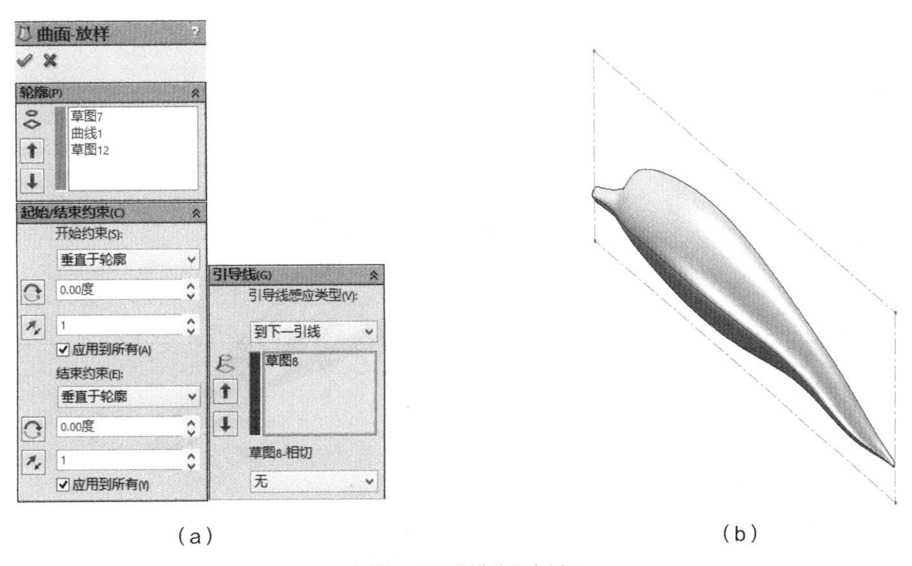

（a）　　　　（b）

图 5-98　制作海豚左侧面

② 制作海豚右侧面。单击镜向按钮，在【镜向面/基准面】栏中选择【前视基准面】，在【要镜向的实体】栏中选择“曲面放样 4”（海豚左侧面），如图 5-99（a）所示，单击按钮退出，结果如图 5-99（b）所示。

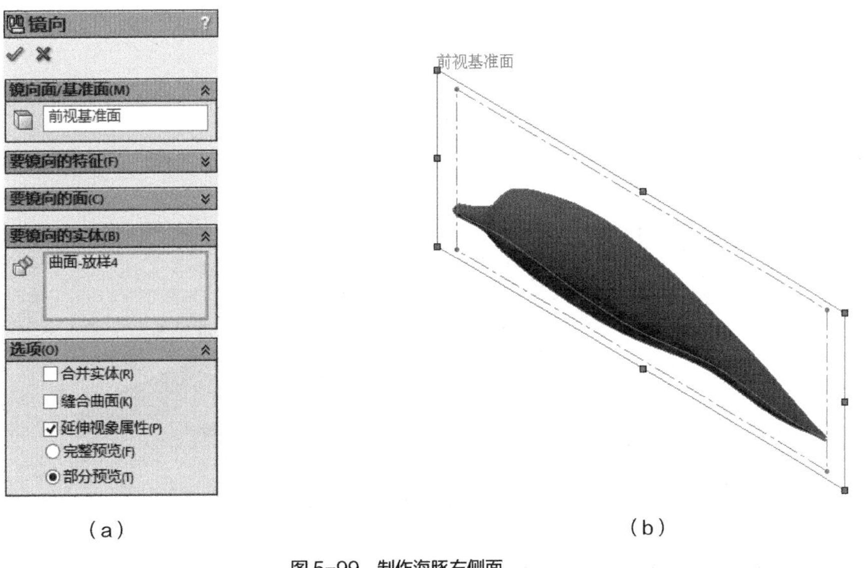

（a）　　　　（b）

图 5-99　制作海豚右侧面

2. 制作鳍

（1）制作背鳍截面轮廓

① 创建背鳍截面基准面。利用【基准面】工具绘制一个基准面，如图 5-100 所示，然后单击✔按钮退出。

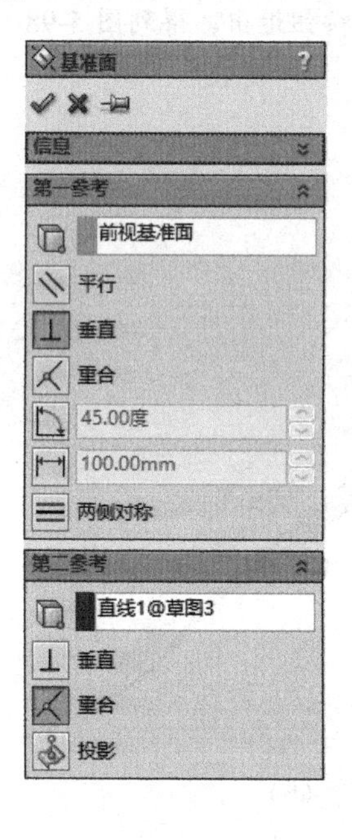

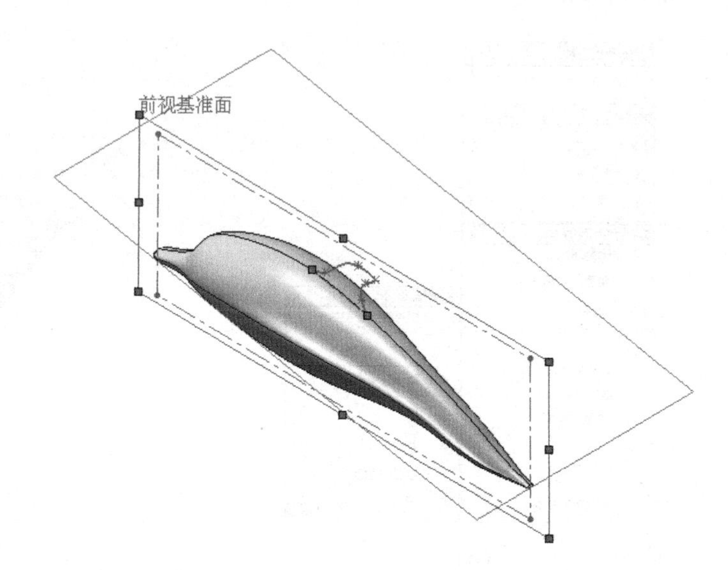

图 5-100 创建背鳍截面基准面

② 制作背鳍截面轮廓。选择【基准面 3】，然后选择菜单命令【工具】/【草图绘制实体】/【椭圆】，绘制海豚的背部截面轮廓，并在中部靠前绘制一条中心线，如图 5-101 所示。注意添加图上的几何关系，之后单击按钮退出。

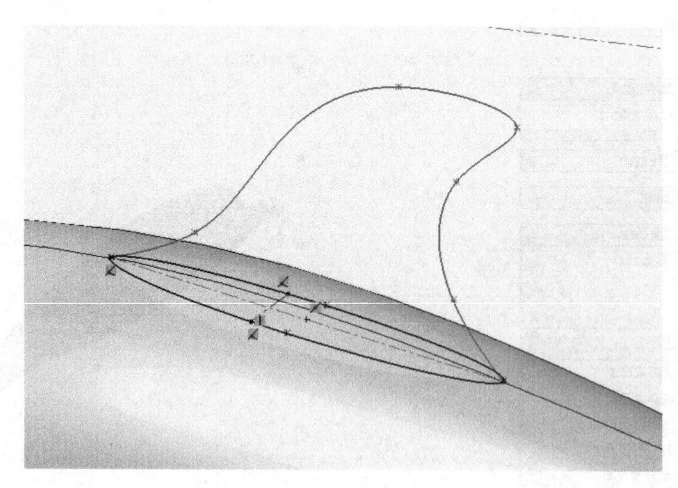

图 5-101 制作背鳍截面轮廓

③ 制作背鳍截面中心线。选择【前视基准面】，单击按钮，绘制一条曲线，如图 5-102 所示。注意添加图上的几何关系，然后单击按钮退出。

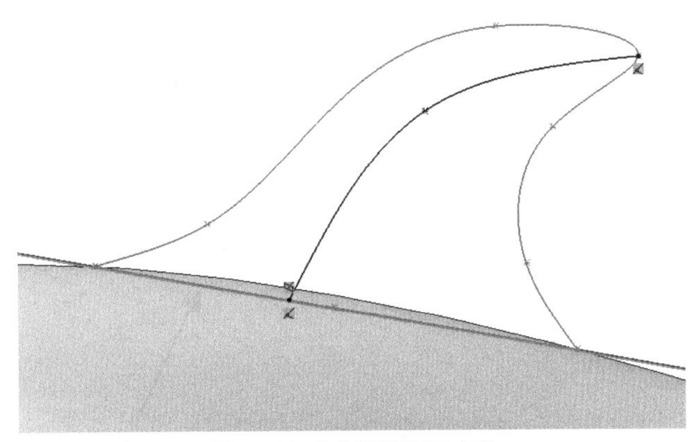

图5-102 制作背鳍截面中心线

④ 制作背鳍引导线 1。选择【前视基准面】，单击（转换实体引用）按钮，将草图 3（背鳍侧轮廓）和草图 11（背鳍截面中心线）转换过来，将草图 11 转换过来的线条设为构造线，草图 3 转换过来的只保留前半部分，如图 5-103 所示，然后单击按钮退出。

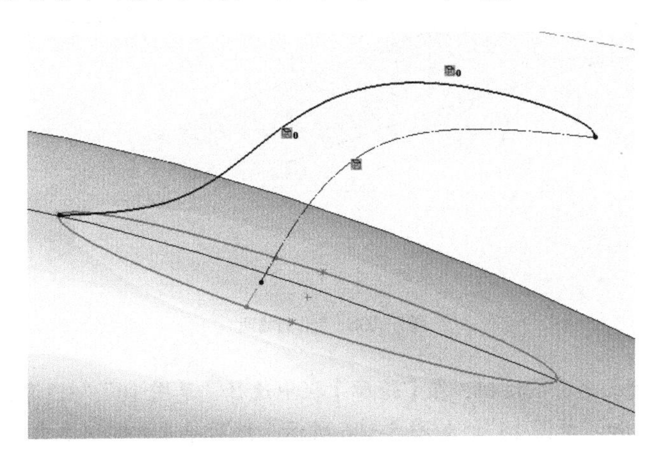

图5-103 制作背鳍引导线1

⑤ 使用类似的方法制作背鳍引导线 2，结果如图 5-104 所示。

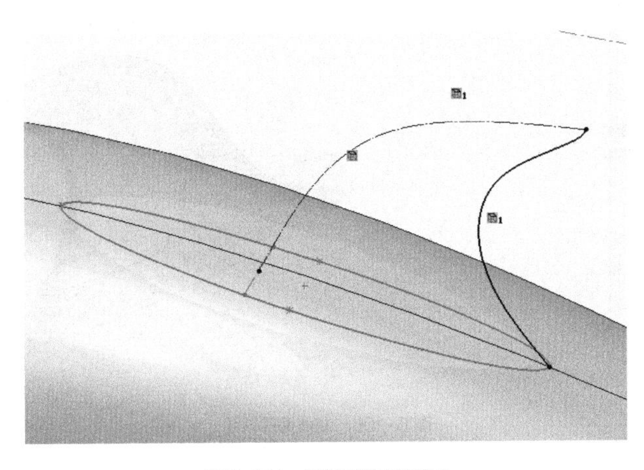

图5-104 制作背鳍引导线2

（2）制作背鳍

① 制作背鳍顶。选择【前视基准面】，单击按钮，在与草图 3 顶部控制点重合的地方绘制一个点，如图 5-105 所示，然后单击按钮退出。

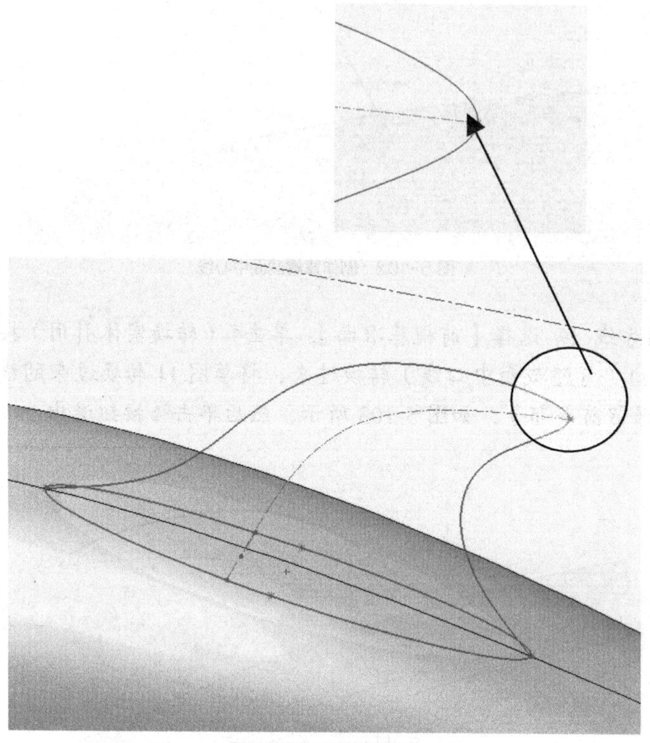

图 5-105　制作背鳍顶

② 制作海豚背鳍。单击按钮，在【轮廓】栏中选择“草图 10”“3D 草图 1”，在【引导线】栏中选中“草图 12”和“草图 13”，如图 5-106 所示，然后单击按钮退出。

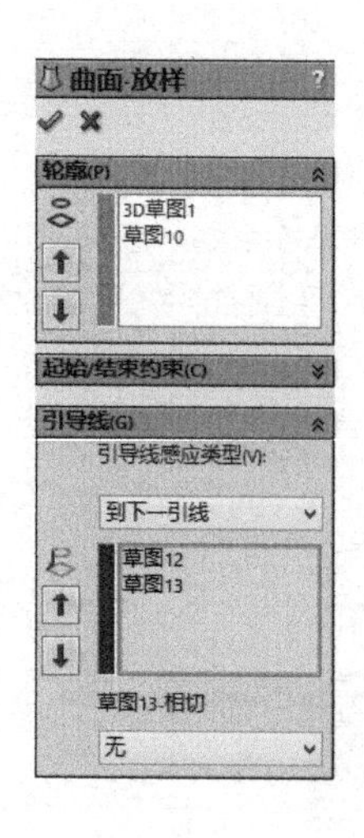

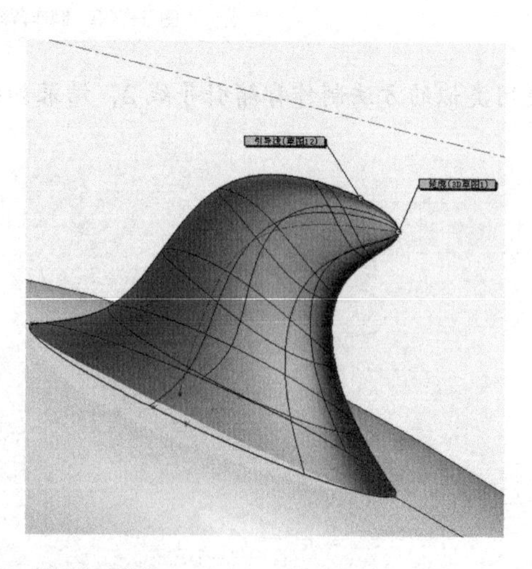

图 5-106　制作海豚背鳍

③ 延伸海豚背鳍。选择菜单命令【插入】/【曲面】/【延伸曲面】，在【拉伸的边线/面】栏

中选择背鳍下部截面的边线，如图 5-107 所示，然后单击✔按钮退出。

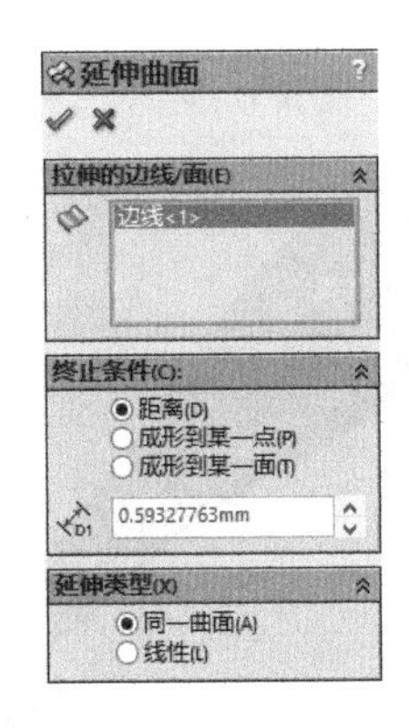

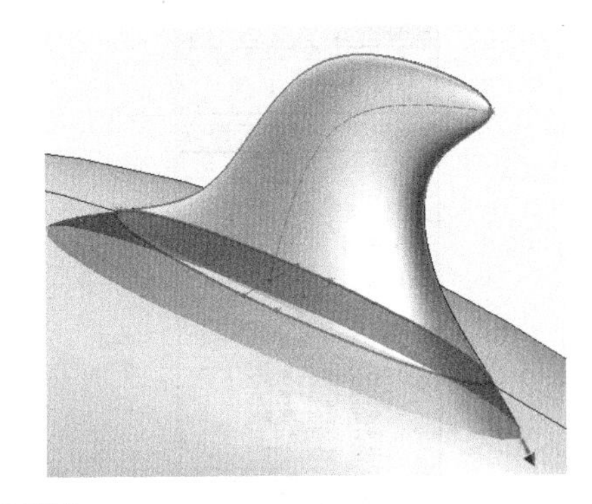

图 5-107　延伸海豚背鳍

限于篇幅原因，尾鳍和腹鳍的制作此处略去，其方法和背鳍基本一样，用户可以结合视频文件完成。

创建海豚模型 3

3. 后期处理

（1）主体面的缝合

单击按钮，在【封面曲面】属性管理器的【选择】栏中选择“曲面–放样 1”和“镜向 1”，合并实体，如图 5-108 所示，然后单击✔按钮退出。

图 5-108　主体面的缝合

（2）曲面剪裁

单击按钮，打开【曲面–剪裁】属性管理器，如图 5-109（a）所示，在【剪裁类型】栏中选择【相互】，在【曲面】列表框中选择所有的曲面，在【保留曲面】列表框中选择图 5-109（b）所示的外部表面，然后单击✔按钮退出。

（3）曲面加厚

选择菜单命令【插入】/【凸台/基体】/【加厚】，在【加厚参数】栏中选择“曲面剪裁 1”，再选择【从闭合的体积生成实体】复选项，如图 5-110 所示，然后单击✔按钮退出。

（4）曲面倒圆角

分别对形成的实体进行圆角处理，如图 5-111～图 5-114 所示。

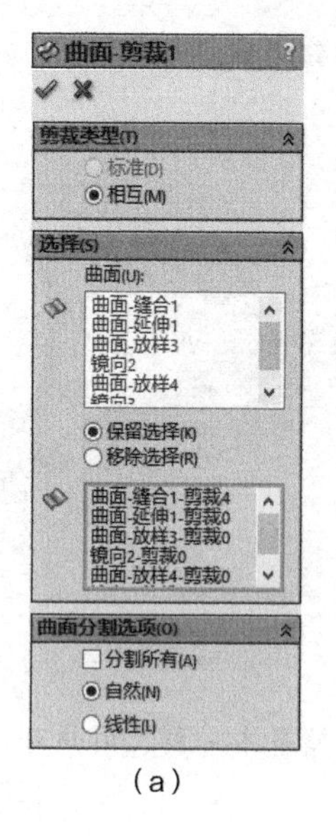

（a）　　（b）

图 5-109　剪裁曲面

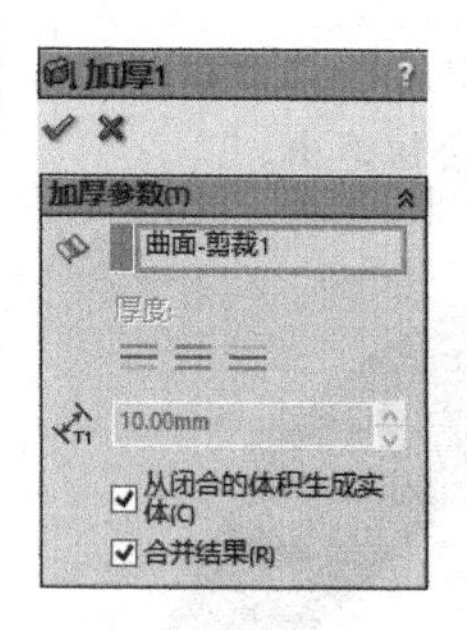

图 5-110　加厚曲面

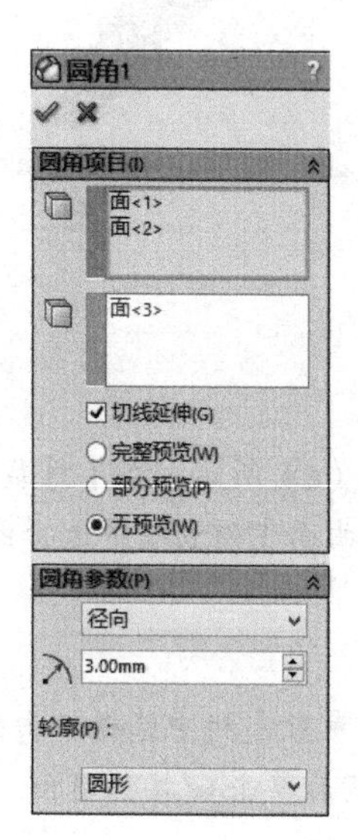

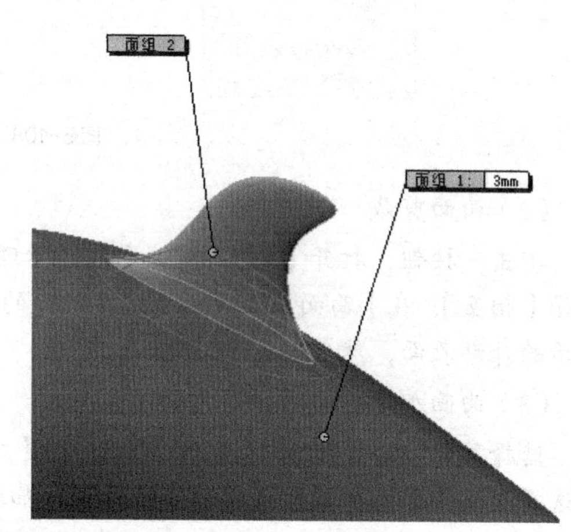

图 5-111　曲面倒圆角 1

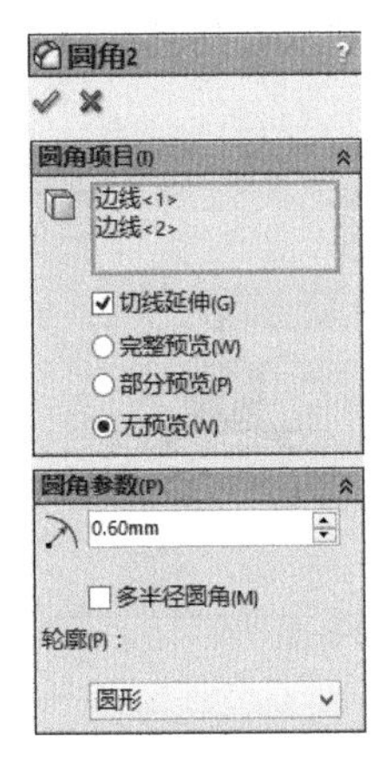

图 5-112 曲面倒圆角 2

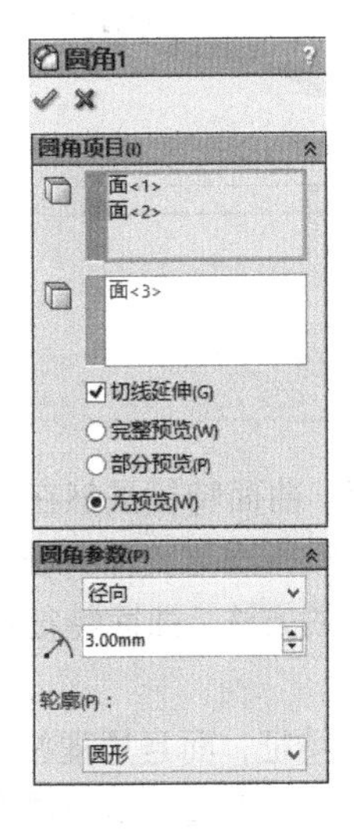

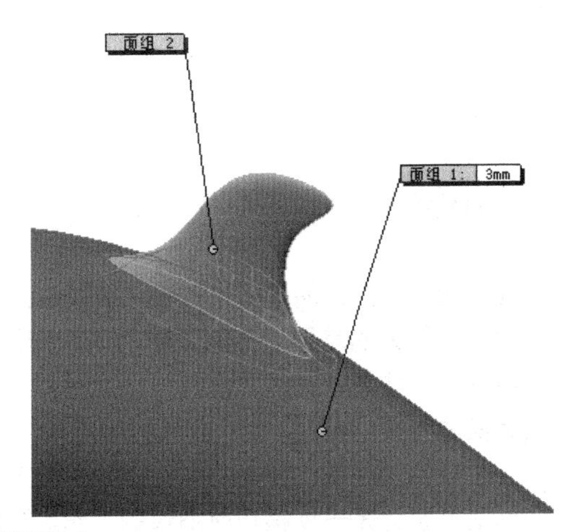

图 5-113 曲面倒圆角 3

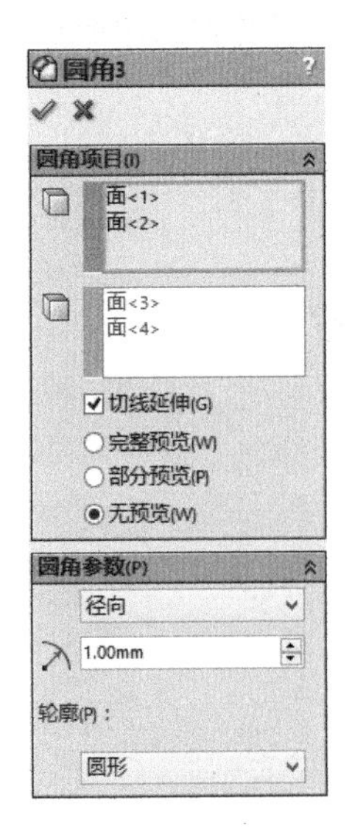

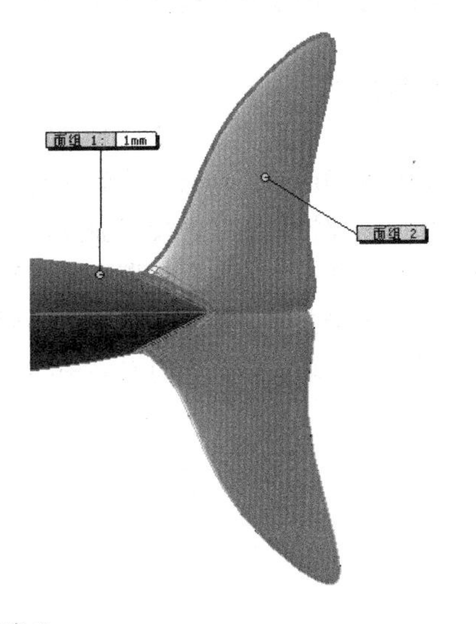

图 5-114 曲面倒圆角 4

最后，选择菜单命令【窗口】/【视口】/【四视图】，用户可以看到总体效果，如图 5-115 所示。

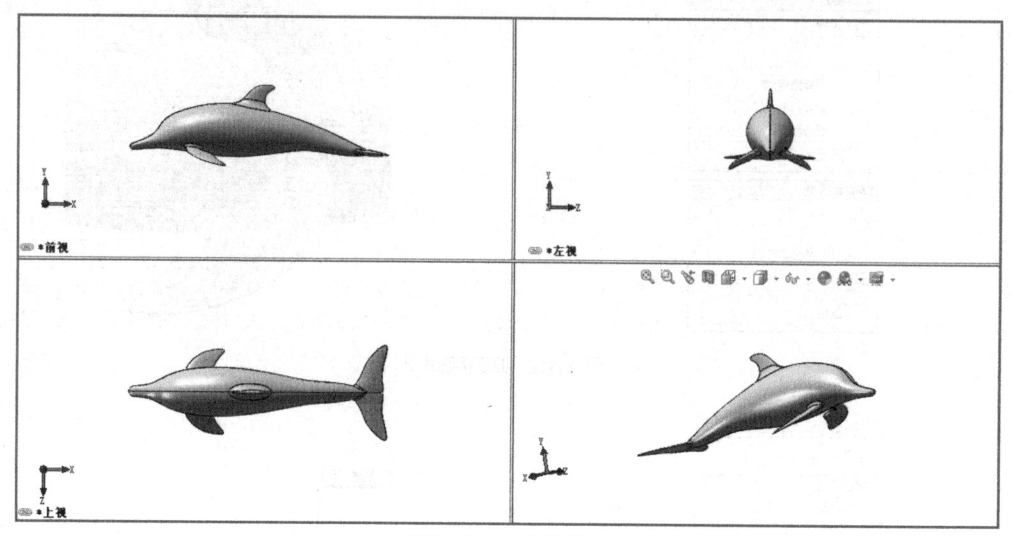

图 5-115　最终效果图

小结

在现代复杂产品的造型设计中，参数曲面是有效的设计工具。曲面特征虽然在物理属性上和实体模型有很大的差异，没有质量，没有厚度，但是其创建方法和原理与实体特征极其类似。在曲面特征和实体特征之间并没有不可逾越的鸿沟，使用系统提供的方法，曲面特征可以很方便地转换为实体特征。

从生成方法来看，创建实体特征的所有方法大多适合于曲面特征，而且原理相似。不过，使用曲面进行设计是一项精巧而细致的工作。再优秀的设计师也不大可能仅使用一种方法就构建出理想的复杂曲面，必须将已有曲面特征加以适当修剪、复制及合并等操作后才能获得最后的结果。

习题

1. 简要说明曲面的特点，曲面与实体相比有什么优势？
2. 如何创建投影曲线，投影曲线是二维曲线还是三维曲线？
3. 裁剪曲面操作的主要步骤是什么？
4. 如何延伸曲面，简要说明其主要用途。
5. 总结点、线、面在曲面设计中的关系。

Chapter 6

第 6 章 工程图设计

相信不少人仍在为手工画工程图而烦恼，视图、标注、明细及格式等都比较复杂，而且一旦零件或者装配精细一点的话会很耗费时间，学习本章之后，你就能从艰苦的“体力劳动”中解放出来了。当然提醒初学者一声，一定的手工画图练习也是有必要的，因为它能提高你的三维空间想象能力和识图能力。

【学习目标】

- 了解工程图的组成和用途。
- 掌握常用视图的创建方法。
- 掌握在工程图上创建尺寸和标注的方法。

6.1 创建视图

众所周知，机械产品由成千上万个零件组成，创建工程图的工作也就显得至关重要，其创建速度和效率就直接成为衡量各种 3D 软件工程图功能好坏的一个重要标准。

6.1.1 知识准备

1. 设计工具

SolidWorks 的工程图功能非常强大，它能提供与三维模型相应的产品级二维工程图，而无需用户再脱离产品而直接去对二维工程图进行修改。SolidWorks 采用了生成快速工程图的方法，使得超大型装配体工程图的生成和标注也变得非常快捷和简便。

工程图的制作从根本上来说就是视图的制作，要想制作一张好的工程图就必须罗列出零件或者装配体的各种信息，这种信息要通过视图来传递。设计者应该从生产者的角度来考虑如何将工程图做到尽量简捷而明了。

下面先来了解工程图的工具栏，用户可以在工具栏的空白位置单击鼠标右键，在弹出的的快捷菜单中选择【工程图】命令，调出工具栏，如图 6-1 所示。

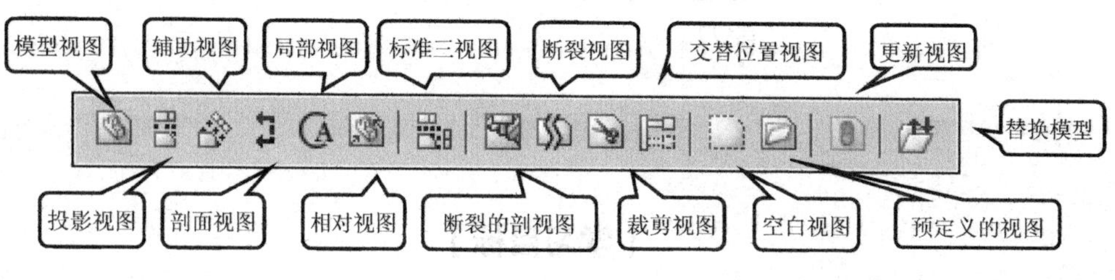

图 6-1 设计工具

2. 标准工程图

标准工程图是最常用的工程图，主要有以下几种。

（1）模型视图

打开用于创建工程图的三维零件模型后，选择菜单命令【文件】/【从零件制作工程图】，此时会有两种情况。

- 如果在此之前已经对此模型建立了工程图，则系统会提示用户是否要建立新的工程图或者使用同名的工程图。此处属于前者，故系统直接建立新的工程图。
- 如果在此之前没有对此模型建立工程图，即没有同名工程图，那么系统会新建一张与模型对应的工程图并出现图 6-2 所示的提示窗口，直接单击 确定(O) 按钮。

接下来在图 6-3 所示的【图纸格式/大小】对话框中选择【A3(ISO)】，然后单击 确定(O) 按钮，这样一张空白的工程图纸就产生了。

此时窗口右边会出现图 6-4 所示的【视图调色板】窗口，用户可以直接将需要的视图拖到图纸上的合适位置。

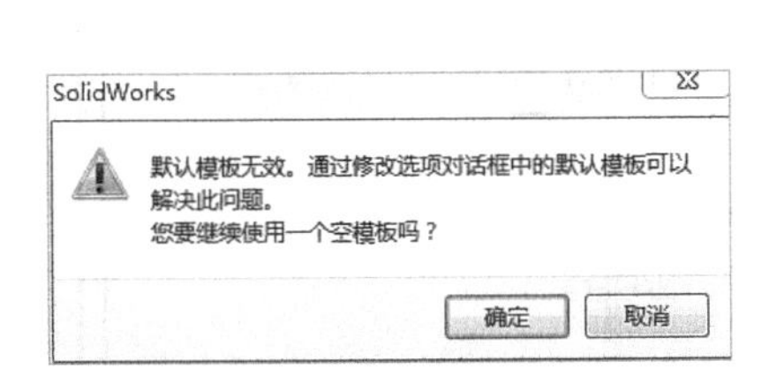

图 6-2　提示窗口

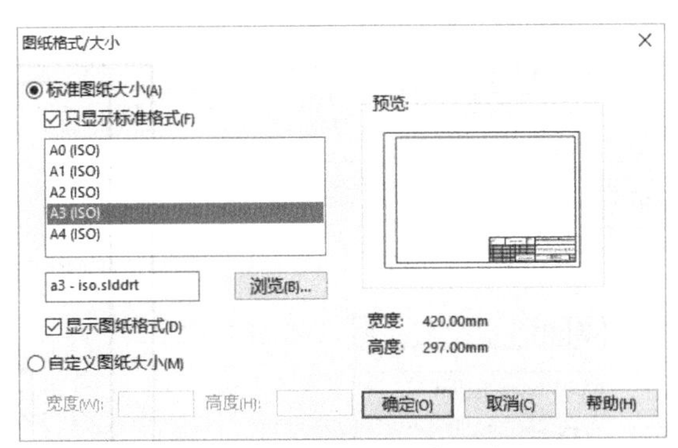

图 6-3　【图纸格式/大小】对话框

要点提示

如果用这种方法添加视图，当添加完第一个视图之后，移开鼠标光标的时候，系统会自动预显示一个对齐的视图，用户只需在适当的地方单击即可放置视图，如果还需要添加其他视图，则可再从调色板中拖出，如果还需要对齐，则先拖到主视图上再移开，系统便会自动将视图对齐。

还可以先打开素材文件“第 6 章\素材\footboard_bracket”，再选择菜单命令【文件】/【从零件制作工程图】，进入工程图设计界面。将界面右边图 6-4 所示【视图调色板】属性管理器中的视图拖到图纸上，界面左边会打开图 6-5 所示的【投影视图】属性管理器，设置完参数后单击✔按钮，完成标准视图的创建。此时设计树如图 6-6 所示，图纸设计最终效果如图 6-7 所示。

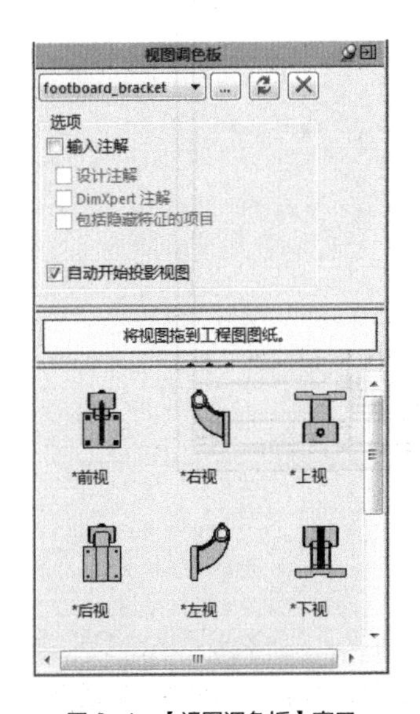

图 6-4　【视图调色板】窗口

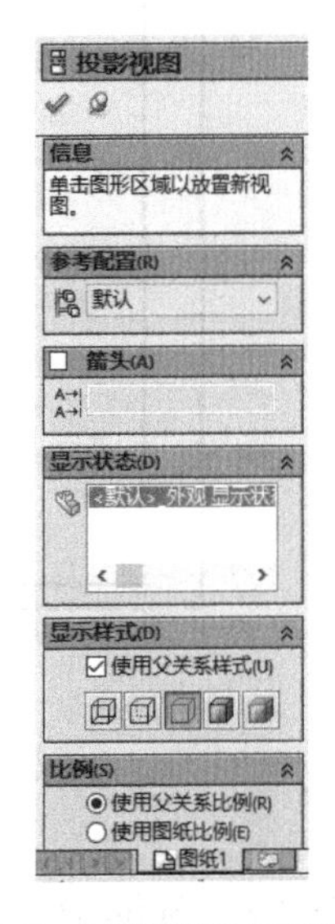

图 6-5　【模型视图】属性管理器

要点提示

如果用户想改变视图的位置，可以将鼠标光标移到该视图边框附近，鼠标光标自然变成形式，然后按下鼠标左键即可拖拽视图。

图 6-6　设计树

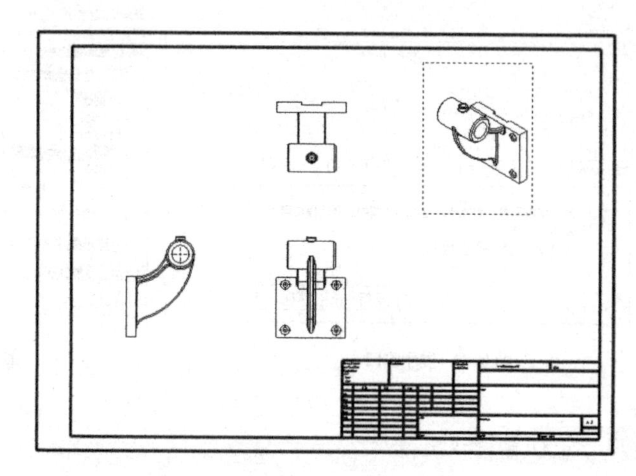

图 6-7　设计结果

（2）标准三视图

如果需要直接建立标准三视图，则可以采用下面这个更为简捷的办法。

建立空白的工程图纸，在【工程图】工具栏中单击按钮，然后在【标准三视图】属性管理器中单击按钮，即可直接建立标准三视图工程图，结果如图 6-8 所示。

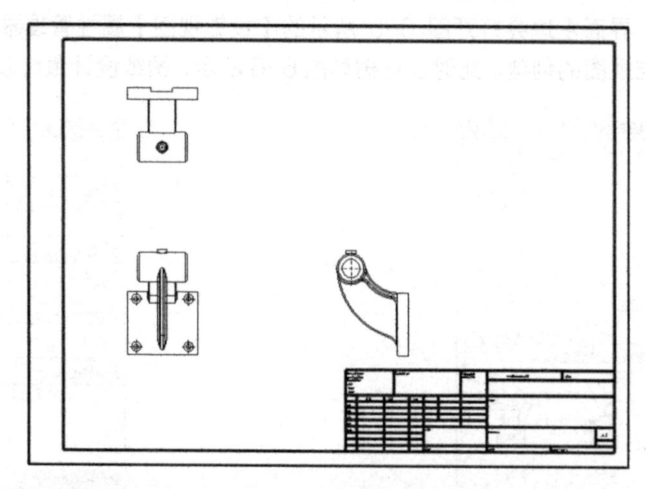

图 6-8　快速创建视图

要点提示

如果要建立的是第三视角的标准三视图，则应该在建立标准三视图前，先在空白图纸上单击鼠标右键，然后选择【属性】命令，在图 6-9 所示的【图纸属性】对话框中选择【第三视角】单选项，最后单击 确定(O) 按钮。

（3）相对视图

相对视图就是用户可以根据自己的需要，在各种标准视图都无法得到期望的视角或者不能够提供足够的信息时自定义的视角工程图。具体操作步骤如下。

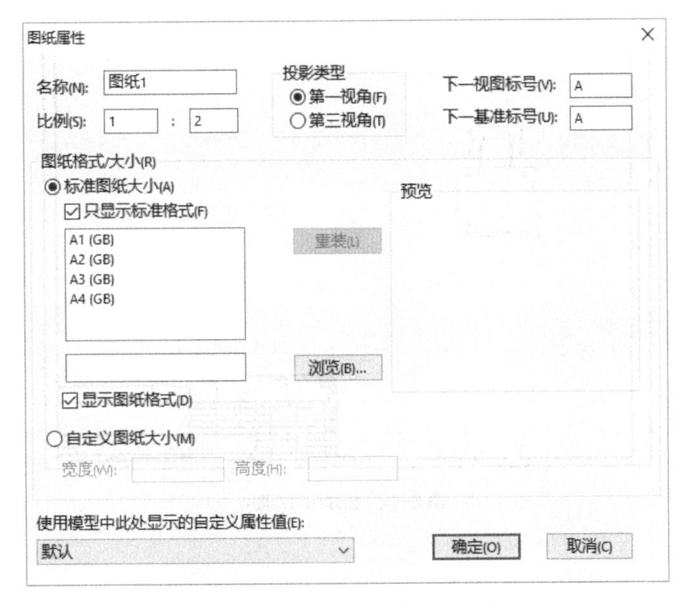

图6-9 【图纸属性】对话框

① 建立空白图纸以后，单击按钮或者选择菜单命令【插入】/【工程图视图】/【相对于模型】，打开【相对视图】属性管理器。

② 选择菜单命令【窗口】/【零件】，切换到到实体模型窗口，如图6-10所示，在【方向】属性管理器的【第一方向】下拉列表中选择对应的前视面，在【第二方向】下拉列表中选择【下视】，再选择对应的下视面，然后单击按钮。

③ 系统会自动返回到【相对视图】属性管理器中，设置属性如图6-11所示，然后单击按钮，即可得到相对视图，如图6-12所示。

图6-10 实体模型窗口

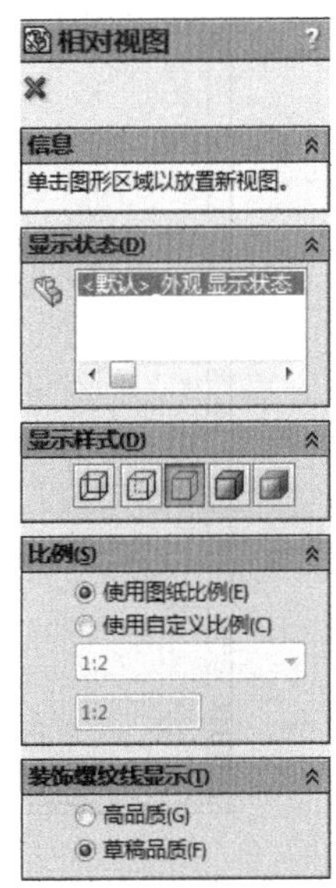

图6-11 设置【相对视图】属性管理器

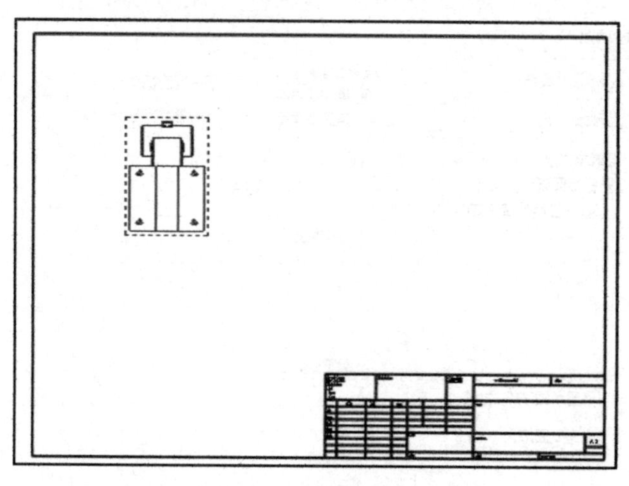

图 6-12 创建相对视图

3. 派生视图

当用户想表达标准视图所无法包含的信息（如零件的内部结构）时，就需要用到派生视图，派生视图主要有以下几种。

（1）投影视图

投影视图实际上是标准视图的一种，当用户先前已建立了标准视图而又要添加其他正投影视图时，可以用投影视图。方法如下。

① 打开素材文件“第 6 章\素材\footboard_bracket 前视图”，并选中前视图。

② 单击按钮，再将鼠标光标移到前视图上单击鼠标左键，移动鼠标光标可以看到在上、下、左、右、上左、上右、下左和下右 8 个方向均可建立相应的投影视图，在相应的地方单击鼠标左键即可放置视图，如图 6-13 所示。

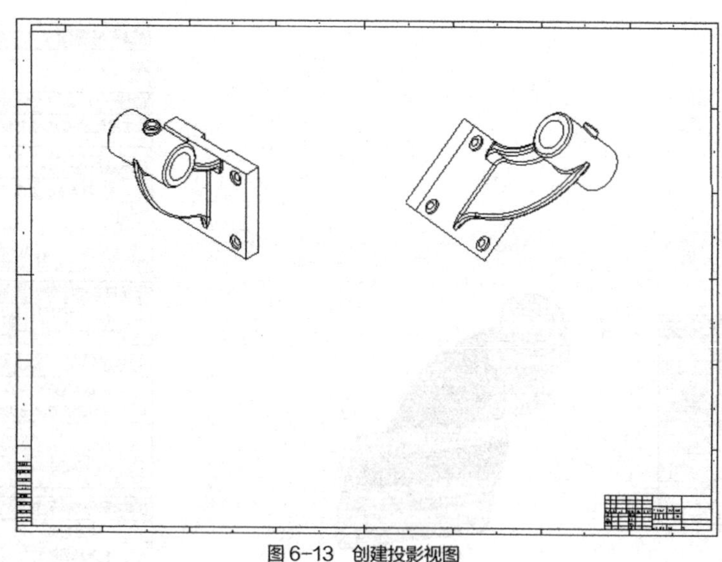

图 6-13 创建投影视图

③ 在【投影视图】属性管理器中定义属性，如图 6-14 所示，然后单击按钮即可完成投影视图的建立。

（2）辅助视图

辅助视图用于建立用户自定义方向的投影视图，有利于表达非标准视图方向的尺寸信息。方法如下。

① 打开素材文件“第6章\素材\连接管-前视图”，并选中图6-15所示鼠标光标指示的投影边。

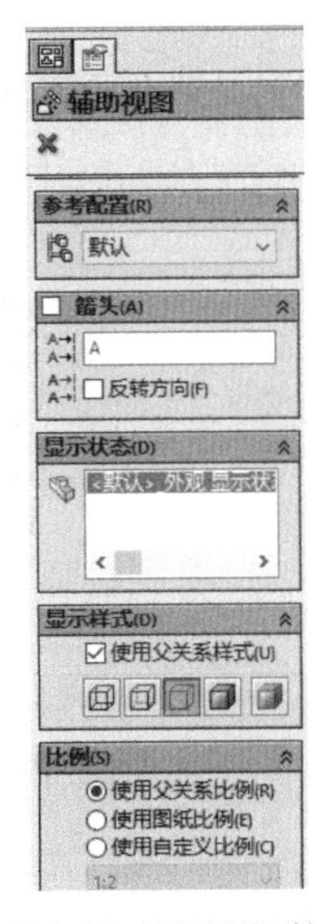

图6-14 设置视图属性

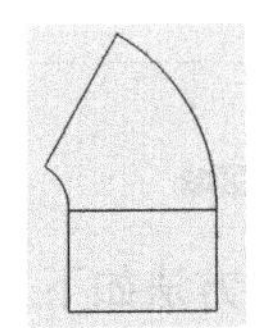

图6-15 选取参照

② 单击按钮，鼠标会自动跳跃到该投影边的另一侧，同时预显示辅助视图，在图纸的适当位置单击鼠标左键以放置视图。

③ 在【辅助视图】属性管理器中单击按钮，完成辅助视图的建立，结果如图6-16所示。

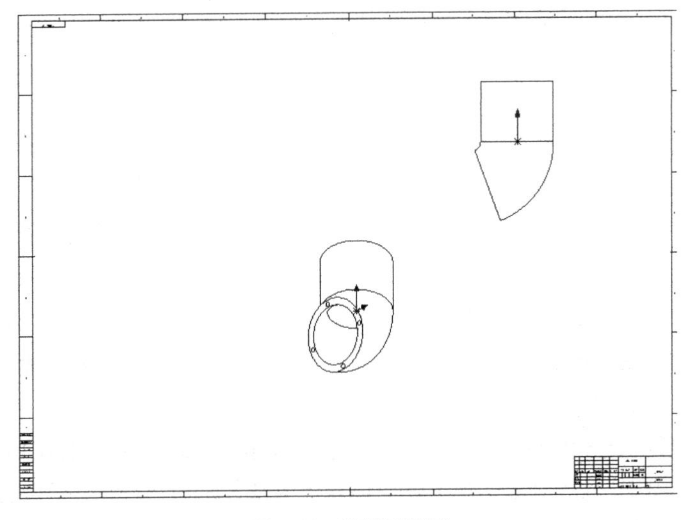

图6-16 创建辅助视图

（3）断开的剖视图与局部视图

断开的剖视图是在原来视图的基础上，用闭合样条线或轮廓圈出局部剖开的区域而形成的视图。局部视图则通常用放大的比例来显示零件的某些细小的部分，它可以是正交视图、空间视图或剖面视图等。这里，以剖面局部视图为例来介绍其使用方法。

① 打开素材文件“第 6 章\素材\连接管-前视图”。

② 单击按钮，将鼠标光标移到图纸上变成形状后，按图 6-17 所示绘制要剖视的区域边界，注意此线条一定要闭合。

③ 打开【断开的剖视图】属性管理器，选择图 6-18 所示的边线作为深度参照，然后单击按钮完成局部剖视图的制作，结果如图 6-19 所示。

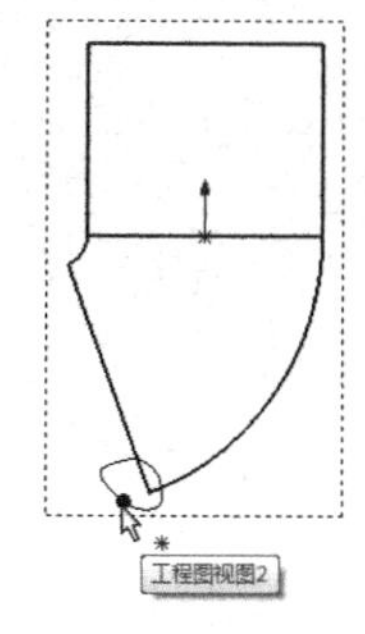

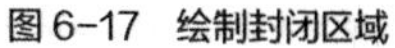
图 6-17 绘制封闭区域

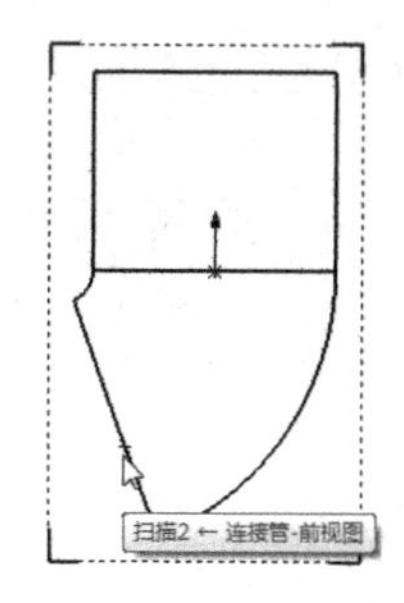

图 6-18 选择深度线

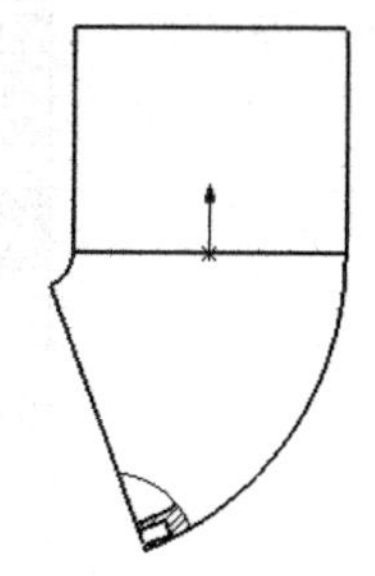
图 6-19 创建局部剖视图

局部视图的创建方法如下。

① 单击按钮，将鼠标光标移动到图纸上待其变成形状。

② 按图 6-20 所示圈出需要放大的区域。

③ 将鼠标光标移动到图纸的空白处，系统预显示出局部视图的大小，单击鼠标左键放置视图。

④ 在【局部视图】属性管理器中修改缩放比例，如图 6-21 所示。

⑤ 单击按钮，完成局部视图的制作，结果如图 6-22 所示。

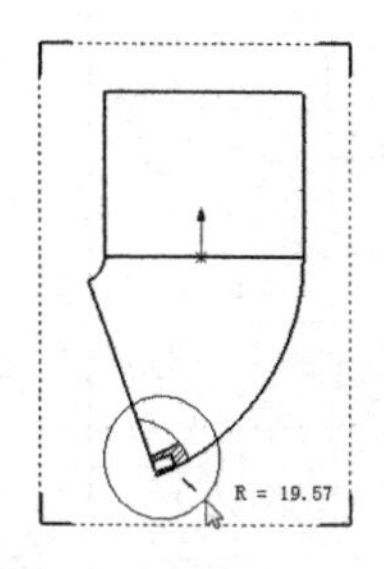

图 6-20 选取放大区域

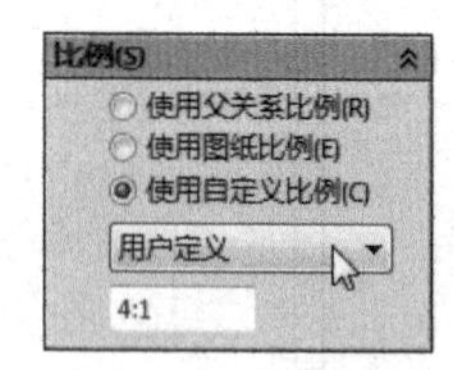

图 6-21 设置比例

（4）剖面视图与裁剪视图

剖面视图是在原始视图的基础上用剖面来显示零件结构。裁剪视图与局部视图相似，但是裁剪视图不生成新的视图，只将原来的视图裁剪而留下需要的部分。注意，被裁剪的视图不能是局部视图及其父视图还有爆炸视图。

下面先介绍剖面视图的创建方法。

① 打开素材文件“第 6 章\素材\支撑座-上视图”。

② 单击按钮，在【剖面视图辅助】属性管理器中单击按钮，将鼠标光标移动到图纸上

变成形状，如图 6-23 所示，先将鼠标光标移动到左边竖直轮廓线附近，捕捉其中点，然后平行左移到支座以外单击作为起点，作一条贯穿图形的直线。

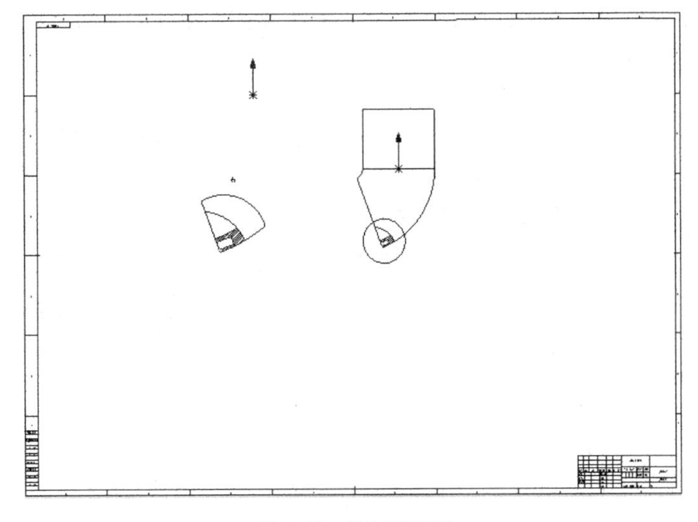

图 6-22 创建局部视图

③ 此时会预显示剖面视图，但其方向是向下的，为了美观，要在【剖面视图辅助】属性管理器中单击 反转方向(L) 按钮，如图 6-24 所示。

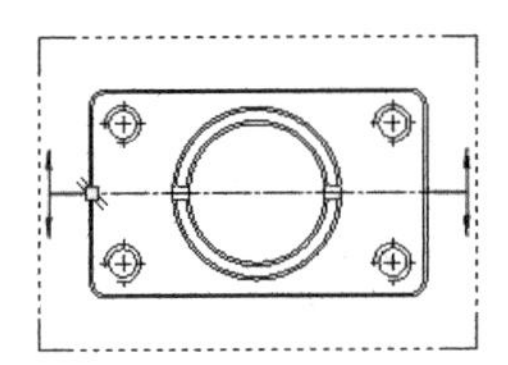

图 6-23 捕捉参照

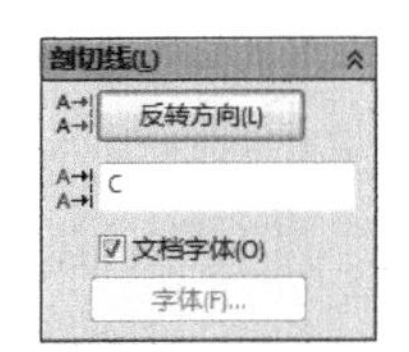

图 6-24 【剖切线】栏

④ 再将鼠标移至图纸上合适的位置，单击以放置视图，在左边属性管理器中单击按钮以完成剖面视图的制作，如图 6-25 所示。

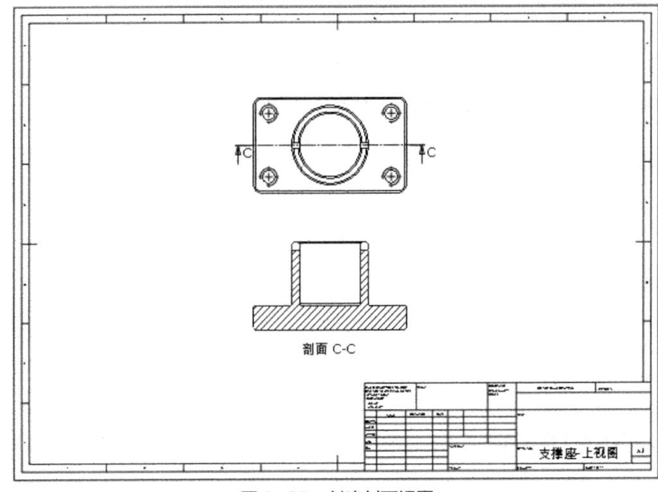

图 6-25 创建剖面视图

接下来制作裁剪视图。

① 单击[icon]按钮，绘制图 6-26 所示的区域。

② 在选中样条曲线的状态下，单击[icon]按钮，再在【剪裁视图】属性管理器中单击[icon]按钮，完成裁剪视图的建立，结果如图 6-27 所示。

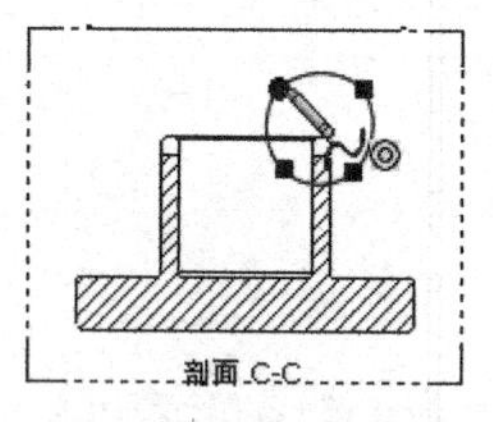

图 6-26 选择区域

（5）断裂视图

断裂视图主要是用于长宽比过大的零件的视图，以适当的比例保证图形尺寸显示清晰、合理。

下面介绍其用法。

① 打开素材文件“第 6 章\素材\支杆-前视图”。

② 选中前视图，单击[icon]按钮，在【断裂视图】属性管理器中按照图 6-28 所示设置参数。

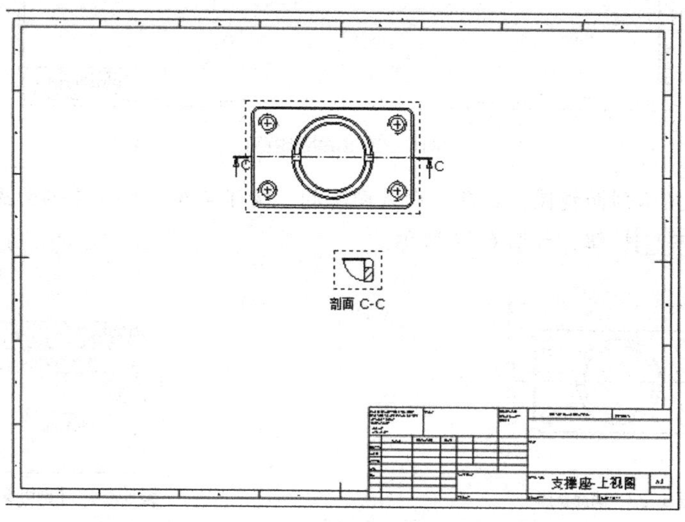

图 6-27 创建裁剪视图

③ 在图纸上距离支杆两端附近的地方各单击一次鼠标左键，以放置锯齿，完成视图的断裂，然后单击[icon]按钮。

④ 相对图纸来说，视图的比例比较小，用户可以选中完成的视图，修改比例，如图 6-29 所示，最后单击[icon]按钮完成断裂视图的创建，结果如图 6-30 所示。

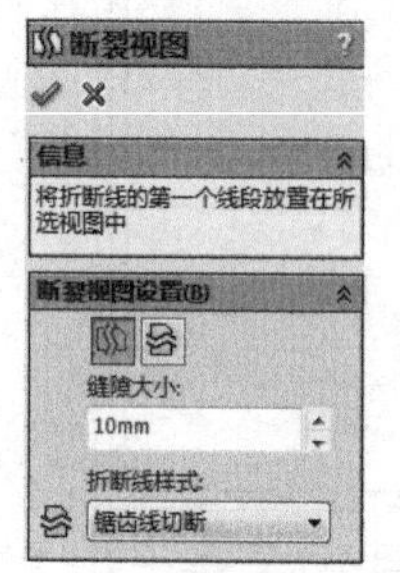

图 6-28 【断裂视图】属性管理器

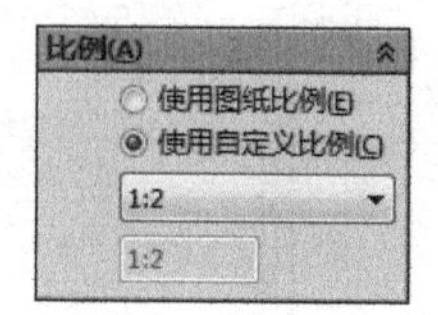

图 6-29 设置比例

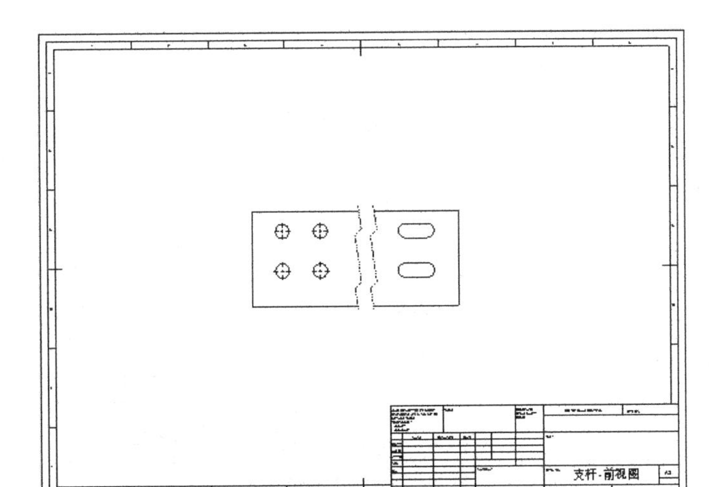

图6-30 创建断裂视图

要点提示

如果用户想再修改断裂视图的属性，可单击锯齿，利用【断裂视图】属性管理器来设置。

（6）旋转剖视图

当一般正面剖视图无法涵盖用户所需要表达的信息时，可以选用旋转剖视图来显示。下面介绍其设计方法。

① 打开素材文件“第 6 章\素材\支撑座-上视图”。

② 单击按钮，按照图 6-31 所示绘制 3 条线段（先作一条线段连接孔和中间圆筒的圆心，再作一条延长线段，第 3 条保持水平即可）。

③ 按住 Ctrl 键选中 3 条线段，单击按钮，将鼠标光标移到图纸上就会预显示旋转剖视图，在【剖面视图】属性管理器中单击 反转方向(L) 按钮。

④ 在图纸下方的适当位置单击鼠标左键以放置视图，然后单击按钮，完成旋转剖视图的建立，结果如图 6-32 所示。

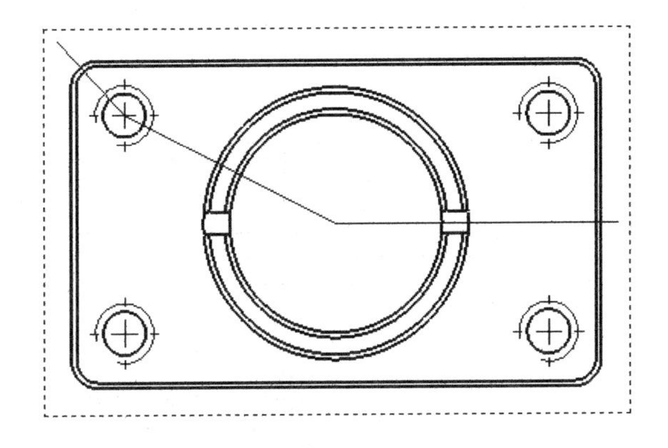

图6-31 绘制线段

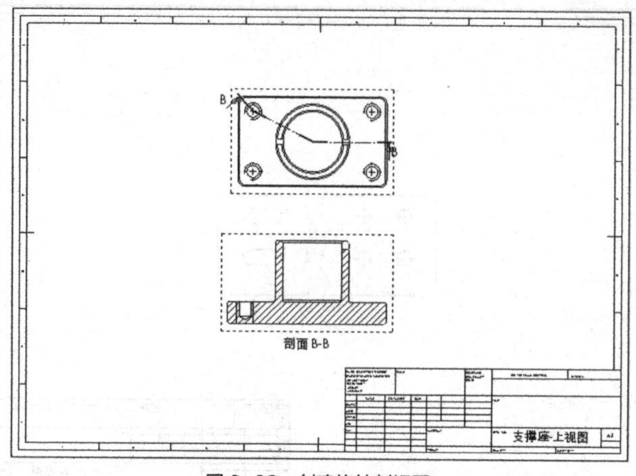

图 6-32　创建旋转剖视图

（7）交替位置视图

交替位置视图主要用于装配图中显示零件的运动范围，而交替位置则用幻影线来表示。具体操作方法如下。

① 打开素材文件“\素材\交替位置视图\虎钳交替视图”和“虎钳 1-左视图”工程图。

② 选中左视图，单击按钮，弹出【交替位置视图】属性管理器，接受默认设置，单击按钮，切换到装配体。

③ 用鼠标中键拖动装配体到适合的角度，然后将鼠标光标挪到子装配体上，鼠标光标变成形状，按住鼠标左键拖动子装配体到两钳口板重合的位置，如图 6-33 所示。

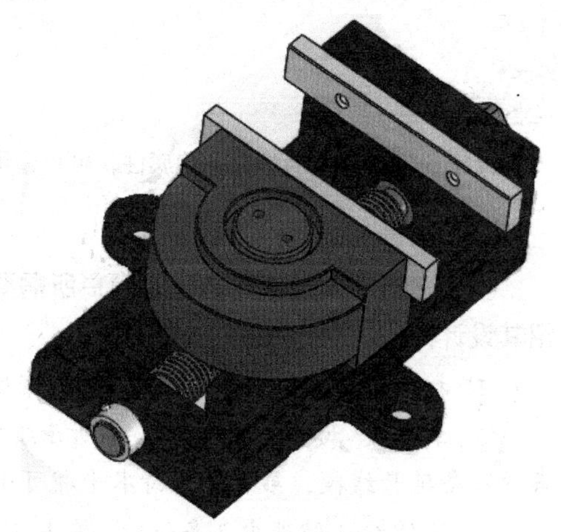

图 6-33　实体操作

④ 单击按钮，完成交替位置视图，此时可以看到左视图上用幻影线显示了子装配体的左边极限位置，如图 6-34 所示。

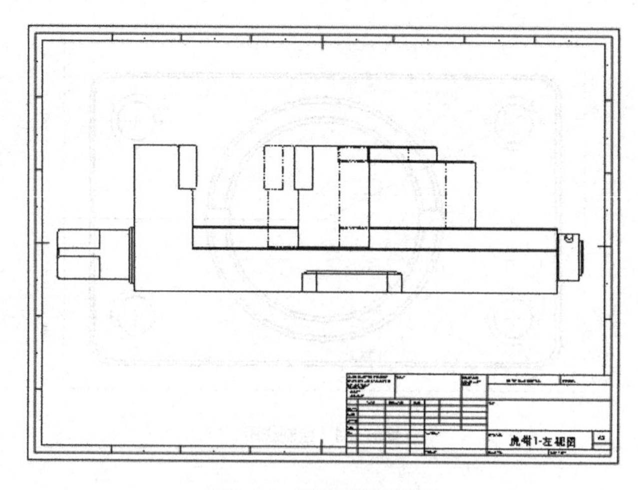

图 6-34　创建交替位置视图

6.1.2 典型实例——由模型制作标准三视图

本例将学习利用基本的工程图制作工具制作图 6-35 所示虎头钳活动钳身的三视图，这是学习其他制作工程图方法的基础。

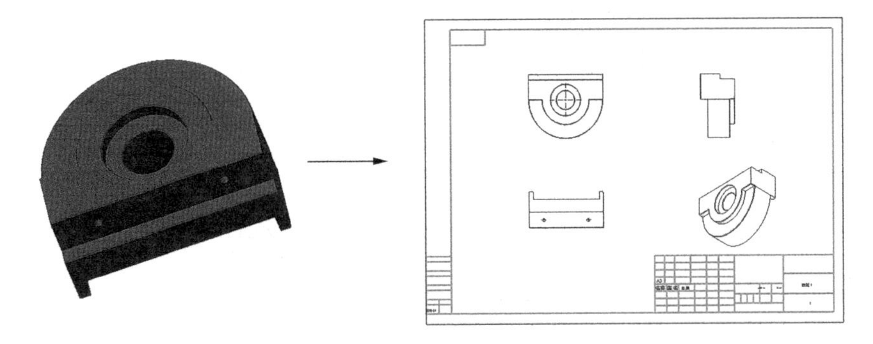

图 6-35 制作三视图

① 打开素材文件“章\素材\交替位置视图\活动钳身”。

② 选择菜单命令【文件】/【从零件制作工程图】，打开【图纸格式/大小】对话框。

③ 按照图 6-36 所示设置图纸格式及其大小，然后单击 确定(O) 按钮，绘图区内弹出已设置好的图纸模板。

要点提示

设置图纸格式也可以在系统选项中设置，在系统中设置只对当前激活的工程图纸有效，如果打开其他图纸，则系统设置又会恢复成默认设置。

④ 在绘图区右面的【视图调色板】面板中拖曳图 6-37 所示的视图放到图纸的合适位置。

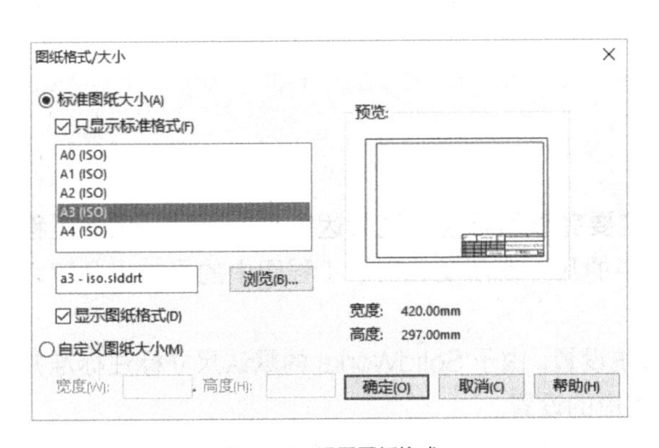

图 6-36 设置图纸格式

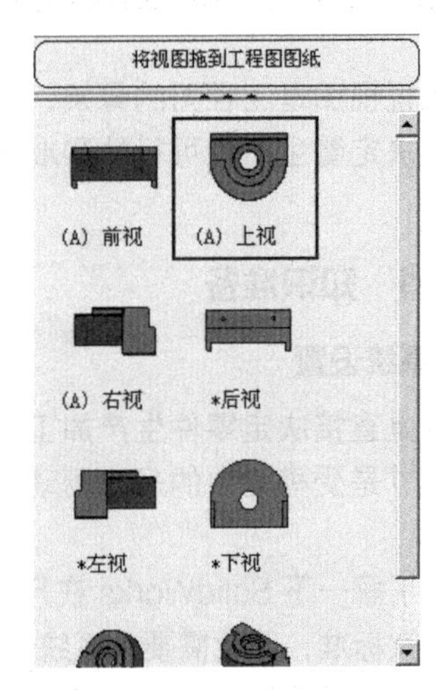

图 6-37 放置图纸

⑤ 当添加完第 1 个视图移开鼠标光标的时候，系统会自动预显示一个对齐的视图，在图纸的适当位置单击鼠标左键即可放置视图，结果如图 6-38 所示。

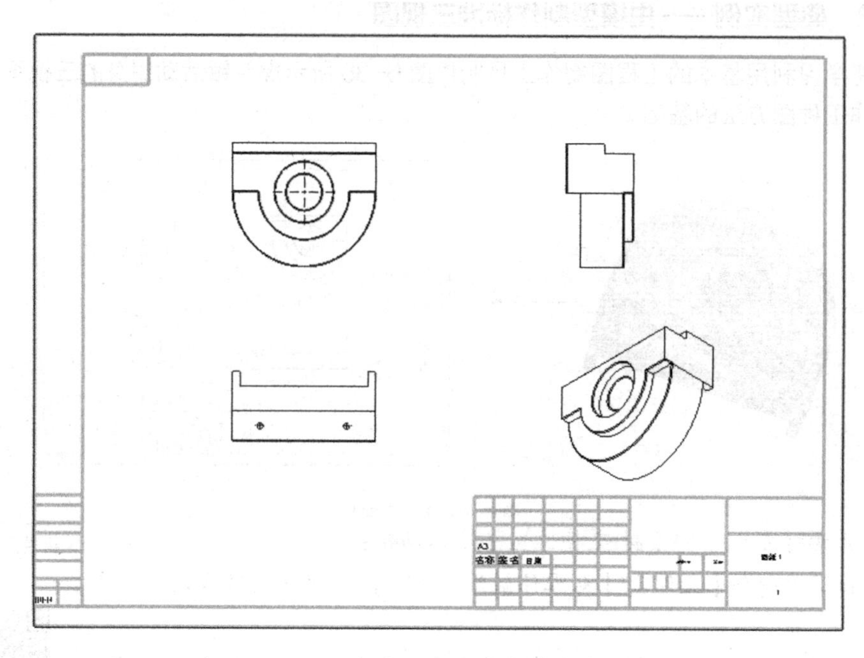

图 6-38 创建的三视图

若想改变视图的位置，则可以将鼠标光标移到该视图的边框附近，然后按住鼠标左键拖曳鼠标光标即可。

6.2 创建尺寸标注和注解

如果说视图是工程图的骨架，那么尺寸及注解就是工程图的灵魂，尺寸及注解的好坏及准确性直接决定着生产的可行性和准确性，下面来介绍 SolidWorks 在标注尺寸及注解方面的各种功能。

6.2.1 知识准备

1. 系统设置

尺寸是直接决定零件生产加工的信息，一定要完整而且直观地表达出来。SolidWorks 工程图中的尺寸是受模型中的尺寸驱动的，当模型中的尺寸有所变化时，工程图中的尺寸也会随之变化。

先来了解一下 SolidWorks 在尺寸方面的系统设置。由于 SolidWorks 的默认尺寸标注标准并非我国国家标准，因此需要在系统选项中进行相应的设置。

进入系统设置的方法是先打开某工程图，然后选择菜单命令【工具】/【选项】，打开【系统选项】对话框，进入【文件属性】选项卡，单击左侧列表框中的【尺寸】,【总绘图标准】默认是“GB”，如图 6-39 所示，然后对各选项做图 6-40 所示的相应设置，最后单击 确定 按钮。

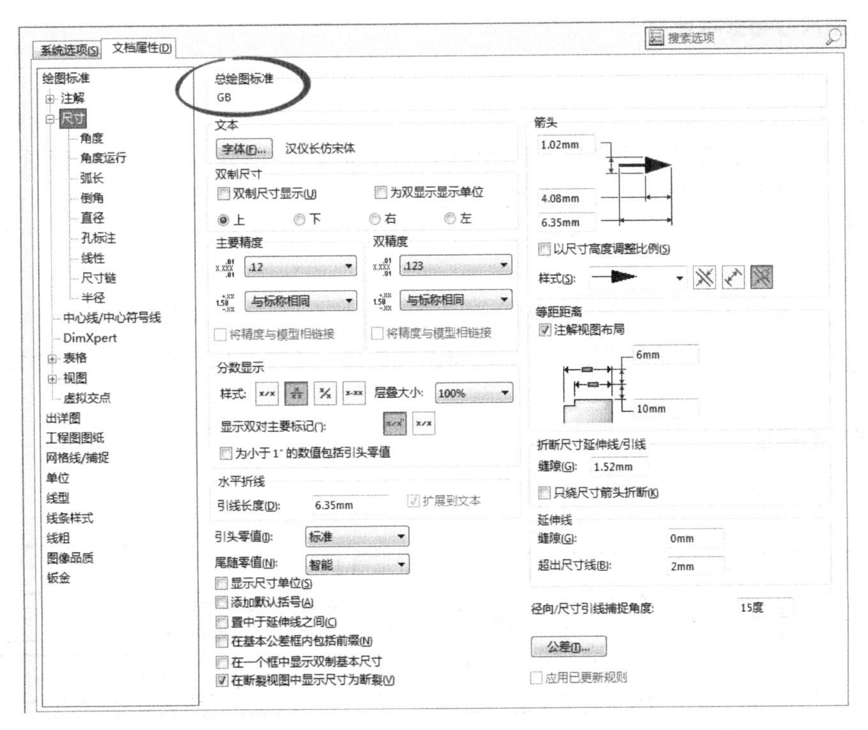

图6-39 【系统选项】对话框

要点提示

系统设置只对当前激活的工程图纸有效。如果用户想对所有的图纸都调用以上设置，可以在设置之后，将激活的工程图纸另存为模板，这样，以后建立工程图时只要调用此模板即可。

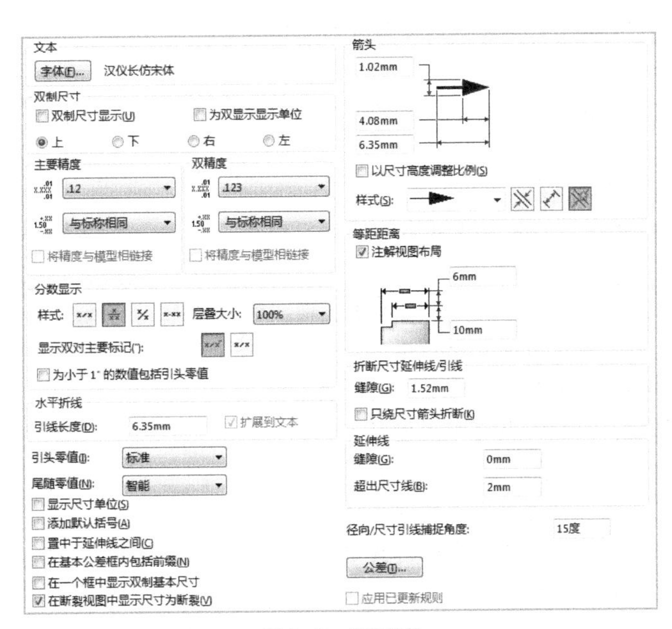

图6-40 设置选项

2. 模型尺寸与参考尺寸

在尺寸标注之前，先介绍一下模型尺寸和参考尺寸的概念。

（1）模型尺寸

模型尺寸是指用户在建立三维模型时产生的尺寸，这些尺寸都可以导入到工程图当中。一旦模型有变动，工程图当中的模型尺寸也会相应地变动，而在工程图中修改模型尺寸时也会在模型中体现出来，也就是“尺寸驱动”的意思。

（2）参考尺寸

参考尺寸是用户在建立工程图之后插入到工程图文档中的，并非从模型中导入的，是“从动尺寸”，因而其数值是不能随意更改的。但值得注意的是，当模型尺寸改变时，可能会引起参考尺寸的改变。

3. 尺寸的标注

下面介绍尺寸工具栏，如图 6-41 所示。

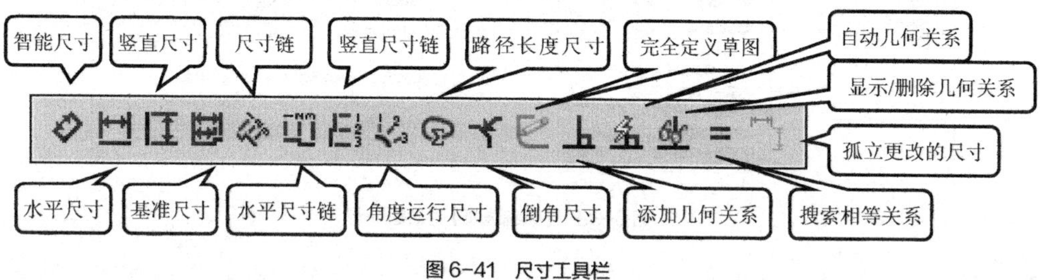

图 6-41 尺寸工具栏

用户可以通过鼠标右键单击工具栏的空白处，在弹出的快捷菜单中选择【尺寸/几何关系】命令来调出尺寸工具栏。

- 智能尺寸：可以捕捉到各种可能的尺寸形式，包括水平尺寸和竖直尺寸，如长度、直径、角度等。
- 水平尺寸：只捕捉需要标注的实体或者草图水平方向的尺寸。
- 竖直尺寸：只捕捉需要标注的实体或者草图竖直方向的尺寸。

以上尺寸示例如图 6-42 所示。

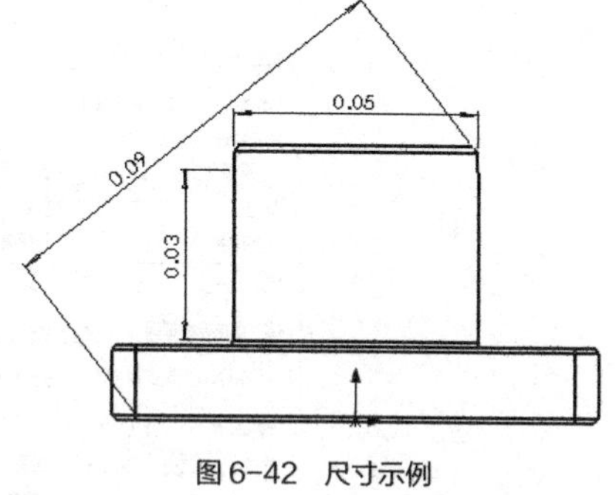

图 6-42 尺寸示例

- 基准尺寸：在工程图中所选的参考实体间标注参考尺寸。
- 尺寸链：在所选实体上以同一基准生成同一方向（水平、竖直或者斜向）的一序列尺寸。
- 水平尺寸链：只捕捉水平方向的尺寸链。
- 竖直尺寸链：只捕捉竖直方向的尺寸链。

以上尺寸示例如图 6-43 所示。

- 路径长度尺寸：创建路径长度的尺寸。
- 倒角尺寸：在工程图中对实体的倒角尺寸进行标注，有 4 种形式，可以在尺寸属性对话框中设置，如图 6-44 所示。
- 完全定义草图：对所选草图进行完全定义的尺寸标注。

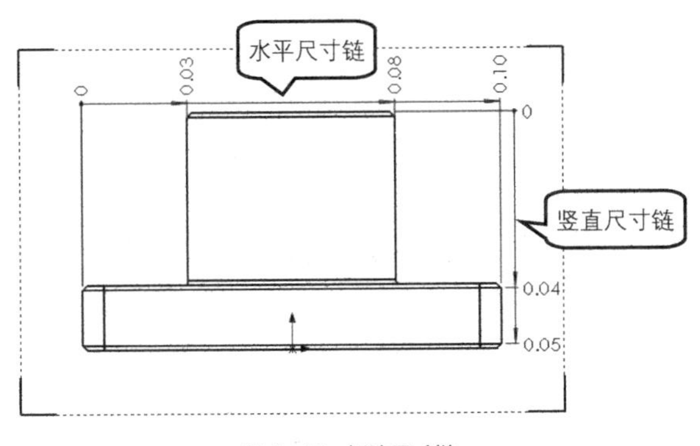

图6-43 标注尺寸链

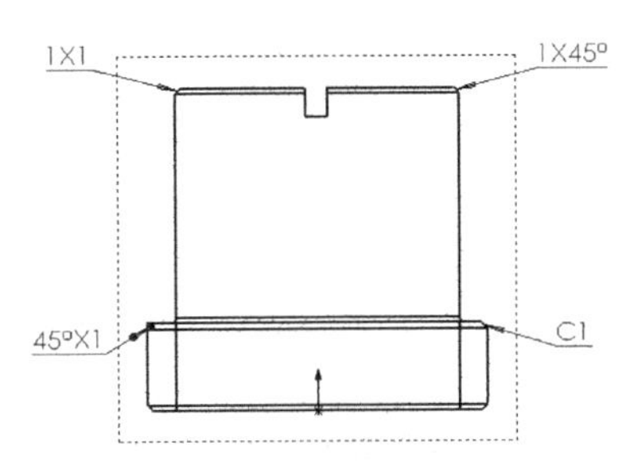

图6-44 标注倒角尺寸

- 添加几何关系：控制带约束实体的大小、位置等。
- 自动标注尺寸：在草图和模型边线之间生成适合草图定义的尺寸，在工程图中则为指定的视图或者指定的实体生成参考尺寸。
- 显示/删除几何关系：管理已添加的几何关系。
- 搜索相等关系：扫描草图的相等长度或半径元素，在相同长度或半径的草图元素之间设定相等关系。
- 孤立更改的尺寸：孤立自从上次工程图保存后已更改的尺寸。

要点提示

上述命令中基准尺寸、倒角尺寸和自动标注尺寸只能在工程图中应用，而其他的命令则可以在草图和工程图中应用。当在模型草图中应用尺寸命令时生成的尺寸可作为模型尺寸（黑色），而在工程图中应用时生成的尺寸则只作为参考尺寸（灰色）。

4. 尺寸属性

在草图或者工程图中标注的尺寸往往不能完全满足用户的要求，如箭头、形式等，可以通过改变尺寸属性的方法使之符合，方法如下。

① 单击需要修改的尺寸，如图6-45所示，打开【尺寸】属性管理器，如图6-46所示，按照图做相应的设置。

② 进入【引线】选项卡，界面如图6-47所示，设置相关参数。

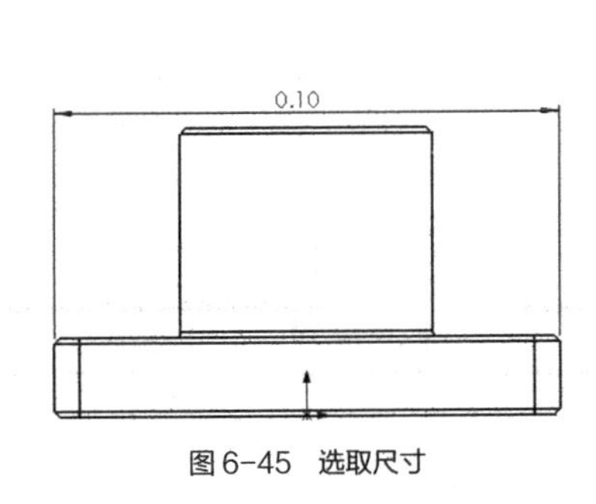

图6-45 选取尺寸

图6-46 【尺寸】属性管理器

③ 单击✔按钮，结果如图 6-48 所示。

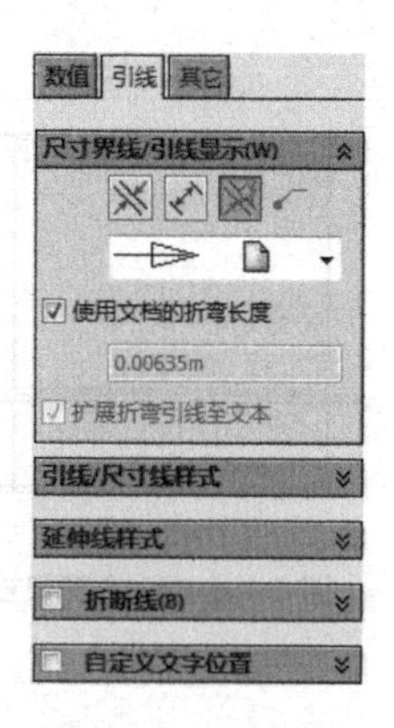

图 6-47 设置参数

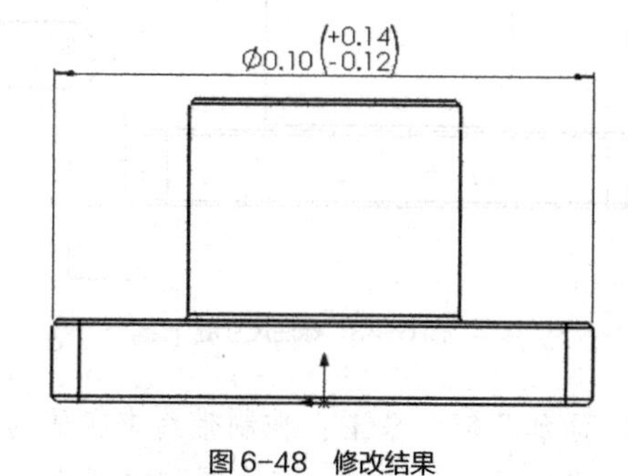

图 6-48 修改结果

要点提示

如果对尺寸还有更多的要求，可进入【其它】选项卡中设置“文本字体”“显示”“尺寸界限/引线显示”及“公差”等，这里不作详细介绍。

5. 模型项目

下面介绍如何将模型中的各种模型尺寸、基准符号、参考及公差等注解导入到工程图中。

① 打开素材文件“第 6 章\素材\支撑座-三视图”。

② 选择菜单命令【插入】/【模型项目】，打开【模型项目】属性管理器，如图 6-49 所示。

③ 在已经打开的素材文件“支撑座”三视图中，点击想要标注尺寸的位置，则在视图上自动生成尺寸标注，如图 6-50 所示，可多次点击。

④ 生成完所有尺寸后，调整一下尺寸位置，删除多余重复的尺寸，设置完毕后单击✔按钮。

⑤ 系统自动将模型中的所有尺寸插入到工程图中，用户需要调整自动添加的尺寸位置，结果如图 6-51 所示。

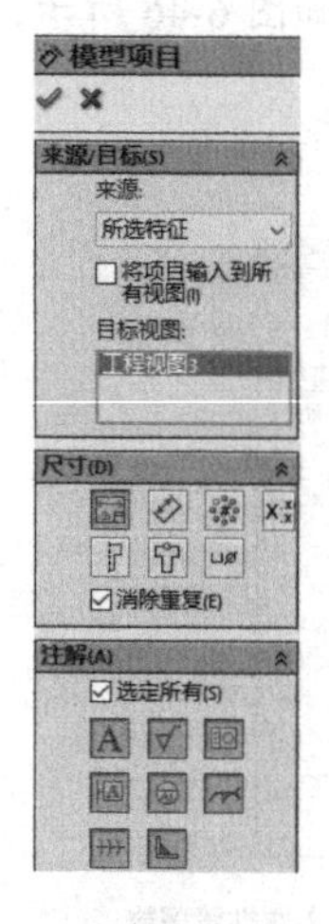

图 6-49 【模型项目】属性管理器

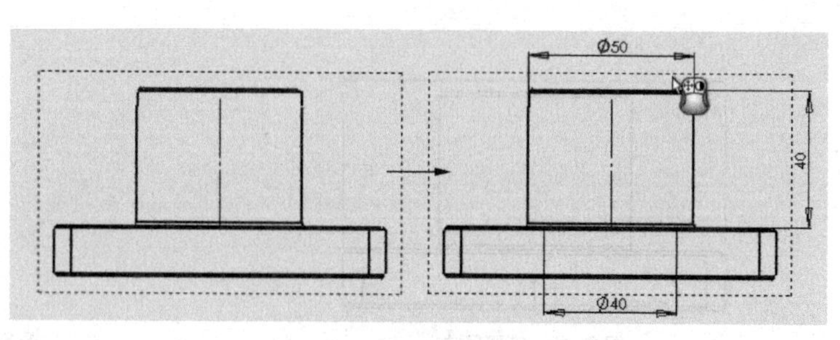

图 6-50 生成尺寸过程

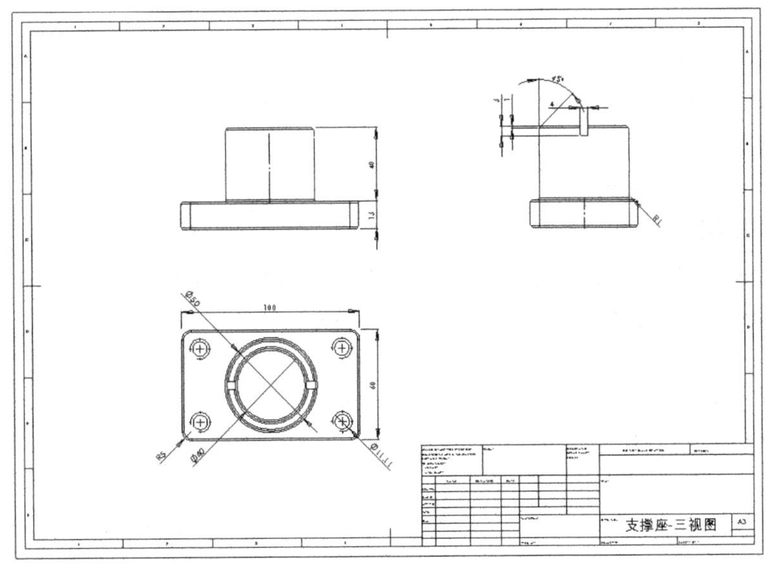

图6-51 设计结果

【模型项目】属性管理器中各选项的含义介绍如下。

(1)【来源/目标】

- 【整个模型】：将整个模型所有的尺寸及注解项目添加到工程图中。
- 【所选特征】：将所选特征的尺寸及注解项目添加到工程图中，此时用户可以直接在想添加的视图中选中该特征，系统就会自动添加相应的项目。
- 【所选零部件（装配）】：将所选零部件的尺寸及注解项目添加到工程图中。
- 【装配体（装配）】：将装配体中的尺寸及注解项目添加到工程图中。
- 【将项目输入到所有视图】：如果选中此选项，则工程图会自动将需要添加的尺寸和注解根据视图的位置及方向智能地添加到工程图中；如果不选此选项，则可由用户指定需要添加尺寸或者注解的视图，有选择地添加。

(2)【尺寸】

- 为工程图标注：在制作模型草图时，用户可以指定在插入模型到工程图时，哪些尺寸为加入工程图的尺寸。
- 没为工程图标注：在建模时指定为不加入工程图的尺寸。
- 实例/圈数计数：标注阵列特征的相关尺寸，即数量及单体的尺寸，这种尺寸没有尺寸引线。
- 异型孔向导轮廓：标注零部件中用异型孔命令生成的特征的尺寸，这种尺寸是“异型孔向导”特征的第2个草图尺寸。
- 异型孔向导位置：这种尺寸是“异型孔向导”特征的第1个草图尺寸。
- 孔标注：自动标注零部件中用异型孔命令生成的特征的尺寸。

(3)【注解】

【注解】栏包含添加注释、表面粗糙度、形位公差、基准点、基准目标、焊接等注解内容。

(4)【参考几何体】

【参考几何体】栏包含添加基准面、轴、原点、质心、点、曲面、曲线、步路点等参考几何体的内容。

(5)【选项】

- 【包含隐藏特征的项目】：添加隐藏特征的尺寸和注解等项目。
- 【在草图中使用尺寸放置】：将模型尺寸插入到工程图中相同的位置。

(6)【图层】

将模型尺寸添加到指定的工程图图层。

6. 尺寸的修改

当通过系统自动插入模型项目之后，不免会带来尺寸过多过乱的情况，这时用户还需要对添加的尺寸进行必要地修改，修改方法主要有以下几种。

- 改变尺寸位置：直接单击需要移动的尺寸并拖动到新的位置即可，如图 6-52 所示。
- 变换视图：要将尺寸从一个视图移动到其他视图时，用户可以在拖动尺寸到另一个视图的同时按住 Shift 键，如图 6-53 所示。

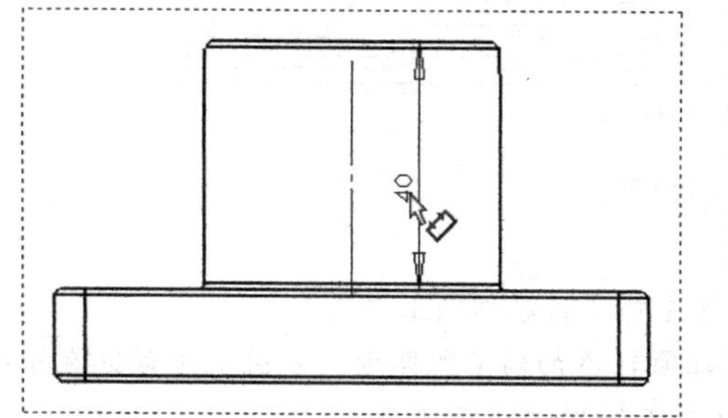

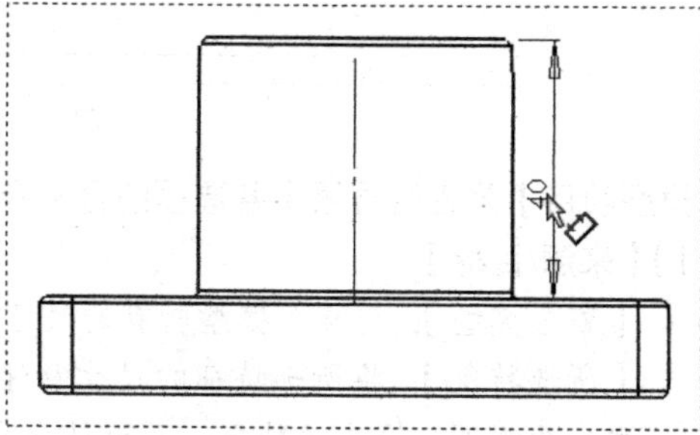

图 6-52 改变尺寸位置

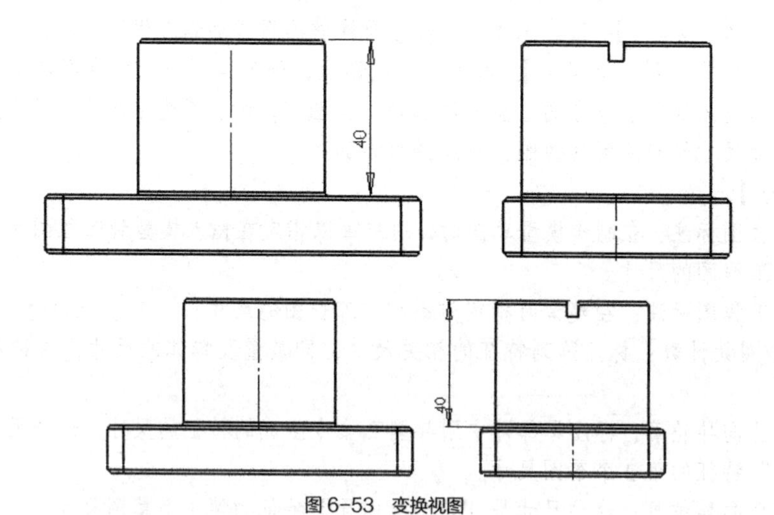

图 6-53 变换视图

- 复制尺寸：要将尺寸从一个视图复制到其他视图时，用户可以在托运尺寸到另一个视图的同时按住 Ctrl 键，另外，要一次对多个尺寸进行操作时，可先按住 Ctrl 键进行选择，也可直接用鼠标左键拖出矩形框来选择一区域内的尺寸，如图 6-54 所示。
- 修改尺寸值：一般不通过工程图来修改尺寸值，但如果有必要的话，用户可以通过单击要修改的尺寸，在【尺寸】属性管理器中修改。

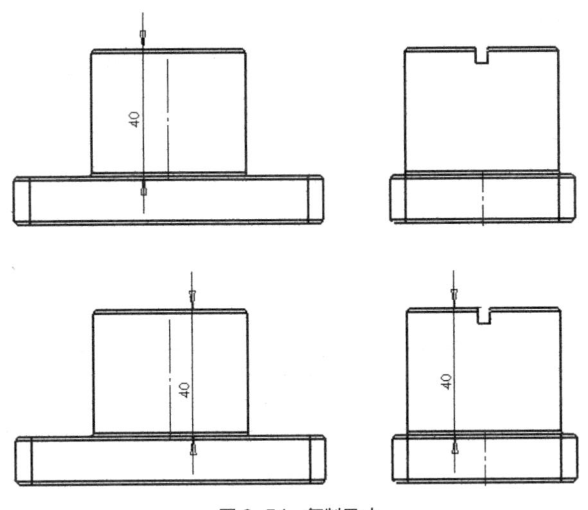

图 6-54 复制尺寸

要点提示

如果用户修改的是通过方程或者链接来定义的尺寸，那么双击尺寸将出现相应的修改对话框；而对于有多个配置的模型，用户可以将修改的尺寸应用于“此配置”“所有配置”和“指定配置”。

- 隐藏尺寸：用鼠标右键单击需要隐藏的尺寸，在弹出的快捷菜单中选择【隐藏】命令。
- 删除尺寸：用鼠标左键单击需要删除的尺寸，按Delete键。
- 尺寸显示：选择菜单命令【视图】/【隐藏/显示注解】，此时被隐藏的尺寸呈灰色，鼠标光标显示图形，选择要显示的尺寸，再按Esc键即可将其显示。
- 尺寸对齐：用鼠标右键在工具栏的空白处单击，在弹出的快捷菜单中选择【对齐】命令，出现对齐工具栏，可用此工具栏对尺寸进行设置。

7. 零件序号和材料明细表

在接触到的工程图中，除了单个零件以外，大部分是装配体工程图，而对于装配体来说，用户最直观最基本的就是要了解各个零件的信息，而这些信息一般都是通过表格来表达出来的。SolidWorks 中的表格能提供各种列表方式，其表格工具栏如图 6-55 所示。

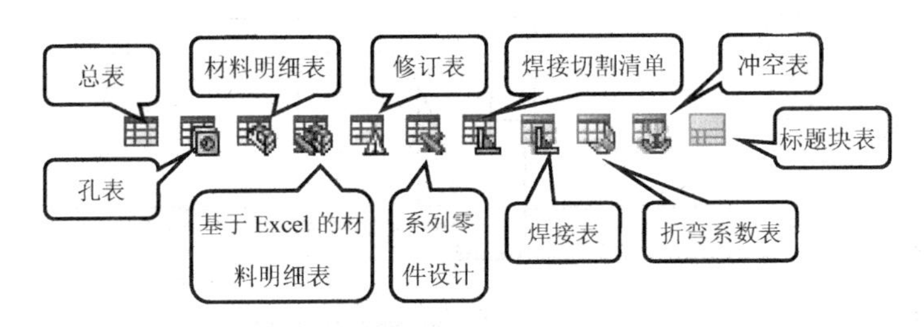

图 6-55 表格设计工具

做装配体工程图时，最主要的任务是将零件编上序号，然后按照序号列出材料明细表。下面就以“虎钳”为例来介绍制作序号和材料明细表的具体方法。

（1）建立断开的剖视装配工程图

① 打开素材文件“第 6 章\素材\交替位置视图\虎钳 1-左视图””，选中左视图，单击按钮，在左视图上绘制图 6-56 所示的剖面区域，目的是为了让“螺母滑块”和“垫圈 2”能在左视图中显示出来。

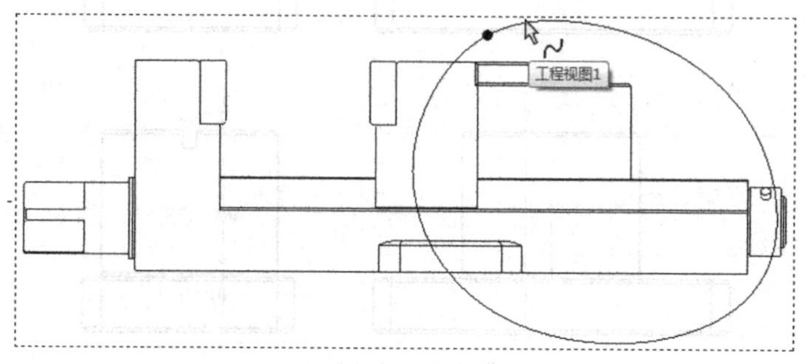

图 6-56　绘制剖面区域

② 弹出图 6-57 所示的【剖面视图】对话框，单击确定(O)按钮。

③ 打开【断开的剖视图】属性管理器，选中图 6-58 所示档圈的投影边线，然后单击✔按钮，完成基本剖视图的建立。

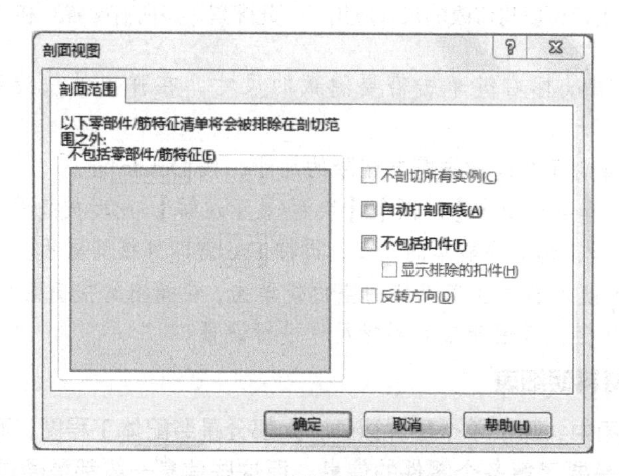

图 6-57　【剖面视图】对话框

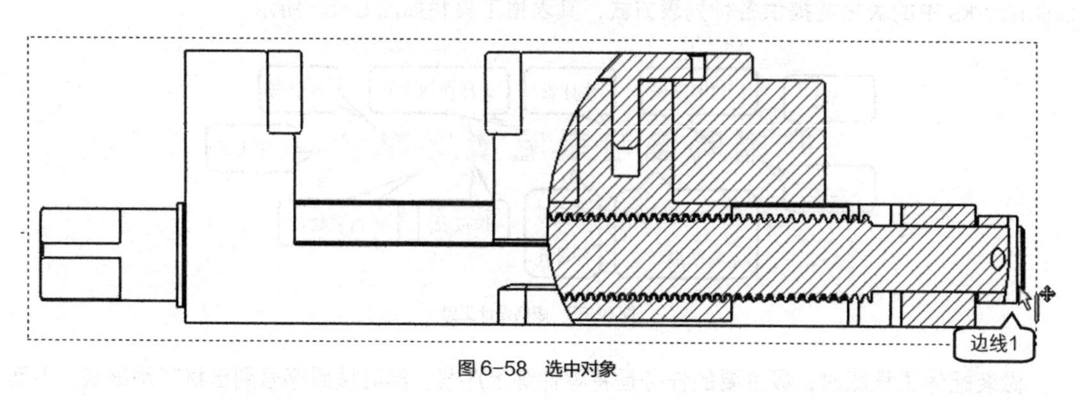

图 6-58　选中对象

用户还可以对剖视图进行修改，使部分零件不进行剖切，以便于观察和显示零件序号。用鼠标右键单击左侧设计树中的“断开的剖视图”，在弹出的快捷菜单中选择【属性】命令，如图6-59所示，弹出【工程视图属性】对话框，进入【剖面范围】选项卡，依次选中“螺杆”“销钉”和“垫圈”，如图6-60所示，然后单击确定按钮，结果如图6-61所示。

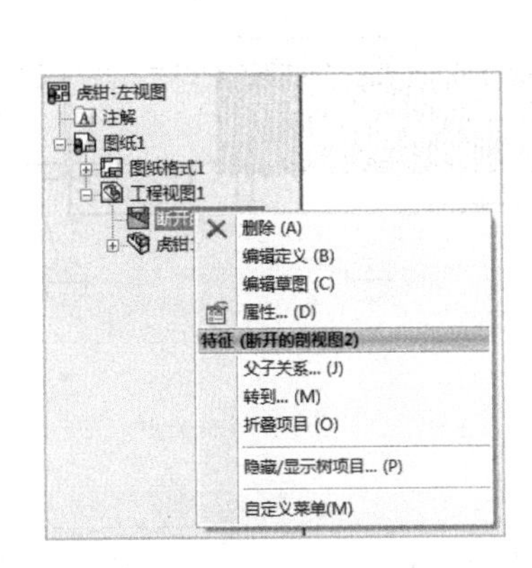

图6-59 快捷菜单操作

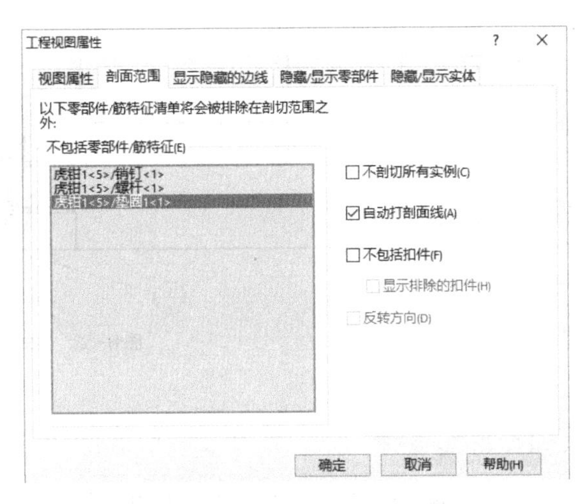

图6-60 【工程视图属性】对话框

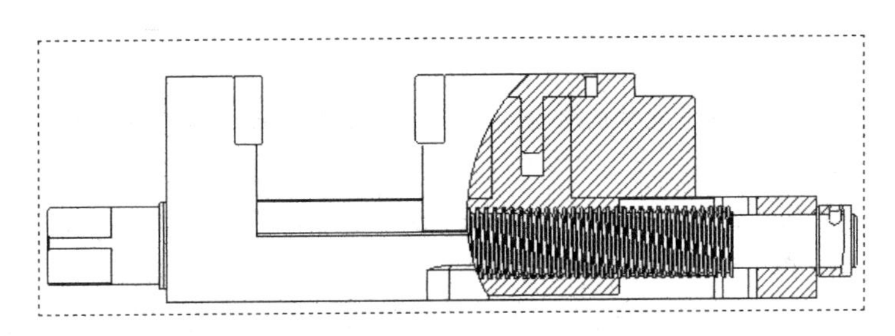

图6-61 断开的剖视图

（2）生成零件序号

生成零件序号的主要步骤如下。

① 选中上一步生成的断开的剖面左视图，在注解工具栏调出的情况下，单击自动零件序号按钮，以自动产生零件序号，并在【自动零件序号】属性管理器中设置相关的选项，如图6-62所示。

② 单击✔按钮退出，然后利用对齐工具调整球标的位置，结果如图6-63所示。

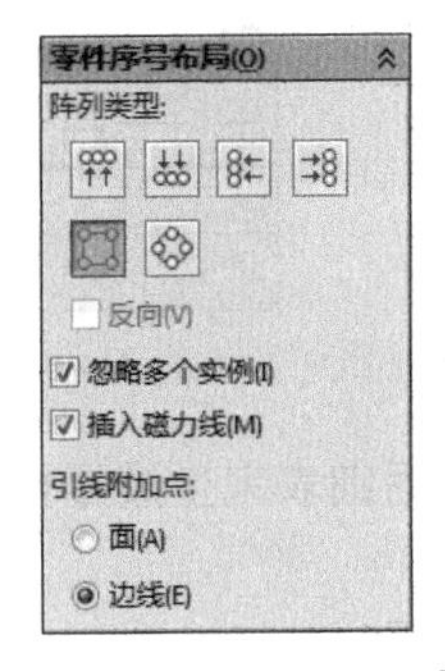

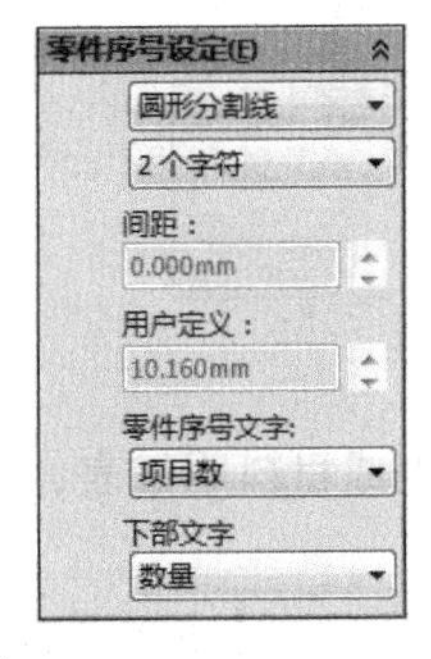

图6-62 设置参数

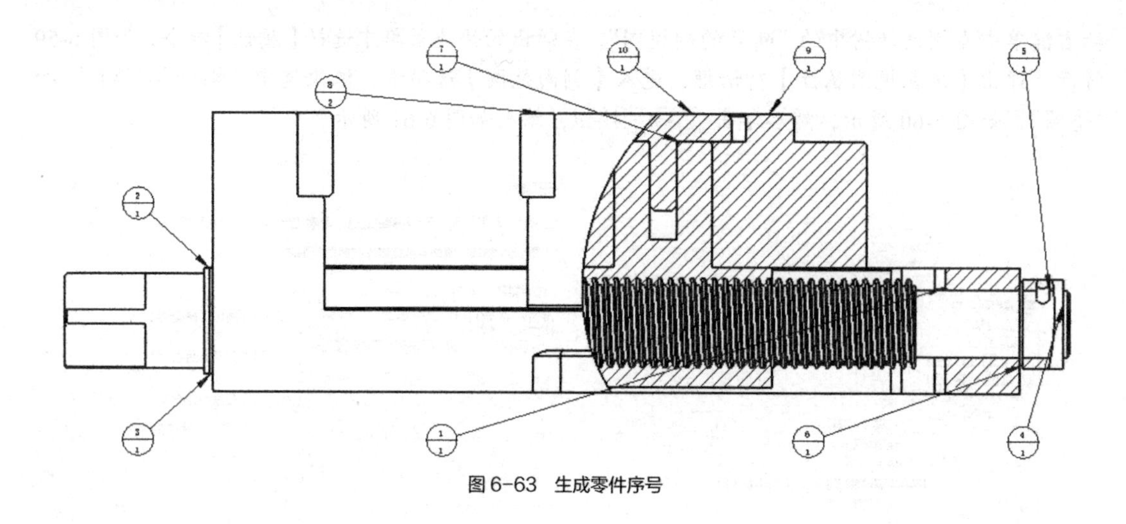

图 6-63　生成零件序号

要点提示

生成零件序号时，还可以在注解工具栏中单击［零件序号］按钮，此功能与［自动零件序号］按钮不同的地方在于，用户可以自行选择零件序号的标注顺序以及材料明细表中的显示等。

（3）制作材料明细表

材料明细表是装配图中不可或缺的部分，它可以直观地将装配体中各个零件的基本信息反映出来。下面介绍其相关操作方法。

① 在零件序号生成之后选中左视图，单击表格工具栏中的按钮，打开【材料明细表】属性管理器，按图 6-64 所示进行设置，然后单击按钮。

② 将鼠标光标移到图纸上，即预显示生成的材料明细表，将明细表对齐右下角图纸的侧边线和标题栏的上边线放置，结果如图 6-65 所示。

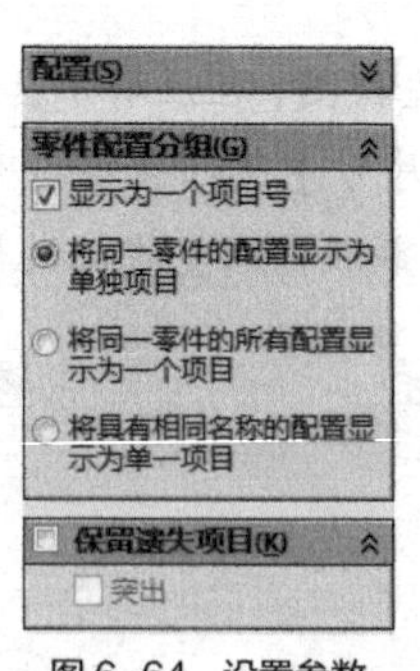

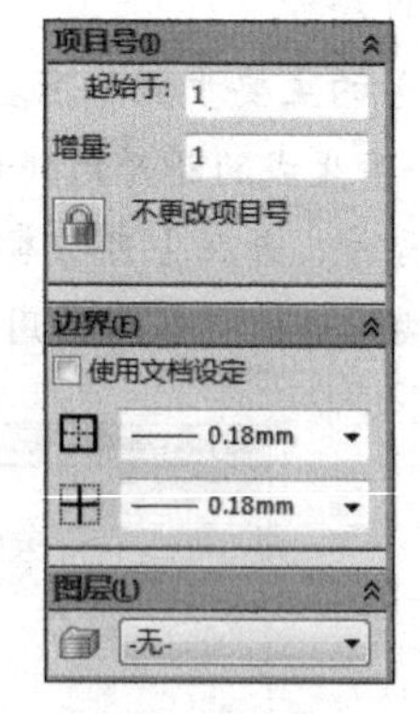

图 6-64　设置参数

另外，也可以先生成材料明细表，然后按照材料明细表来生成零件序号，读者可以自行尝试这种方法。

下面来介绍【材料明细表】属性管理器中的一些选项。

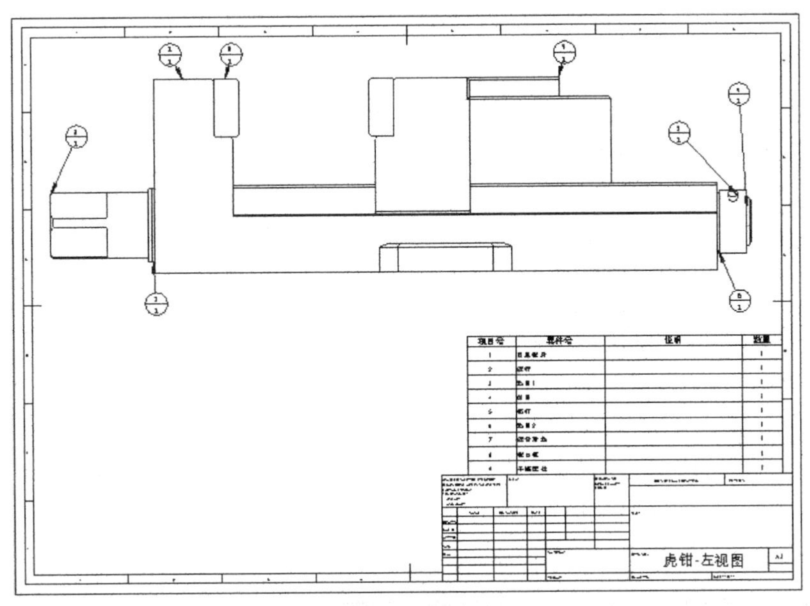

图6-65 生成明细表

（1）【表格模板】：应用用户自定义的材料明细表格式。

（2）【表格位置】：用户自己拖动到想要放置的位置。

- 【恒定边角】：预显示时，鼠标在表格上的位置，这一设置主要是便于捕捉和放置表格。
- 【附加到定位点】：如果图纸预先定义了定位点的话，可选择此选项。

（3）【材料明细表类型】。

- 【仅限顶层】：只显示最顶层的零件及装配，不显示第 2 层及以下各层的零件及装配，如图 6-66 所示。

项目号	零件号	说明	数量
1	固定钳身		1
2	螺杆		1
3	垫圈1		1
4	挡圈		1
5	销钉		1
6	垫圈2		1
7	螺母滑块		1
8	钳口板		1
9	子装配体		1

图6-66 仅限顶层

- 【仅限零件】：只显示各个零件的信息，不显示装配体的信息，如图 6-67 所示。
- 【缩进】：将零件及装配体按照装配的层级来显示，本例即为此类。

（4）【配置】：当一个装配体含有多个装配配置时，可以选择不同的配置来制作材料明细表。

（5）【零件配置分组】：包含【显示为一个项目号】、【将同一零件的配置显示为单独项目】、【将同一零件的所有配置显示为一个项目】、【将具有相同名称的配置显示为单一项目】4 个选项，主要针对具有不同配置的装配体进行不同的显示处理。

（6）【保留遗失项目】：如果在生成材料明细表后零部件已从装配体中删除，此时可将零部件保留列举在表格中。如果遗失的零部件仍被列举，则项目的文字将以内画线显示出现。

项目号	零件号	说明	数量
1	固定钳身		1
2	螺杆		1
3	垫圈1		1
4	挡圈		1
5	销钉		1
6	垫圈2		1
7	螺母滑块		1
8	钳口板		2
9	活动钳身		1
10	螺钉		1

图6-67 仅限零件

（7）【项目号】。

- 【起始于】：为项目号顺序的开头键入一数值。顺序以单一数字增加。
- 【增量】：设置 BOM 中项目号的增量值。
- 【不更改项目号】：当对材料明细表进行手动重新排序时，不更改零件的序号。

6.2.2 典型实例——创建轴类零件的工程图

本例将介绍图 6-68 所示轴类零件工程图的创建方法，主要使用生成一般视图、剖面视图及尺寸标注等命令。

图6-68 要生成工程图的轴零件图

1. 建立工程图

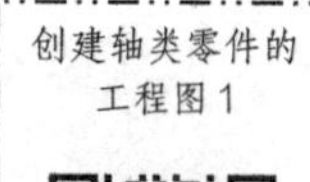

（1）打开素材文件“第 6 章\素材\阶梯轴\阶梯轴.PRT”。

（2）选择菜单命令【文件】/【从零件制作工程图】，在打开的【图纸格式/大小】对话框中选取图纸格式为【A3】，然后单击 确定 按钮。

（3）在图 6-69 所示的【视图调色板】属性管理器中将所需的视图拖动到工程图图纸中。

（4）在【工程图视图】属性管理器中设定视图比例为【使用自定义比例】，选择比例值为【1∶2】，如图 6-70 所示。

（5）为了清晰地表达零件的结构和尺寸，在大小不等的键槽段上分别作两个剖面视图。单击【视图布局】功能区中的 按钮，鼠标光标变为 状态，在键槽的适当位置放置剖面线，如图 6-71

所示。

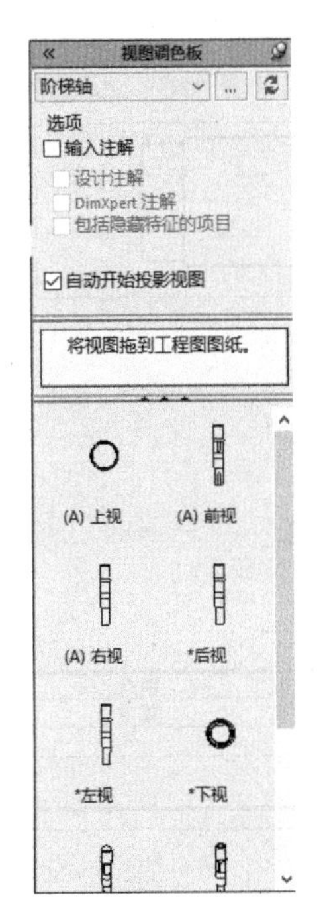

图 6-69 【查看调色板】属性管理器

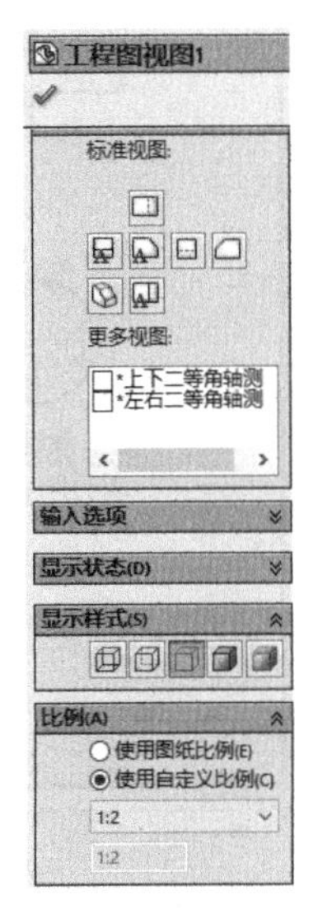

图 6-70 【工程图视图】属性管理器

（6）在生成的剖面视图上单击鼠标右键，在弹出的快捷菜单中选取【视图对齐】/【解除对齐关系】命令，解除剖面图与源视图的对齐关系，如图 6-72 所示，然后拖动剖面视图到适当位置。

（7）用与步骤（6）相同的方法作另一个键槽的剖面图，最后得到图 6-73 所示的结果。

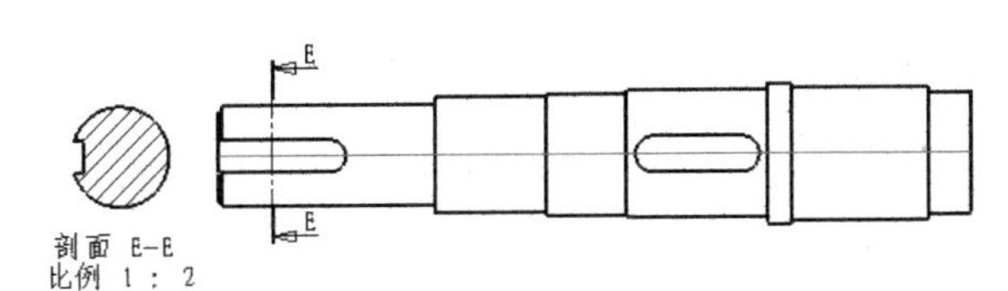

图 6-71 生成剖面图

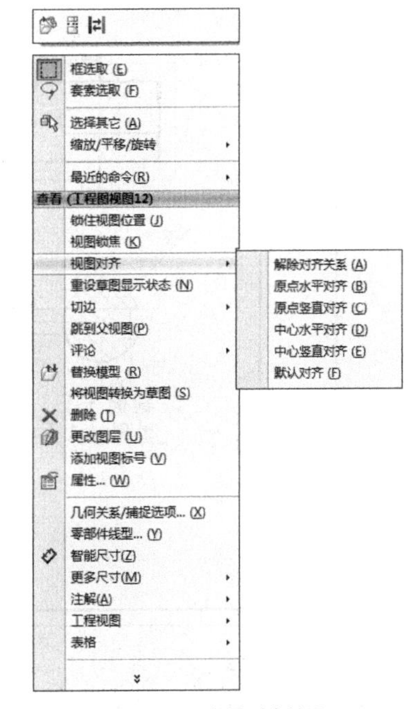

图 6-72 解除对齐关系

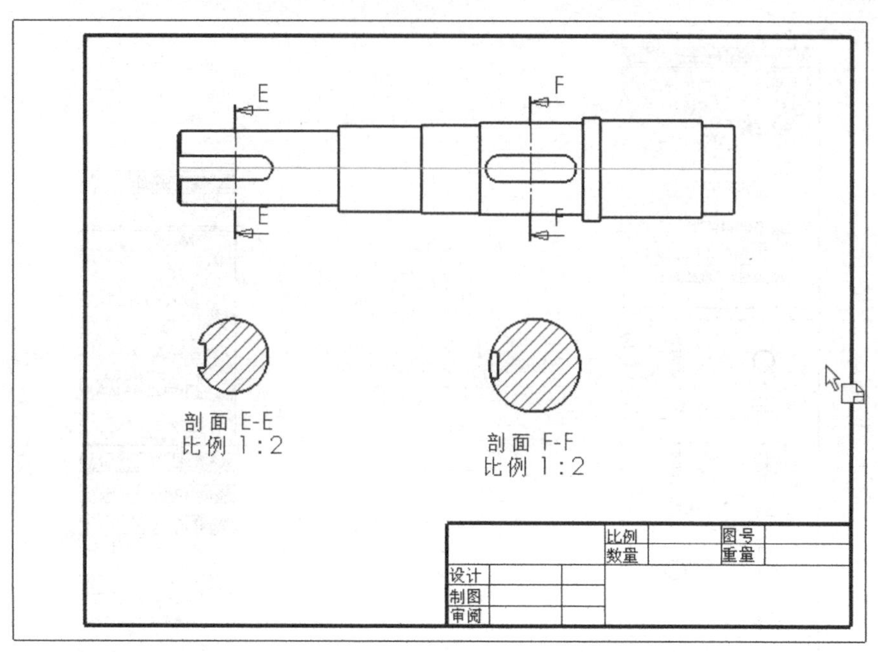

图 6-73 生成轴工程图

2. 标注尺寸

(1)单击【注解】功能区中的 (智能尺寸)按钮，选中“剖面 E-E”后确定自动标注尺寸，再次单击 按钮，选中“剖面 F-F”后确定自动标注尺寸，结果如图 6-74 所示。

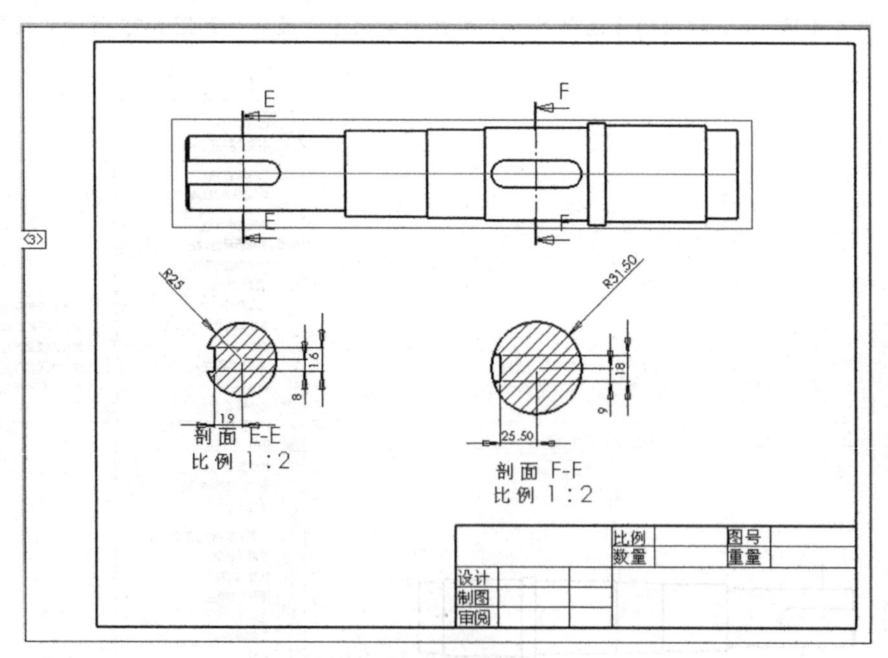

图 6-74 自动标注尺寸

(2)整理尺寸标注，单击要移动的尺寸不放，然后移动整理，得到图 6-75 所示的结果。

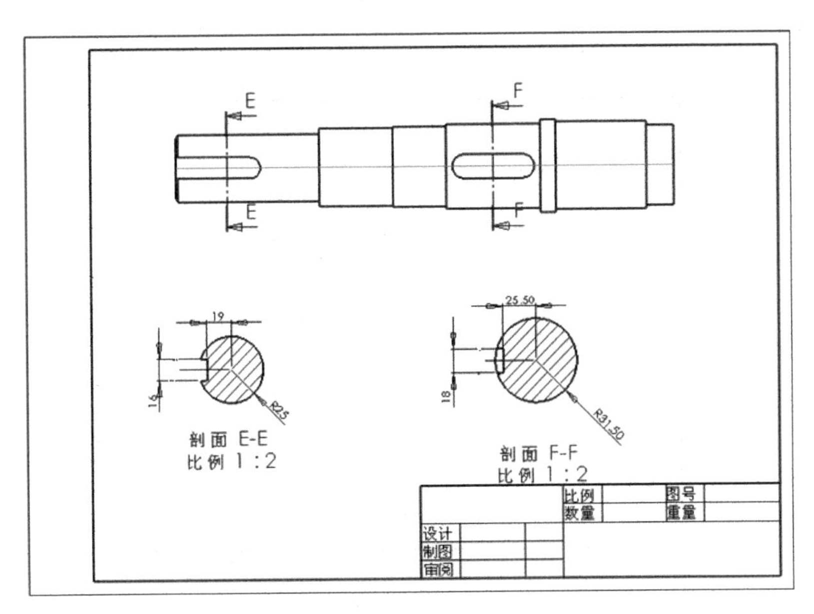

图 6-75　整理尺寸标注

（3）添加没标注的尺寸，单击按钮，选择没标注的边线，按照规定的基准进行标注，这里在横向以键槽对应的最大圆柱端面为基准，纵向以轴线为基准。修改后的视图如图 6-76 所示。

（4）在图纸的空白处单击鼠标右键，从弹出的快捷菜单中选择菜单命令【更多尺寸】/【倒角尺寸】，分别单击倒角的两条边线，然后移动倒角尺寸到合适的位置后单击鼠标左键，结果如图 6-77 所示。

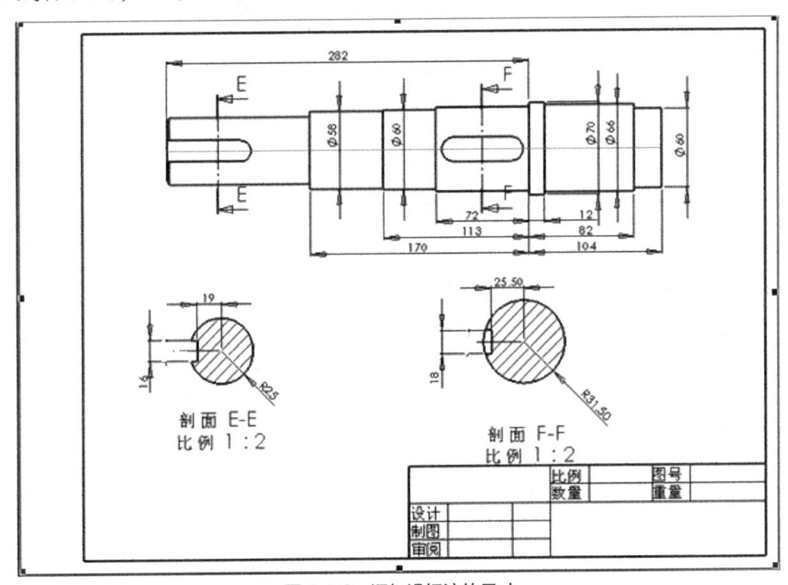

图 6-76　添加没标注的尺寸

3. 标注形位公差、粗糙度和添加文字

（1）标注形位公差，单击【注解】功能区中的按钮，在【属性】对话框中按照要求定义形位公差的属性，如图 6-78 所示，然后选择相应的面进行标注，结果如图 6-79 所示。

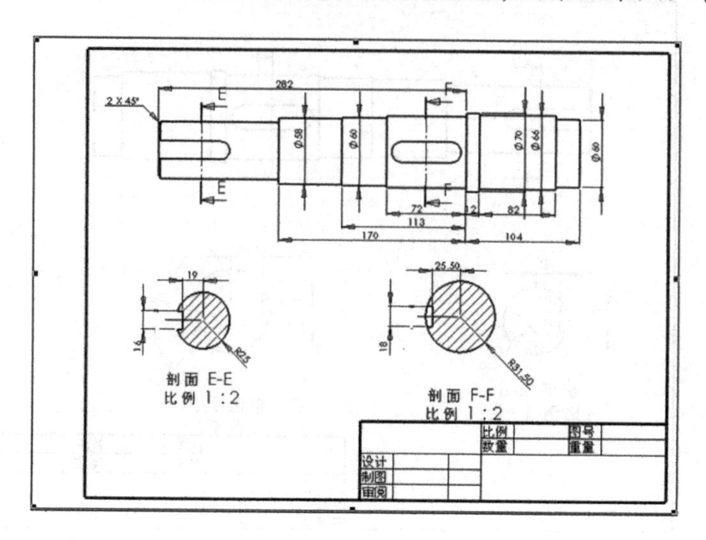

图 6-77　标注倒角尺寸

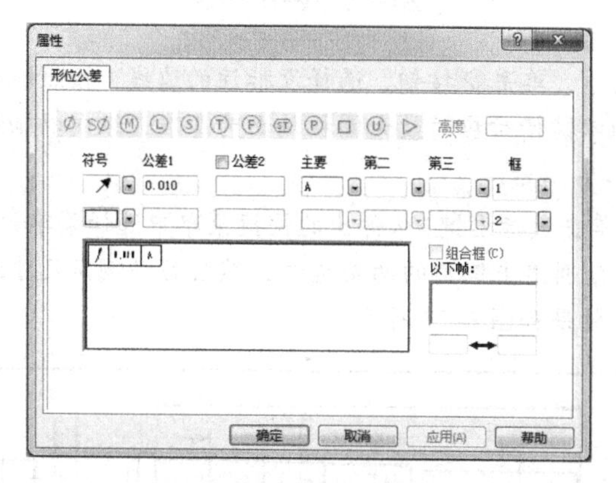

图 6-78　定义形位公差属性

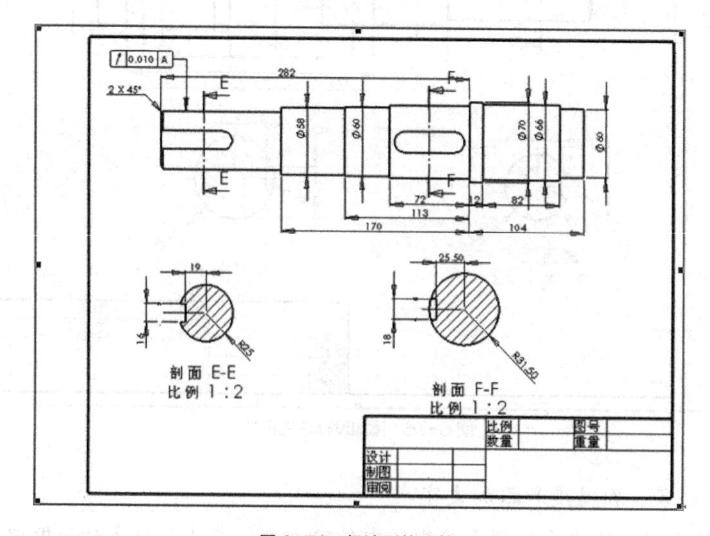

图 6-79　标注形位公差

（2）采用同样的方法标注其他形位公差，结果如图 6-80 所示。

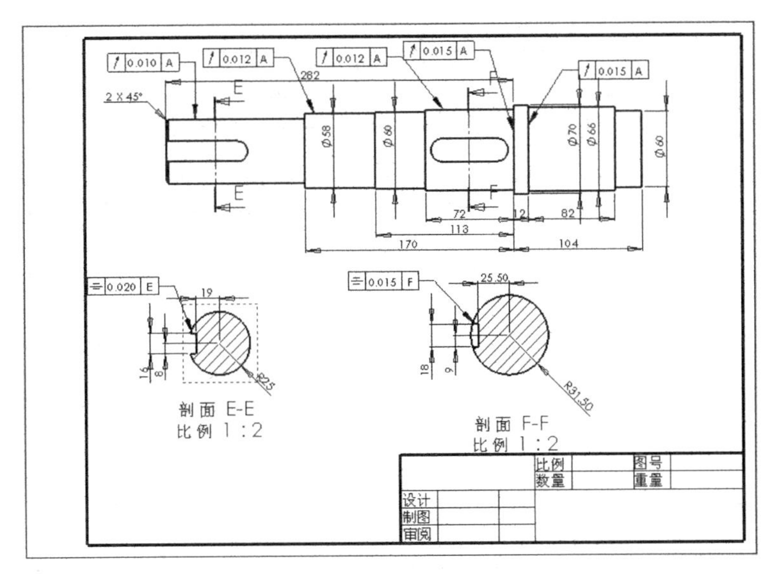

图 6-80 标注其他形位公差

（3）标注表面粗糙度。单击【注解】功能区中的 按钮，在打开的【表面粗糙度】属性管理器中定义表面粗糙度的类型、参数与格式等属性，如图 6-81 所示，然后选取相应的边线作为参照，添加表面粗糙度，结果如图 6-82 所示。

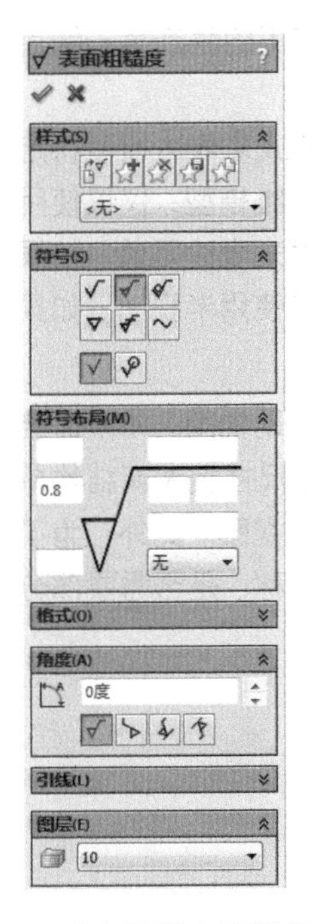

图 6-81 【表面粗糙度】属性管理器

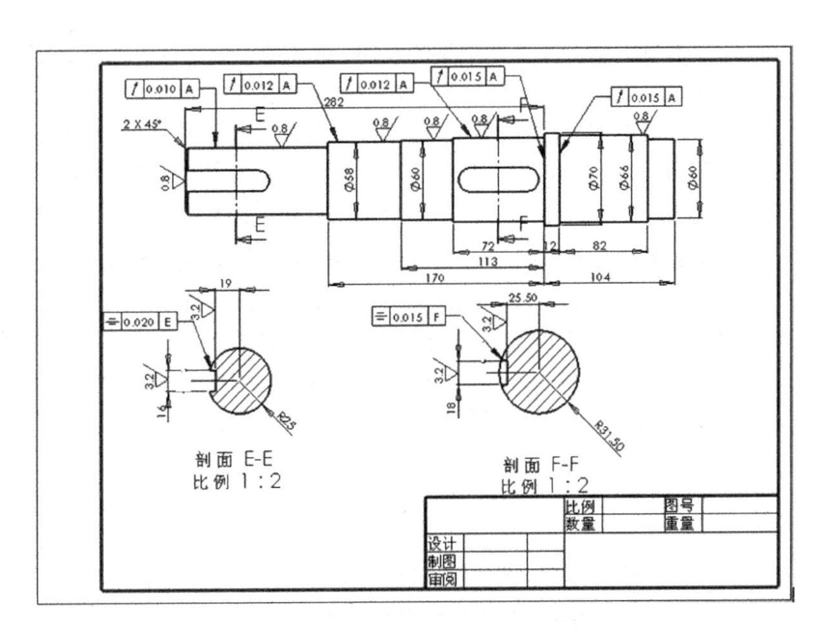

图 6-82 标注表面粗糙度

4. 添加零件的技术要求说明

单击【注解】功能区中的 A 按钮或选择菜单命令【插入】/【注解】/【注释】，打开【注释】

属性管理器，设置合适的字体大小和字型就可以编写注释了，结果如图 6-83 所示。

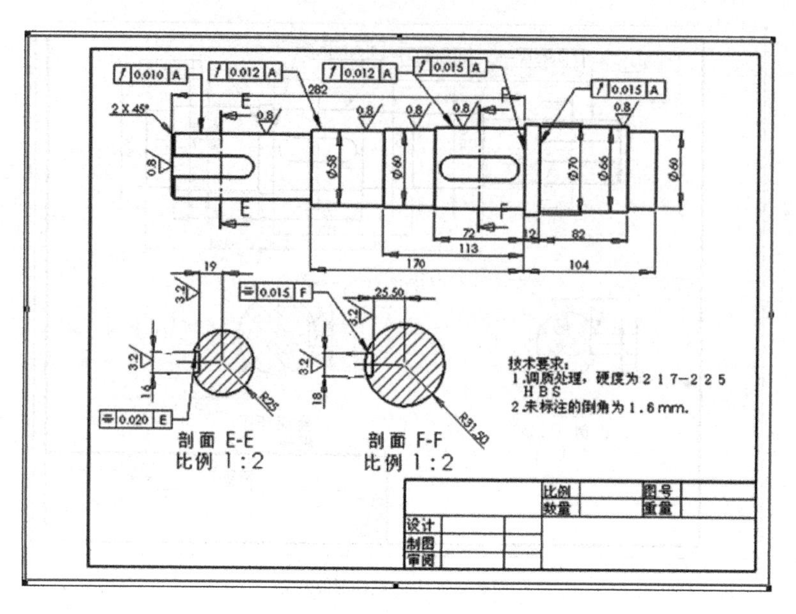

图 6-83 添加技术要求

小结

工程图以投影方式创建一组二维平面图形来表达三维零件，在机械加工的生产第一线用作指导生产的技术语言文件，具有重要的地位。

工程图包含一组不同类型的视图，这些视图分别从不同视角以不同方式来表达模型特定方向上的结构。要深刻理解各种视图类型的特点及其应用场合。对于复杂的三维模型，仅仅使用一个一般视图表达零件远远不够，这时可以再添加投影视图，以便从不同角度来表达零件。如果零件结构比较复杂且不对称，必须使用全视图。如果零件具有对称结构，可以使用半视图。如果只需要表达零件的一部分结构，则可以使用局部视图。

如果需要表达零件上位置比较特殊的结构，如倾斜结构，可以使用辅助视图。如果需要表达结构复杂但尺寸相对较小的结构，可以使用详细视图。如果需要简化表达尺寸较大而结构单一的零件，可以采用破断视图。如果需要表达零件的断面形状，可以使用旋转视图。此外，为了表达零件的内腔结构和孔结构，可以使用剖视图。同样，根据这些结构是否对称、是否需要部分表达等情况可以分别使用全剖视图、半剖视图和局部剖视图。

习题

1. 简要说明工程图的特点和用途。
2. 工程图通常包括哪些组成要素?
3. 什么情况下需要使用剖视图表达零件?
4. 在工程图上通常需要标注哪些设计内容?
5. 模拟本章两个典型案例，掌握创建工程图的步骤与技巧。

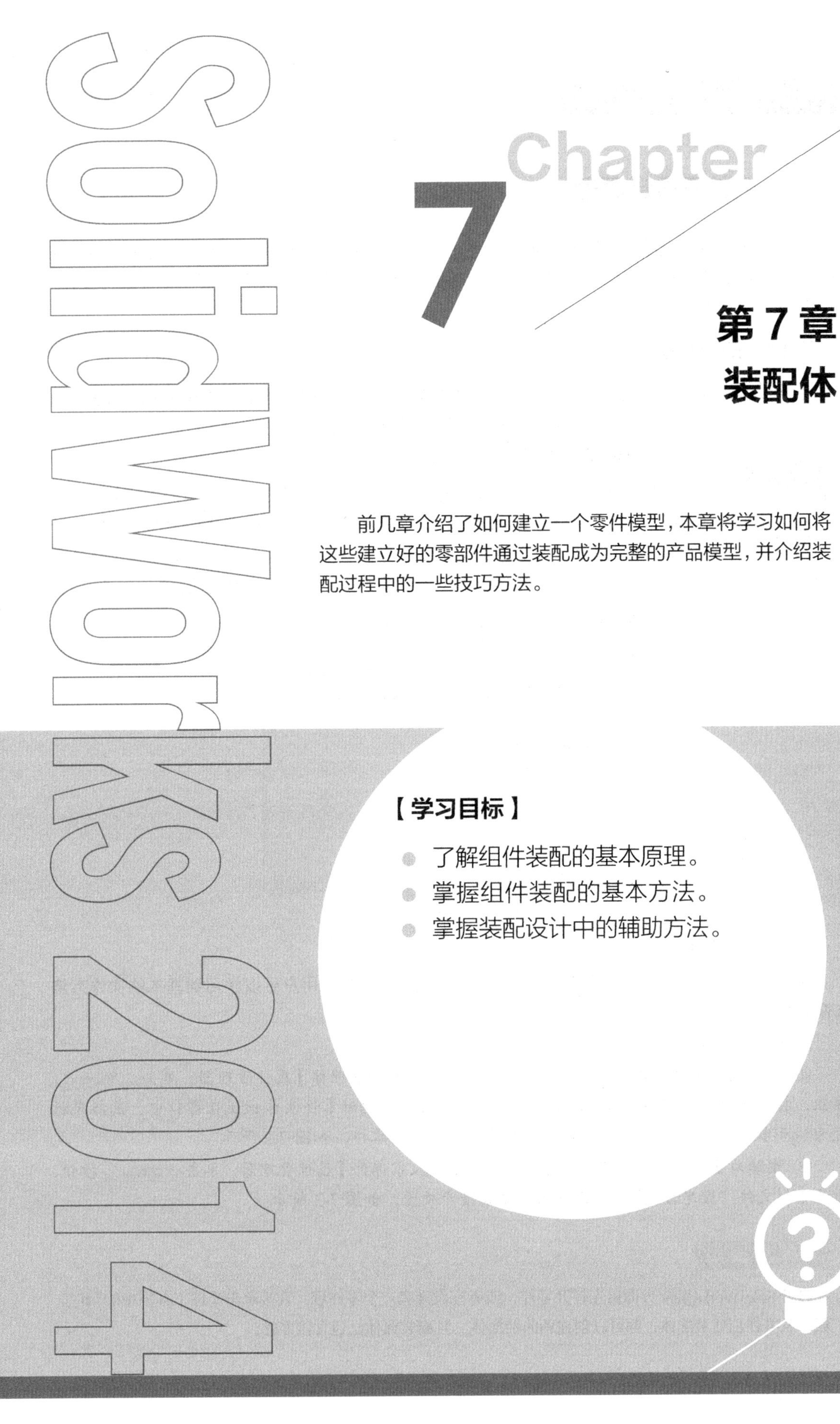

第 7 章 装配体

前几章介绍了如何建立一个零件模型，本章将学习如何将这些建立好的零部件通过装配成为完整的产品模型，并介绍装配过程中的一些技巧方法。

【学习目标】

- 了解组件装配的基本原理。
- 掌握组件装配的基本方法。
- 掌握装配设计中的辅助方法。

7.1 认识装配设计原理

生产中典型的机械总是被拆分成多个零件，分别完成每个零件的建模之后，再将其按照一定的装配关系组装为整机。组件装配是设计大型模型的需要，将复杂模型分成多个零件进行设计，可以简化每个零件的设计过程。

7.1.1 知识准备

在 SolidWorks 中，零件设计、装配和工程图并列为三大功能。本小节将介绍装配的基本情况，并通过一个简单的装配实例来熟悉装配。

肥皂盒的装配

1. 装配设计环境

进入 SolidWorks 界面后，单击按钮，在弹出的【新建 SolidWorks 文件】对话框中单击（装配体）按钮，进入装配体界面。没有添加零件的装配设计界面与零件设计界面类似，如图 7-1 所示。窗口左边是设计树，在这里将会列出所有装配体中的零件，而零件的子菜单将显示零件所有的特征。

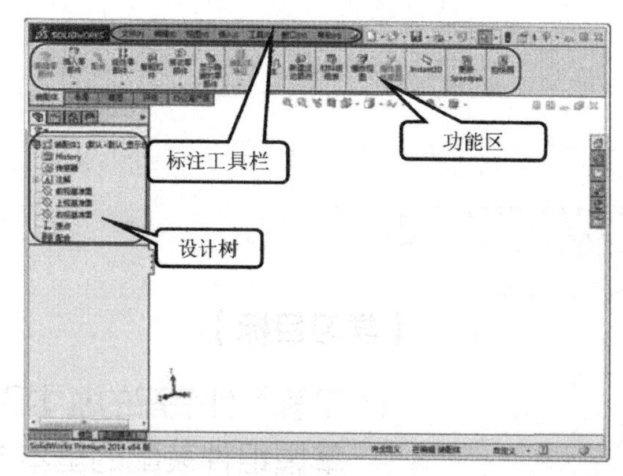

图 7-1 装配设计环境

2. 组件装配过程

下面装配一个肥皂盒，此肥皂盒只有盒盖、盒底两个零件，用户可以学习到基本的操作方法和配合的基本概念。

（1）插入零件

① 新建装配文件，进入装配界面之后直接弹出【开始装配体】属性管理器，单击 浏览(B)... 按钮，打开素材文件“第 7 章\素材\皂盒底\肥皂盒底”，此时零件实体出现在窗口中，鼠标光标变为形状，零件随鼠标光标移动，单击鼠标左键放置零件，如图 7-2 所示。

② 继续单击（插入零部件）按钮，打开【插入零部件】属性管理器，单击 浏览(B)... 按钮，打开素材文件“肥皂盒盖”，使其与肥皂盒底错开放置，如图 7-3 所示。

要点提示

在打开 SolidWorks 装配界面后先打开零件，或者在设计完一个零件后，直接单击文件工具栏中的按钮，从零件创建装配体，都可以创建新的装配体，且新装配体已包含该零件。

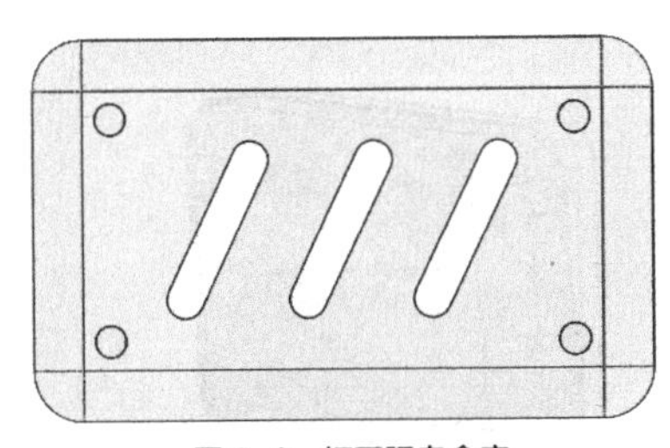

图 7-2　打开肥皂盒底

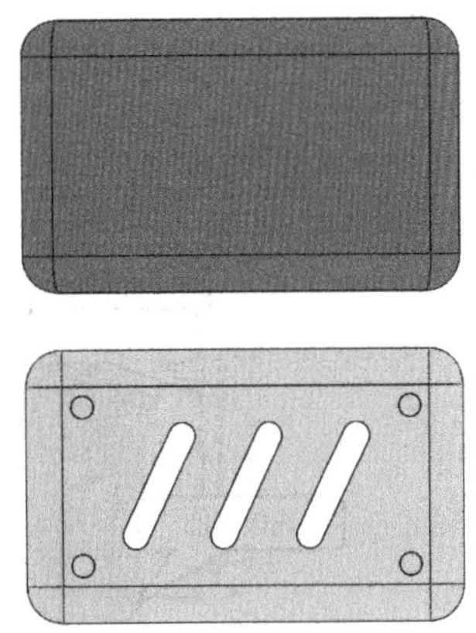

图 7-3　打开肥皂盒盖

（2）移动零件到预安装位置

零件的装配往往是由零件的某些要素，如零件的顶点、边线或者是面与其他零件的要素之间按照一定的规则接触而成，而这种按照一定规则的接触就是配合。但是由于重合可以是正面重合，也可以是反面重合，SolidWorks 往往默认寻找最近路线来进行重合配合，所以在进行配合前，应先将零件放置到预安装方向上。

① 旋转视图至合适位置，如图 7-4（a）所示。

② 在盒盖上按住鼠标左键，将盒盖平移至图 7-4（b）所示的位置，或者单击（移动零部件）按钮，鼠标光标将会变成形状，在零件上按住鼠标左键也能平移零件。

③ 在盒盖上按住鼠标右键旋转零件至图 7-4（b）所示的位置，使盒盖大致面向盒底即可。或者单击装配工具栏中下的旋转零部件按钮，鼠标光标将会变成形状，在零件上按住鼠标左键也能转动零件。

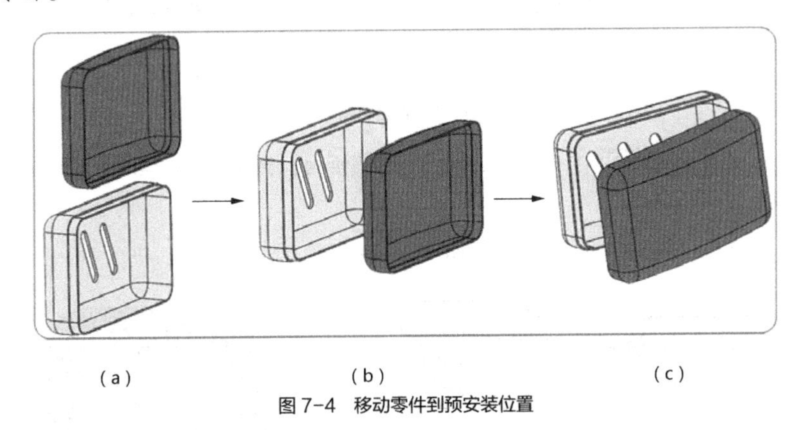

（a）　（b）　（c）

图 7-4　移动零件到预安装位置

要点提示

平移零件是指使零件在 *xyz* 方向上平行移动，零件本身没有旋转。旋转零件是指零件绕自身中点转动。

（3）重合配合

① 单击装配体功能区中的（配合）按钮，打开【配合】属性管理器，用鼠标左键单击选择两零件的上边线，如图 7-5（a）所示。

② 零件会自动移动到装配位置，预览配合，如图 7-5（b）所示，并在鼠标光标附近弹出工具栏，在工具栏中单击按钮，表示选中的两条边线重合在同一条直线上，然后单击工具栏中的按钮。

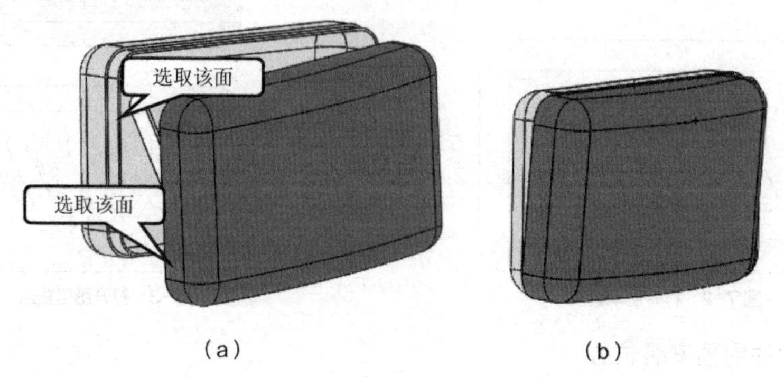

图 7-5 选取配合参照（1）

③ 选择两个需要配合的侧面，如图 7-6（a）所示。

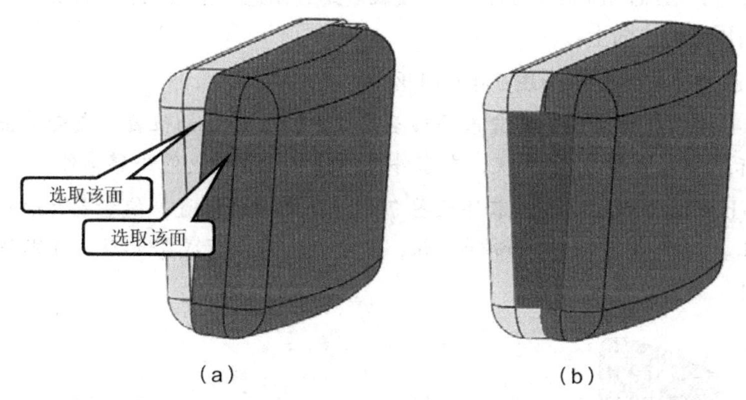

图 7-6 选取配合参照（2）

④ 在弹出的工具栏中单击按钮，预览如图 7-6（b）所示，然后单击工具栏中的按钮。

⑤ 重复上述步骤使两上平面重合，如图 7-7 所示。

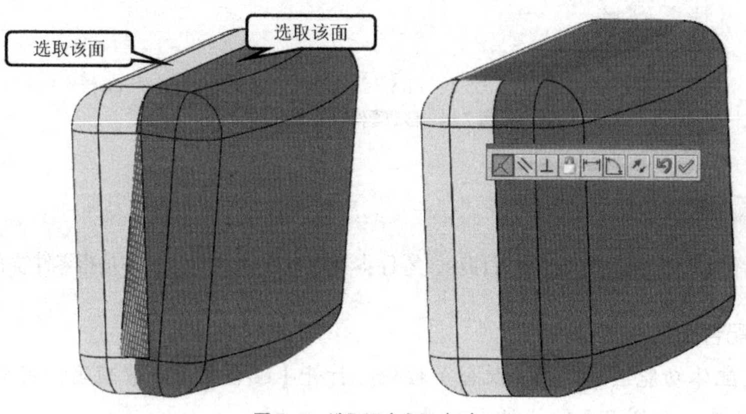

图 7-7 选取配合参照（3）

⑥ 盒盖相对于盒底完全固定，结果如图7-8所示。

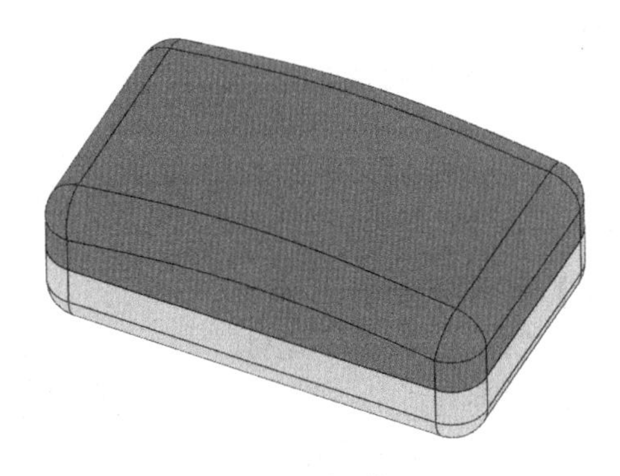

图7-8 装配结果

⑦ 单击【配合】属性管理器中的✔按钮，然后单击💾按钮，保存装配体至自定义文件夹。

通过学习这个简单的装配体，用户对装配有了初步的认识，可以看到所谓的配合实际上就是定义模型之间的约束，装配的过程就是添加零件、定义约束的过程。下面介绍更为复杂的装配。

7.1.2 典型实例——虎钳的装配

本小节将通过装配一台虎钳来深入学习装配方法。

虎钳的装配1

1. 产品分析及注意事项

图7-9所示为已装配好的虎钳模型，图7-10所示为虎钳的爆炸分解图。通过分解图可以看出以下内容。

（1）该装配体由10种共11个零部件组成。

（2）螺杆穿在固定钳身中，两端有垫片，尾部由挡环和销钉固定位置。

（3）螺母滑块通过中间的螺孔套在螺杆上，这样螺杆的转动就能转化为滑块的平移。

（4）活动钳身套在螺母滑块上的圆柱上，并用螺钉固定。

（5）固定钳身上有导轨，活动钳身能沿导轨移动。

（6）两块钳口板分别安装在固定钳身和活动钳身的钳口上。

这是一个较为完整的产品装配过程，在这个过程中将用到重合、同心、相切及距离等配合方式。

图7-9 装配好的虎钳模型

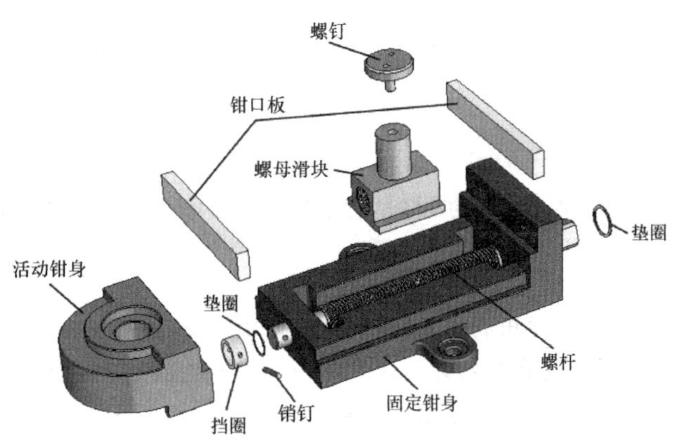

图7-10 虎钳的爆炸分解图

2. 设计过程

（1）固定钳身与螺杆的装配

螺杆直接套在固定钳身的孔内，它和钳身之间有垫片，并且由挡环销钉定位。这里主要用到重合和同轴配合。

① 打开 SolidWorks 界面，单击按钮，在弹出的【新建 SolidWorks 文件】对话框中单击（装配体）按钮，新建装配文件。

② 打开【开始装配体】属性管理器，单击浏览(B)...按钮，打开素材文件“第 7 章\素材\虎钳\固定钳身”，然后单击鼠标左键放置零件。

③ 单击（插入零部件）按钮，向装配界面中加入零件“垫圈 1”“垫圈 2”“销钉”“挡圈”和“螺杆”，如图 7-11 所示。

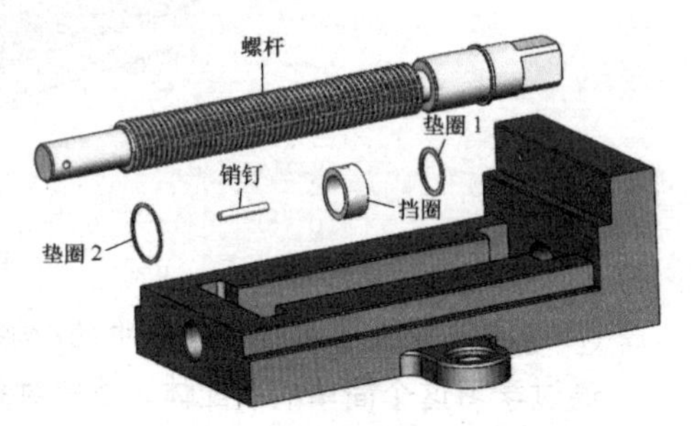

图 7-11 向装配界面中加入零件

④ 单击（配合）按钮，打开【配合】属性管理器，选择垫圈 1 内圆环表面和螺杆任一同轴圆柱表面（若配合面太小不好选择，可用鼠标滚轮放大视图后选择），如图 7-12 上图所示。

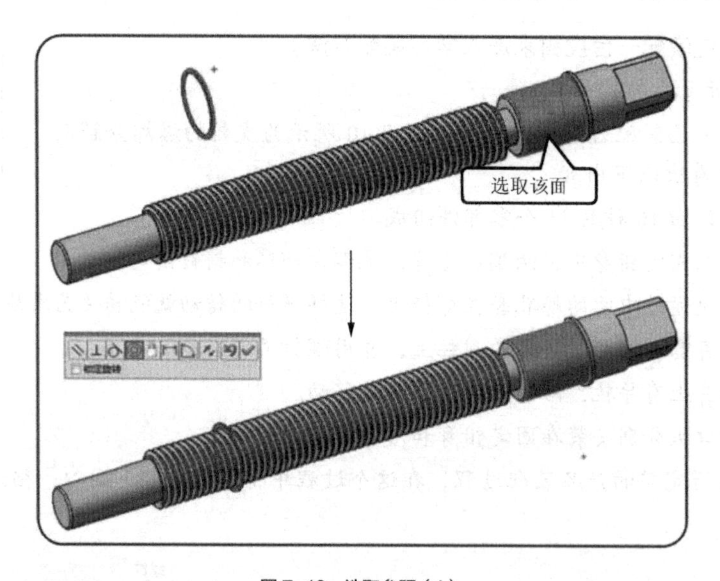

图 7-12 选取参照（1）

要点提示

如果添加了错误的零件，只需在该零件的任意位置单击鼠标右键，在弹出的快捷菜单中选择【删除】命令就可以将放错的零件删除。

⑤ 在弹出的工具栏中单击（同轴心）按钮，然后单击按钮，得到图 7-12 下图所示的装配结果。这就是两个圆面之间的同轴配合。

⑥ 选择垫圈与轴肩相对的两个面，如图 7-13 所示。

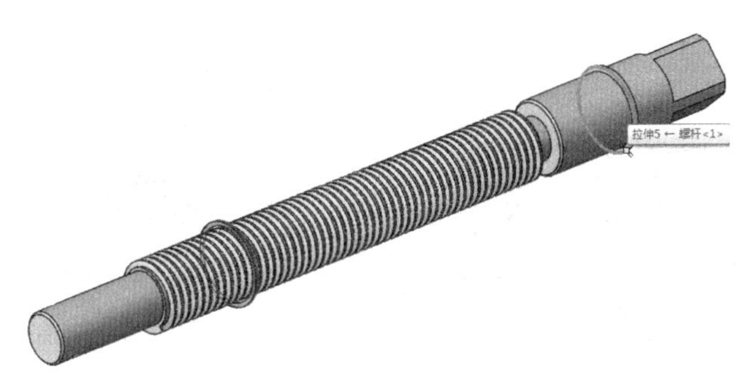

图 7-13　选择参照（2）

⑦ 在工具栏中单击按钮，再单击按钮，得到图 7-14 所示的装配结果。

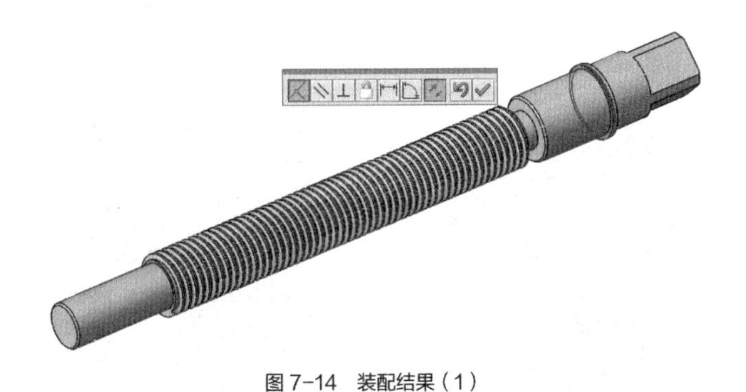

图 7-14　装配结果（1）

⑧ 选择螺杆的任一同轴圆柱面，并选择固定钳身上孔的内表面，应用同轴配合，结果如图 7-15 所示。

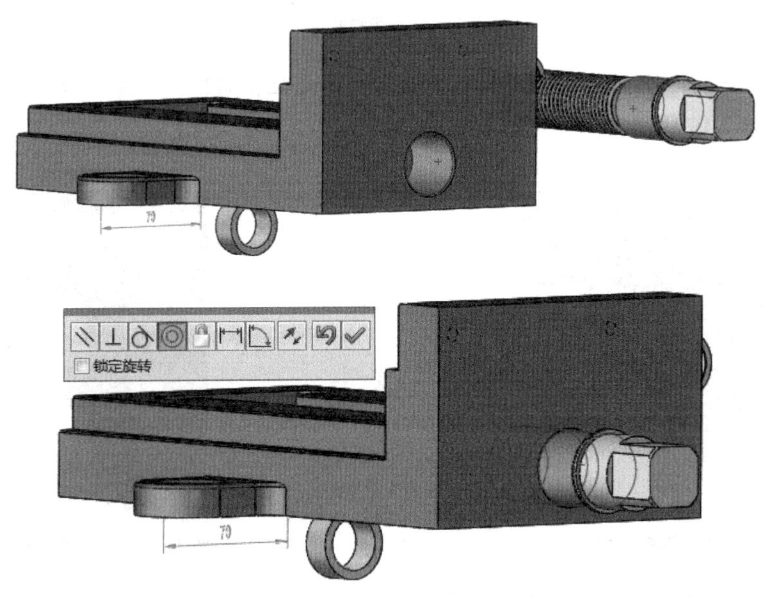

图 7-15　装配结果（2）

⑨ 选择垫圈 1 和固定钳身相对的平面，应用重合配合，然后单击按钮，结果如图 7-16 所示。

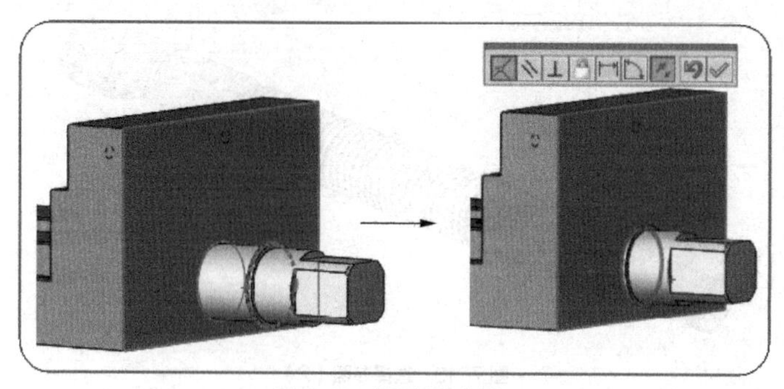

图 7-16 装配结果（3）

⑩ 用与安装垫圈 1 相同的方法将垫圈 2 安装到螺杆尾部，并和固定钳身尾平面重合，结果如图 7-17 所示。

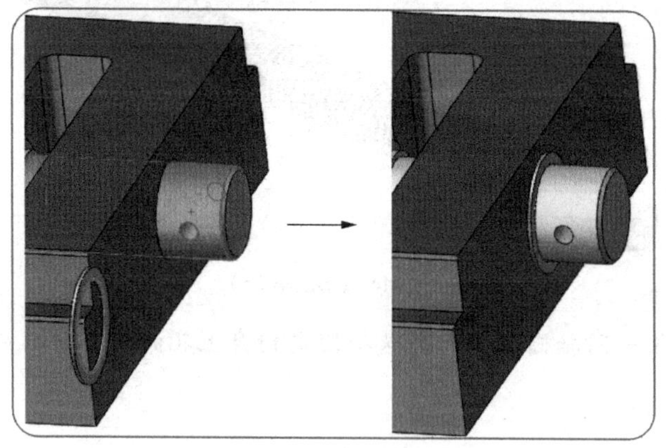

图 7-17 装配结果（4）

⑪ 使挡圈和螺杆同轴，并使挡圈定位孔和螺杆的定位孔同轴，如图 7-18 所示，然后单击按钮，结果如图 7-19 所示。

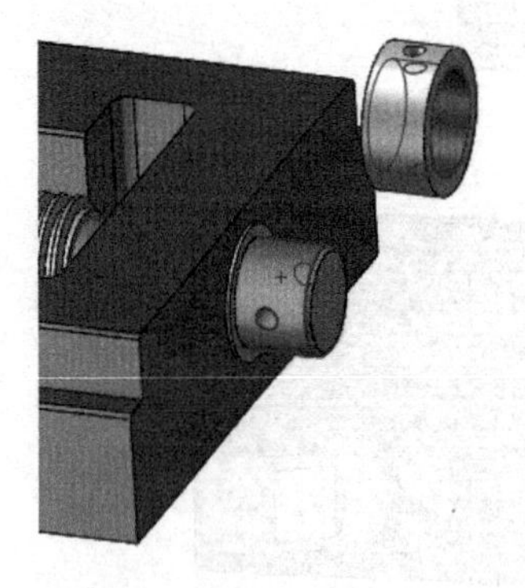

图 7-18 选取参照（3）

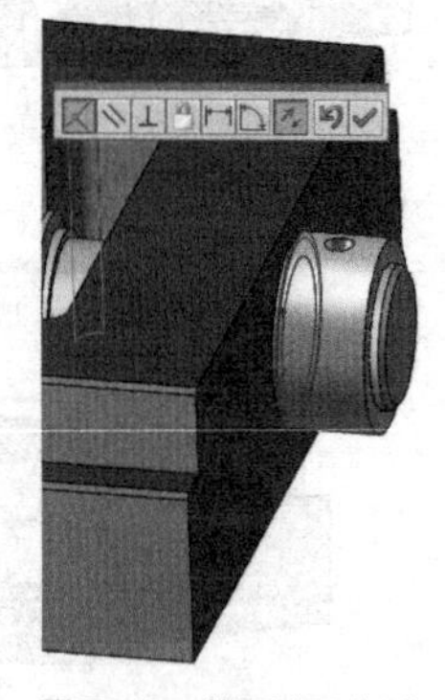

图 7-19 装配结果（5）

⑫ 将销钉与挡圈的定位孔同轴，然后选择销钉的一个端平面，再选择挡圈的外圆柱表面，在弹出的工具栏中单击（相切）按钮，然后单击按钮确定，装配过程如图 7-20 所示。

要点提示

在实际情况中，销钉与定位孔一般是过盈配合，没有一个轴向的固定位置，因此在这里采取将销钉端面与挡圈外环相切的方式来进行销钉的轴向定位。

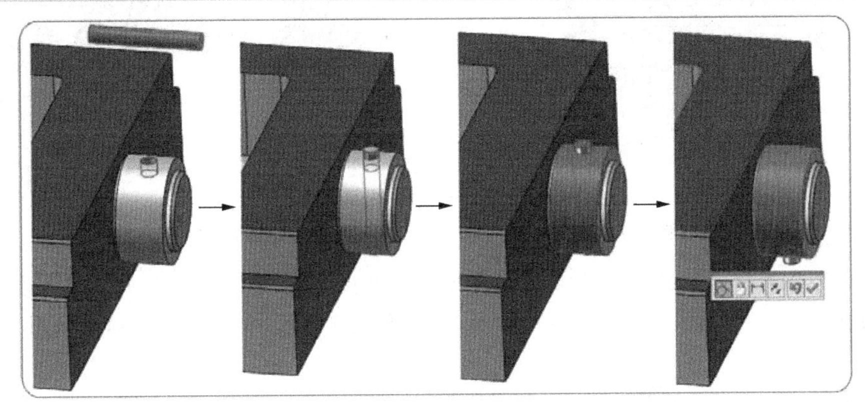

图7-20 装配结果（6）

要点提示

每次弹出的配合工具栏都只会列出可能的装配方式，平面与圆柱面的配合中就没有出现重合选项，而只有相切配合。

至此整个螺杆的装配就完成了，用鼠标左键拖动螺杆，可以看到螺杆只能沿轴向转动。

（2）移动部件的装配

移动部件包括螺母滑块和活动钳身，螺母滑块在固定钳身底面的导轨上滑动，活动钳身在固定钳身两侧的导轨上滑动。两者靠活动螺母上面的圆柱相连，由螺钉固定，装配好的剖面图如图7-21所示。

① 单击（插入零部件）按钮，将零件“螺母滑块”加入到装配界面，如图7-22所示。

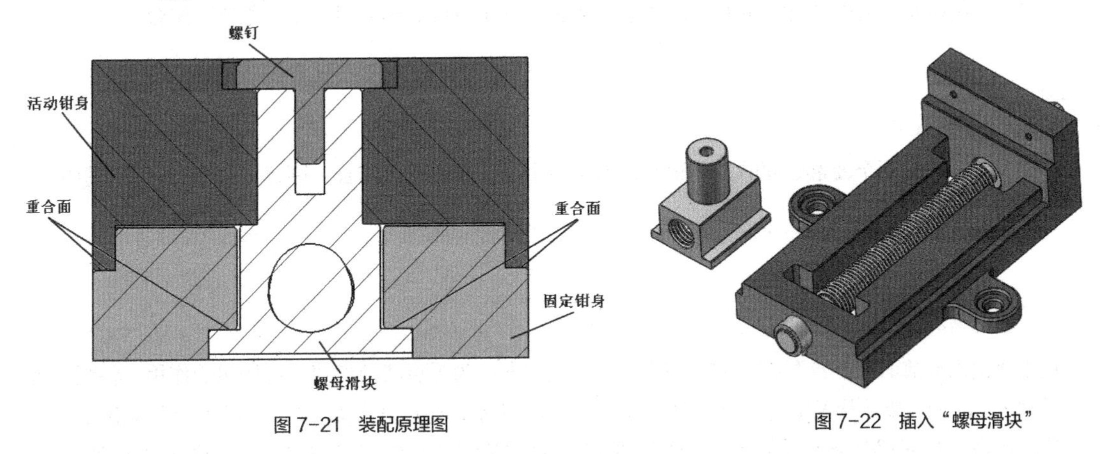

图7-21 装配原理图　　图7-22 插入“螺母滑块”

② 单击按钮，选择两导轨接触面，如图7-23所示，使之重合，结果如图7-24所示，然后单击按钮。

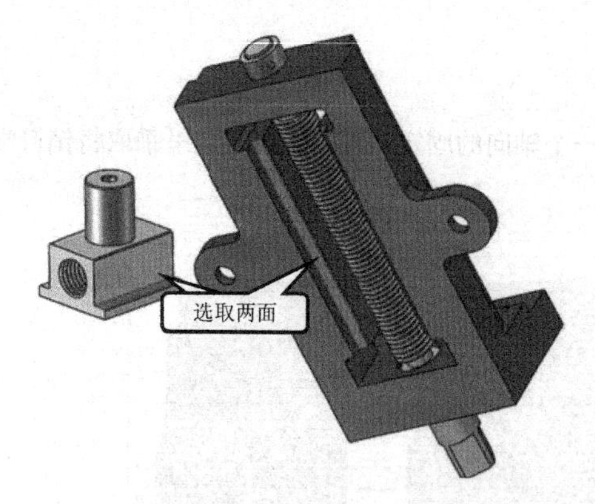

图 7-23 选取参照（1）

图 7-24 装配结果（1）

③ 选择两个侧面，如图 7-25 所示，在弹出的工具栏中单击按钮，此时工具栏变成形式，在文本框中输入“1”，系统默认的单位为 mm，结果如图 7-26 所示。

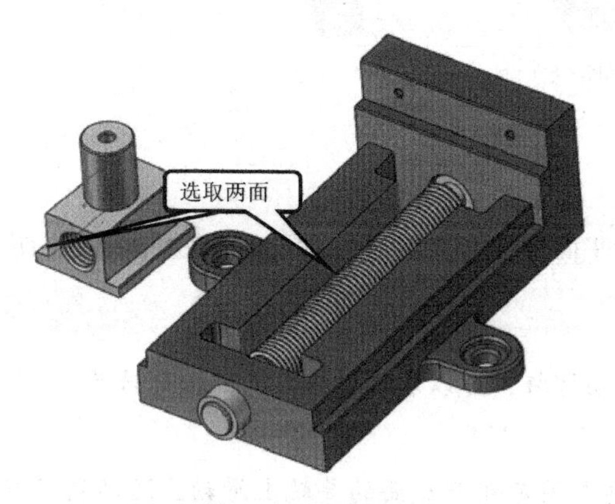

图 7-25 选取参照（2）

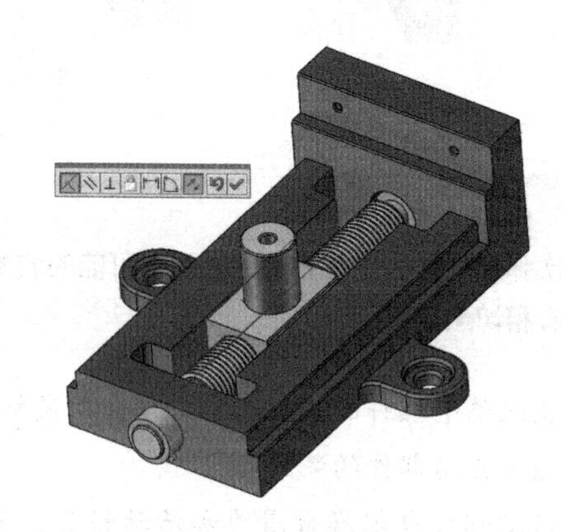
图 7-26 装配结果（2）

要点提示

螺母滑块侧面和固定钳身内侧面正确装配时应存在 1mm 的间隙，这时可以用“距离”配合。

要点提示

“距离”配合指两个要素之间的相隔距离，若是两个平面使用距离配合，则包含有平行和相隔距离两重配合。

要点提示

在距离输入框前面有个按钮，它用来设定间隙的方向，为了更清晰地演示此按钮的作用，将距离暂时改为 10mm，默认状况下的正向间隙如图 7-27（a）所示，在这里会出现两个零件重叠的状况是错误的，单击按钮后两个平面在另一方向形成间隙，这才是所需要的正确间隙方向。将距离改回到 1mm 并单击按钮，结果如图 7-27（b）所示。

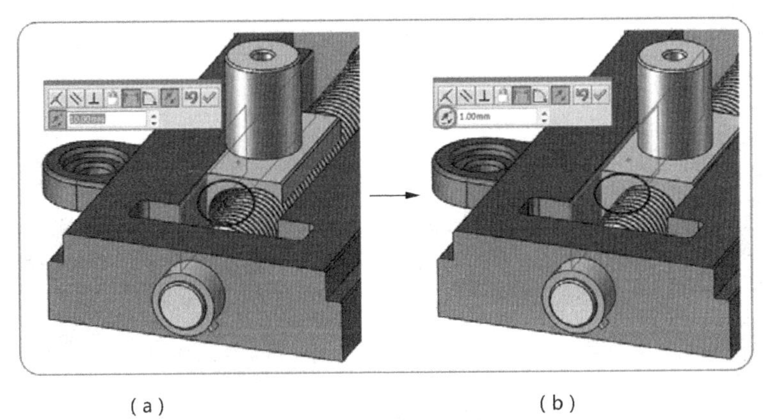

（a） （b）

图 7-27 正向间隙示意

（3）活动钳身的装配

活动钳身与固定钳身两侧的导轨重合，并且还套在螺母滑块的圆柱上。

① 单击（插入零部件）按钮，将零件“活动钳身”“螺钉”加入到装配界面，如图 7-28 所示。

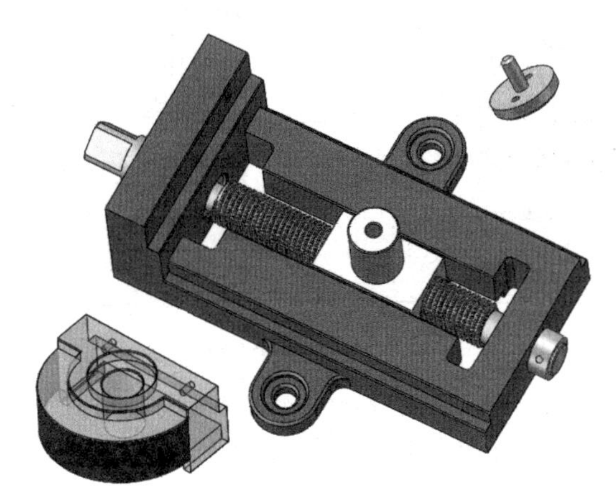

图 7-28 插入“活动钳身”“螺钉”

② 单击按钮，选择活动钳身通孔内圆柱表面和滑块柱表面，使其进行同轴配合，如图 7-29 所示，然后单击按钮确定。

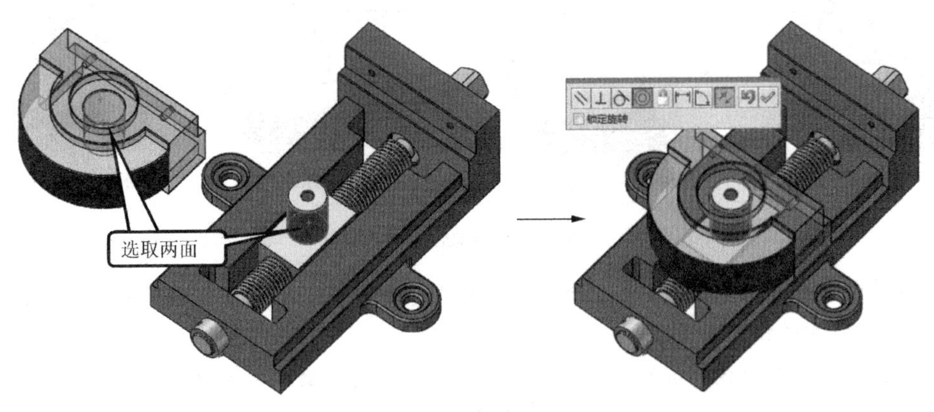

图 7-29 装配结果（1）

③ 选择活动钳身侧边底面和固定钳身侧边导轨上表面，使其重合配合，如图 7-30 所示，然后单击✔按钮确定。

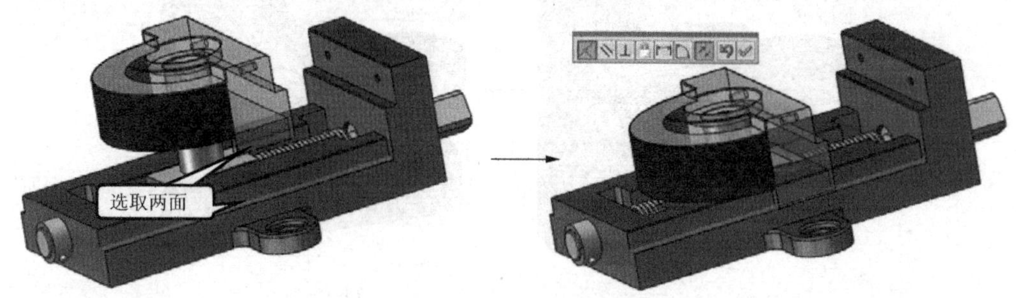

图 7-30 装配结果（2）

④ 选择安装钳口板的平面，在弹出的工具栏中单击按钮，使其平行配合，如图 7-31 所示，然后单击✔按钮确定。

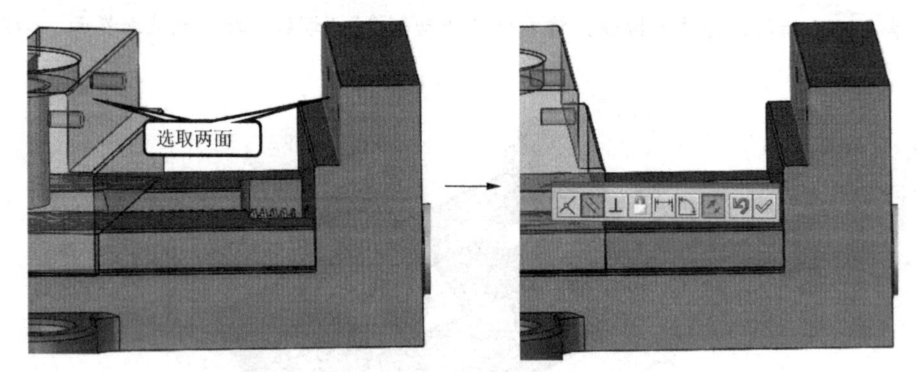

图 7-31 装配结果（3）

⑤ 将螺钉与滑块的顶部孔同轴，并将螺钉帽的下表面与滑块上表面重合，如图 7-32 所示，然后单击✔按钮确定，最后单击【配合】属性管理器中的✔按钮。

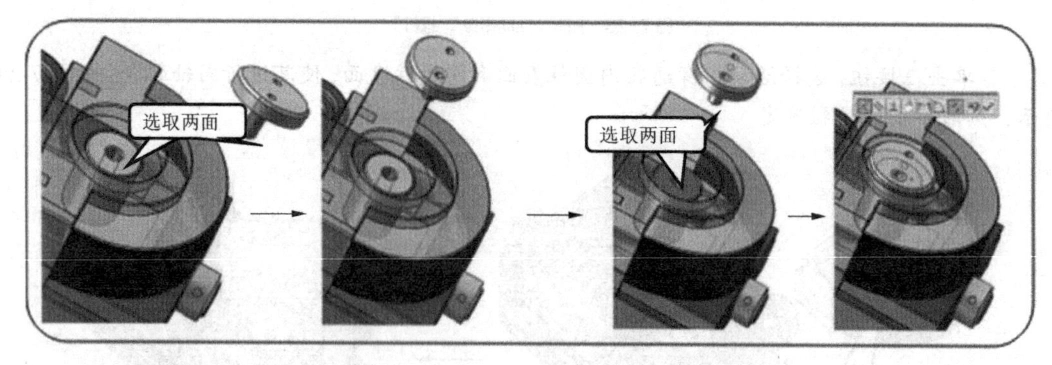

图 7-32 装配结果（4）

⑥ 往装配体中添加两个钳口板，选择图 7-33 所示的平面，将两块钳口板分别重合装配在活动钳身和固定钳身的钳口上。

⑦ 选择固定钳身上钳口板的端面，使其和固定钳身的侧面距离为 15mm，使另一块钳口板的端面距离活动钳身侧面为 15mm。注意距离配合的方向性，钳口板应该是长于钳口的，要超出

钳身侧面，配合方向不对时，可单击按钮改变，如图 7-34 所示，然后单击按钮确定。

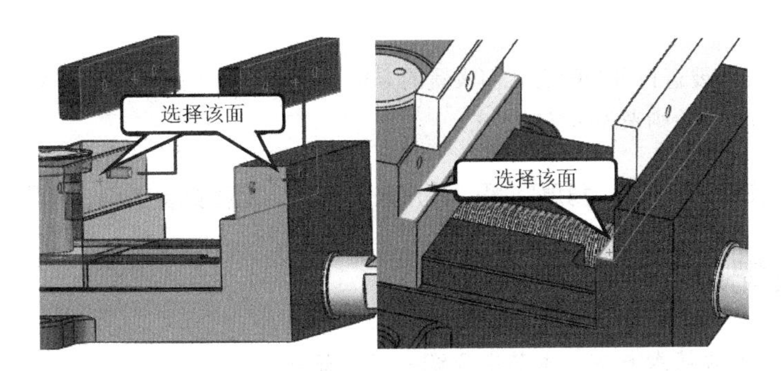

图 7-33　选择参照

⑧ 单击【配合】属性管理器中的按钮结束装配，最终结果如图 7-35 所示。

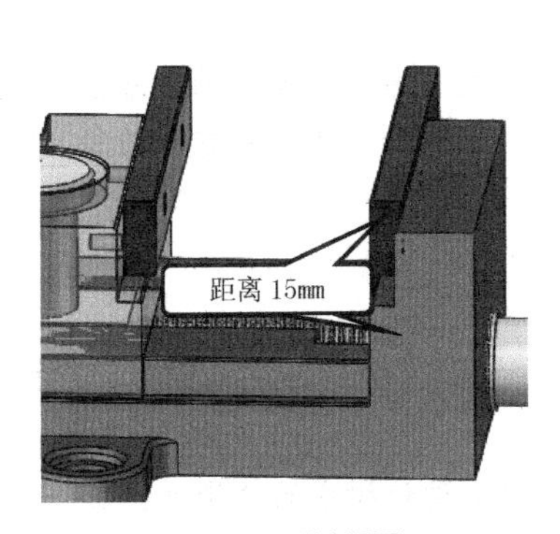

图 7-34　距离设置

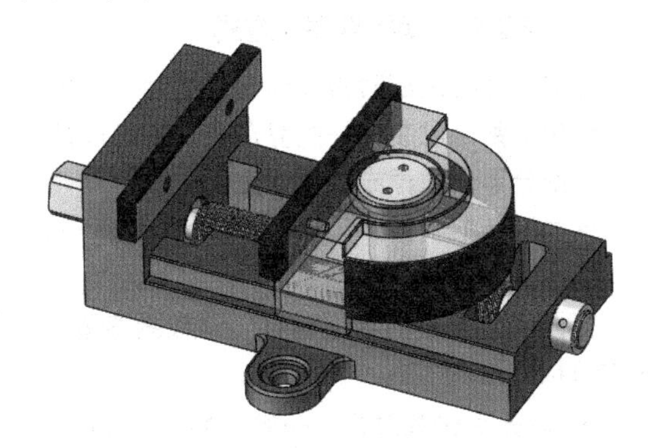

图 7-35　最终装配结果

⑨ 选择菜单命令【窗口】/【视口】/【四视图】，可以看到装配体的三视图和正等轴测图，如图 7-36 所示。

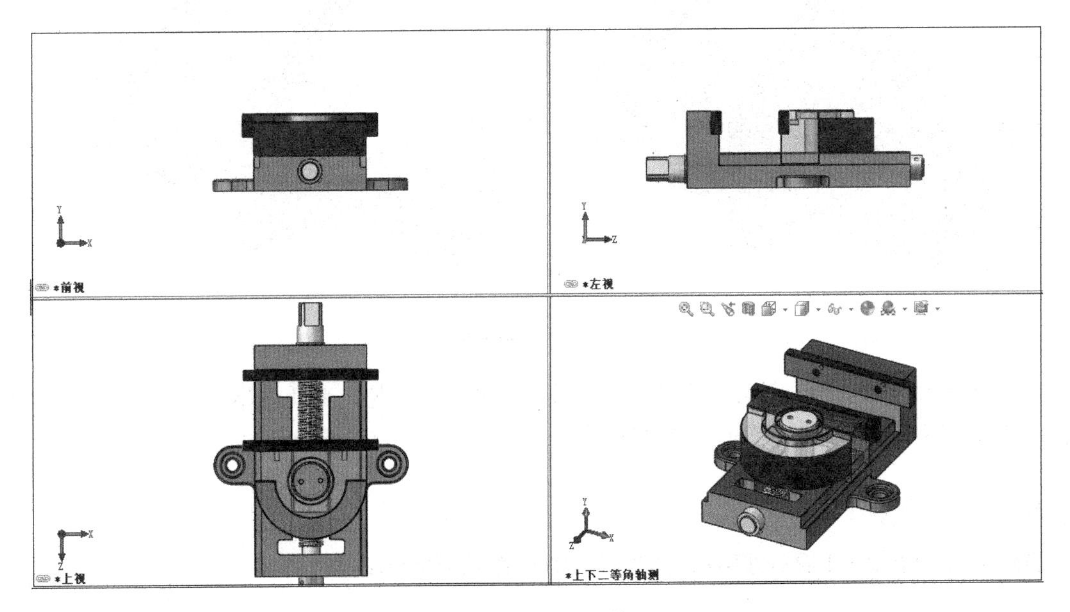

图 7-36　四视口显示效果

要点提示

装配一个零件往往需要进行多个配合，但设置的方式不是唯一的，读者在今后实际操作中要根据需要，依据准确、方便的原则来选择装配方式。

其他配合方式还有垂直⊥、角度等，其用法与平行、距离配合类似，这里不再赘述。

7.2 基本装配技巧

前面介绍了装配的基本方法，本节来介绍一下装配技巧。

7.2.1 知识准备

1. 隐藏或改变零件显示方式

有些零件在装配时被其他零件挡住了视角，且有些情况下无论从什么角度都很难进行装配，或者你想为某个已装配好的复杂机械的内部情况作一张截图，这时都可以用到隐藏命令，此命令可以将部分零件隐藏或者变得透明。

这里以 7.1.2 小节组装好的虎钳为例进行介绍。

（1）完全隐藏零件

打开装配好的虎钳装配体，假设要查看一下螺母滑块，这时只需隐藏活动钳身、螺钉和一块钳口板即可。

① 打开虎钳装配体，如图 7-37（a）所示，用鼠标右键单击设计树中的“活动钳身”，弹出快捷菜单，单击按钮，结果如图 7-37（b）所示。

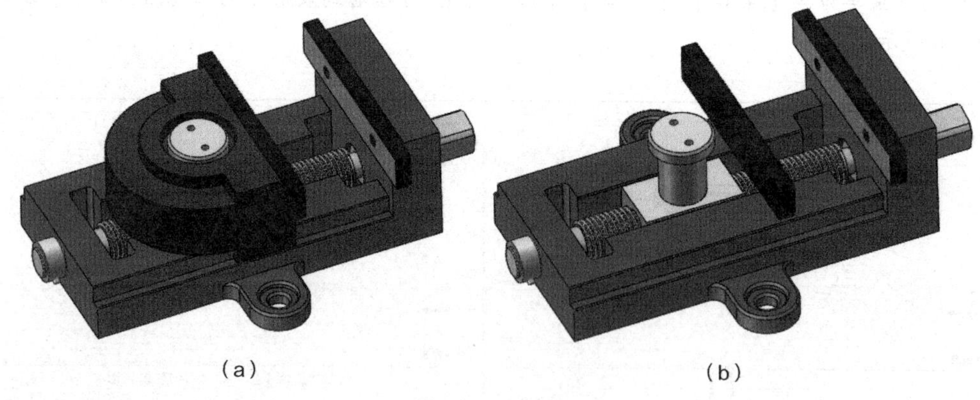

（a）（b）

图 7-37 隐藏结果

② 隐藏活动钳身后，设计树中该零件的图标会由变成。要还原隐藏，只需在设计树中选择被隐藏零件，然后再次单击按钮即可。

要点提示

隐藏零件只是在显示上看不到零件，它的任何属性或者关系都没有改变。

（2）使零件半透明

将刚才隐藏的活动钳身零件还原，在设计树中用鼠标右键单击它，在弹出的快捷菜单中单击（更改透明度）按钮，可以看到此零件变为半透明状，如图7-38所示。

（3）使用透明或框架效果

如果觉得还看不清透明零件后的结构，可以调整零件透明度或将零件变成框架形式。

① 单击绘图区上方工具栏中的按钮或者在设计树中的零件图标上单击鼠标右键，在弹出的快捷菜单中单击（颜色）按钮，打开【颜色】对话框。

② 在【颜色】栏的下拉列表中选择【透明】选项，改变透明度，每次修改视图都会出现相应的预览。

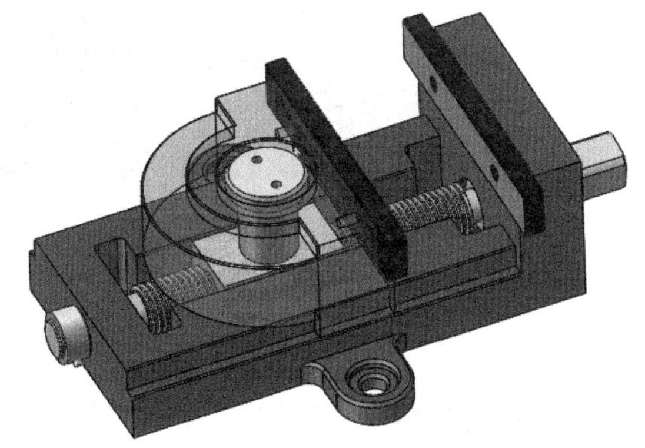

图7-38 使零件半透明

③ 觉得合适后单击按钮确定调整即可。

（4）改变指定零件的显示状态

还有一种方式可以改变零件的显示方式，该方法和改变装配体整体显示方式相同，只是改变的是单独指定的零件。

下面以隐藏活动钳身和上面安装的零件为例进行介绍。

① 在设计树中用鼠标右键单击要改变显示方式的零件图标，在弹出的快捷菜单中选择【零部件显示】命令，在其子菜单中可以看到【线架图】、【隐藏线可见】等显示方式选项，根据需要选择其中一种。图7-39所示为“线框架”“隐藏线可见”以及“消除隐藏线”效果图。

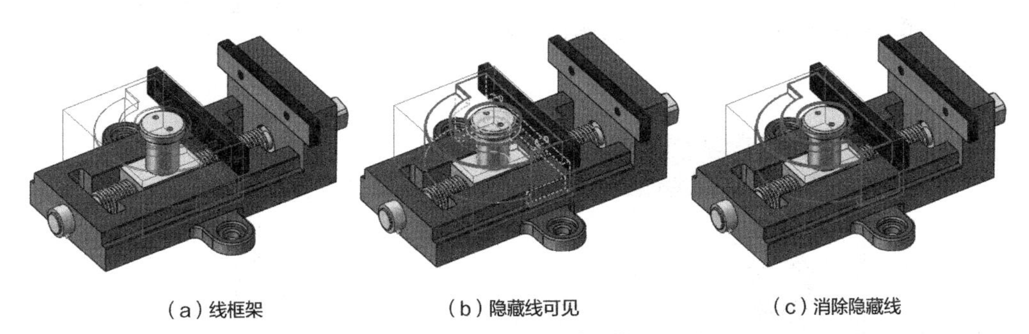

（a）线框架　（b）隐藏线可见　（c）消除隐藏线

图7-39 改变指定零件的显示状态

② 要还原至默认显示方式，只需在零件图标上单击鼠标右键，在弹出的快捷菜单中选择【零部件显示】/【带边线上色】命令即可。

2. 在装配体中直接编辑零件

在进行产品设计的时候，往往需要一边装配一边修改零件，因此常常要在装配体和零件窗口之间切换，而当零件较多时切换就很麻烦。SolidWorks 的装配提供了在装配体中直接编辑零件的功能。下面就在刚刚装配好的虎钳的两个钳口板上打上两个与钳身配合的安装孔，如图7-40所示。

（1）准备工作

由于钳口板位于钳身上，因此最好先将遮挡视线的活动钳身等零件隐藏，并将视图切换到编辑平面，然后使模型以线框显示，以方便看到钳口板后面钳身上的安装孔。

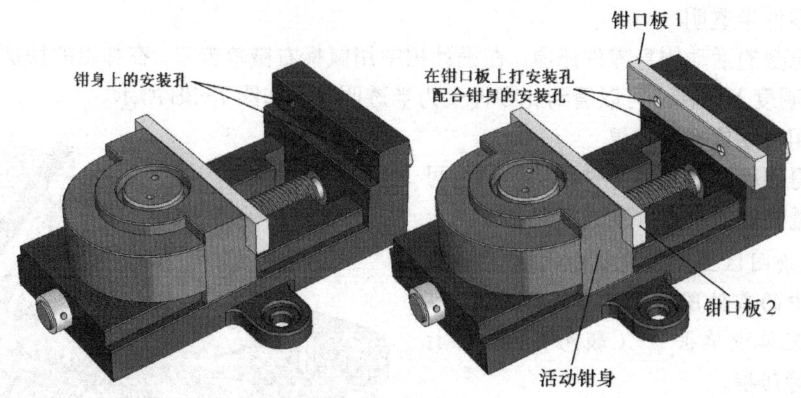

图 7-40 创建安装孔

① 按住Ctrl键选择设计树中的“活动钳身”“钳口板 2”和“螺钉”，然后单击按钮隐藏。

② 在设计树中选择零件“钳口板 1”，然后单击【装配体】功能区中的（编辑零部件）按钮，或者用鼠标右键单击零件实体或零件图标，在弹出的的快捷菜单中选择【编辑零件】命令，此时其他零件都会半透明显示，如图 7-41 所示。

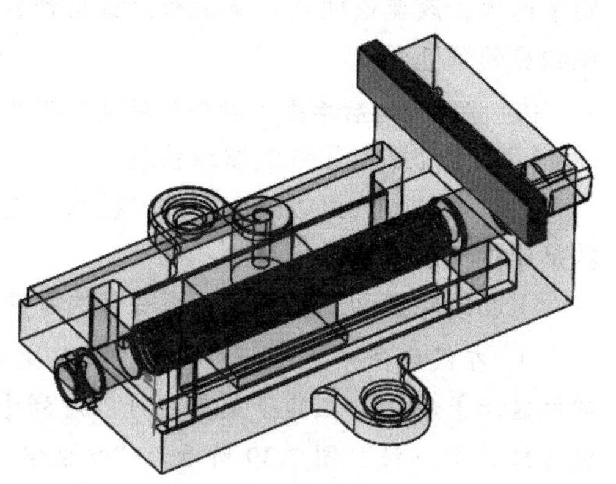

图 7-41 半透明显示零件

③ 选择钳口平面，在视图工具栏中单击按钮，此时视图转换到正视钳口平面的方位，如图 7-42（a）所示。

④ 单击按钮，使视图变成线框图，如图 7-42（b）所示。

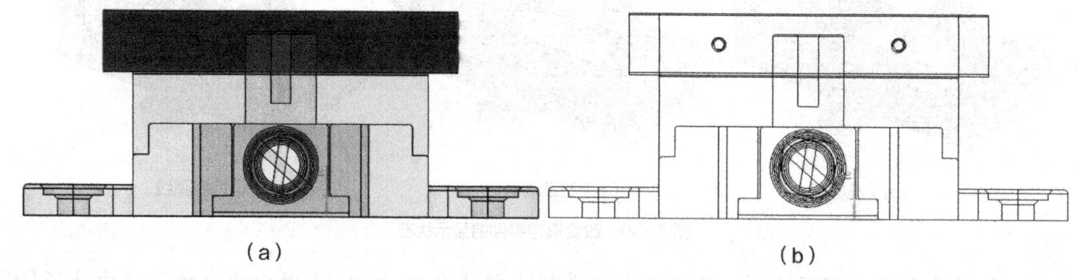

图 7-42 编辑零件

（2）编辑零件

① 单击（草图绘制）按钮，利用工具绘制与钳身定位孔同样的圆（半径为 3mm），然后单击按钮回到原来的显示方式，如图 7-43 所示。

② 在【特征】功能区中单击（拉伸切除）按钮，设定终止方式为【完全贯穿】，在钳口板上打出两个定位孔。

③ 单击倒角按钮，倒角 2mm，再次单击（编辑零部件）按钮，结束对零件的编辑，结果如图 7-44 所示。

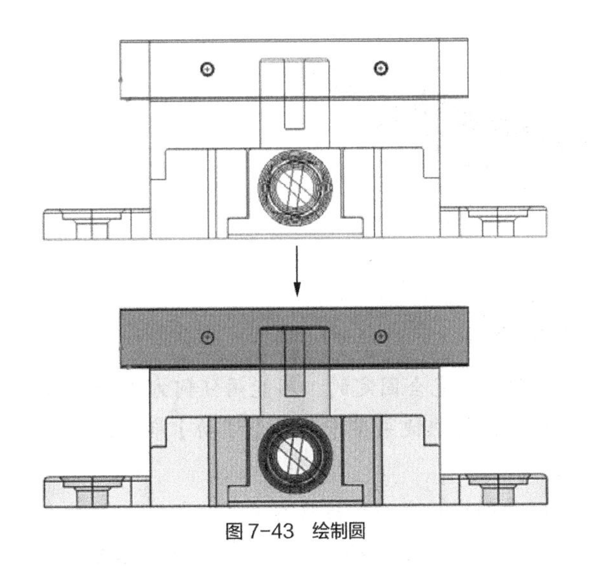

图7-43 绘制圆

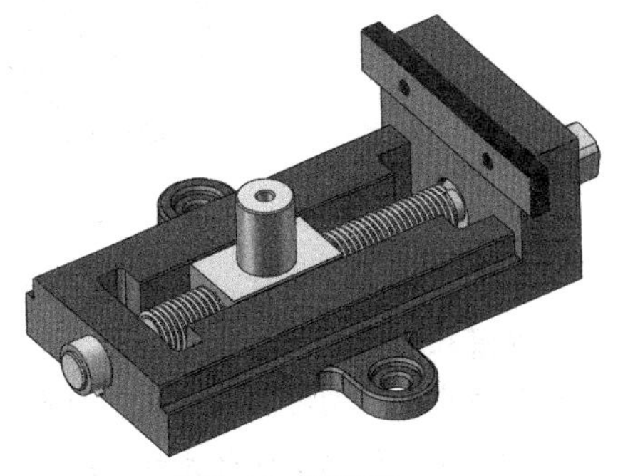

图7-44 编辑结果

要点提示

在装配体中修改的零件关联到对应的零件文件，即在装配体中修改相当于在零件文件中直接修改。

（3）修改另一块钳口板

单击按钮保存，并在重建模型提示中选择【重建】。或者弹出的是【保存修改的文档】对话框，单击保存所有(S)按钮。将钳口板2还原显示，结果发现钳口板2也开了孔，但倒角方向不对。这是因为两个钳口板本来是同一个零件，只是添加两次而已，而装配体中对钳口板1的改动关联了钳口板零件文件，因此钳口板2也改变了。由于最开始装配时两个板方向一致，所以钳口板2的倒角就面向活动钳身了，如图7-45所示。

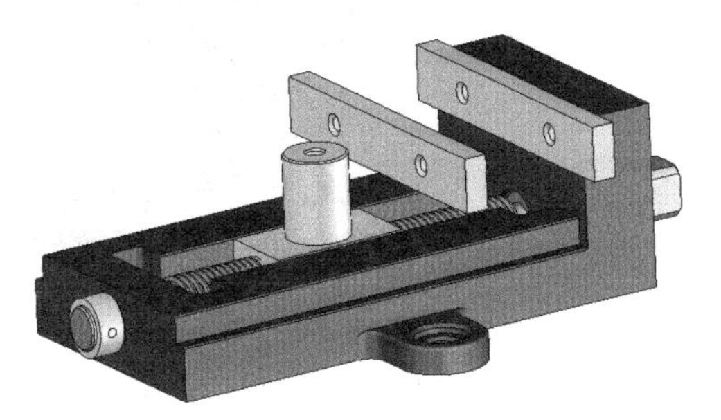

图7-45 编辑效果

修改方法如下：先将钳口板2的全部配合删除。在钳口板2上单击鼠标右键，在弹出的快捷菜单中选择【查看配合】命令，在左侧设计树最底部出现配合属于:钳口板-2栏，选择全部，按Delete键删除，或者在右键快捷菜单中选择【删除】命令。将活动钳身恢复显示，然后将钳口板调转方向，重新装配一次即可。

要点提示

在装配体中进行零件的修改设计很方便，用户可以根据装配或功能的需要来进行“在线”设计改进，读者应该熟练掌握此项功能。

3. 固定和浮动

在装配体中放置的第一个零件是固定的，那么相对于固定就有活动，在SolidWorks中“活动”称为“浮动”。

打开素材文件“第7章\素材\活塞范例\曲柄滑块”，如图7-46所示。

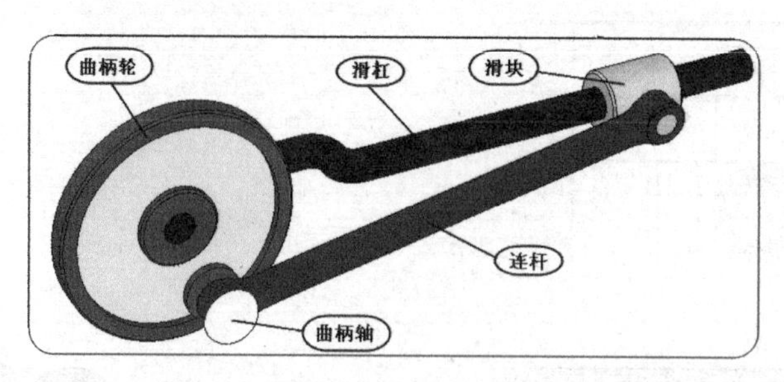

图 7-46　装配曲柄滑块机构

（1）在设计树中可以看到 (固定) 滑杠<1>，表示滑杠是完全固定的，不能用任何方式使其活动。在滑杠实体上或设计树图标上单击鼠标右键，在弹出的快捷菜单中选择【浮动】命令，这时的设计树中滑杠图标名称中的“固定”二字已消失。

（2）用鼠标左键按住曲柄轴绕中心轴转动，可以看到滑杠也一起摇摆起来了。

（3）在右键快捷菜单中选择【固定】命令，这时转动一下曲柄轴，可以看到稳定的运动了，如图 7-47 所示。

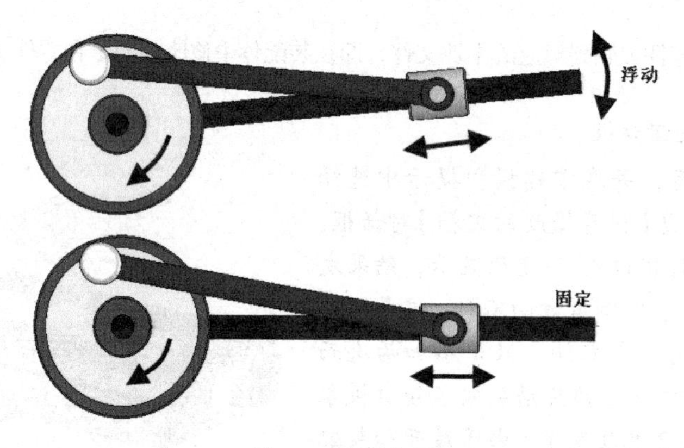

图 7-47　运动效果

要点提示

在实际产品中，完全固定的零件（如机床的床身、显示器底座等）可以设置为固定，而有些产品为了检测活动部件单独的运动，也可以将有些本来可以活动的零件设置为固定。

4. 子装配体

如果说有一个伺服电机组包括电机减速器等几十个零件，你新设计的爬虫机器人和机械手都用得上，这时候就可以用到子装配体，而不用在每个装配体内都将这个复杂的电机组再重复装配一遍。

还是以虎钳为例，将活动钳身以及其上的螺钉和钳口板作为一个装配体，将该装配体称为活动钳头，如图 7-48 所示，这里不再详细讲述钳头的装配过程。

下面介绍将钳头以子装配体形式进行装配的方法。

① 在装配钳头后不要关闭该装配体，将之前已装配好的虎钳装配体打开，将钳头中的 3 个零件删除，如图 7-49（a）所示。

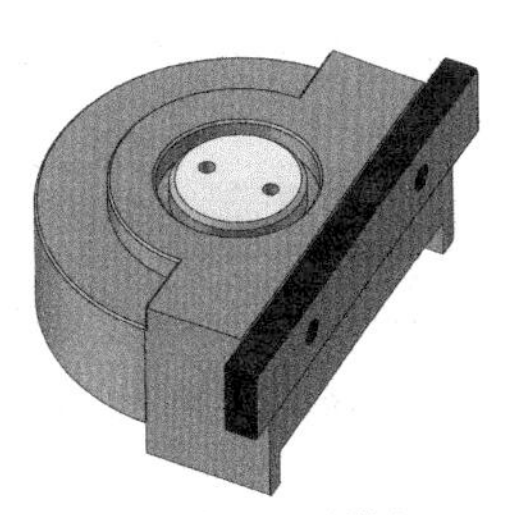
图7-48 活动钳头

② 单击（插入零部件）按钮，在【插入零部件】属性管理器中出现文档“子装配体”，将其加入到装配体中，如图7-49（b）所示。

③ 单击（配合）按钮，选择螺母滑块上圆柱面和活动钳身的孔内表面，使之同轴配合，如图7-50（a）所示，然后单击按钮确定。

④ 选择固定钳身两侧导轨面和活动钳身两侧导轨面，使之重合配合，如图7-50（b）所示，然后单击按钮确定。

⑤ 选择两钳口板相对平面，使之平行配合，如图7-50（c）所示，然后单击按钮确定，最后单击【配合】属性管理器中的按钮，结束装配过程。

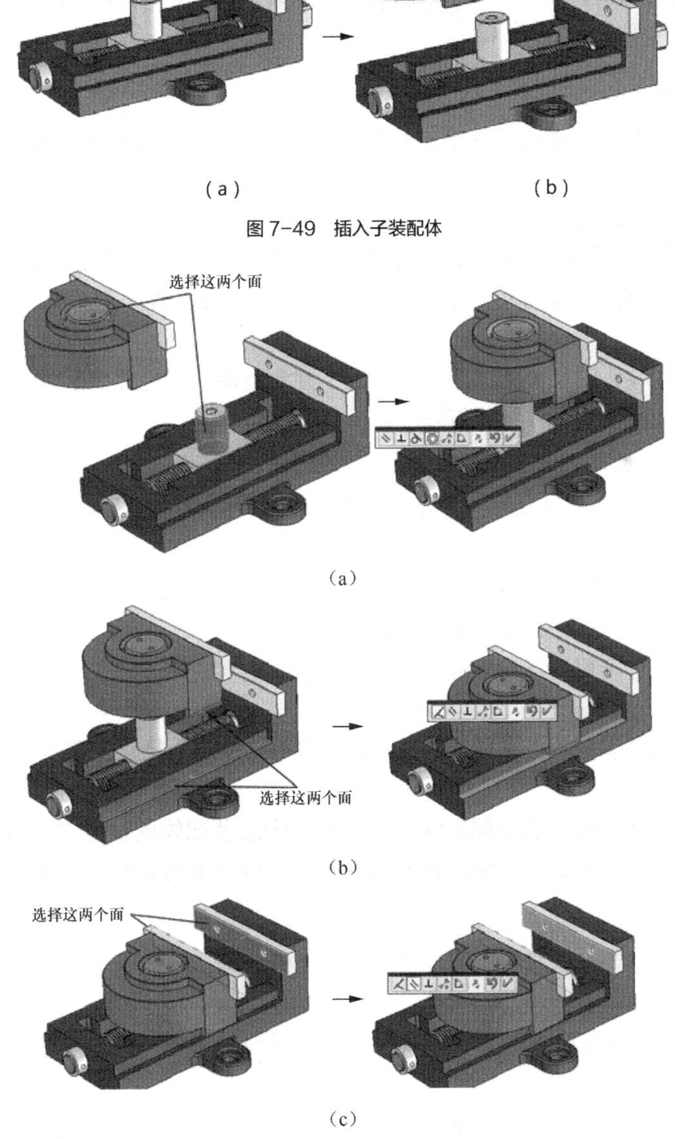

（a）（b）
图7-49 插入子装配体

（a）
（b）
（c）
图7-50 装配过程

通过这个例子可以看到，子装配体完全可以当作一个零件来进行装配。

用户可以直接在装配体中生成子装配体，在设计树中按住 Ctrl 键选择需形成子装配体的零件，然后在右键快捷菜单中选择【在此生成新子装配体】命令即可。

要使装配体中的子装配体还原成单个零件，可在子装配体的右键快捷菜单中选择【解散子装配体】命令。

解散子装配体后，原来在子装配体中的配合依然有效，且子装配体中原来固定的零件在解散后依然固定，需要设定为浮动后才能进行装配。

5. 简化装配体

当装配体拥有 100 个或者更多的零件而且有些单体零件又很复杂的时候，每次要编辑打开时都很漫长，这时可以简化装配体。用户可以通过改变零件压缩状态或用隐藏零件的方式来简化装配体。下面以虎钳为例进行讲解。

打开虎钳装配体，螺母滑块在装配完成后是看不到的，但是其中又有比较复杂的内螺纹孔，因此在打开重建模型时会对打开重建速度产生影响，所以将其做简化处理。下面介绍其不同的处理方法。

（1）压缩

压缩状态是将零件暂时从装配体中除去，但不完全删除。在打开装配体时，被压缩的零件是不装入内存的，因此不能对零件进行编辑。

① 在设计树中用鼠标右键单击“螺母滑块”零件，在弹出的快捷菜单中单击按钮。

② 将活动钳身隐藏，可以发现螺母滑块不见了，而且设计树上的螺母滑块图标也由黄色变为灰色，保存。

③ 在设计树上再次选择灰化的被压缩螺母滑块的图标，单击鼠标右键，在弹出的快捷菜单中选择【设定为还原】命令，待其显示活动钳身后即可。

压缩通常用在那些不用进行编辑操作且不影响观察的零件上。

（2）轻化

轻化和压缩的概念有些相似，只是在打开装配体时，设定为轻化的零件只根据需要将部分装入内存。

轻化通常用在大型装配体的装配过程中，因为在修改装配体的过程中 SolidWorks 会经常对整个模型进行重建，这种重建有时会花费大量的时间，轻化能有效地提高重建的速度。

6. 爆炸视图

在有些情况下，需要一张将所有零件“爆炸”开的视图，这样用户对产品的零件和零件之间的组装关系会一目了然。

图 7-10 所示为虎钳装配体的爆炸模式，下面按照现实中零件的拆解顺序来生成其爆炸图。

（1）开启爆炸功能

打开虎钳模型的装配体，单击【装配体】功能区中的（爆炸视图）按钮，打开【爆炸】属性管理器。

（2）钳口板的拆解

现实中虎钳拆解顺序应该是钳口板—螺钉—活动钳身—销钉—挡环—垫圈2—螺杆—滑块螺母—垫圈1，如图7-51所示。

① 选择钳口板，在鼠标左键单击的地方会出现三坐标箭头，如图7-52（a）所示。

图7-51 移动钳口板2

② 选择三坐标箭头向上的坐标轴，待前头变成黄色时，向上拖动至理想位置，结果如图7-52（b）所示。

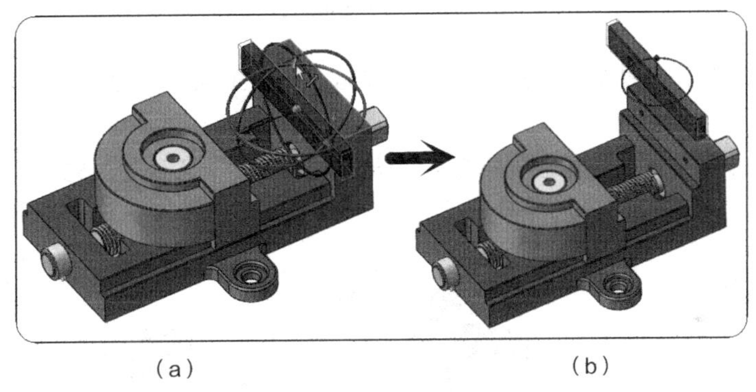

（a） （b）

图7-52 移动钳口板1

③ 【爆炸】属性管理器中的【爆炸步骤】栏中会出现“爆炸步骤1”，单击它可以看到这个零件爆炸时这一步的移动直线轨迹，如图7-53（a）中的彩色虚线所示。用鼠标左键拖动零件上的蓝色小箭头可以改变爆炸的距离。

④ 用同样的方法将钳口板2拆解开，如图7-53（b）所示。

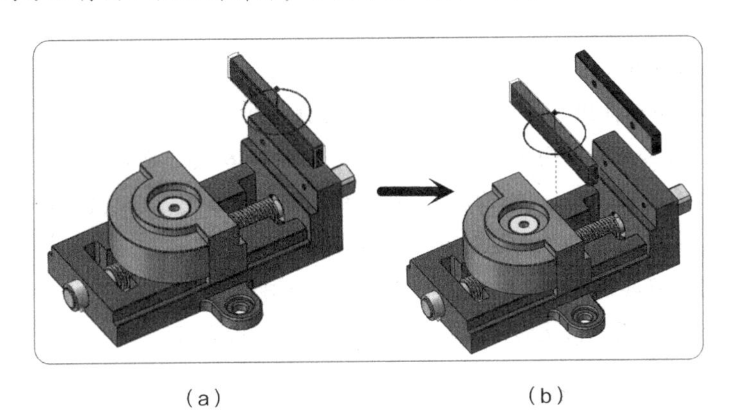

（a） （b）

图7-53 移动钳口板2

（3）螺钉和活动钳身的拆解

螺钉通过一步就能移动到位，但活动钳身需要进行两部移动才能达到较为理想的位置。

① 选择螺钉，如图 7-54（a）所示，将其向上拖动至图 7-54（b）所示的位置。

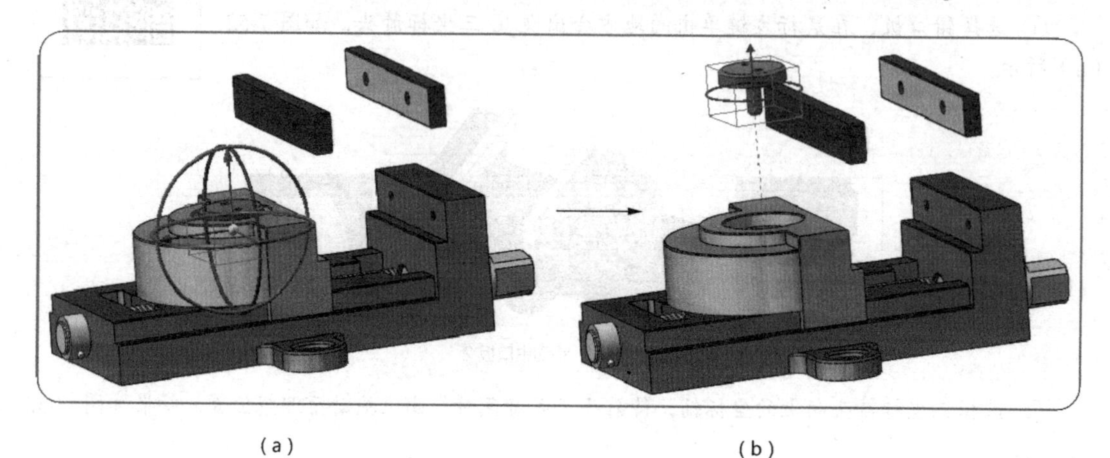

（a）（b）

图 7-54　移动螺钉

② 选择活动钳身，如图 7-55（a）所示，将其沿 *y* 轴向上拖动至螺钉与固定钳身之间，结果如图 7-55（b）所示。

③ 再次选择活动钳身，将其沿 *z* 轴向左拖动一定距离，结果如图 7-55（c）所示。

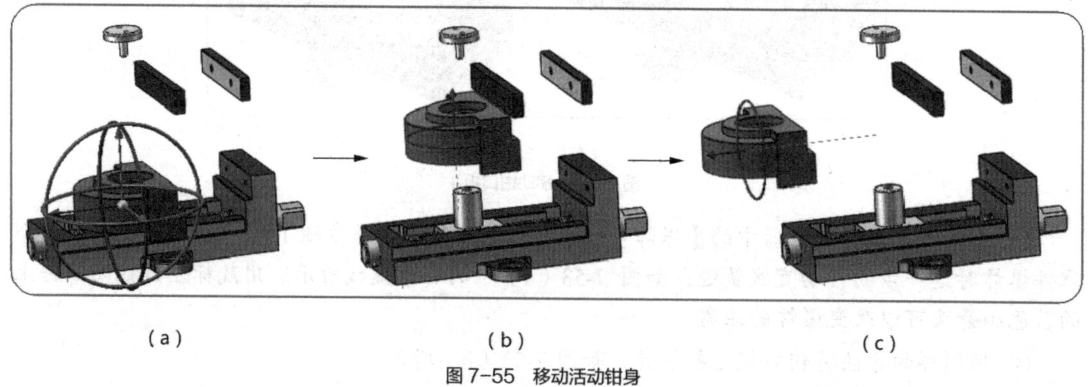

（a）（b）（c）

图 7-55　移动活动钳身

（4）螺杆组件的拆解

螺杆组件由众多小部件固定，下面介绍其拆解方法。

① 选择销钉，将其沿 *y* 轴向上拖动一定距离，如图 7-56（a）所示。

② 再次选择销钉，将其沿 *z* 轴正向拖动一定距离，结果如图 7-56（b）所示。

③ 选择挡圈，将其沿 *z* 轴正向拖动一定距离，如图 7-57 所示。

④ 选择垫圈 2，将其沿 *z* 轴正向拖动一定距离，如图 7-58 所示。

⑤ 选择螺杆，将其沿 *z* 轴反向拖动一定距离，如图 7-59 所示。

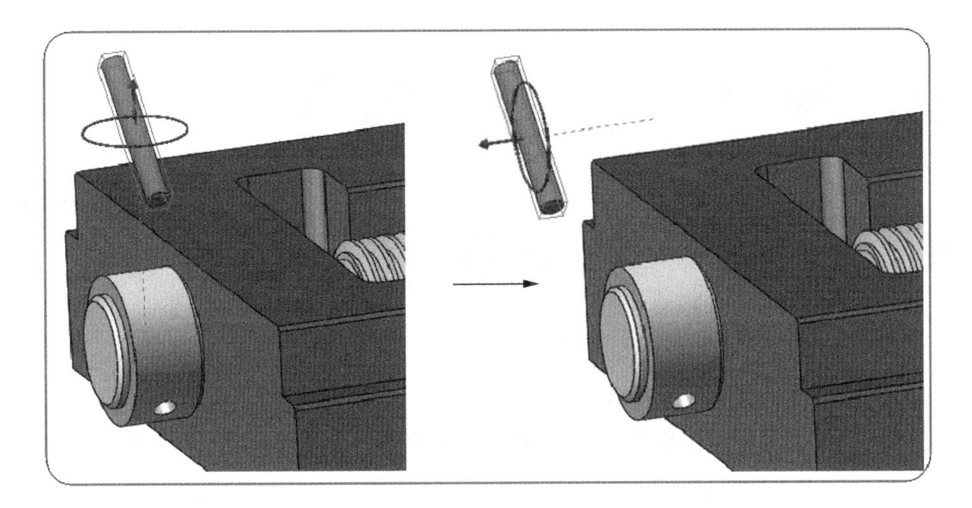

（a） （b）

图7-56 移动销钉

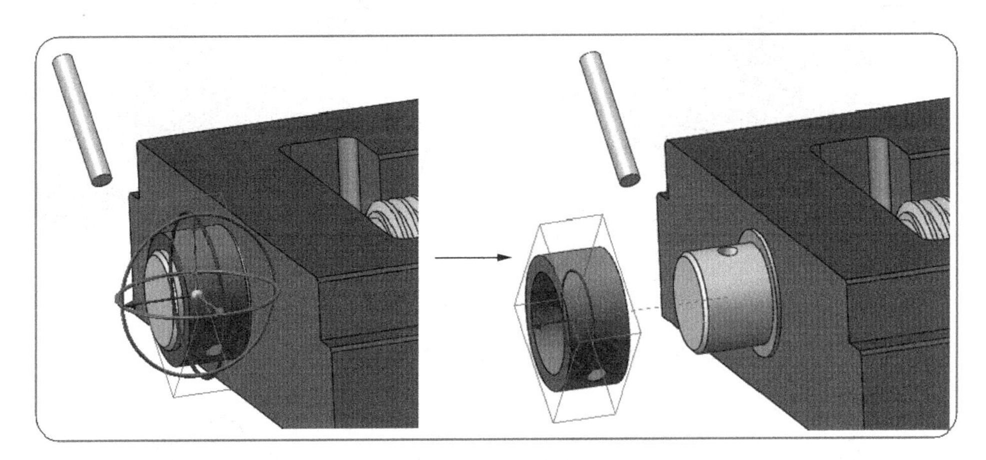

图7-57 移动挡圈

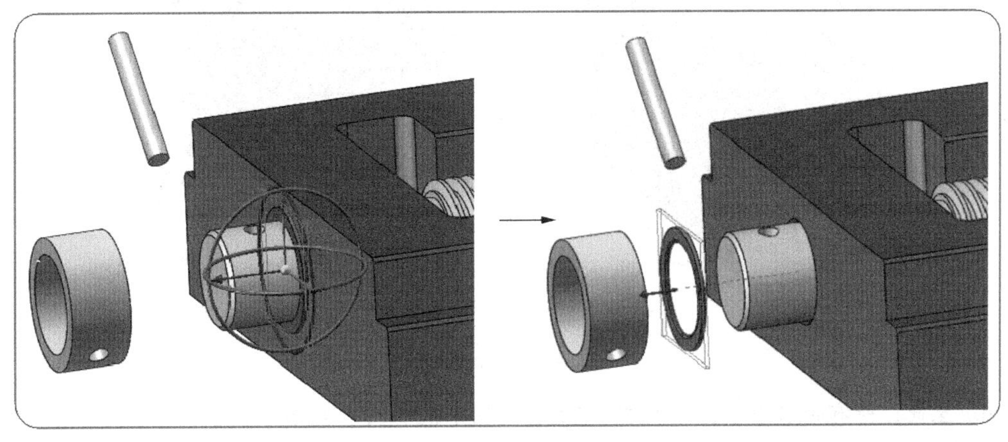

图7-58 移动垫圈2

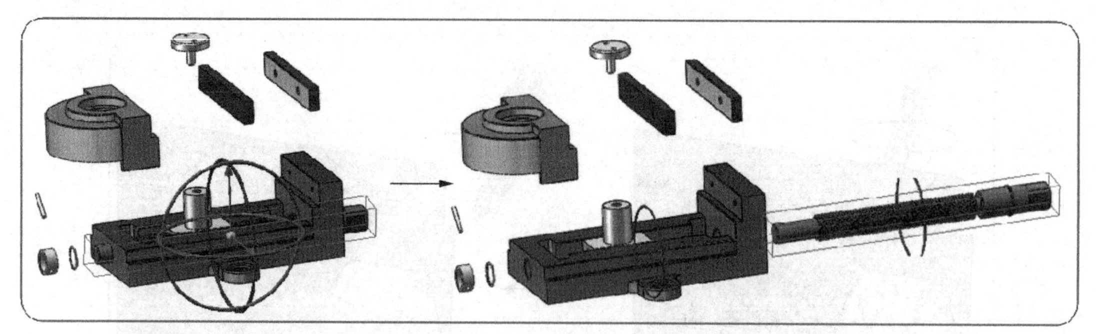

图 7-59　移动螺杆

⑥ 选择螺母滑块，将其沿 y 轴正向拖动一定距离，如图 7-60（a）所示。

⑦ 再次选择螺母滑块，将其沿 x 轴正向拖动一定距离，如图 7-60（b）所示。

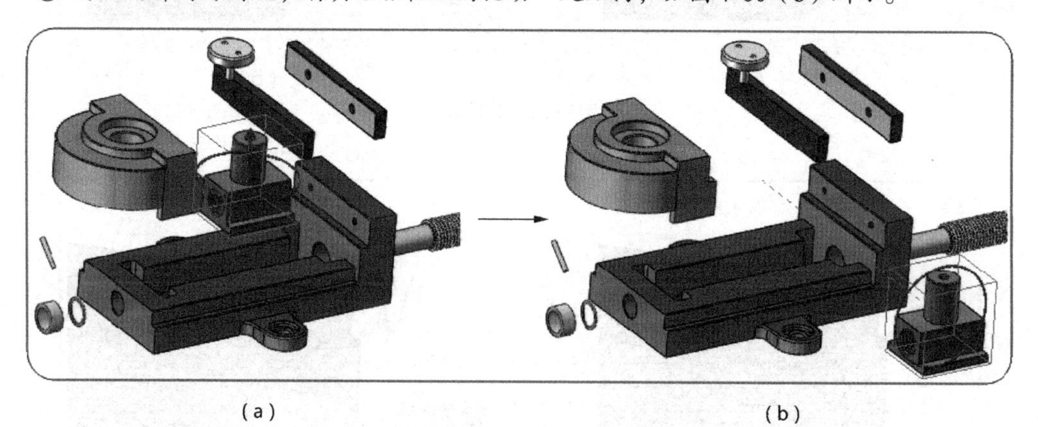

（a）　　（b）

图 7-60　移动螺母滑块

⑧ 选择垫圈 1，将其沿 z 轴反向拖动一定距离，如图 7-61 所示。

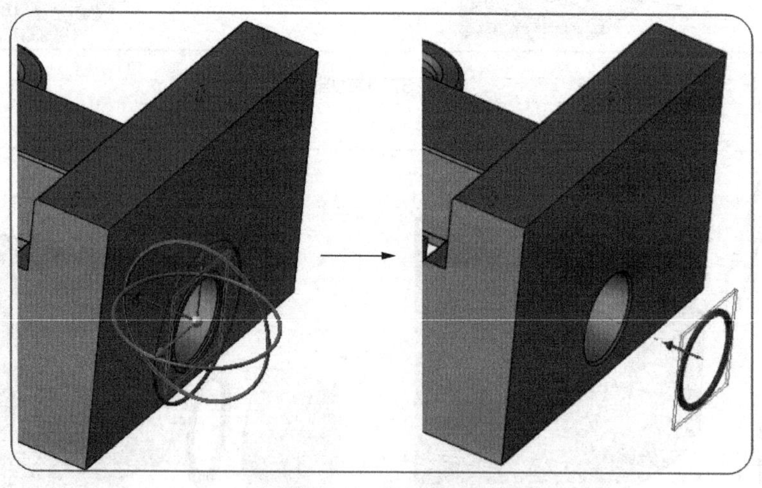

图 7-61　移动垫圈 1

⑨ 至此，所有的零件都已“爆炸”完成，如图 7-62 所示，然后单击【爆炸】属性管理器中的✔按钮确认。

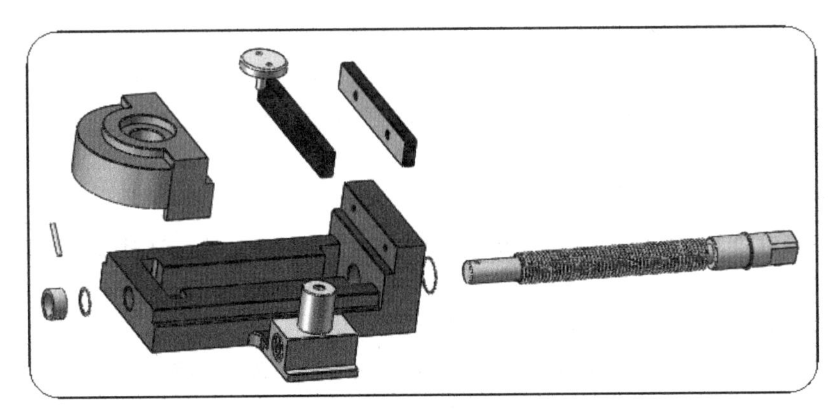

图7-62 爆炸结果

⑩ 在零件的右键快捷菜单中选择【显示爆炸步骤】命令，就会看到该零件的爆炸线路用绿色虚线和蓝色箭头表示出来，如图7-63所示。

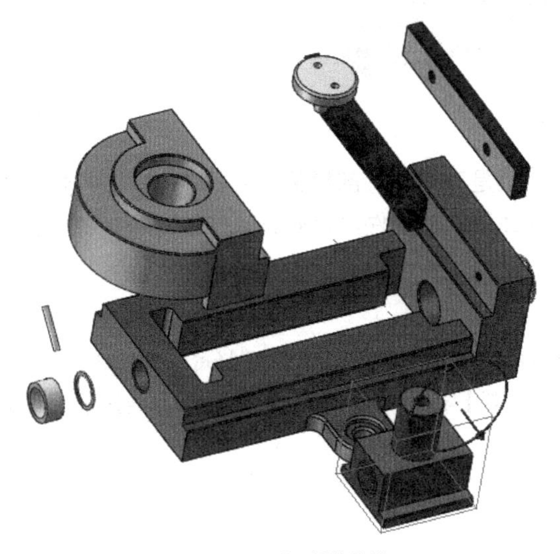

图7-63 显示爆炸路线

⑪ 此时依然可以用鼠标左键拖动蓝色小箭头改变爆炸距离。如果想修改或者精确控制爆炸距离，可以在【爆炸】属性管理器的【设定】栏中输入爆炸距离和正负方向，然后单击应用(P)按钮确定。

爆炸功能在制作产品的结构说明图时有不可替代的作用，一定要掌握其用法。

7. 干涉检查

SolidWorks 提供了可以检测装配体零件之间是否存在干涉的功能，并且能够精确地给出干涉的相关参数，这对减少零件的设计错误有很大的帮助。

下面用干涉检查功能查看一下小刀装配体中存在什么样的干涉问题。打开素材文件“第7章\素材\小刀\小刀 SLDASM”，如图7-64所示。

（1）启动干涉功能

先不要选择任何零件，单击【评估】功能区中的（干涉检查）按钮，打开【干涉检查】属性管理器，在没有选择零件的情况下，默认选择整个装配体。

（2）开始计算干涉

不移动模型零件，对整个装配体进行一次干涉检查。单击【所选零部件】栏中的 计算(C) 按钮，在【结果】栏中可以看到“无干涉”，这表示整个装配体都没有零件发生干涉，单击✔按钮结束检查。

（3）具有干涉的]情况

将小刀的刀刃向上绕轴转动 30° ～ 60°，再按上述步骤检查一次，这时在【结果】栏中出现了“干涉 1”提示，表示有一个干涉存在，而且刀刃在此位置上干涉的零件体积为–0.42mm^3。单击提示前面的⊞图标，可以看到产生这个干涉的零件名称。

在视图上，这个干涉将以高亮显示。为了清楚地看到此干涉，先将一个壳体零件隐藏，并将刀槽零件透明化，所呈现的视图如图 7-65 所示。

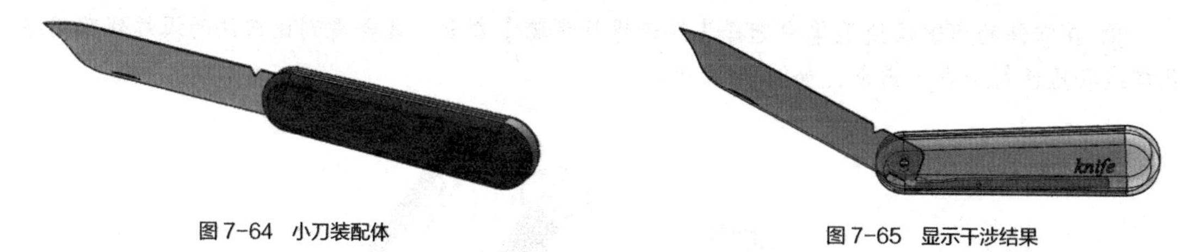

图 7-64　小刀装配体　　图 7-65　显示干涉结果

此时用户可以清楚地看到是刀刃和底部横梁发生了干涉。小刀展开过程中有干涉肯定是有问题的，希望读者能够利用前面所学的零件设计知识来修改一下，直到没有干涉为止。

要点提示

如果设计中的干涉是被允许的，那么在【结果】栏中选择可以被忽略的干涉，再单击 忽略(I) 按钮，就可以在干涉结果中忽略掉。选择【零部件视图】复选项后，结果将按零件来排列干涉，每个零件展开才能看到各自的干涉。

8. 移动功能

这里要讲述移动更加复杂，它包含了移动、转动、碰撞检测、逼真运动和动态间隙。

（1）移动零部件的复杂方式

在装配体中，除了可以直接用鼠标键移动和转动零件，还可以应用移动和转动功能进行指定方式的移动。

单击【装配体】功能区中的（移动零部件）按钮，打开【移动零部件】属性管理器，在【移动】和【旋转】栏中可以选择不同的移动或转动零件的方式。

- 移动方式有自由拖动、沿装配体 XYZ、沿实体、由 Delta XYZ、到 XYZ 位置 5 种。其中要说明的是“Delta XYZ”，这里实际指的是 ΔXYZ，即选择需要移动的零件后输入 3 个坐标方位上平移变化的距离。
- 转动只有 3 种方式：自由转动、对于实体、由 Delta XYZ，都很简单方便，这里不再讲述。

（2）碰撞检查

在【移动零部件】属性管理器的【选项】栏中有【碰撞检查】选项，该选项用来在移动或旋转零部件时检查它与其他零部件之间的冲突，可以检查零部件与整个装配体或所选零部件组之间的碰撞。下面通过案例来进行详细介绍。

① 打开素材文件“第 7 章\素材\传送带\传送带.SLDASM”，这是一个间歇式传送带模型，主动轮带动拨杆循环运动，播杆推动物件向前移动。

② 单击【装配体】功能区中的（移动零部件）按钮，打开【移动零部件】属性管理器，在【选项】栏中选择【碰撞检查】单选项。

③ 移动视图中的“物件”零件，该零件被限制在沿传送带方向运动。当接触到伸出来的拨杆时，拨杆上有碰撞接触的面变蓝，还会发出系统提示音，表示有碰撞，如图 7-66 所示。

下面对【选项】栏中的选项进行简单介绍。

①【选项】栏中有【检查范围】选项，用户可以设定检查全部零件还是只检查选定的零件。

- 默认情况下，【碰撞时停止】复选项是被选中的选中后物件碰到拨杆后就不能再向前运动了。
- 【仅被拖动的零件】复选项表示只检查被拖动零件的碰撞情况。

② 在【高级选项】栏中可以设置碰撞检查的一些附属特性。

（3）物理动力学

在【移动零部件】属性管理器的【选项】栏中有【物理动力学】选项，选择该选项后，当拖动一个零部件时，此零部件就会向其接触的零部件施加一个力，如果零部件可自由移动则移动零部件。下面还以传送带为例来说明物资动力的作用。

① 移动拨杆使其露出传送带表面较多，再将物件放置在两个拨杆中间，如图 7-67 所示。

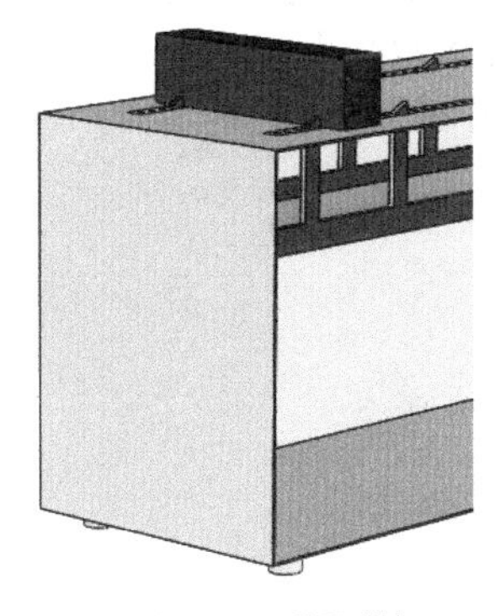

图 7-66 显示碰撞

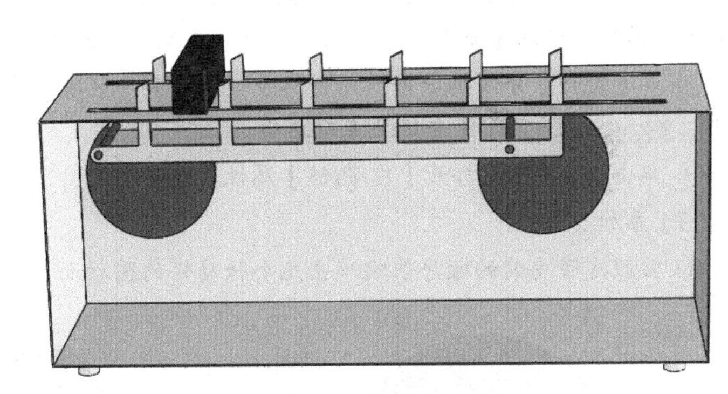

图 7-67 移动拨杆

② 在【移动零部件】属性管理器的【选项】栏中选择【物理动力学】选项。

③ 连续转动传送带中的任意一个转盘，传送带就工作起来了，如图 7-68 所示。

④ 单击按钮，退出移动零件的功能，不再存在碰撞或移动的问题。

9. 其他功能

下面介绍传动链的使用方法，此方法能够在装配体中自动生成皮带等传动链，并生成零件文件。

（1）打开文件

打开素材文件“第 7 章\素材\皮带\皮带轮.SLDASM”，可以看到该皮带轮组由 5 个传动轮组成，如图 7-69 所示。

皮带轮的装配

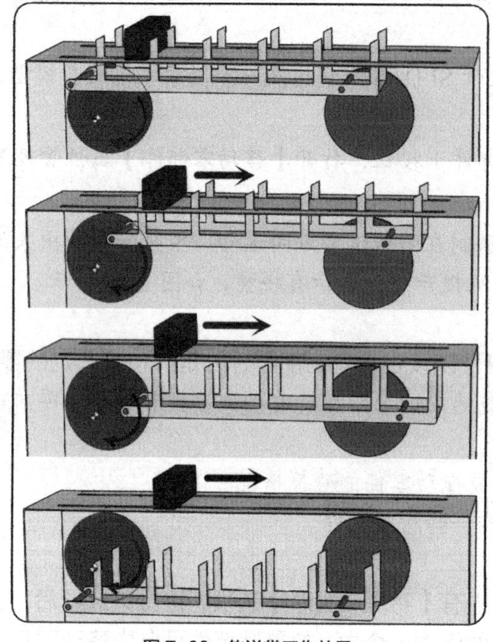

图 7-68　传送带工作效果

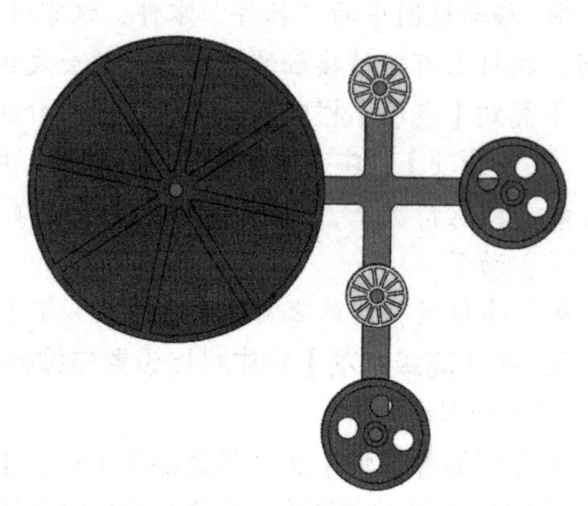

图 7-69　皮带轮装配体

（2）启动皮带功能

① 在工具栏的空白处单击鼠标右键，在弹出的快捷菜单中选择【自定义】命令，打开【自定义】对话框，进入【命令栏】选项卡，在【类别】列表框中选择【装配体】。

② 在【按钮】分组框中将用鼠标左键拖放到【装配体】功能区中，生成皮带/链按钮，然后单击确定按钮，关闭【自定义】对话框。

③ 单击皮带/链按钮，打开【皮带/链】属性管理器。

（3）添加皮带

① 按照皮带安装的顺序依次单击几个传动轮的圆柱面，如图 7-70 所示。

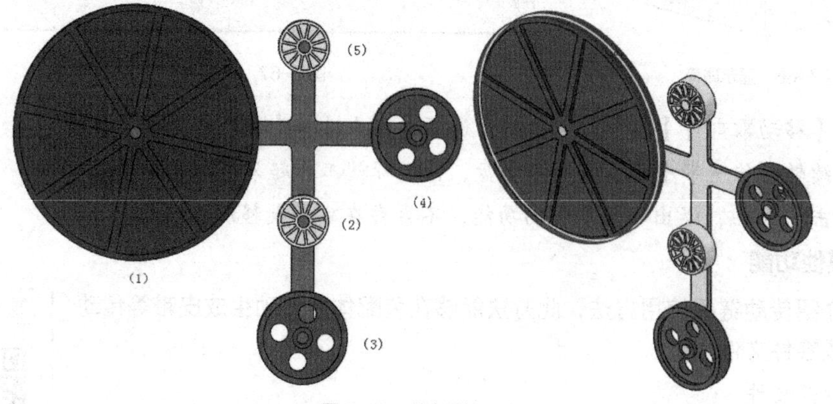

图 7-70　单击圆柱面

② 每单击一次就会生成皮带的预览图，如图 7-71 所示。

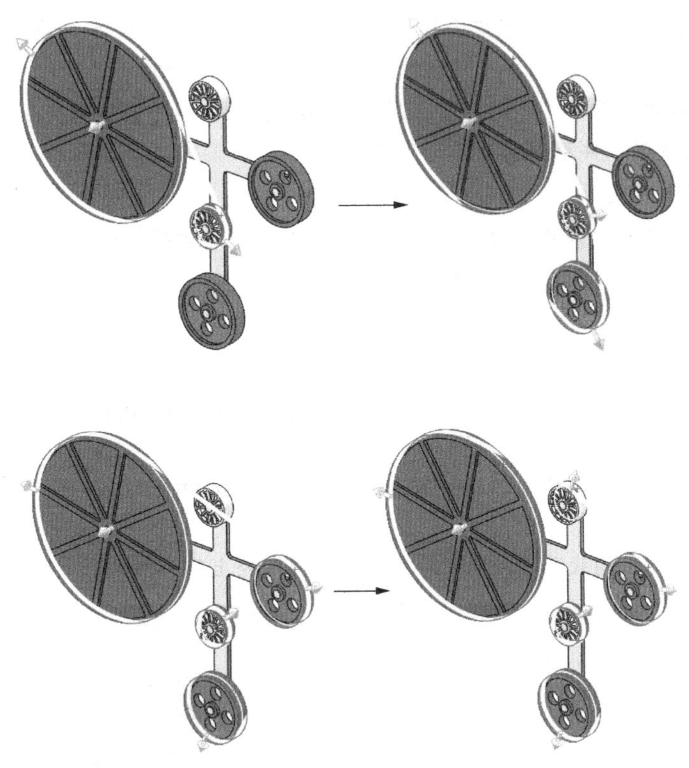

图7-71 生成预览图

③ 号轮的皮带是交叉的，若想使该轮的转动方向相反，则可单击轮上的灰色箭头，单击后皮带会改变缠绕方式，如图7-72所示。

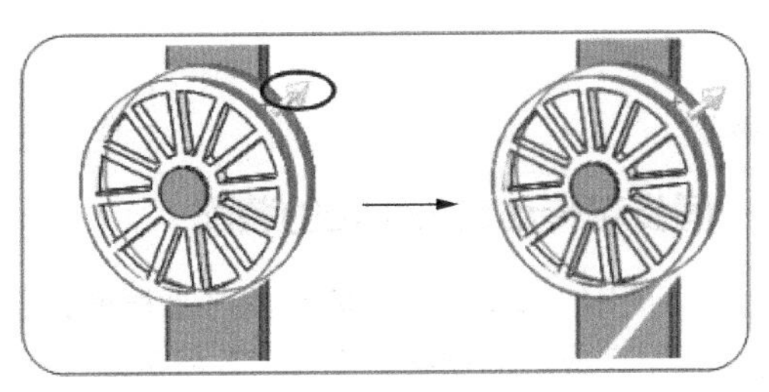

图7-72 改变缠绕方式

要点提示

也可以选择要改变转向的传动轮后，单击【皮带/链】属性管理器中的按钮，达到改变缠绕方式的目的。

(4) 设置皮带参数

① 在【皮带/链】属性管理器中有【皮带位置基准面】栏，这一栏用来设置皮带边缘所对齐的位置。

② 在【属性】栏中选择驱动后，可设置皮带的长度。本例中因为传动轮都是固定的，所以无法改动，如果有可以活动的驱动轮，在设置长度或动轮后会自动调整以适应皮带长度。

③ 在【属性】栏中还有【使用皮带厚度】复选项，该选项用来设置皮带厚度。当取消对【启用皮带】复选项的选择后，移动单一传动轮时，其他传动轮不会随之转动。

④ 选择【生成皮带零件】复选项后，单击✔按钮，会弹出【存储零件】对话框，这时已自动形成了一个新的皮带零件草图需要进行存储。

（5）生成皮带零件文件

① 打开刚才存储的皮带草图文件，只能看到一条皮带轨迹的草图。在设计树的草图上单击鼠标右键，在弹出的的快捷菜单中选择【接触派生】命令。

要点提示

派生指由其他草图生成的草图，与原图具有关联性，不能对派生的草图进行编辑，因此要予以解除。

② 以该轨迹为内线，制作一条厚度为 5mm、宽度为 20mm 的皮带，并将其设置为黑灰色，如图 7-73 所示。

③ 保存后回到皮带的装配体，可以看到皮带套在滑轮上了。在视图中拖动任何一个轮转动，其他的轮都会遵循传动比转动，如图 7-74 所示。

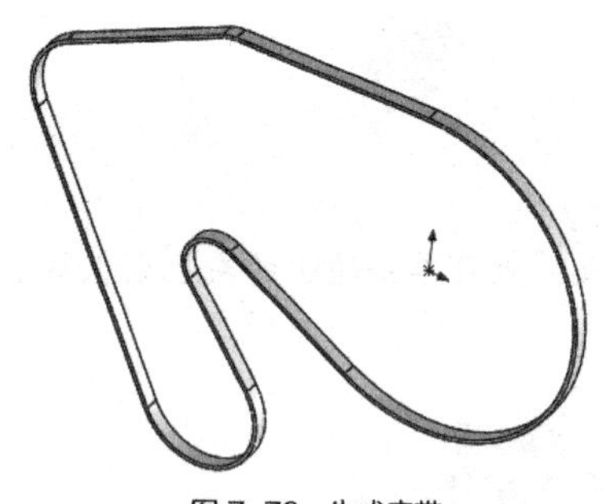

图 7-73 生成皮带

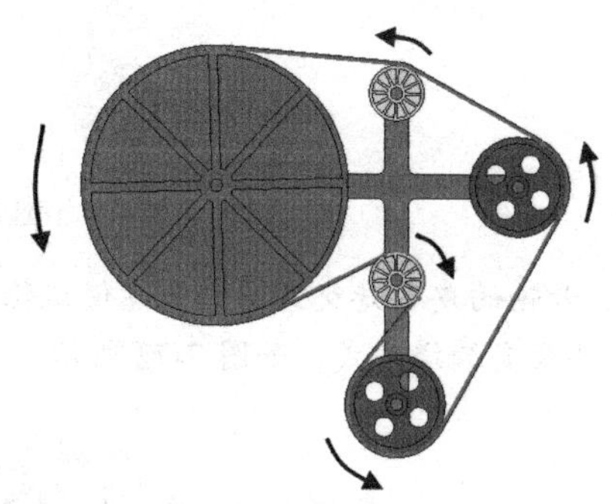

图 7-74 最终效果

7.2.2 典型实例——同步带传动定位平台的装配

同步带传动定位平台的装配

前面讲解所用的模型都不是实际的产品模型，下面将组装一台同步带传动定位平台，装配完成后的结果如图 7-75 所示。

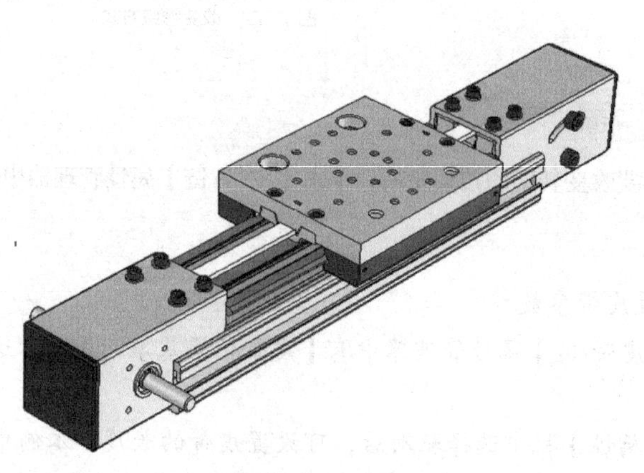

图 7-75 装配结果

由于载物平台是一个没有相对运动的整体，可以先将该部分组装起来，然后将其以子装配体的形式装配到大装配体中。

1. 建立装配体并加入初始固定零件

（1）单击按钮，打开【新建 SolidWorks 文件】对话框，单击（装配体）按钮，进入新建装配体界面。

（2）在打开的【开始装配体】属性管理器中单击 浏览(B)... 按钮，打开素材文件“同步带传动平台/载物平台”，将其加入到装配界面中，如图 7-76 所示。

2. 安装导向轮

（1）单击（插入零部件）按钮，添加一个“导向轮”零件，并将其放置在平台底下，罗纹朝向平台摆放，如图 7-77 所示。

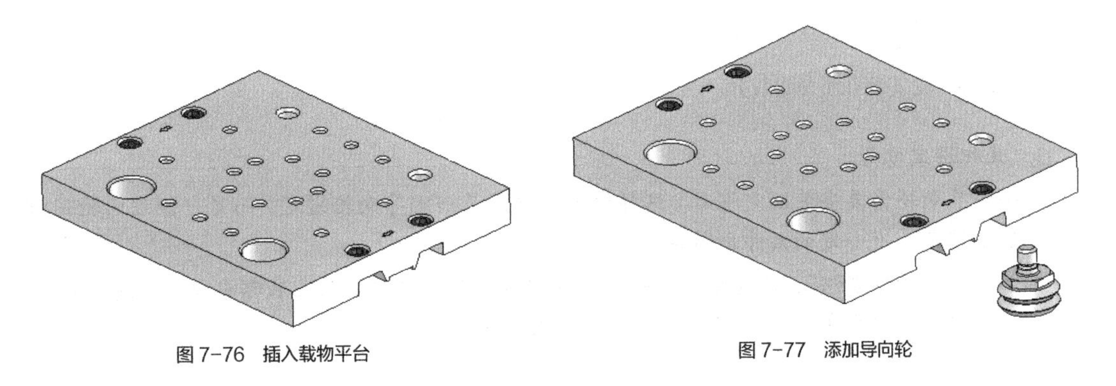

图 7-76 插入载物平台

图 7-77 添加导向轮

（2）选择导向轮螺纹面，使其和平台罗纹孔同轴，并使导向轮上的台肩与平台底面重合，如图 7-78 所示，完成后单击【配合】属性管理器中的按钮确认该两次配合。

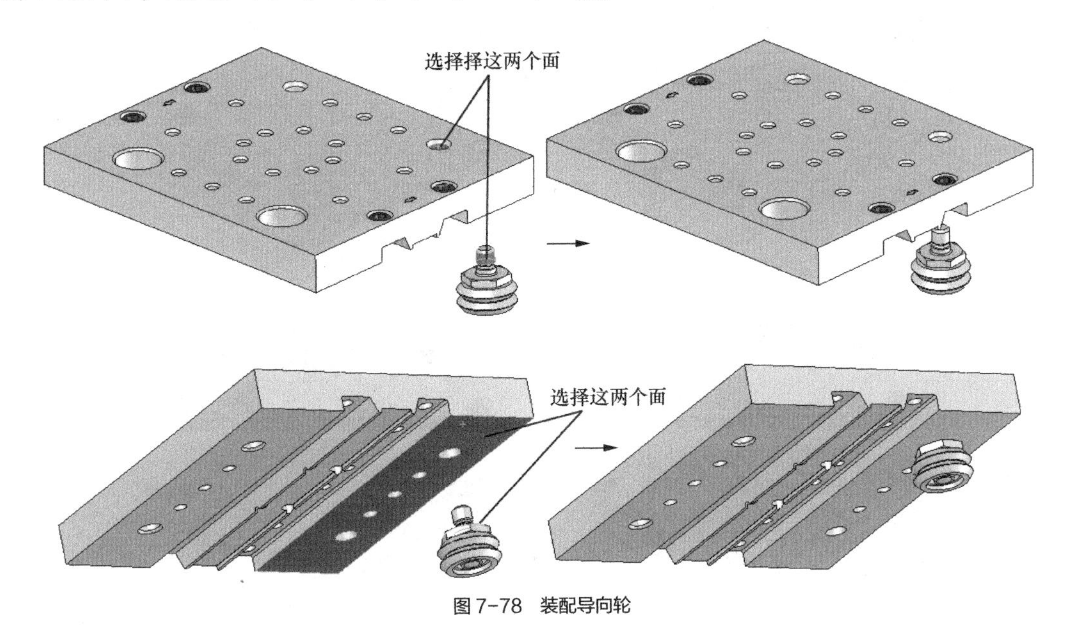

图 7-78 装配导向轮

（3）以同样的方式装上另外 3 个导向轮，如图 7-79 所示。

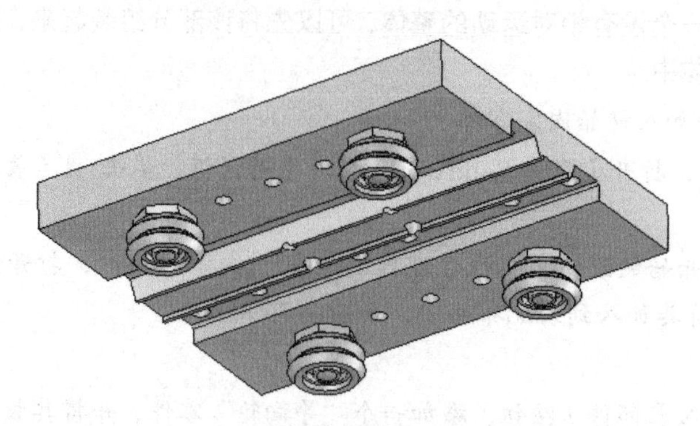

图 7-79 装配其他导向轮

要点提示

另一侧的导向轮安装孔不是螺纹孔。

3. 装配固定螺母

另一侧导向轮需要安装固定螺母。这样设计的意图是一侧导向轮固定，而另一侧导向轮用螺母通过通孔固定，有一定的尺寸调节余地。

加入两个“滑轮螺帽”，使其分别与一导向轮罗纹同轴，并与安装孔底部重合，如图 7-80 所示，完成后单击【配合】属性管理器中的✓按钮确认这两次配合。

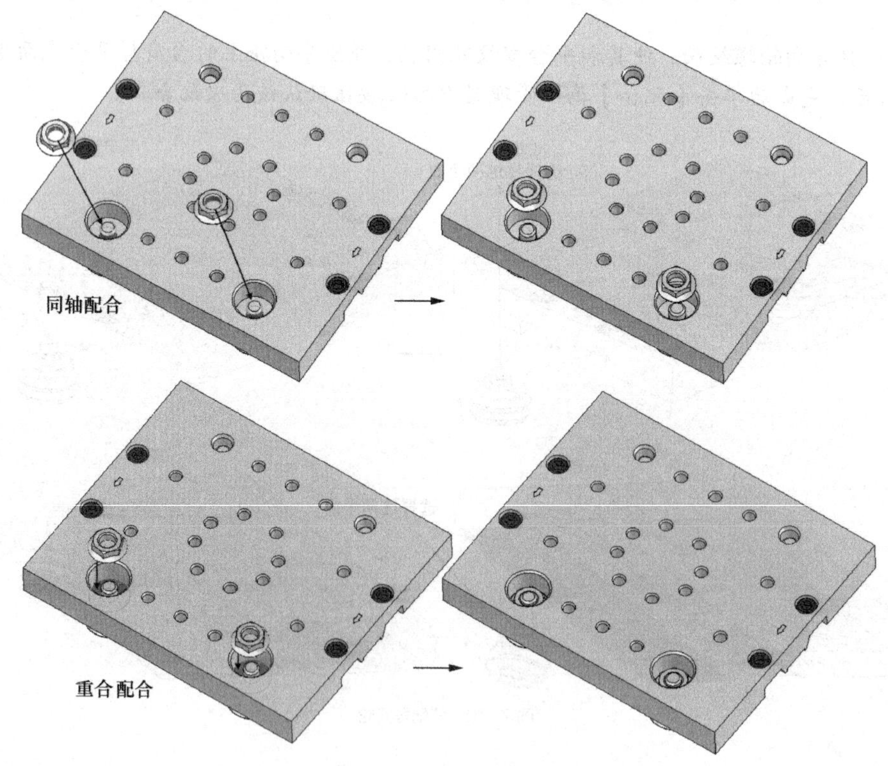

图 7-80 装配固定螺母

4. 装配导向平台

（1）加入两个“导向平台”，该零件用来安装与滑轨接触的滑块并保护导向轮。

（2）将这两个零件按图 7-81 所示排列，并使其与平台底部重合，完成后单击【配合】属性管理器中的✔按钮确认这两次配合。

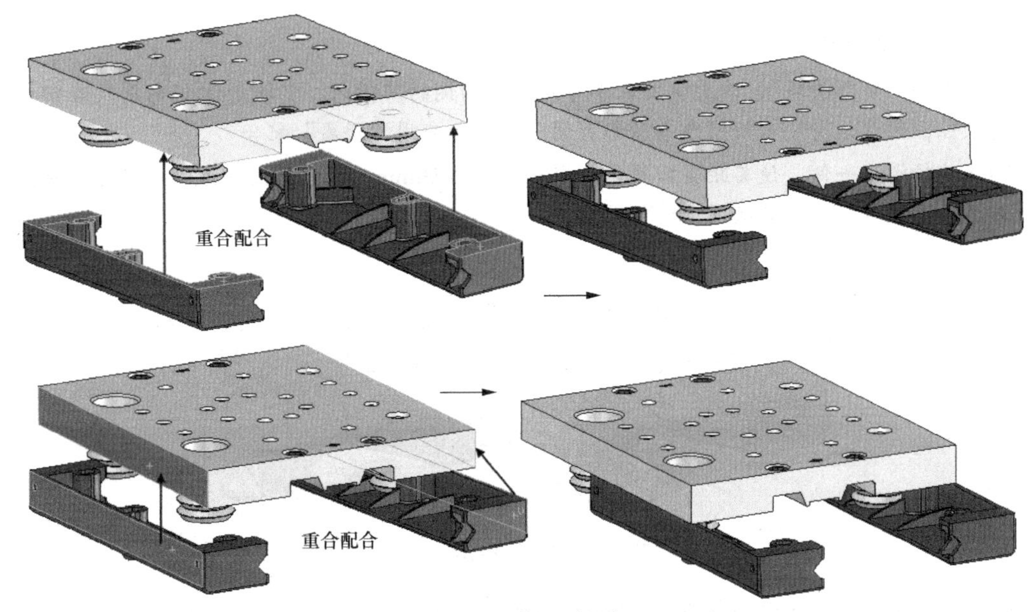

图 7-81 装配导向平台

（3）在设计树中单击“载物平台”零件前的⊞图标，选中面“Front Plane”，再单击“导向平台 1”零件前的⊞图标，按住 Ctrl 键选中面“Front Plane”。

（4）单击（配合）按钮，使这两个面重合配合，如图 7-82 所示，然后对另一导向平台进行同样的操作，完成后单击【配合】属性管理器中的✔按钮确认该两次配合。

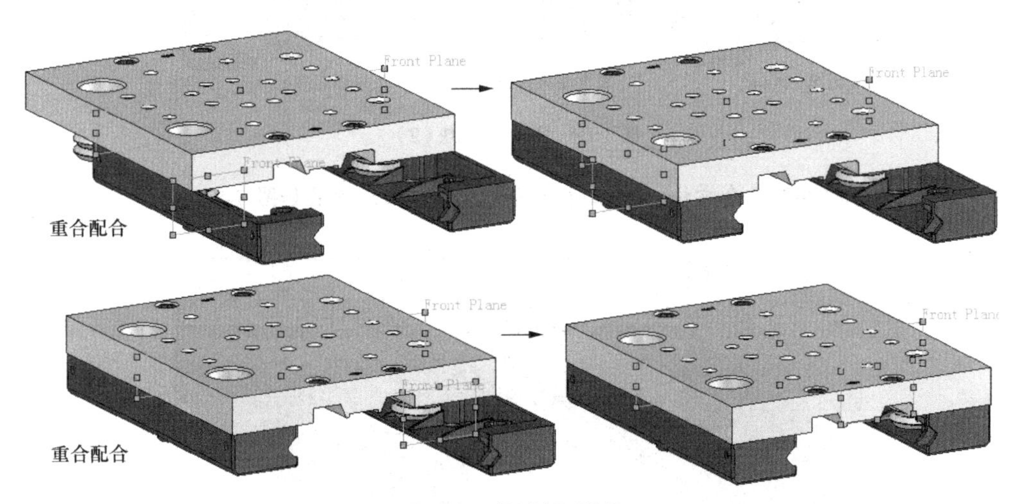

图 7-82 装配过程及结果

（5）这两个面是这两个零件建模时的中心平面，使这两个平面配合即可达到两零件在该方向上中心对齐的效果。

要点提示

对于有些不便于组装或者不便于选取装配要素的零件（如弹簧、球铰），可在建模时添加辅助平面来辅助装配顺利进行。

5. 装配 V 形滑块

插入零件“V 形滑块”，该滑块安装于导向平台两侧的凹槽内。实物是该 V 形滑块在凹槽内由弹簧顶住，因此该滑块与凹槽内各面都有间隙，需要应用“距离”配合。

（1）选择滑块一侧，使其距离凹槽内侧壁一面为 0.50mm，注意距离的方向，若方向有误可取消或选择【反转尺寸】复选项来进行调整，如图 7-83 所示。

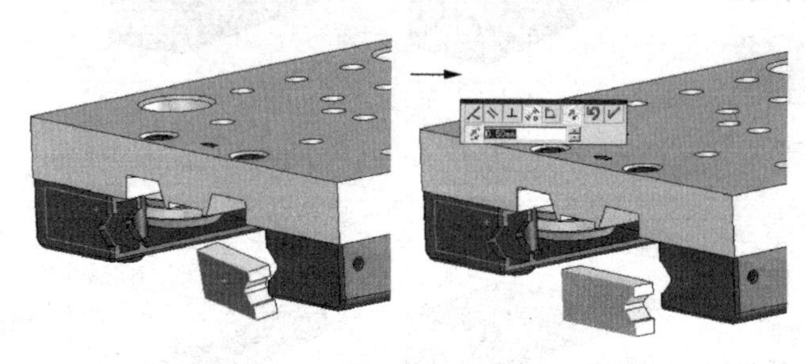

图 7-83 装配 V 形滑块（1）

（2）分别使滑块距离凹槽底面 0.025mm，外延面相距 0.5mm，如图 7-84 所示。

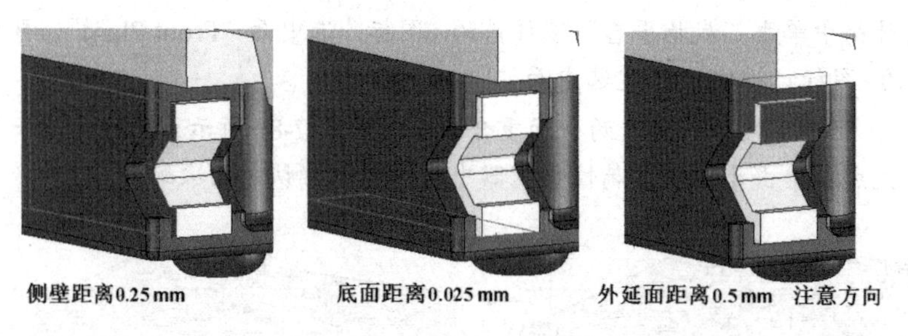

图 7-84 装配 V 形滑块（2）

（3）同侧再装配其他 3 个滑块，安装时一定要注意方向，结果如图 7-85 所示。

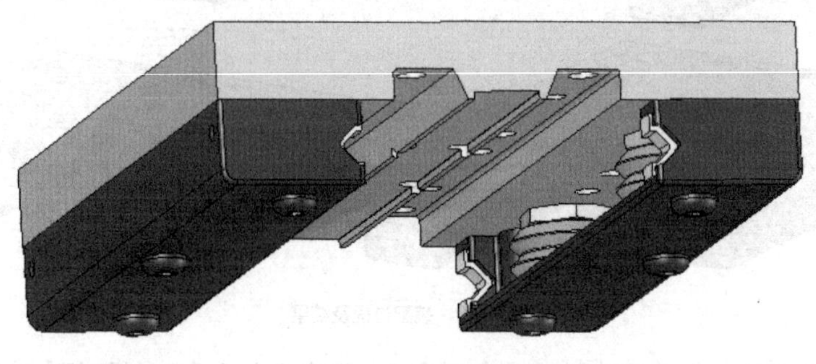

图 7-85 装配 V 形滑块（3）

6. 装配带紧固条

（1）插入零件“带紧固条”，使其上表面和载物平台下凹槽的下表面重合。

（2）选择载物平台和紧固条的“Front Plane”面，使其重合配合，并使任意两个螺孔与对应的定位孔同轴，结果如图 7-86 所示。

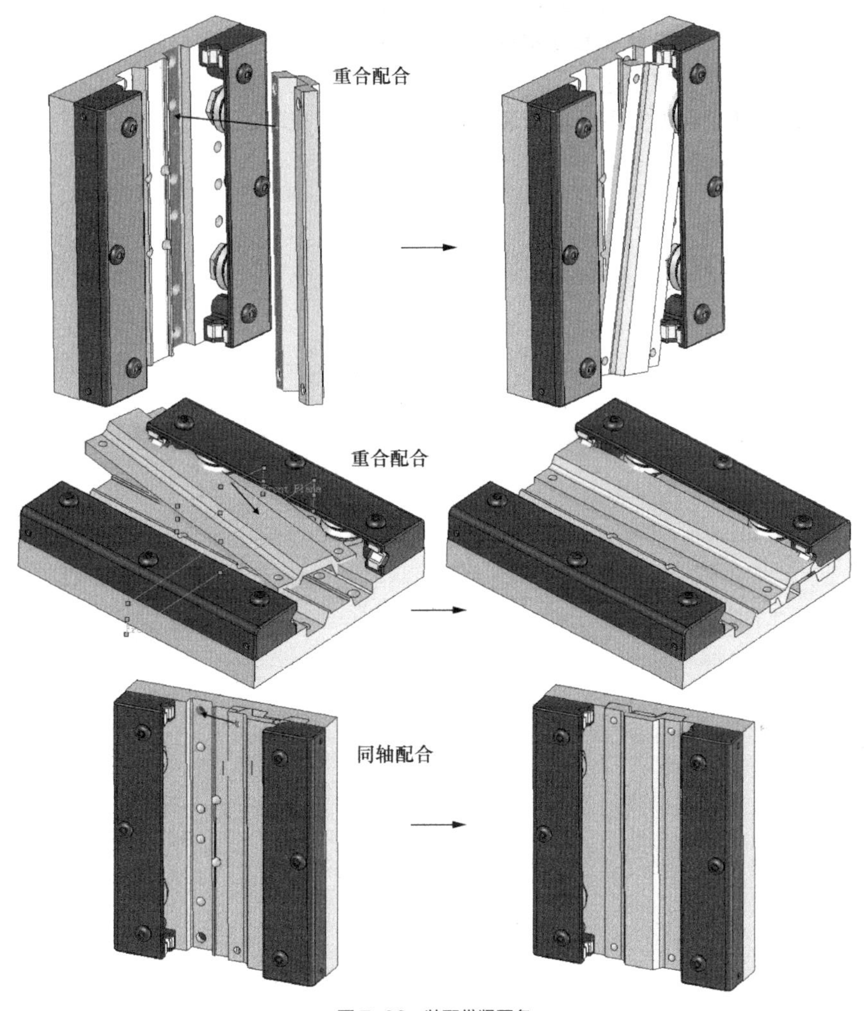

图 7-86 装配带紧固条

（3）单击按钮，保存文件，完成整个装配体的创建。

小结

组件装配是将使用各种方法创建的单一零件组装为大型模型的重要设计方法。装配之前，首先必须深刻理解装配约束的含义和用途，并熟悉系统所提供的多种约束方法的适用场合。同时，还应该掌握约束参照的用途和设定方法。

装配时，首先根据零件的结构特征和装配要求选取合适的装配约束类型，然后分别在两个零件上选取相应的约束参照来限制零件之间的相对运动。在进行产品设计的时候，往往需要一边装配一边修改零件，这时可以使用在装配体中直接编辑零件的功能。

习题

1. 简要说明装配操作的含义与用途。
2. 将两个零件装配在一起的主要操作步骤是什么?
3. 在装配体中，如何隐藏或改变零件的显示方式?
4. 何谓子装配体，有何用途?
5. 模拟本章的两个典型实例，掌握装配设计的方法和技巧。

Chapter

8

第 8 章 模具设计

SolidWorks 软件应用于塑料模具设计及其他类型的模具设计，在设计过程中可以创建型腔、型芯、滑块和斜销等，使用容易，同时可以提供快速、全面、三维立体的注射模具设计解决方案。

【学习目标】

- 了解模具设计的一般过程。
- 掌握分析诊断、分型设计等模具设计重要环节。
- 了解模具的实际应用。

8.1 模具设计的一般过程

模具设计一般包括两大部分：模具元件设计和模架设计。

8.1.1 知识准备

1. 模具设计环境

模具设计菜单的内容与零件装配模块的菜单内容有所不同，该菜单中包括了所有用于模具设计的命令。

（1）模具设计菜单

在零件模式下选择菜单命令【插入】/【模具】，即可进入模具设计菜单，如图 8-1 所示。

（2）【模具工具】工具栏

为方便操作，可在工作窗口中将【模具工具】工具栏调出，如图 8-2 所示。

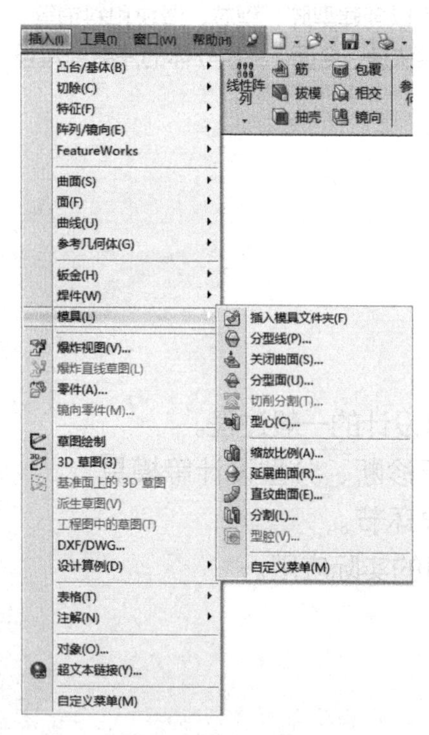

图 8-1 模具设计菜单

图 8-2 【模具工具】工具栏

（3）输入/输出工具

当使用的模型不是由 SolidWorks 2014 生成的时，需要使用【输入/输出】工具将模型输入到 SolidWorks 2014 中，方法如下。

① 选择菜单命令【文件】/【打开】，弹出【打开】对话框。

② 在【文件类型】下拉列表中选择所需的格式。

③ 定位到正确的目录，选择要输入的文件。

④ 单击 打开 按钮，打开并输入所选择的文件。

2. 模具设计流程

模具元件是注射模具的关键部分，其作用是构建零件的结构和形状，它包括型芯（凸模）、型腔（凹模）、浇注系统（注道、流道、流道滞料部、浇口等）、型芯、滑块和销等。模架一般包括固定侧模板、移动侧模板、顶出销、回位销、冷却水线、加热管、止动销、定位螺栓和导柱等。

使用 SolidWorks 进行模具设计的一般过程如下。

（1）创建模具模型。

（2）对模具模型进行拔模分析。

（3）对模具模型进行底切分析。

（4）缩放模型比例。

（5）创建分型线。

（6）创建分型面。

（7）对模具模型进行切削分割。

（8）创建模具零件。

8.1.2 典型实例——遥控器的模具设计

下面以创建图 8-3 所示儿童赛车遥控上盖的模具为例，来说明使用 SolidWorks 软件设计模具的一般过程。

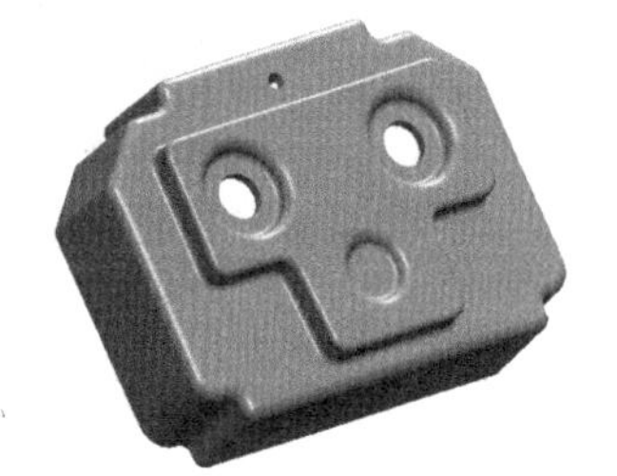

图 8-3　遥控器上盖

1. 导入模具模型

打开素材文件“第 8 章\素材\遥控上盖”，如图 8-3 所示。

2. 拔模分析

（1）选择菜单命令【视图】/【显示】/【拔模分析】，打开【拔模分析】属性管理器。

遥控器模具设计

（2）定义拔模参数。选取前视基准面为拔模方向；在拔模角度文本框中输入数值“1.0”；选中【面分类】复选项，然后单击 计算(C) 按钮，在【颜色设定】栏中显示各类拔模面的个数，如图 8-4 所示，模型中对应显示不同的拔模面。

（3）单击 ✔ 按钮，弹出警告对话框，单击 否(N) 按钮，完成拔模分析。

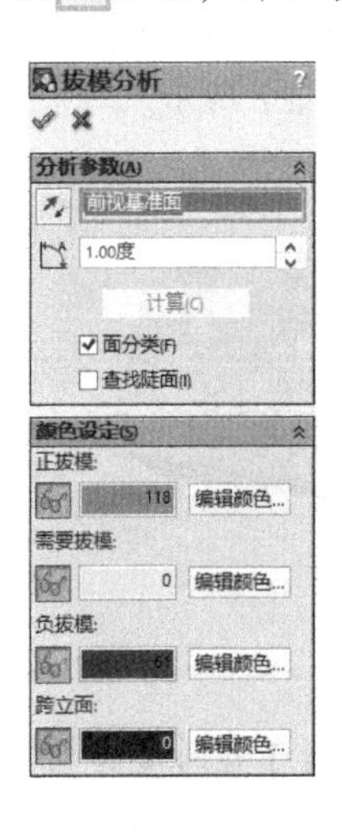

图 8-4　拔模分析

要点提示

本例中的遥控器模型不需要拔模面和跨立面，即此模型可以顺利脱膜。

3. 底切分析

（1）选择菜单命令【视图】/【显示】/【底切分析】，打开【底切分析】属性管理器。

（2）选取拔模方向。选取前视基准面作为拔模方向，并单击按钮。

（3）显示计算结果。单击 计算(C) 按钮，系统在【底切面】栏中显示各类底切面个数，如图 8-5 所示。

（4）单击按钮，弹出警告对话框，单击 否(N) 按钮，完成底切分析。

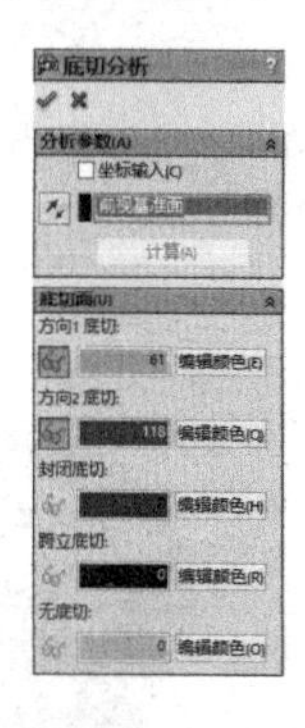

图 8-5 底切分析

要点提示

本例中不存在封闭和跨立底切面，所以不需要添加边侧型芯。如果模型存在多个实体，则在底切分析时要指定单一实体进行分析。

4. 设置缩放比例

（1）选择菜单命令【插入】/【模具】/【缩放比例】，打开【缩放比例】属性管理器。

（2）定义比例参数。在【比例参数】栏的【比例缩放点】下拉列表中选择【重心】选项；选中【统一比例缩放】复选项，在其文本框中输入“1.05”，如图 8-6（a）所示。

（3）单击按钮，完成比例缩放的设置，结果如图 8-6（b）所示。

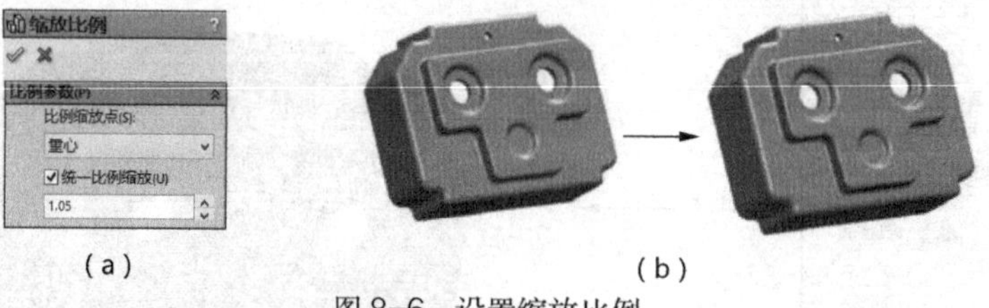

（a） （b）

图 8-6 设置缩放比例

5. 创建分型线

（1）选择菜单命令【插入】/【模具】/【分型线】，打开【分型线】属性管理器。

（2）设定模具参数。选取前视基准面作为拔模方向；在【拔模角度】文本框中输入数值“1”；

选中【用于型心/型腔分割】复选项；单击 拔模分析(D) 按钮，在【分型线】栏中显示所有的分型线段，如图 8-7 所示，同时在模型中显示系统自动判断的分型线，如图 8-8 所示。

（3）单击✔按钮，完成分型线的创建。

图 8-7 【分型线】属性管理器

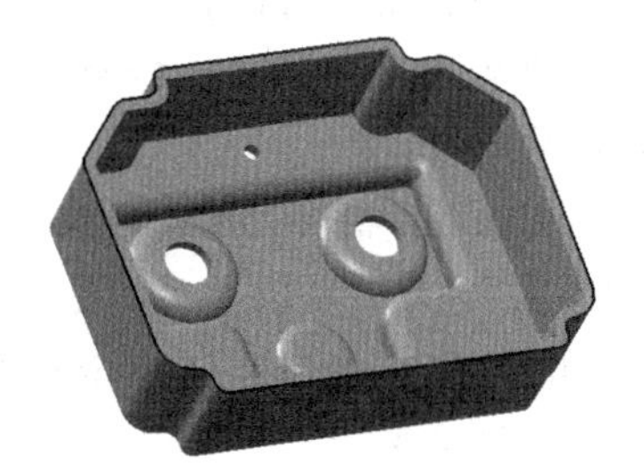

图 8-8 分型线

6. 关闭曲面

（1）选择菜单命令【插入】/【模具】/【关闭曲面】，打开【关闭曲面】属性管理器。

（2）确认闭合面。系统自动选取图 8-9 所示的封闭环，默认为接触类型（此时可以在【边线】栏中删除不需要的封闭环，也可以在模型中选取其他封闭环作为关闭曲面的参照）。

（3）接受系统默认的封闭环参照，单击✔按钮，完成图 8-10 所示关闭曲面的创建。

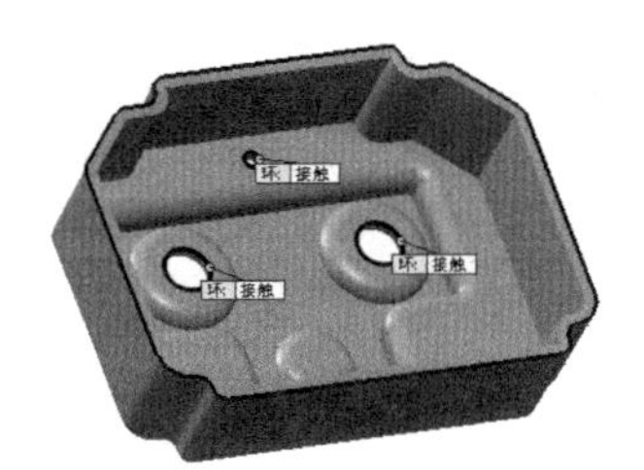

图 8-9 封闭环

图 8-10 关闭曲面

7. 创建分型面

（1）选择菜单命令【插入】/【模具】/【分型面】，打开【分型面】属性管理器。

（2）定义分型面。在【模具参数】栏中选中【垂直于拔模】单选项，系统默认选取【分型线 1】，在【分型面】栏的文本框中输入数值“40.0”，其他选项采用系统默认设置值，如图 8-11 所示。

（3）单击✔按钮，完成分型面的创建，如图 8-12 所示。

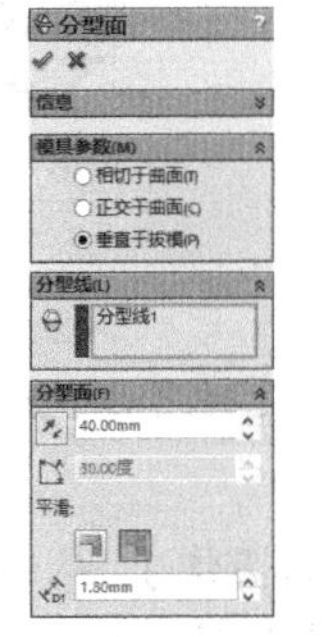

图 8-11 【分型面】属性管理器

图 8-12 创建分型面

8. 切削分割

（1）定义切削分割块轮廓。选择菜单命令【插入】/【草图绘制】，打开【编辑草图】属性管理器。

（2）绘制草图。选取前视基准面为草图基准，绘制图 8-13 所示的横断面草图，然后单击选择绘图区域右上角的按钮，完成横断面草图的绘制。

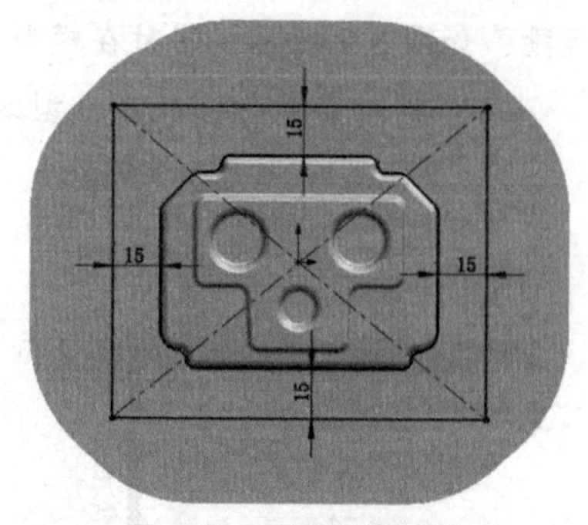

图 8-13 绘制横断面草图

（3）定义切削分割块。选择菜单命令【插入】/【模具】/【切削分割】，打开图 8-14 所示的【信息】属性管理器。

（4）选择草图。选择图 8-13 所示的横断面草图，打开【切削分割】属性管理器。

（5）定义块的大小。在【块大小】栏的【方向 1 深度】文本框中输入数值“60.0”，在【方向 2 深度】文本框中输入数值“40.0”，如图 8-15 所示。

要点提示

在【切削分割】属性管理器中，系统会自动在【型心】栏中显示型心曲面实体，在【型腔】栏中显示型腔曲面实体，在【分型面】栏中显示分型面曲面实体。

（6）单击按钮，完成图 8-16 所示切削分割块的创建。

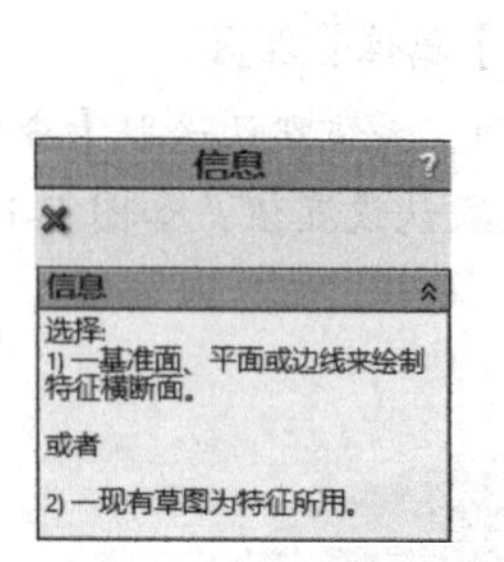

图 8-14 【信息】属性管理器

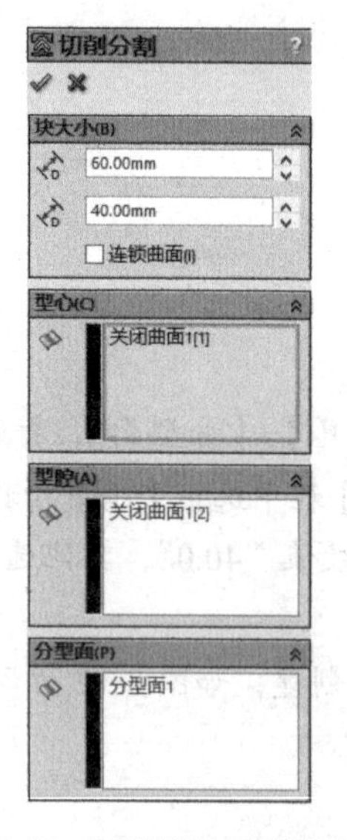

图 8-15 【切削分割】属性管理器

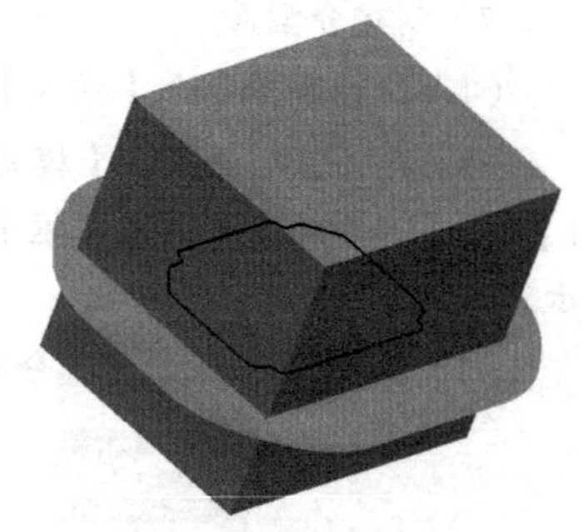
图 8-16 创建切削分割块

9. 隐藏曲面实体

将模型中的型腔曲面实体、型心曲面实体和分型面实体隐藏，这样可以使屏幕简洁，方便后续的模具开启操作。

在设计树中用鼠标右键单击【曲面实体】节点下的【型腔曲面实体】，从弹出的快捷菜单中单击按钮，按同样的步骤将【型心曲面实体】和【分型面实体】隐藏，如图 8-17 所示。

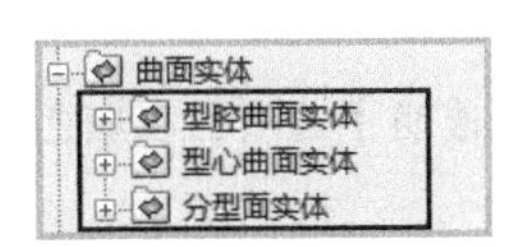

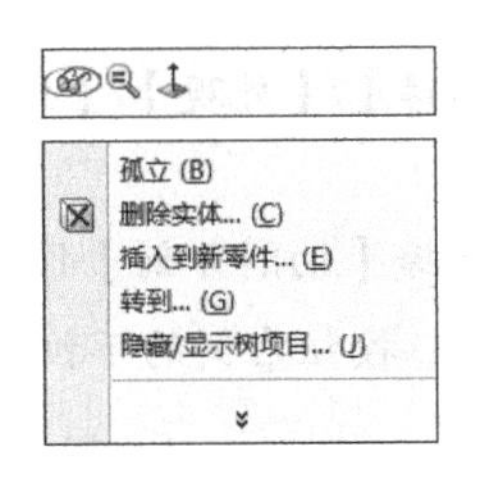

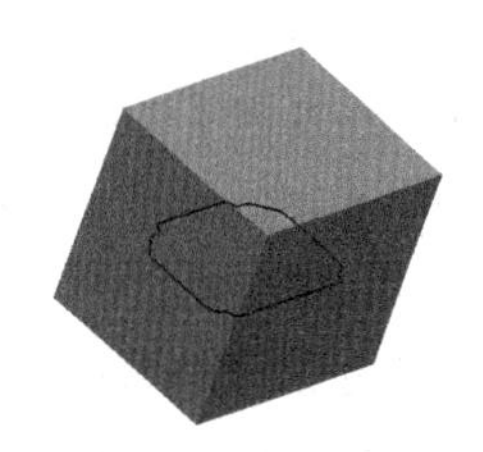

图 8-17 隐藏曲面实体

10. 开模步骤 1：移动型腔

（1）选择菜单命令【插入】/【特征】/【移动/复制】，打开图 8-18 所示的【移动/复制实体】属性管理器。

（2）选取移动对象。选取图 8-19 所示的型腔作为要移动的实体。

（3）定义移动距离。在【平移】栏的【ΔZ】文本框中输入数值“120.0”。

（4）取消对【复制】复选项的选择，然后单击✔按钮，完成图 8-20 所示的型腔移动。

图 8-18 【移动/复制实体】属性管理器

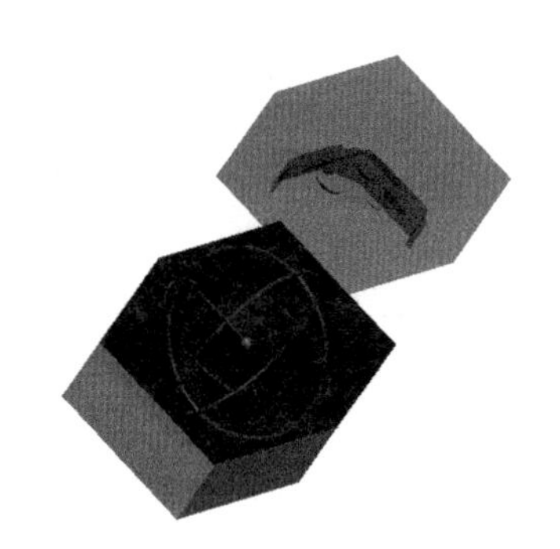

图 8-19 要移动的实体

图 8-20 移动型腔

11. 开模步骤 2：移动型芯

（1）选择命令。选择菜单命令【插入】/【特征】/【移动/复制】，打开图 8-21 所示的【移动/复制实体】属性管理器。

（2）选取移动对象。选取下型腔作为移动对象。

（3）定义移动距离。在【平移】栏的【ΔZ】文本框中输入数值“－100.0”。

（4）单击✔按钮，完成图 8-22 所示的型芯移动。

图 8-21 【移动/复制实体】属性管理器

图 8-22 移动型芯

12. 编辑颜色

（1）选择命令。选择菜单命令【编辑】/【外观】/【外观】，打开【颜色】属性管理器和【外观、布景和贴图】面板。

（2）选择编辑对象。在设计树中选择【切削分割】作为编辑对象。

（3）设置常用类型。在【颜色】栏按钮右侧的下拉列表中选择【透明】选项，在颜色列表框中选择图 8-23 所示的颜色。

（4）设置光学属性。进入【高级】选项卡，如图 8-24 所示，再进入【照明度】选项卡，在【透明量】栏中输入数值“0.75”。

（5）单击按钮，完成颜色编辑，结果如图 8-25 所示。

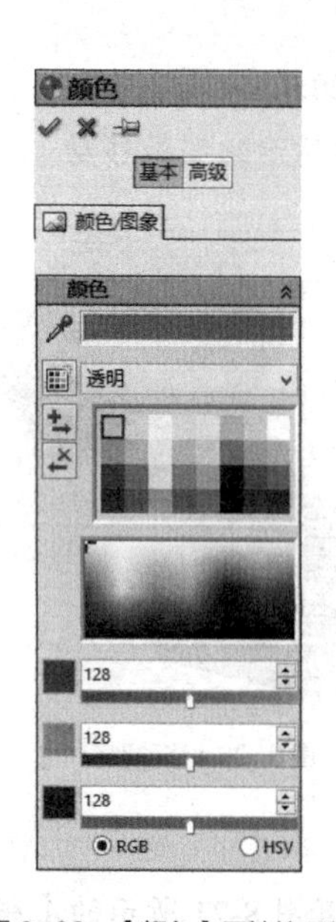

图 8-23 【颜色】属性管理器

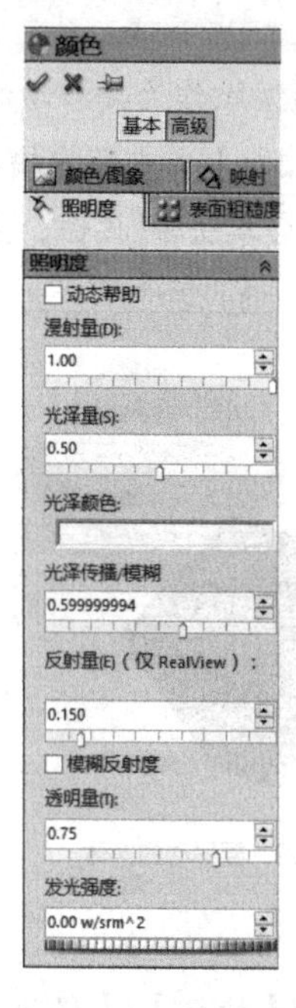

图 8-24 【高级】选项卡

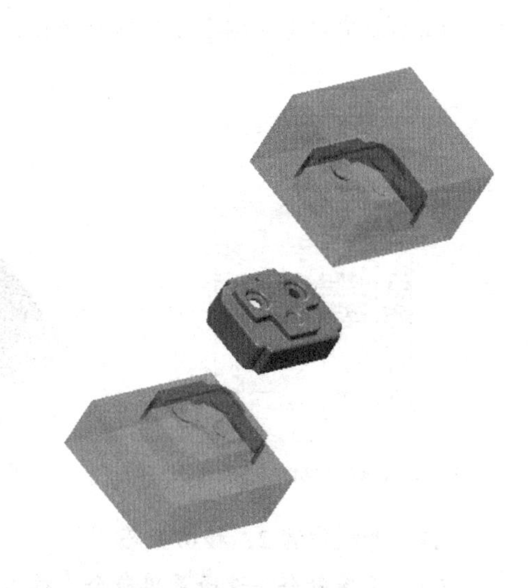

图 8-25 编辑颜色

13. 保存模具元件

（1）保存型腔。在设计树中用鼠标右键单击【实体-移动/复制 1】（即型腔实体），在弹出的快捷菜单中选择【插入到新零件】命令，弹出【另存为】对话框，命名文件名称为“型腔”，单击保存(S)按钮，然后关闭此对话框。

（2）保存型芯。在设计树中用鼠标右键单击【实体-移动/复制 2】（即型腔实体），在弹出的快捷菜单中选择【插入到新零件】命令，弹出【另存为】对话框，命名文件名称为“型芯”，单击保存(S)按钮，然后关闭此对话框。

（3）保存设计结果。选择菜单命令【文件】/【保存】，即可保存模具设计的结果。

8.2 模具设计的主要环节

要确保模具生产的质量和效率，必须全面把握模具设计中的几个重要环节。

8.2.1 知识准备

1. 分析诊断工具

(1) 拔模分析

创建了零件的实体模型，就可以开始建立模具，要确保模具内的零件能顺利从模腔中取出。用户可以使用【拔模分析】工具来检验零件上是否有正确的拔模角度。有了拔模分析，就可以核实拔模斜度，检查面内的角度变更以及找出零件的分型线、浇注面和出胚面。

如果设计的零件无法顺利拔模，那么设计者必须修改零件模型，以确保零件能顺利脱膜。

使用【拔模分析】工具进行分析时，使用上色模型显示能够更加直观地查看模型的拔模状态。下面以图 8-26 所示的端盖模型为例，说明使用拔模分析的操作步骤。

① 打开素材文件“第 8 章\素材\端盖”，导入图 8-26 所示的端盖模型。

② 选择菜单命令【视图】/【显示】/【拔模分析】，打开【拔模分析】属性管理器。

③ 在绘图区选择端盖的端面或一条线性边线、轴来定义拔模的方向，此处选择基准轴，其名称出现在【拔模方向】文本框中。

④ 单击按钮或单击绘图区中的箭头来选择拔模的方向，在【拔模角度】文本框中输入“3”，如图 8-27 所示，形成的拔模分析图形如图 8-28 所示。

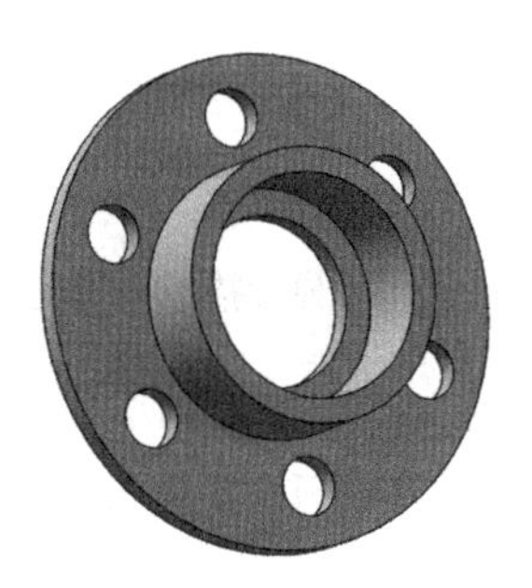

图 8-26 端盖模型

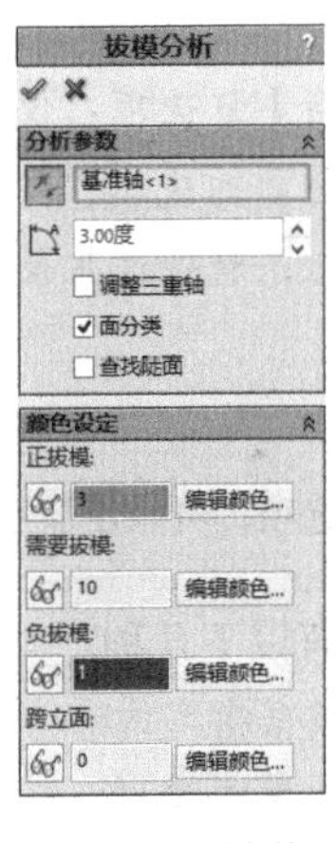

图 8-27 设置参数

⑤ 选中【面分类】复选项后，进行以面为基础的拔模分析，如果模型包含曲面，则会显示一些面，其角度比给定拔模方向的拔模斜度更小，预览如图 8-29 所示。

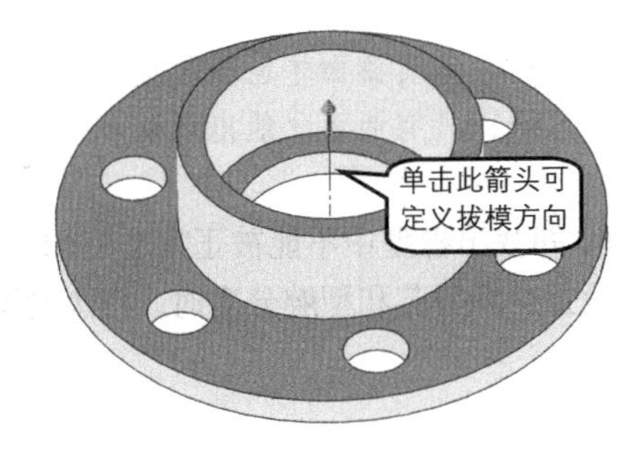

图 8-28 分析预览

图 8-29 分析预览

⑥ 单击 计算(C) 按钮计算分析，再单击✔按钮，完成拔模分析，零件的不同表面以不同的颜色表示，并在绘图区的右下方显示拔模分析的结果，如图 8-30 所示。

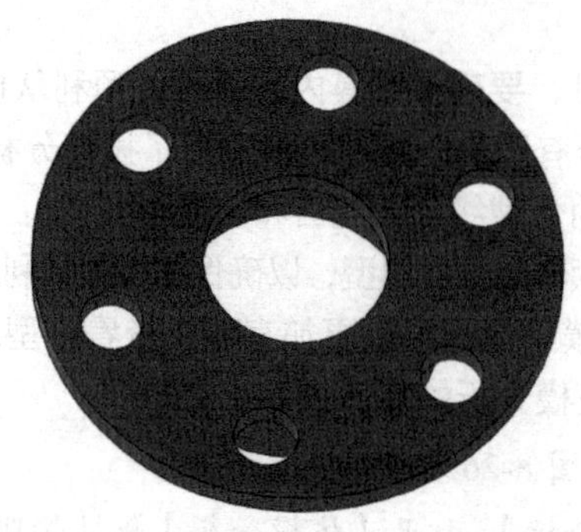

图 8-30 拔模分析结果

（2）设置拔模参数

【拔模分析】属性管理器中部分选项的功能介绍如下。

- 【面分类】复选项：选中此复选项，可将每个面归入颜色设定的类别之一，然后对每个面角度的轮廓映射。例如，在放样面上随着角度的更改，面的不同区域将呈现出不同的颜色。
- 【查找陡面】复选项：仅在选中【面分类】复选项时此选项才可用。选中此复选项，分析添加了曲面的拔模，以识别陡面。当曲面上有点能满足拔模角度准则而其他点不能满足该准则时，就会产生陡面。

要点提示

选中【面分类】复选项，可以使显示的图形更清晰，还可以把用于显示拔模分析的颜色保存在模型中。

面的分类主要有以下几种。

- 正拔模：根据指定的参考拔模角度显示带正拔模的任何面。正拔模指面的角度相对于拔模方向大于参考角度。
- 负拔模：根据指定的参考拔模角度显示带负拔模的任何面。负拔模指面的角度相对于拔模方向小于负参考角度。
- 跨立面：显示包含正、负拔模类型的任何面。只有曲面才能出现这种情况，通常主要用于生成分割线的面。
- 正陡面：在面中既包含正拔模又包含需要拔模的区域，只有曲面才能出现这种情况。
- 负陡面：在面中既包含负拔模又包含需要拔模的区域，只有曲面才能出现这种情况。

（3）底切分析

使用【底切分析】命令可以查找模型中形成底切的面，即找出模型中不能被正常选取的区域。此区域需要一个边侧型芯，该型芯通常以垂直拔模方向设置，当型芯和型腔分离时，将边侧型芯从侧方向抽出，从而使零件可以取出。

对零件进行底切分析的方法如下。

① 打开素材文件“第 8 章\素材\端盖”。

② 选择菜单命令【视图】/【显示】/【底切分析】，打开【底切分析】属性管理器，在【分

析参数】栏中选择图8-31所示的平面。

③ 选中【坐标输入】复选项，并沿x、y、z轴设定坐标值来指定拔模方向。

要点提示

如果想翻转在结果中报告为【方向1底切】和【方向2底切】的面，可以单击按钮。

④ 检查结果将显示在【底切面】栏中，如图8-32所示。带有不同分类的面在图形区以不同颜色显示，结果显示有两个封闭底切面，分析结果为模型中有不能从模具中排斥的被围困区域。

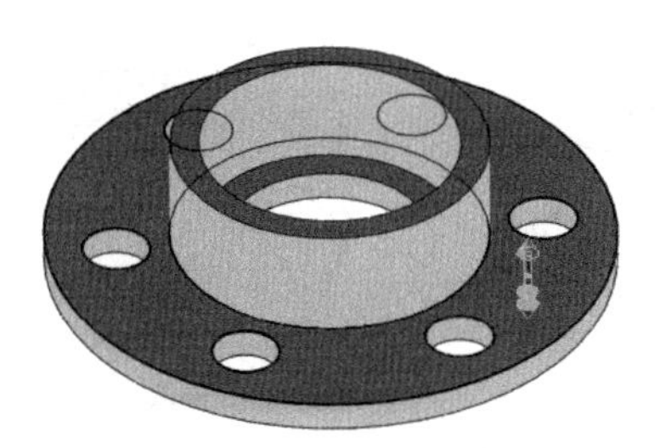

图8-31 底切分析预览

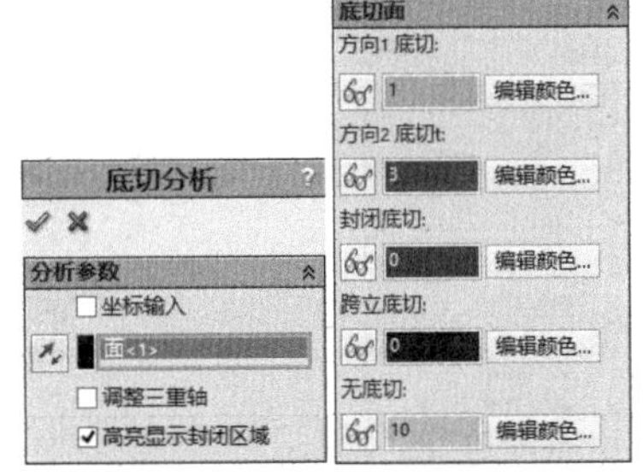

图8-32 【底切分析】对话框

要点提示

底切面包括以下几种。

【方向1底切】：在分型线之上底切的面（从分型线以上不可见）。

【方向2底切】：在分型线之下底切的面（从分型线以下不可见）。

【封闭底切】：在分型线以上或以下底切不可见的面。

【跨立底切】：双向拔模的面。

【无底切】：没有底切。

⑤ 单击 计算(C) 按钮计算分析，再单击按钮，在弹出的对话框中选择 否(N) 按钮，完成底切分析。零件的不同表面以不同的颜色显示，并在绘图区右下方显示底切分析的结果，如图8-33和图8-34所示。

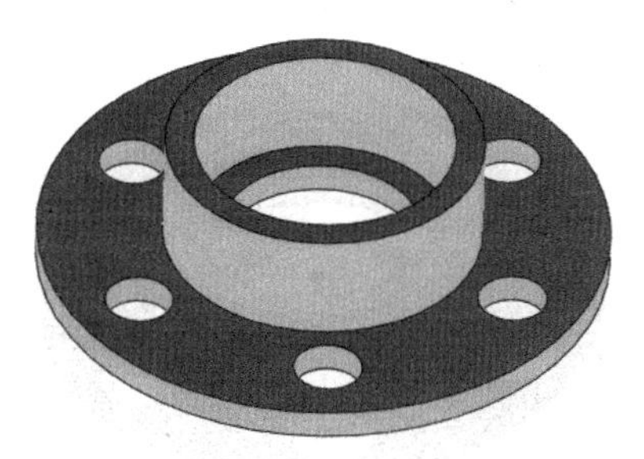

图8-33 底切分析预览

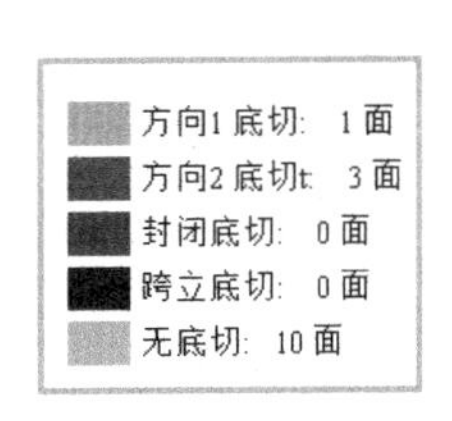

图8-34 底切分析结果

2. 关闭曲面

关闭曲面，可沿分型线形成的连续边线生成曲面修补，可以关闭任何通孔，这样能防止熔化的材料泄漏到铸模工具中型芯和型腔互相接触的区域。如果有泄露，将使得型芯和型腔无法分离。

使用【关闭曲面】命令修补曲面的方法如下。

① 打开素材文件“第 8 章\素材\端盖”。

② 选择菜单命令【插入】/【模具】/【关闭曲面】，打开【关闭曲面】属性管理器。

③ 在【边线】栏中取消选中【缝合】复选项，选中【过滤环】、【显示预览】和【显示标注】复选项，如图 8-35 所示，在图形区会出现关闭曲面的预览，如图 8-36 所示。

④ 单击✔按钮，生成关闭曲面，结果如图 8-37 所示。

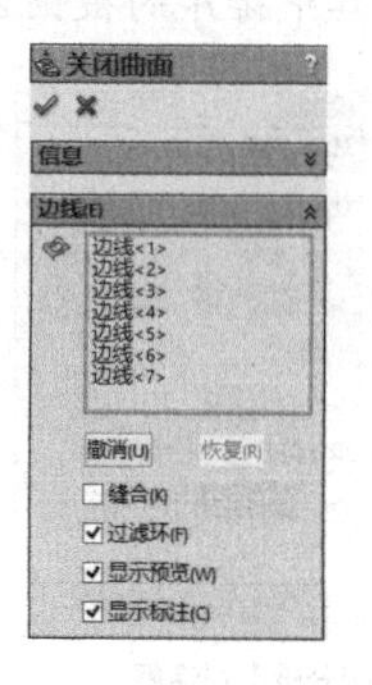

图 8-35 底切分析预览

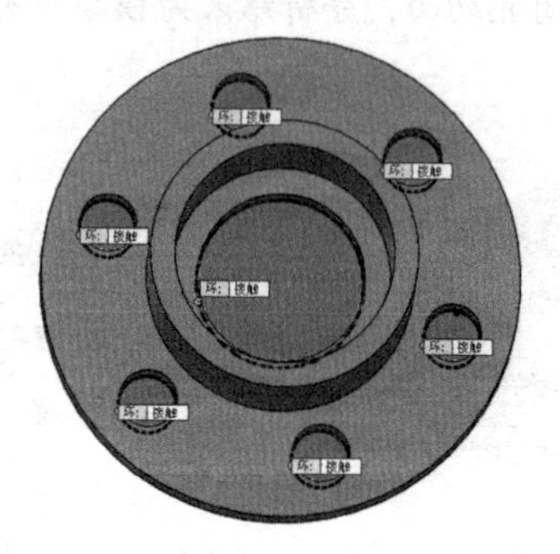

图 8-36 关闭曲面预览

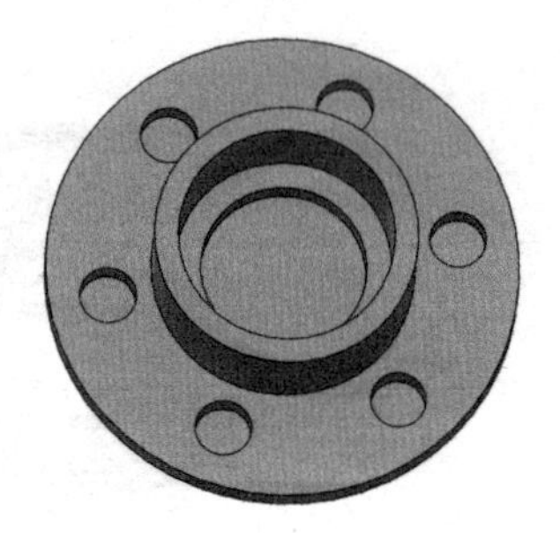

图 8-37 生成关闭曲面

3. 分型工具

（1）分型线

设定好铸件的拔模斜度和缩放比例后，必须建立分型线，再利用分型线建立零件的分割曲面，它们是凸模和凹模的边界。分型线位于铸模零件的边线上，在型芯和型腔曲面之间。使用【分型线】命令可以在单一零件中生成多个分型线特征，也可以生成部分分型线特征。

使用【分型线】命令建立分型线的方法如下。

① 打开素材文件：第 8 章\素材\端盖。

② 选择菜单命令【插入】/【模具】/【分型线】，打开【分型线】属性管理器，如图 8-38 所示。

③ 在【模具参数】栏中进行以下参数设置。

- 在【拔模方向】文本框中设置型腔实体拔模，以分割型芯和型腔方向。本例选择图 8-39 所示的平面，在模型上会显示一个箭头。

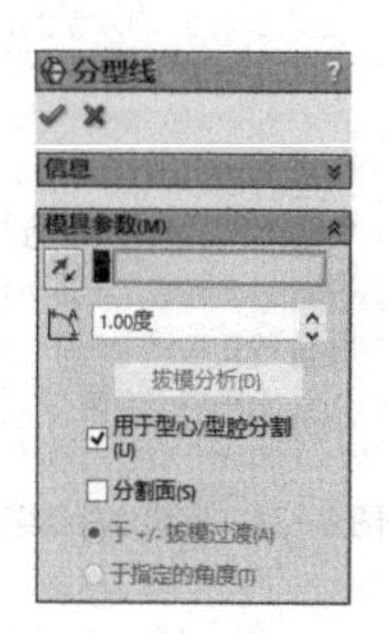

图 8-38 【分型线】属性管理器

图 8-39 设置拔模方向

- 在【拔模角度】文本框中设定角度值为“1”。小于该数值的拔模面在分析结果中将被报告为【无拔模】。
- 选中【用于型心/型腔分割】复选项，将生成一条定义型心/型腔分割的分型线。
- 选中【分割面】复选项，可以选择自动分割在拔模分析过程中找到的跨立面。其中，选中【于+/–拔模过渡】单选项，则分割正负拔模之间过渡处的跨立面；选中【于指定的角度】单选项，则按指定的拔模斜度分割跨立面。

④ 单击 拔模分析(D) 按钮，以进行拔模分析并生成分型线。在 拔模分析(D) 按钮下方弹出绿、黄、蓝 4 个色块，分别表示正拔模、无拔模、负拔模及跨立面的颜色，如图 8-40 所示。图形区中的模型面也将更改为相应的拔模分析颜色。

要点提示

如需添加拔模，可以单击 按钮，然后使用【拔模】命令进行拔模。

⑤ 在绘图区单击图 8-41 所示的边线，其名称会显示在【分型线】栏中。

⑥ 单击 确定 按钮，完成分型线的建立，如图 8-41 所示。

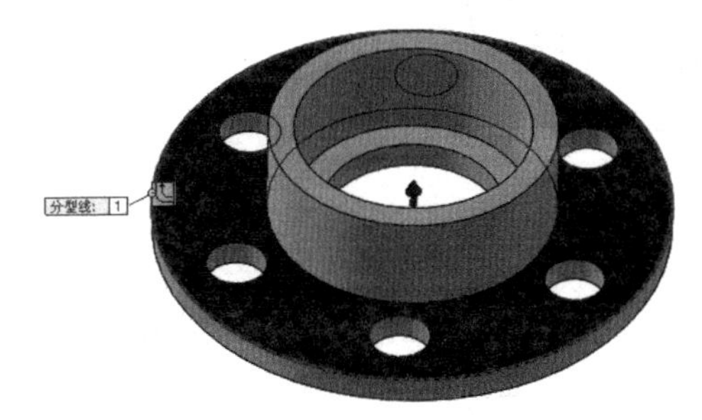

图 8-40 拔模分析颜色色块

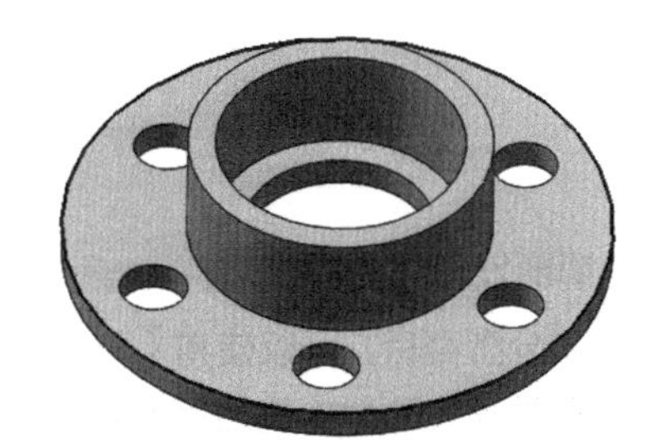
图 8-41 生成分型线

⑦ 保存文件，以备下例使用。

要点提示

如果分型线不完整，那么图形区中会有一个红色箭头出现在边线的端点，表示可能有下一条边线；如果模型包含一个在正面和负面之间（不包括跨立面）穿越的边线链，则分型线线段将自动被选择；如果模型包含多个边线链，则最长的边线链将自动被选择。

（2）分型面

分型面从分型线拉伸，用于将模具型腔从型芯分离。当生成分型面时，系统自动生成分型面实体文件夹。

① 打开上例保存的“端盖”文件。

② 选择菜单命令【插入】/模具/【分型面】，打开【分型面】属性管理器。

③ 在绘图区中展开设计树，选择【分型线 1】，其名称会显示在【分型线】栏中。

④ 在【模具参数】栏中选中【垂直于拔模】单选项，在【分型面】的【距离】文本框中输入“15”，并单击 按钮。选中【缝合所有曲面】和【显示预览】复选项，如图 8-42 所示，以便在分型线周围可以预览分型面，如图 8-43 所示。

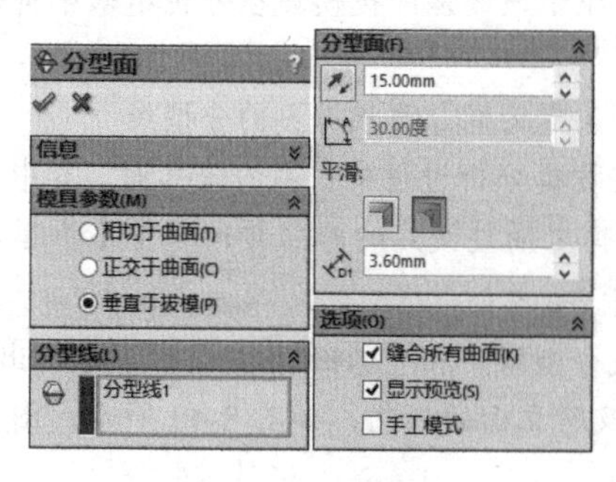

图 8-42 设置参数

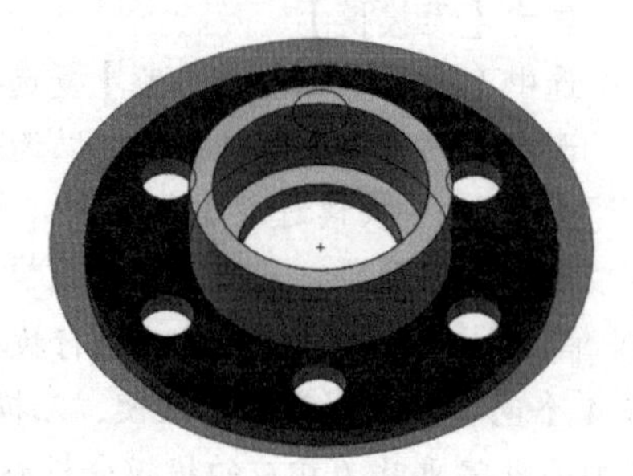

图 8-43 分型面预览

⑤ 单击✔按钮，生成分型面，结果如图 8-44 所示。

⑥ 保存文件，以备下例使用。

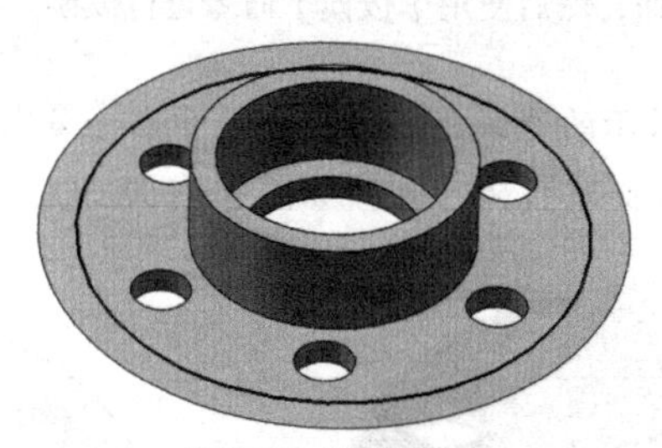

图 8-44 生成分型面

4. 切削分割

在定义分型面后，可以使用【切削分割】命令为模型生成型芯和型腔。如果想生成切削分割特征，特征管理设计树中的曲面实体文件夹至少需要 3 个曲面实体。

使用【切削分割】命令建立分型面的操作步骤如下。

① 打开上例保存的“端盖”文件。

② 压缩【拉伸 1】特征。

③ 绘制图 8-45 所示的草图。

④ 选择步骤③绘制的草图，单击【模具工具】工具栏中的 切削分割 按钮，打开【信息】对话框。

⑤ 选择 8-45 所示绘制的草图，系统弹出【切削分割】属性管理器。

⑥ 在【块大小】栏的【方向 1 深度】文本框中输入“30”，在【方向 2 深度】文本框中输入“20”，如图 8-46 所示。

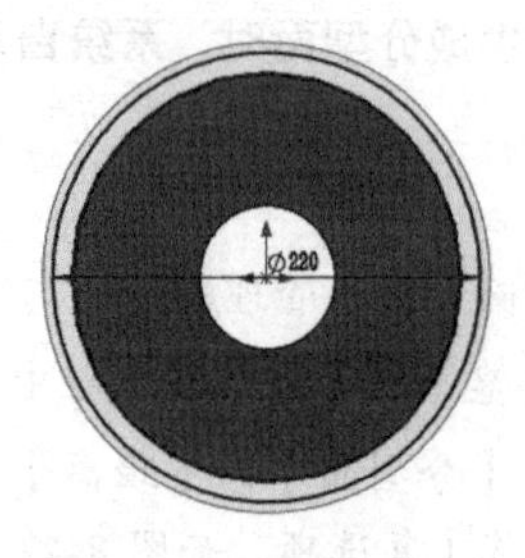

图 8-45 绘制草图

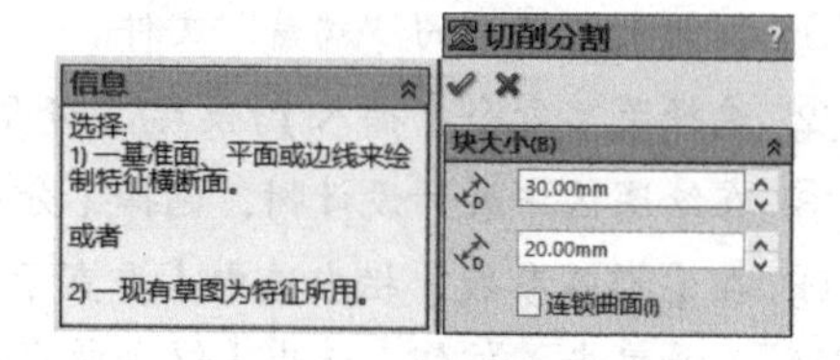

图 8-46 设置切削分割参数

⑦ 单击✔按钮，在特管理器设计树中增加了实体文件夹，模具的【型芯】和【型腔】都将放入该文件夹中。

⑧ 在设计树中用鼠标右键单击【切削分割 1[2]】选项，并在弹出的快捷菜单中选择【更改透明度】命令，设置透明度。

【切削分割】属性管理器中主要选项的含义介绍如下。

- 【块大小】栏：用于在【方向 1 深度】文本框和【方向 2 深度】文本框中设置方向 1 和方向 2 的深度数值。
- 【型心】栏：用于选择型心曲面实体。
- 【型腔】栏：用于选择型腔曲面实体。
- 【分型面】栏：用于选择先前创建的分型面。

要点提示

如果要生成一个可以阻止型芯和型腔块移动的曲面，可以选中【连锁曲面】复选项，系统将沿分型面的周边生成一个互锁曲面。

8.2.2 典型实例——风扇端盖的模具设计

下面将通过图 8-47 所示的风扇端盖来介绍具有复杂分型线和型芯特征的模型的基本设计过程和操作技巧。

1. 创建三维模型

（1）新建一个零件文件。

（2）在设计树中选择【前视基准面】，然后单击【草图】功能区中的按钮，绘制图 8-48 所示的草图 1，最后单击✔按钮。

图 8-47 风扇端盖

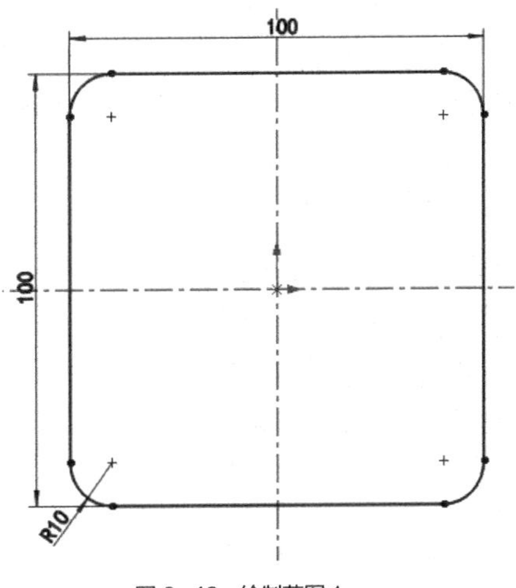

图 8-48 绘制草图 1

（3）单击【特征】功能区中的按钮，设置拉伸深度为 4，然后单击✔按钮，生成拉伸特征，结果如图 8-49 所示。

（4）在绘图区选择实体的一个端面，绘制图 8-50 所示的草图 2。

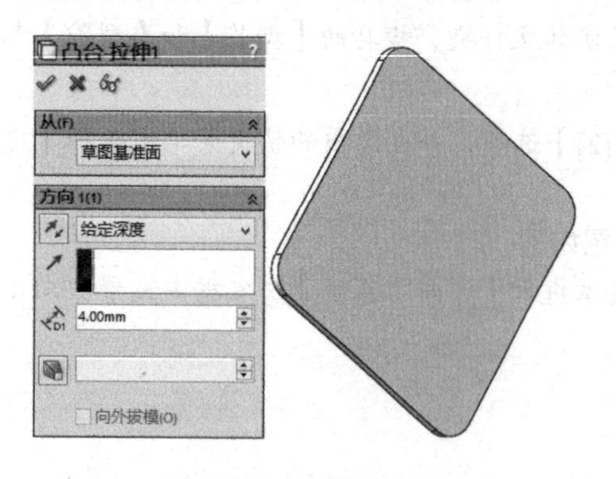

图 8-49　生成拉伸特征 1

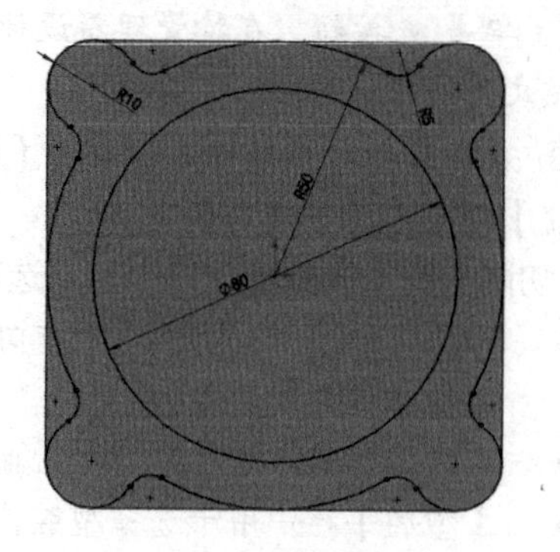

图 8-50　绘制草图 2

（5）单击【特征】功能区中的按钮，设置拉伸深度为 15，然后单击按钮，生成拉伸特征 2，如图 8-51 所示。

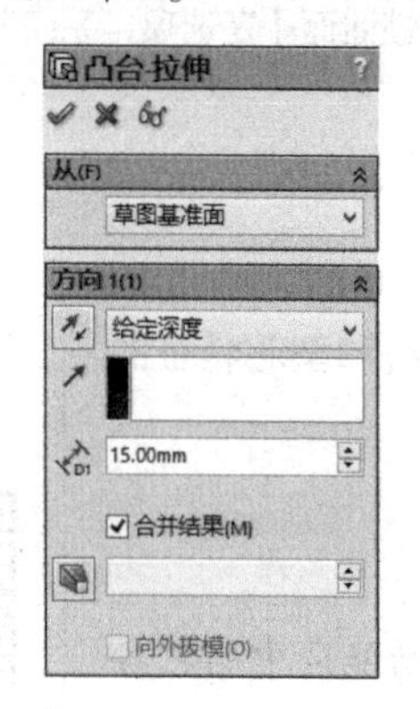

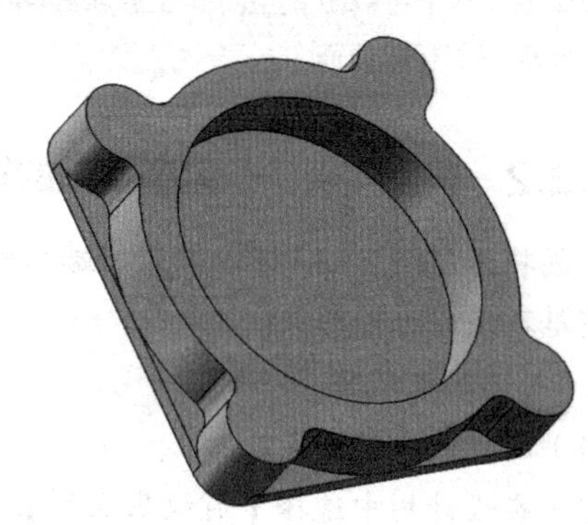

图 8-51　生成拉伸特征 2

（6）在绘图区选择实体的内平面作为绘图平面绘制草图 3，如图 8-52 所示。

（7）单击【特征】功能区中的按钮，在【切除-拉伸】属性管理器的【终止条件】下拉列表中选择【完全贯穿】选项，然后单击按钮，生成拉伸特征 3，如图 8-53 所示。

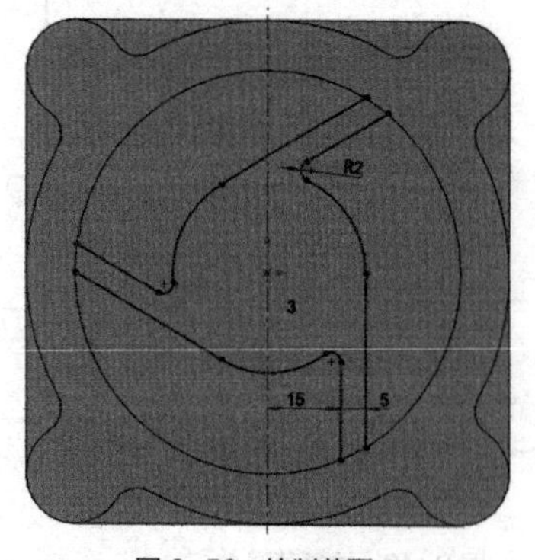

图 8-52　绘制草图 3

图 8-53　生成拉伸特征 3

（8）在图形区选择实体的上表面作为绘图平面绘制草图 4，如图 8-54 所示。

（9）单击【特征】功能区中的按钮，在【切除-拉伸】属性管理器的【终止条件】下拉列表中选择【完全贯穿】选项，然后单击按钮，生成拉伸特征 4，如图 8-55 所示。

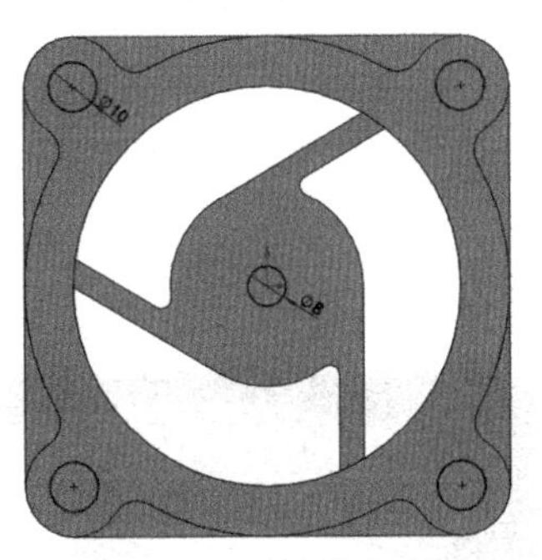

图 8-54　绘制草图 4

图 8-55　生成拉伸特征 4

（10）在图形区选择实体的上表面作为绘图平面绘制草图 5，如图 8-56 所示。

（11）单击【特征】功能区中的按钮，进行单侧拉伸，设置拉伸深度为 4，然后单击按钮，生成拉伸特征 5，如图 8-57 所示。

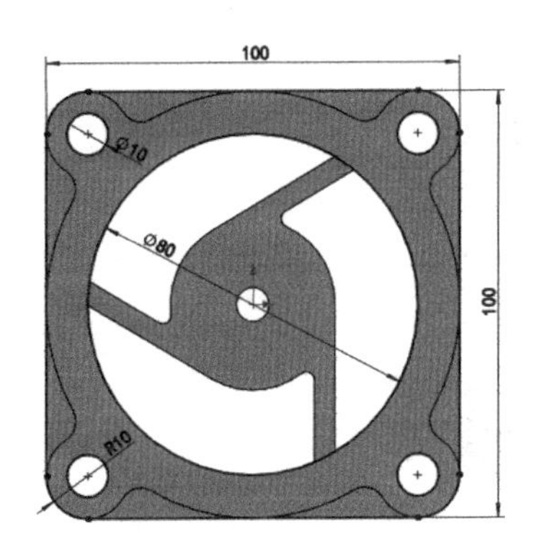

图 8-56　绘制草图 5

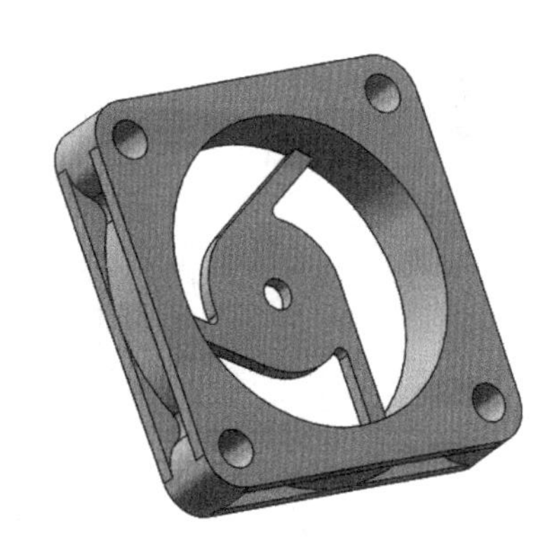

图 8-57　生成拉伸特征 5

2. 创建分型线

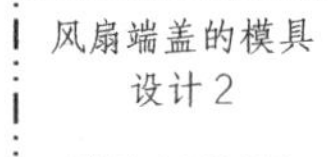

（1）单击【模具工具】工具栏中的 分型线(P)... 按钮，打开【分型线】属性管理器，在【模具参数】栏的【拔模方向】列表框中选择实体的上端面，如图 8-58（a）所示。

（2）注意拔模方向如图 8-58（b）所示，将【拔模角度】设为“1”，选中【用于型心/型腔分割】复选项，然后单击 拔模分析(D) 按钮。

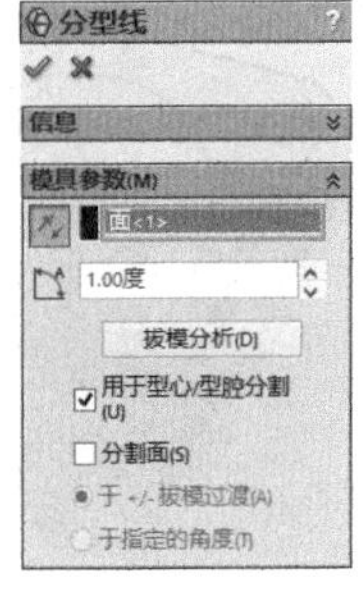

（a）

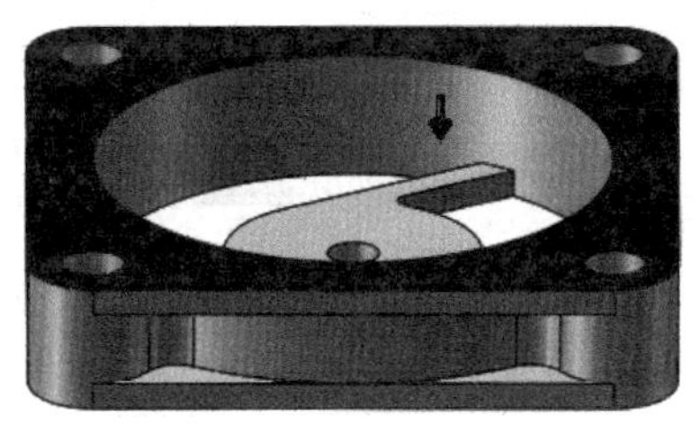

（b）

图 8-58　【分型线】对话框

（3）单击【分型线】栏中的列表框，在绘图区选择图 8-59（b）所示的边线作为分型线，然后单击✔按钮完成，结果如图 8-60 所示。

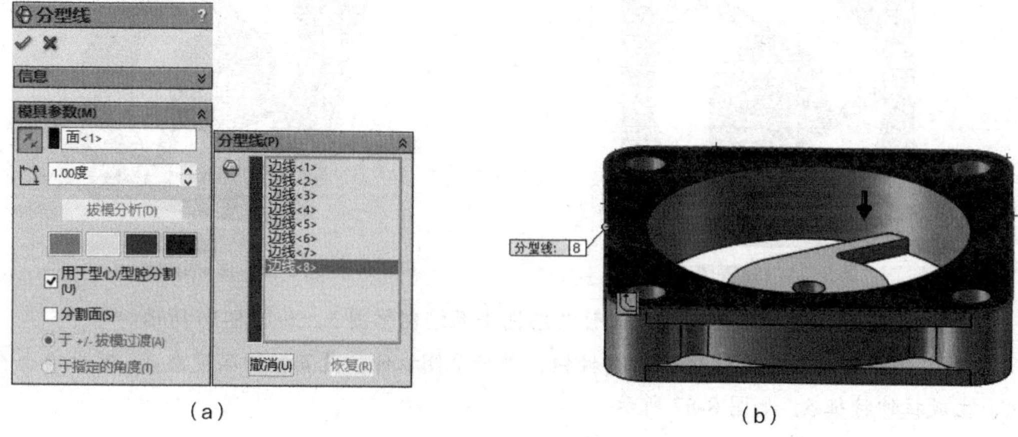

（a）　　　　　　　　　　（b）

图 8-59　改变后的【分型线】对话框

图 8-60　生成分型线

3. 底切分析

（1）单击【模具工具】工具栏中的 底切分析(U) 按钮，打开【底切分析】属性管理器，分析结果，如图 8-61（a）所示。

（2）带有不同分类的面会在图形区以不同的颜色显示，如图 8-61（b）所示，结果显示有 16 个需封闭的底线（红色），表示模型中有不能从模具中排斥的被围困区域，单击✔按钮，完成底切分析。

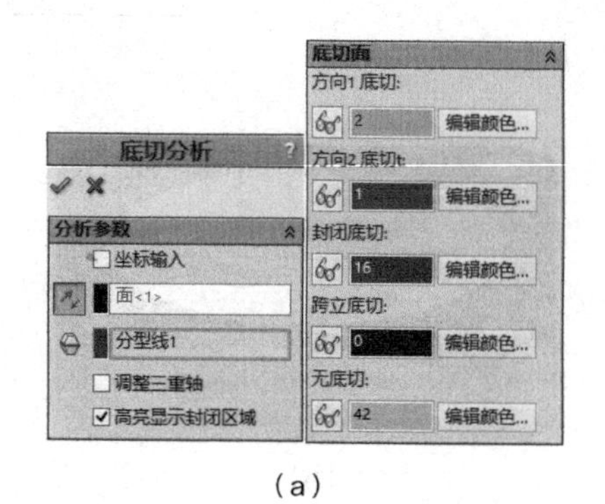

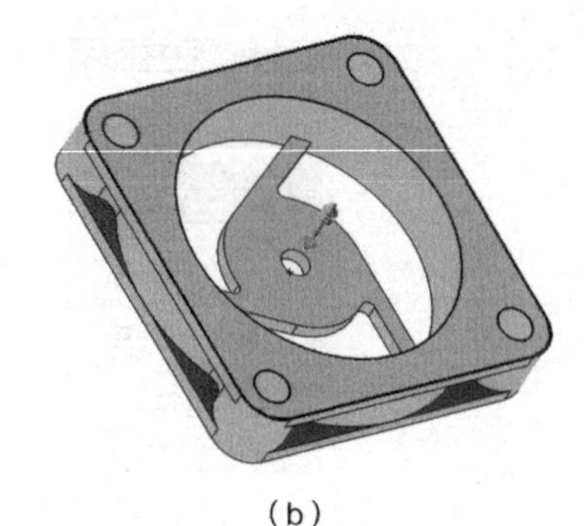

（a）　　　　　　　　　　（b）

图 8-61　底切分析结果

4. 关闭曲面

（1）单击【模具工具】工具栏中的 关闭曲面 按钮，打开【关闭曲面】属性管理器。

（2）在【关闭曲面】属性管理器中激活【边线】框，选择图 8-62 所示的边线。

（3）选中【缝合】复选项，预览图如图 8-62 所示，单击✔按钮，生成关闭曲面 1，结果如图 8-63 所示。

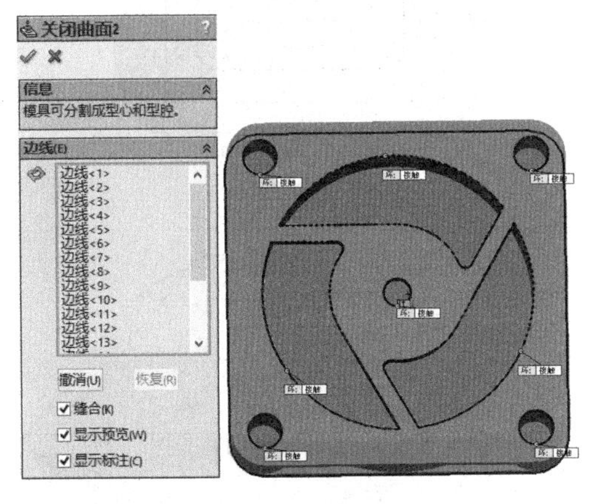

图 8-62 关闭曲面预览

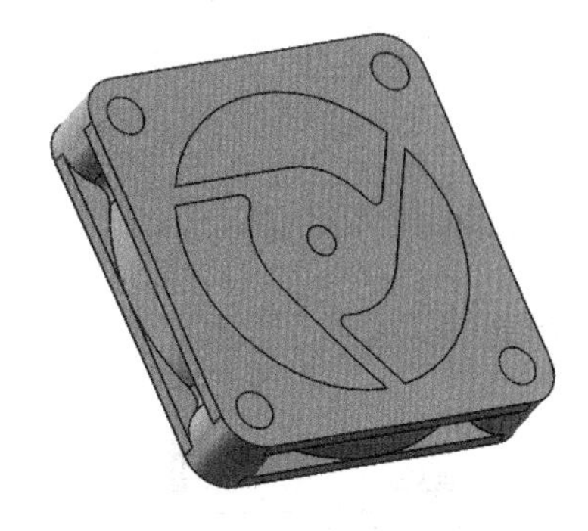

图 8-63 生成关闭曲面 1

5. 创建分型面

（1）单击【模具工具】工具栏中的 分型面 按钮，打开【分型面】属性管理器。

（2）在【模具参数】栏中选中【垂直于拔模】单选项，设定距离为“40”，在【选项】栏中选中【缝合所有曲面】和【显示预览】复选项，如图 8-64（a）所示，模型显示如图 8-64（b）所示。

（3）单击✔按钮，生成分型面 1，结果如图 8-65 所示。

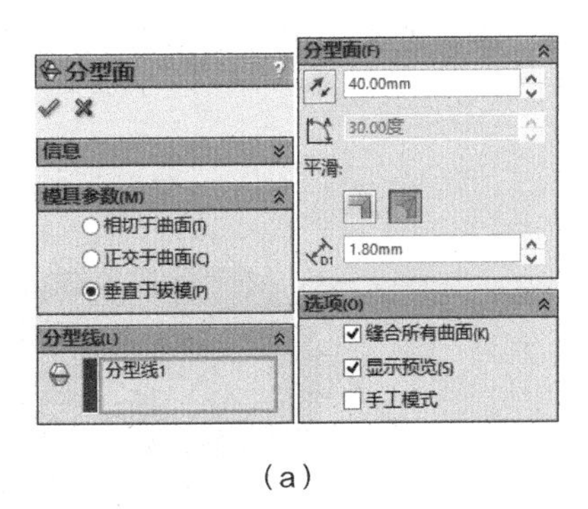

（a）

（b）

图 8-64 分型面预览

6. 切削分割

（1）在设计树中选择【分型面 1】，然后单击【草图】功能区中的按钮，绘制图 8-66 所示的矩形，然后单击✔按钮，完成草图 6 的绘制。

（2）单击【模具工具】工具栏中的 切削分割 按钮，打开【切削分割】属性管理器。

（3）在【块大小】栏的【方向 1 深度】文本框中输入“40”，在【方向 2 深度】文本框中输入“20”，然后单击✔按钮，生成切削分割，如图 8-67 所示。

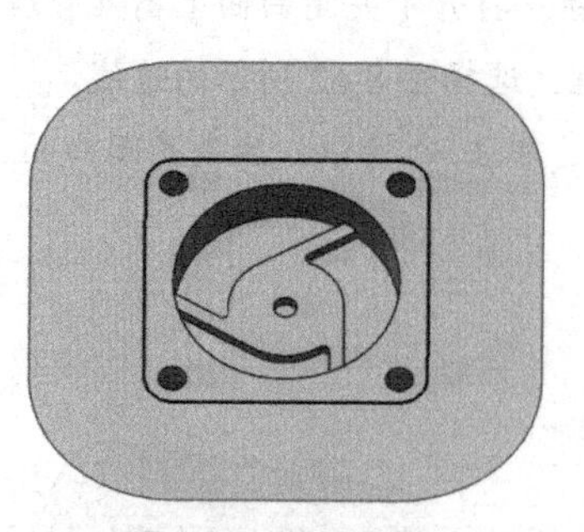

图 8-65　生成分型面

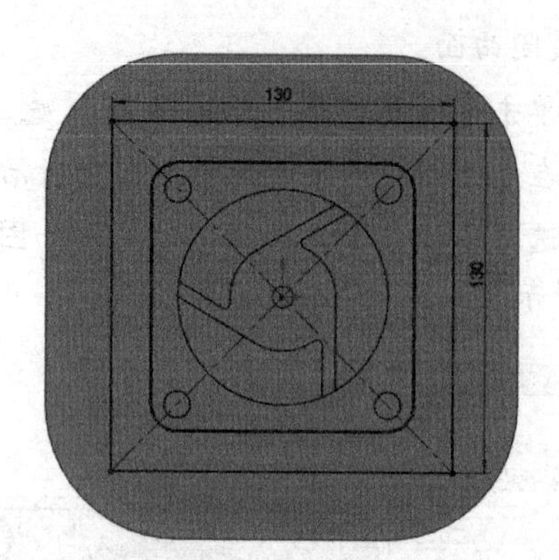

图 8-66　绘制草图 6

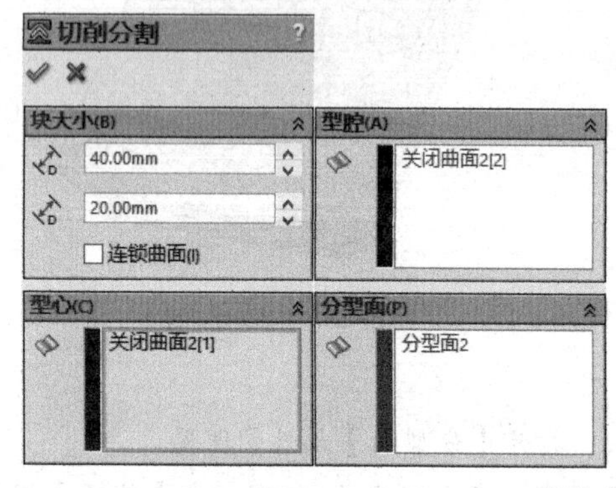

图 8-67　生成切削分割

（4）在设计树中展开“实体”文件夹，用鼠标右键单击【切削分割 1[1]】选项，在弹出的快捷菜单中选择【更改透明度】命令，更改透明度后的实体如图 8-68 所示。

（5）在设计树中选择【切削分割 1[1]】选项，在弹出的菜单中单击按钮。

（6）在图形区选择实体的上端面作为绘图平面，绘制图 8-69 所示的草图 7，然后单击按钮，完成草图 7 的绘制。

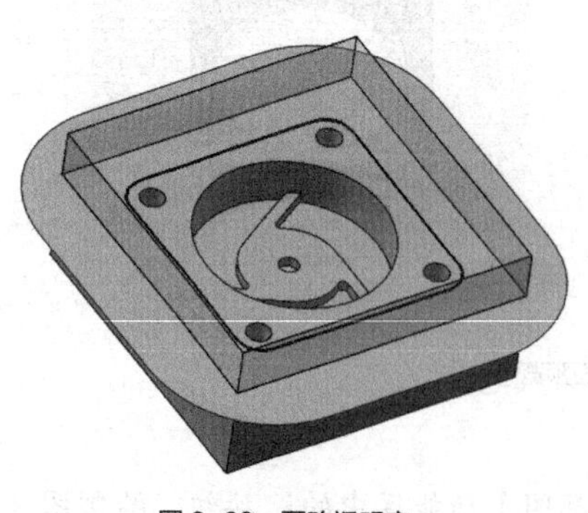

图 8-68　更改透明度

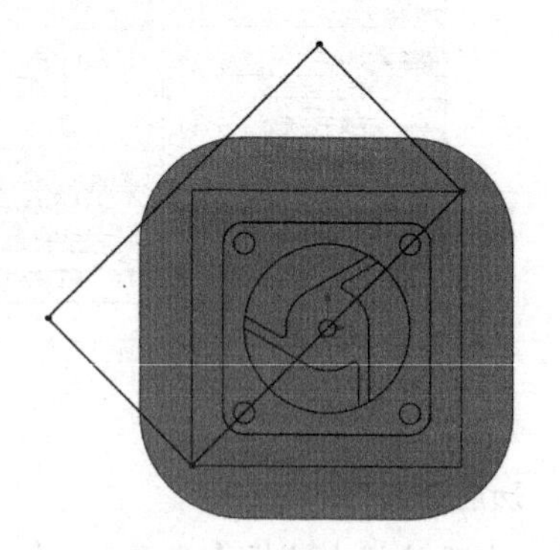

图 8-69　绘制草图 7

7. 创建型芯

（1）在绘图区选择草图 7，单击【模具工具】工具栏中的 型心(C)... 按钮，打开【型芯】属性管理器。

（2）在【参数】栏的【终止条件】下拉列表中选择【给定深度】，在【沿抽取方向的深度】文本框中输入“23”，在【远离抽取方向的深度】文本框中输入“0”。

（3）在【选择】栏的【型心/型腔实体】列表框中选择“实体 3”中的“切削分割 1[2]”，并选中【顶端加盖】复选项，如图 8-70（a）所示。

（4）如果型芯在模具实体中终止，则选中该复选项以定义型芯的终止面，型芯 1 的预览如图 8-70（b）所示，单击✔按钮确定。

（a）

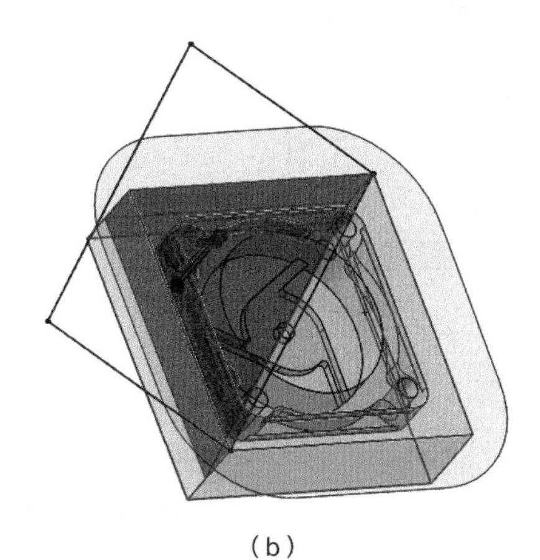

（b）

图 8-70 型芯 1 预览

（5）在绘图区选择实体的上端面作为绘图平面，绘制图 8-71 所示的草图，然后单击✔按钮完成。

（6）在绘图区选择草图 8，然后单击【模具工具】工具栏中的 型心(C)... 按钮，打开【型芯】属性管理器。

（7）在【参数】栏的【终止条件】下拉列表中选择【给定深度】，在【沿抽取方向的深度】文本框中输入“23”，在【远离抽取方向的深度】文本框中输入“0”。

（8）在【选择】栏的【型心/型腔实体】列表框中选择“型心 2[1]”，并选中【顶端加盖】复选项，如果型芯在模具实体中终止，则选中该复选项以定义型芯的终止面，如图 8-72 所示，然后单击✔按钮，生成型芯 2。

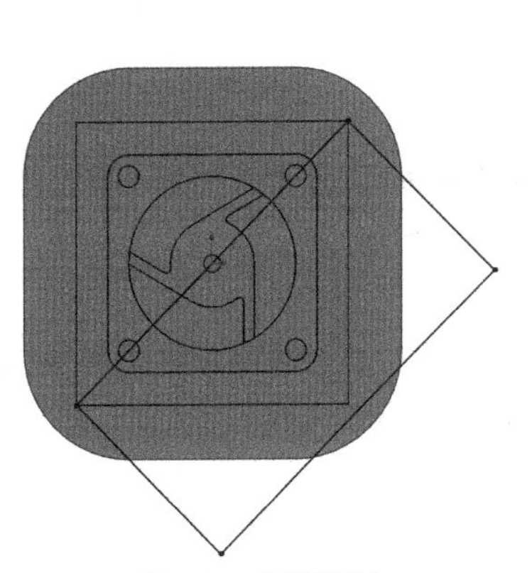

图 8-71 绘制草图 8

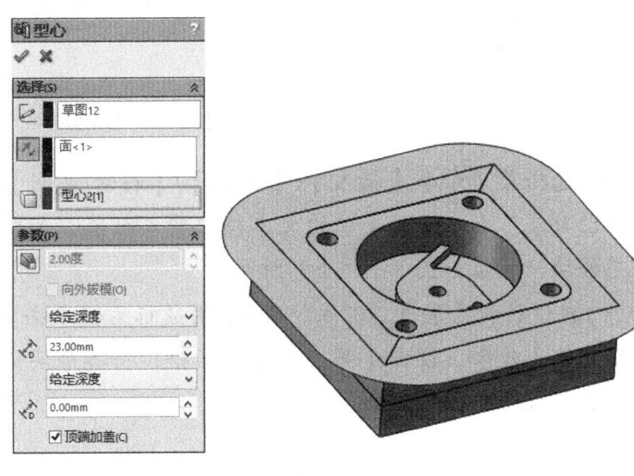

图 8-72 生成型芯 2

8. 移动型芯

（1）在设计树中隐藏分型线 1 和零件特征。

（2）选择菜单命令【插入】/【曲面】/【移动/复制】，打开【移动/复制实体】属性管理器，选取移动对象，在【平移】栏的文本框中输入数值，如图 8-73（a）所示，然后单击✔按钮，完成型芯移动，结果如图 8-73（b）所示。

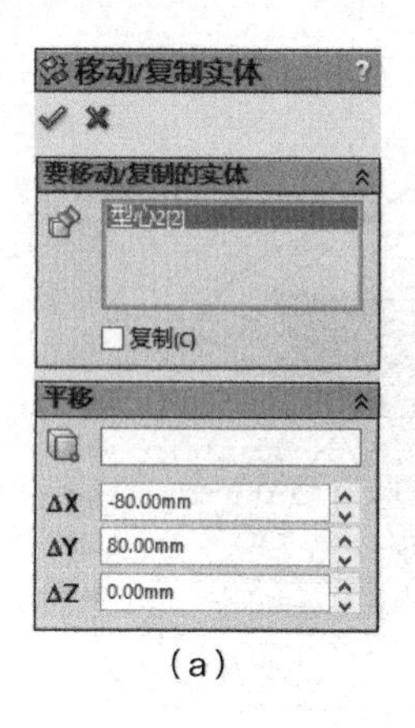

（a）

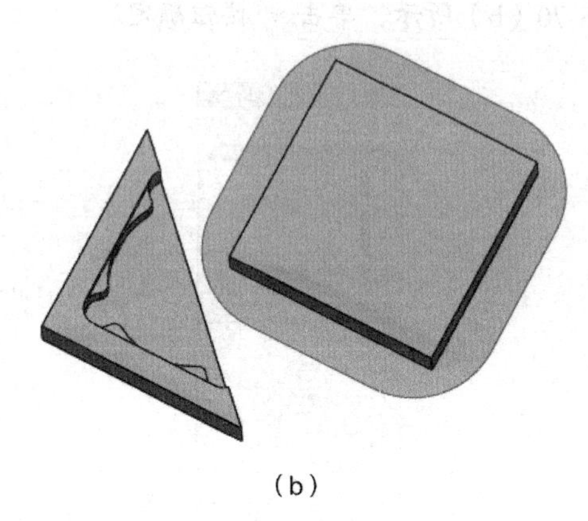

（b）

图 8-73 移动型芯 1

（3）选择菜单命令【插入】/【曲面】/【移动/复制】，打开【移动/复制实体】属性管理器，选取移动对象，在【平移】栏的文本框中输入数值，如图 8-74（a）所示，然后单击✔按钮，完成型芯移动，结果如图 8-74（b）所示。

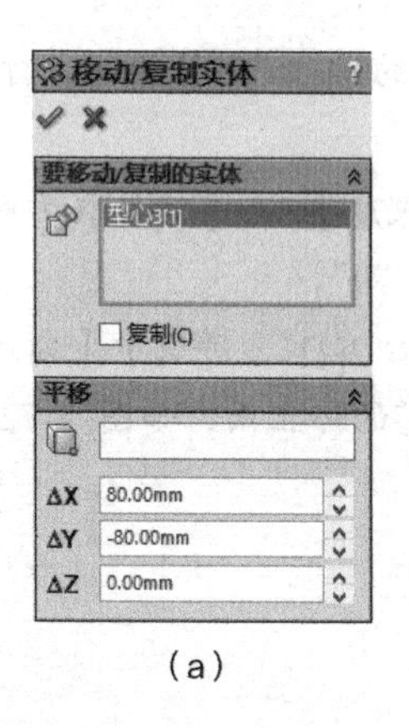

（a）

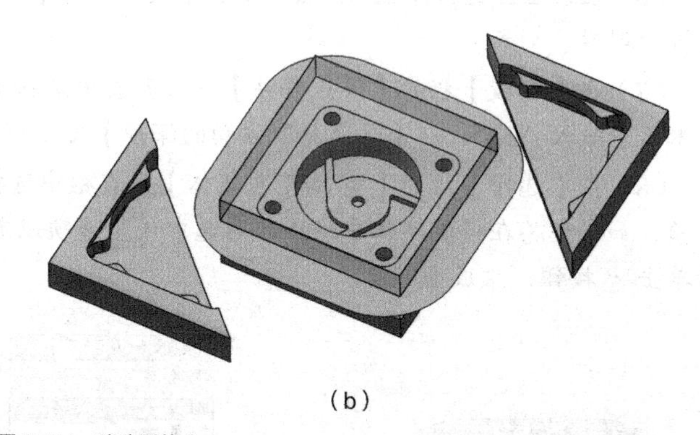

（b）

图 8-74 移动型芯 2

（4）选择菜单命令【插入】/【曲面】/【移动/复制】，打开【移动/复制实体】属性管理器，选取移动对象。在【平移】栏的文本框中输入数值，如图 8-75（a）所示，然后单击✔按钮，完成型芯移动，结果如图 8-75（b）所示。

（5）在设计树中展开“实体”节点，用鼠标右键单击各个实体，在弹出的快捷菜单中选择【插入到新零件】命令，弹出【另存为】对话框，将各个实体单独保存为零件文件。

至此，本案例制作完成。

移动/复制实体
要移动/复制的实体
复制(C)
平移
ΔX 0.00mm
ΔY 0.00mm
ΔZ 80

（a）

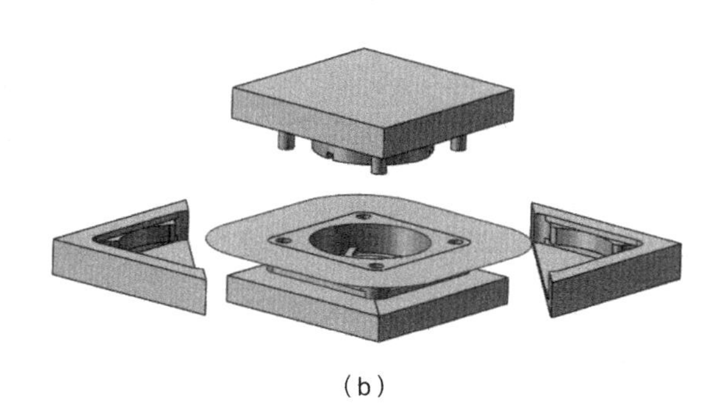

（b）

图 8-75　移动型芯 3

小结

模具设计包括模具元件设计和模架设计两项工作。其中模具元件是注射模具的关键部分，用于构建零件的结构和形状，主要有型芯（凸模）、型腔（凹模）、浇注系统（注道、流道、浇口等）、型芯、滑块和销等。

模具设计前，首先创建零件的实体模型。模具设计的重点是要确保模具内的零件顺利地从模具中取出，因此必须确保模具上具有正确的拔模角度。设定好铸件的拔模斜度和缩放比例后，建立分型线，再利用分型线建立零件的分割曲面，构成凸模与凹模的边界。分型线位于铸模零件的边线上，在型芯和型腔曲面之间。

习题

1. 简要说明模具的含义与用途。
2. 什么是模具元件，有哪些主要结构要素?
3. 拔模分析的主要目的是什么?
4. 什么是分型线，有何用途?
5. 动手模拟本章的实例，掌握模具设计的基本要领。

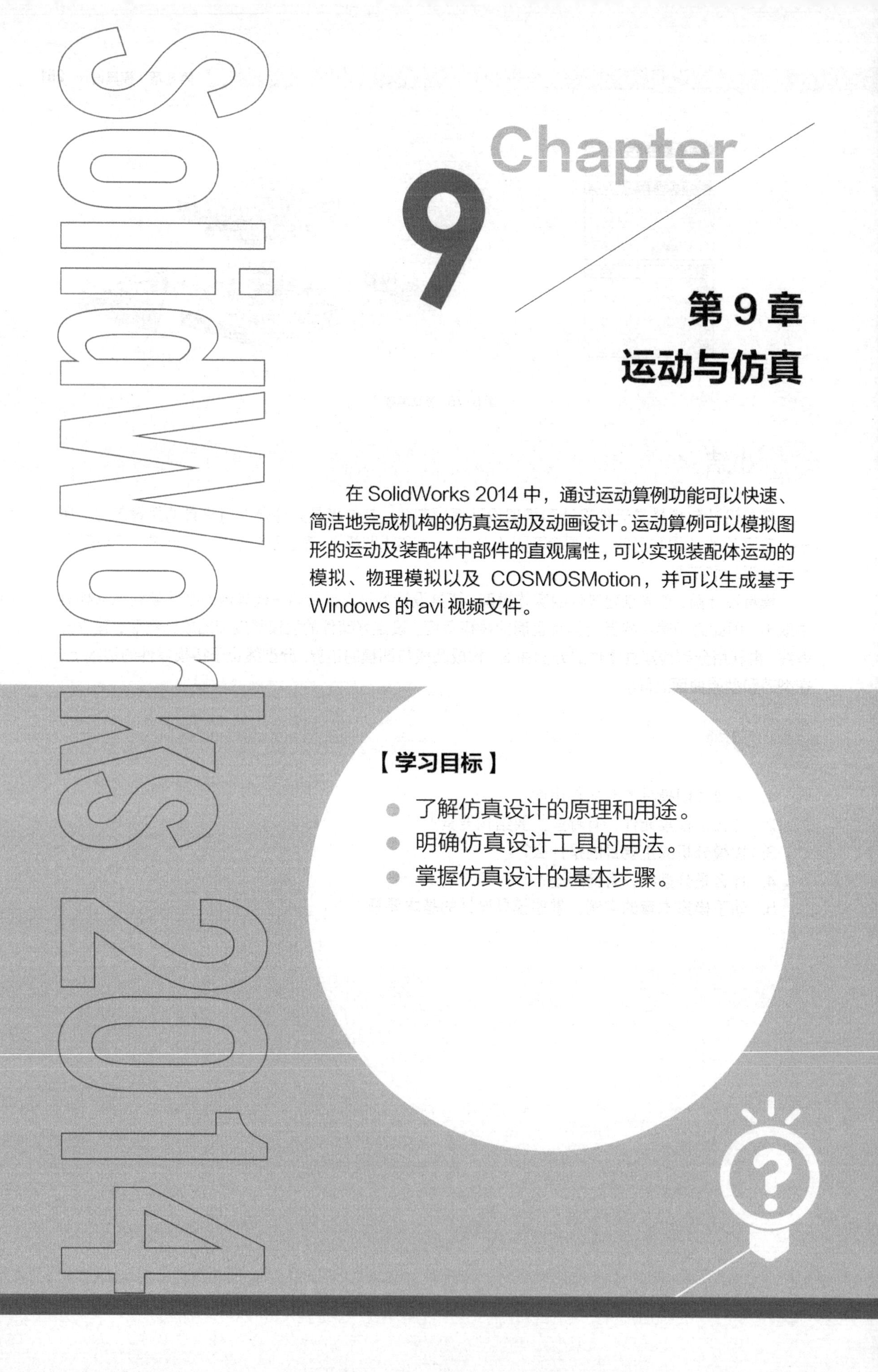

第 9 章 运动与仿真

在 SolidWorks 2014 中，通过运动算例功能可以快速、简洁地完成机构的仿真运动及动画设计。运动算例可以模拟图形的运动及装配体中部件的直观属性，可以实现装配体运动的模拟、物理模拟以及 COSMOSMotion，并可以生成基于 Windows 的 avi 视频文件。

【学习目标】

- 了解仿真设计的原理和用途。
- 明确仿真设计工具的用法。
- 掌握仿真设计的基本步骤。

9.1 仿真设计工具及其应用

通过运动仿真可以动态观察零件之间的相对运动，并检测可能存在的运动干涉。

9.1.1 知识准备

1. 仿真设计环境

在运动仿真设计中，用户可通过添加马达来控制装配体的运动，或者决定装配体在不同时间的外观。通过设定键码点，可以确定装配体运动从一个位置跳到另一个位置所需的顺序。COSMOSMotion 用于模拟和分析，并输出模拟单元（力、弹簧、阻尼和摩擦等）在装配体上的效应，它是更高一级的模拟，包含所有在物理模拟中可用的工具。

单击 SolidWorks 2014 软件操作界面左下角【模型】右边的【运动算例】按钮运动算例1，打开 COSMOSMotion 的仿真设计环境，如图 9-1 所示。

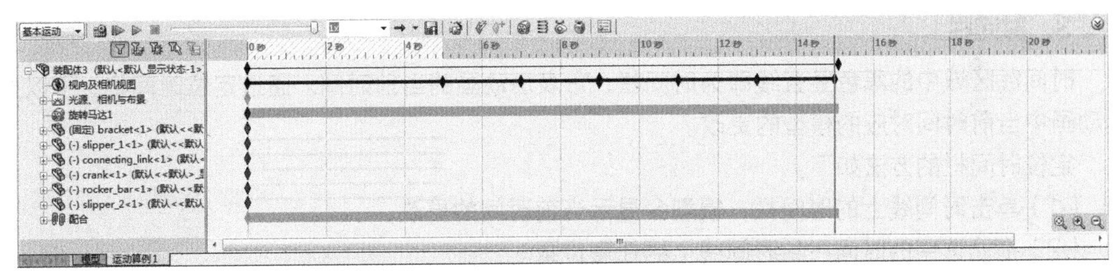

图 9-1 仿真设计环境

下面对图 9-1 所示的【运动算例的界面】上部工具栏进行介绍。

- 基本运动：通过此下拉列表选择运动类型，运动类型包括【动画】、【基本运动】和【COSMOSMotion】3 个选项，通常情况下只能看到前两个选项。
- 计算：计算运动算例。
- 前播放：从头播放已设置完成的仿真运动。
- 播放：播放已设置完成的仿真运动。
- 停止：停止播放已设置完成的仿真运动。
- 播放速度：通过此下拉列表选择播放速度，这里有 7 种播放速度可选。
- 播放模式：通过此下拉列表选择播放模式，包括【播放模式:正常】、【播放模式:循环】、【播放模式:往复】3 种模式。
- 保存动画：保存设置完成的动画。动画主要是 avi 格式，也可以保存动画的一部分。
- 动画向导：通过动画向导可以完成各种简单的动画。
- 自动键码：通过自动键码可以为拖动的零部件在当前时间栏生成键码。
- 添加/更新键码：在当前所选的的时间栏上添加键码或更新当前的键码。
- 添加马达：利用添加马达来控制零部件的移动。
- 弹簧：在两零部件之间添加弹簧。
- 接触：定义选定零部件的接触类型。
- 引力：给选定零部件添加引力，使零部件绕装配体移动。
- 移动算例属性：可以设置包括装配体运动、物理模拟和一般选项的多种属性。

2. 时间线

时间线是用来设定和编辑动画时间的标准界面，可以显示出运动算例中时间的类型。将图 9-1 所示的时间线区域放大，如图 9-2 所示，从图中可以观察到时间线区被竖直的网格线均匀分开，并且竖直的网格线和时间标识相对应。时间标识从 00:00:00 开始，竖直网格线之间的距离可以通过单击移动算例界面下的🔍或🔍按钮控制。

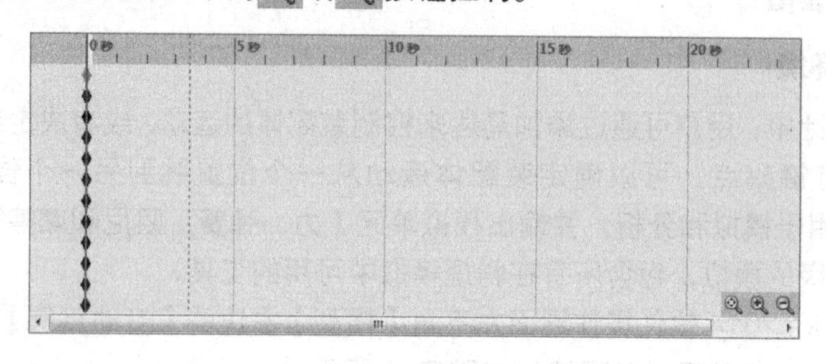

图 9-2 时间线

3. 时间栏

时间线区域中的黑色竖直线即为时间栏，它表示动画的当前时间。通过定位时间栏，可以显示动画中当前时间对应的模型的更改。

定位时间栏的方法如下。

（1）单击时间线上的时间栏，模型会显示当前时间的更改。

（2）拖动选中的时间栏到时间线上的任意位置。

（3）选中一时间栏，按一次空格键，时间栏会沿时间线往后移动一个时间增量。

4. 更改栏

在时间线上连续键码点之间的水平栏即为更改栏，它表示在键码点之间的一段时间内所发生的更改。更改内容包括动画时间长度、零部件运动模拟单元属性更改、视图定向（如缩放、旋转）以及视图属性（如颜色外观或视图的显示状态）。

根据实体的不同，更改栏使用不同的颜色来区分零部件之间的不同更改。系统默认的更改栏颜色如下。

- 驱动运动：蓝色。
- 从动运动：黄色。
- 爆炸运动：橙色。
- 外观：粉红色。

5. 关键点与键码点

时间线上的◆称为键码，键码所在的位置称为键码点，关键位置上的键码点称为关键点。在键码操作时需注意以下事项。

- 拖动装配体的键码（顶层）只更改运动算例的持续时间。
- 所有的关键点都可以复制、粘贴。
- 除了 0s 时间标记处的关键点以外，其他的关键点都可以剪切和删除。
- 按住 Ctrl 键可以同时选中多个关键点。

6. 动画向导

动画向导可以帮助初学者快速生成运动算例，通过动画向导可以生成的运动算例包括以下几项。

- 旋转零件或装配体模型。
- 爆炸或解除爆炸（只有在生成爆炸视图后，才能使用）。
- 物理模拟（只有在运动算例中计算模拟之后才能使用）。
- COSMOSMotion（只有安装了插件并在运动算例中计算结果后才可以使用）。

7．旋转零件

下面以图 9-3 所示的模型为例介绍动画向导的使用方法。

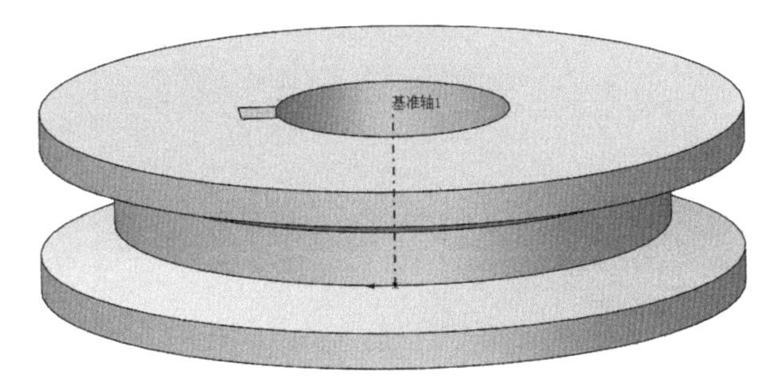

图 9-3　实体模型

① 打开运动算例界面。将模型调整到合适的角度，然后在屏幕左下角单击 运动算例1 按钮，展开运动算例界面，如图 9-4 所示。

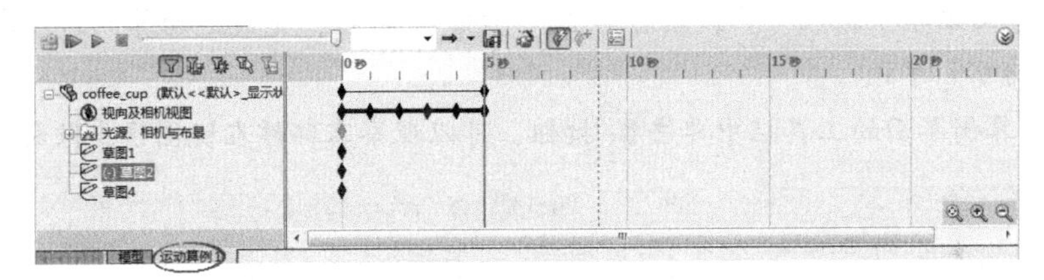

图 9-4　运动算例界面

② 在运动算例界面的工具栏中单击按钮，弹出【选择动画类型】对话框，如图 9-5 所示，选中【旋转模型】单选项。

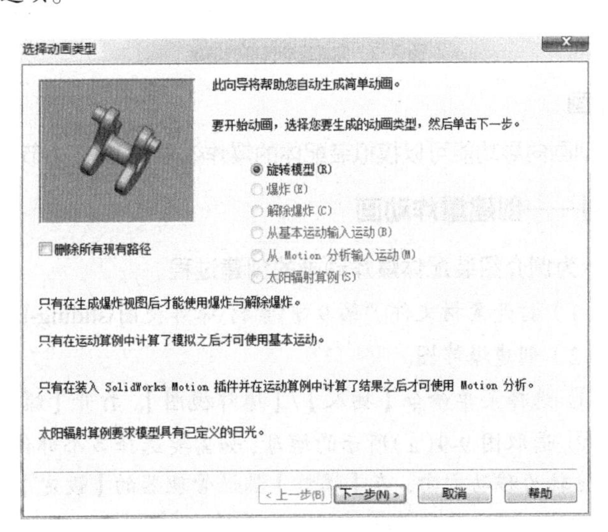

图 9-5　【选择动画类型】对话框

③ 单击 下一步(N) > 按钮，切换到【选择一旋转轴】对话框，其中的设置如图 9-6 所示。

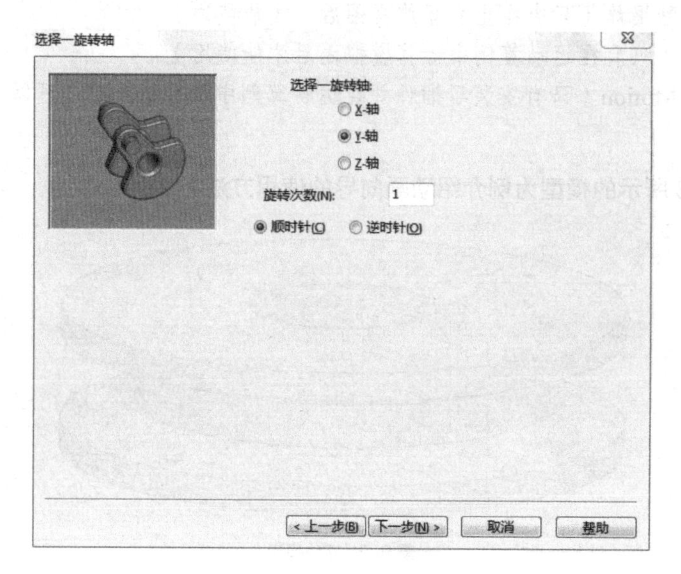

图 9-6 【选择一旋转轴】对话框

④ 单击 下一步(N) > 按钮，切换到【动画控制选项】对话框，在【时间长度】文本框中输入“10”，在【开始时间】文本框中输入“5”，然后单击 完成 按钮，完成运动算例的创建，此时的运动算例界面如图 9-7 所示。

⑤ 在运动算例界面的工具栏中单击 ▶ 按钮，可以观察零部件在视图区中做旋转运动。

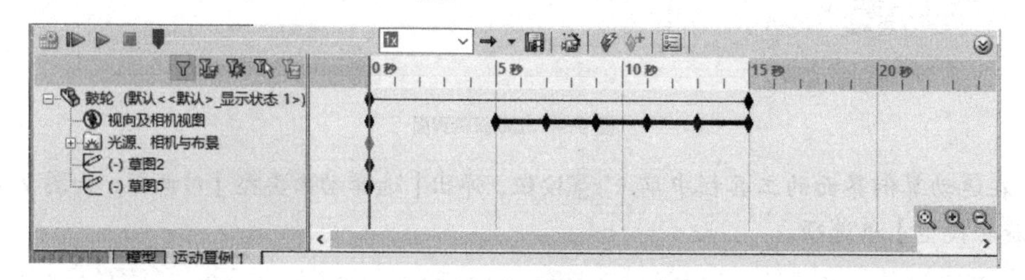

图 9-7 完成运动算例的创建

8. 装配体爆炸动画

通过运动算例中的动画向导功能可以模拟装配体的爆炸效果，9.1.2 小节将进行详细讲解。

9.1.2 典型实例——创建爆炸动画

下面以图 9-8 所示为例介绍装配体爆炸动画的创建过程。

创建爆炸动画

（1）打开素材文件“第 9 章\素材\爆炸视图\sliding-bearing.SLDASM”。

（2）创建爆炸图。

① 选择菜单命令【插入】/【爆炸视图】，打开【爆炸】属性管理器。

② 选取图 9-9（a）所示的螺母，如需要选择多个部件时可按住 ctrl 键选取。选择 z 轴为移动方向，在【爆炸】属性管理器的【设定】栏中设置【爆炸距离】为“100”，然后单击 应用(P) 按钮，再单击 完成(D) 按钮，完成第一个零件的爆炸运动，结果如图 9-9（b）所示。

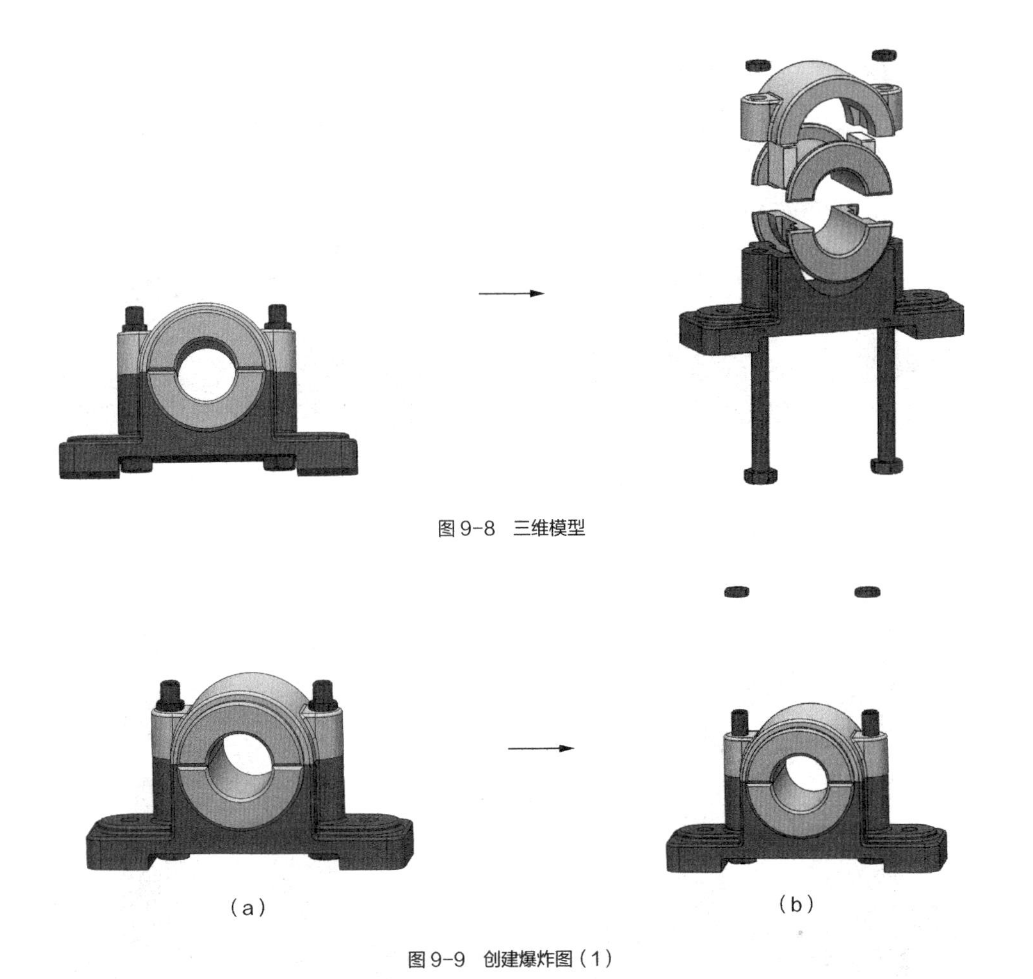

图9-8　三维模型

图9-9　创建爆炸图（1）

③ 使用类似的方法创建图9-10所示的爆炸图，爆炸方向为z轴方向，爆炸距离值为80。

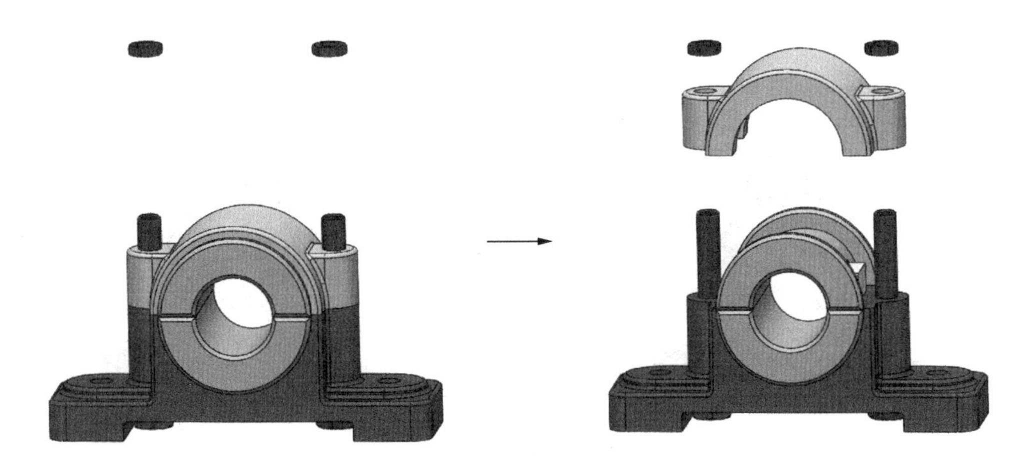

图9-10　创建爆炸图（2）

④ 继续创建图9-11所示的爆炸图，爆炸方向为z轴方向，爆炸距离值为60。

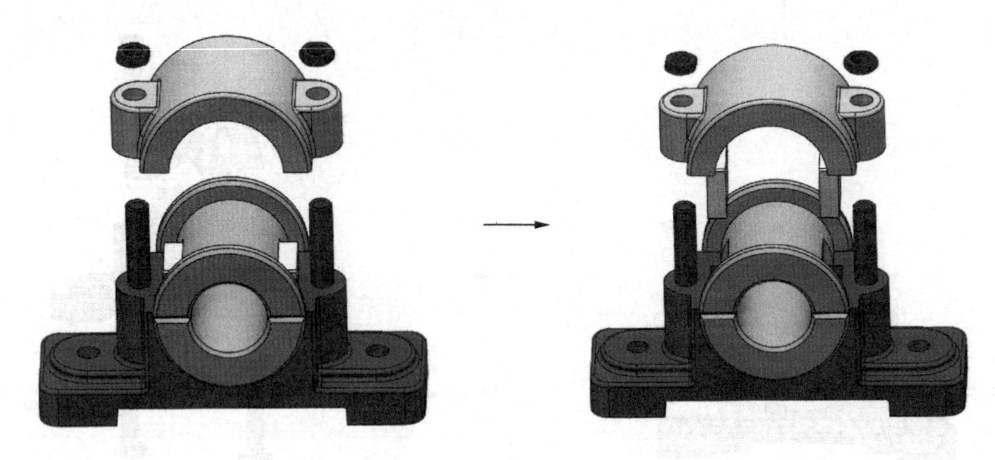

图 9-11　创建爆炸图（3）

⑤ 继续创建图 9-12 所示的爆炸图，爆炸方向为 z 轴方向，爆炸距离值为 40。

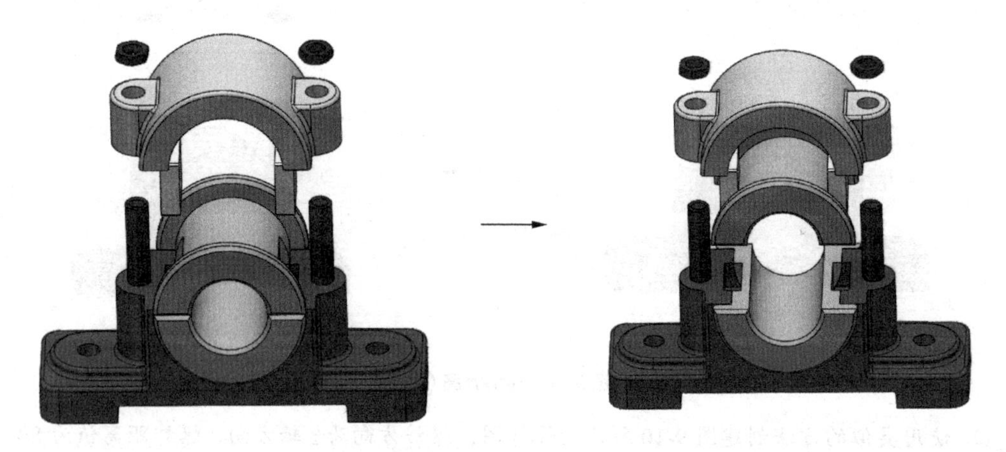

图 9-12　创建爆炸图（4）

⑥ 继续创建图 9-13 所示的爆炸图，爆炸方向为 z 轴方向，爆炸距离值为 20。

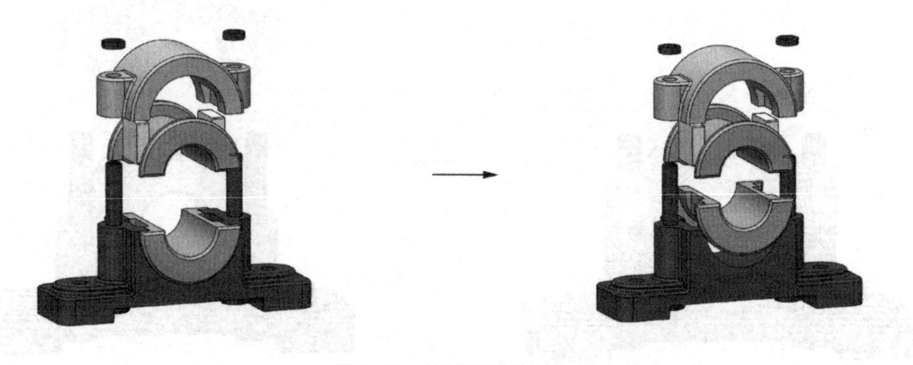

图 9-13　创建爆炸图（5）

⑦ 继续创建图 9-14 所示的爆炸图。单击按钮，采用 z 轴方向为爆炸方向，爆炸距离值为 100，最后单击【爆炸】属性管理器中的按钮，完成装配体的爆炸操作。

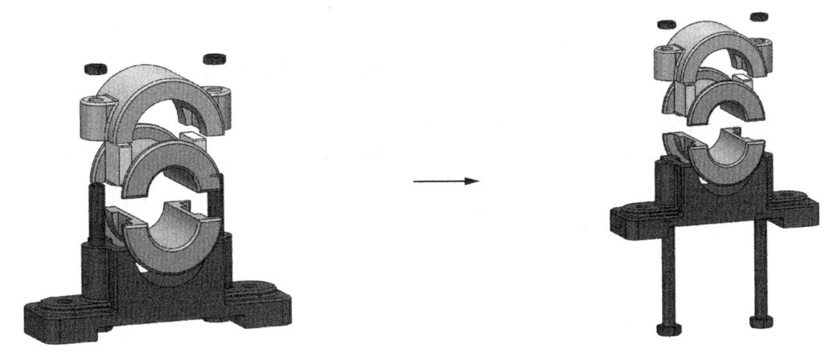

图 9-14 创建爆炸图（6）

（3）创建爆炸动画。

① 展开运动算例界面。单击 运动算例1 按钮，展开运动算例界面。

② 在运动算例界面中单击按钮，弹出【选择动画类型】对话框，如图 9-15 所示，选中【爆炸】单选项。

图 9-15 【选择动画类型】对话框

③单击 下一步(N) > 按钮，切换到【动画控制选项】对话框，在【时间长度】文本框中输入数值“10”，在【开始时间】文本框中输入数值“0”，如图 9-16 所示，然后单击 完成 按钮，完成运动算例的创建，如图 9-17 所示。

④ 在运动算例界面中单击按钮，可以观察到装配体的爆炸运动。

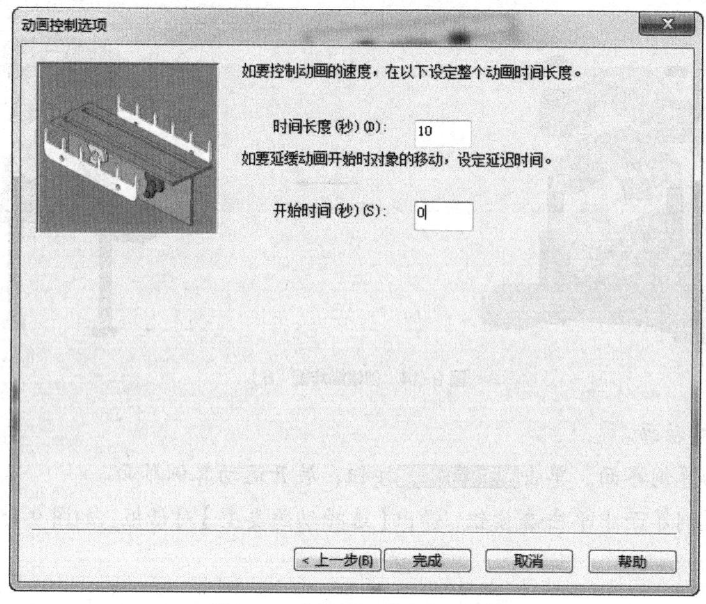

图 9-16 【动画控制选项】对话框

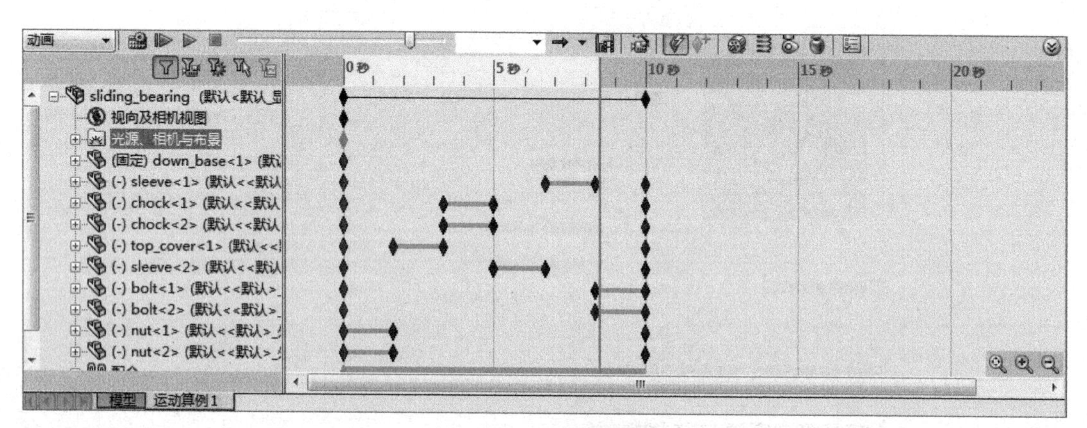

图 9-17 创建运动算例

9.2 仿真设计的典型环境

在进行仿真设计前，先简要介绍仿真设计环境中主要工具的用法。

9.2.1 知识准备

1. 保存动画

当一个运动算例操作完成之后，需要将结果保存，运动算例中有单独的保存动画的功能，用户可以将 SolidWorks 中的动画保存至基于 Windows 的 avi 格式的视频文件。

在运动算例界面的工具栏中单击按钮，弹出图 9-18 所示的【保存动画到文件】对话框。

图 9-18 【保存动画到文件】对话框

【保存动画到文件】对话框中各选项的功能说明如下。

- 【保存类型】下拉列表：运动算例中生成的动画可以保存为 3 种：avi 文件格式、bmp 文件格式和 tga 文件格式（一般将动画保存为 avi 文件格式）。
- 时间排定(H)：单击此按钮，系统会弹出【视频压缩】对话框，如图 9-19 所示。通过【视频压缩】对话框可以设定视频文件的压缩程序和质量，压缩比例越小，生成的文件也越小，同时，图像的质量也越差。在【视频压缩】对话框中单击 确定 按钮，系统弹出【预定动画】对话框，如图 9-20 所示。在【预定动画】对话框中可以设置任务标题、文件名称、保存文件的路径和开始/结束时间等。

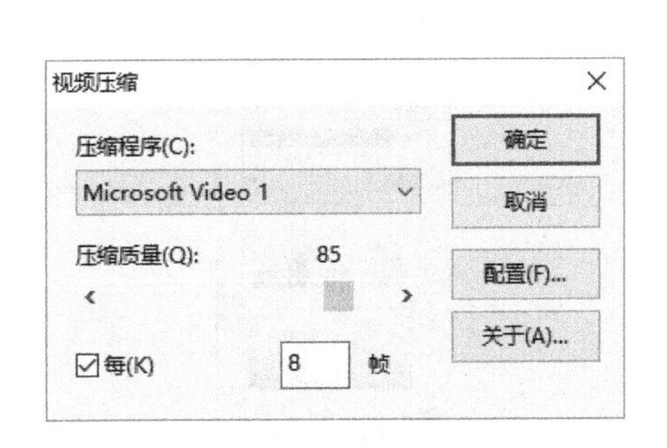

图 9-19 【视频压缩】对话框

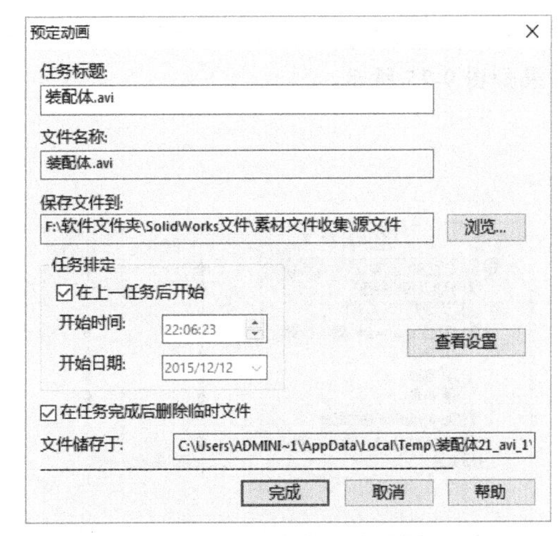

图 9-20 【预定动画】对话框

- 【渲染器】下拉列表：包括【SolidWorks 屏幕】和【Photo View】两个选项，只有在安装了 Photo View 之后才能看到【Photo View】选项。

- 【图象大小与高宽比例】：用于设置图像的大小和高宽比例。
- 【画面信息】：用于设置动画的画面信息，包括以下选项。

【每秒的画面】：在此文本框中输入每秒的画面数，用于设置画面的播放速度。

【整个动画】：用于保存整个动画。

【时间范围】：用于保存一段时间内的动画。

设置完成后，在【保存动画到文件】对话框中单击 保存(S) 按钮，然后在弹出的【视频压缩】对话框中单击 确定 按钮即可保存动画。

2. 视图属性

在运动算例中可以设定动画零部件和装配体的属性。这些属性包括零件和装配体的隐藏/显示以及外观设置等。下面以图 9-21 所示的装配体模型为例，讲解视图属性在运动算例中的应用。

① 打开素材文件“第 9 章\素材\视图属性\attribute.SLDASM”。

② 进入运动算例界面。

③ 在运动算例界面设计树中的 (固定) shaft<1> (默认<<默认> 节点对应的【2 秒】时间栏上单击鼠标右键，在弹出的快捷菜单中选择【放置键码】命令，此时的时间栏显示如图 9-22 所示。

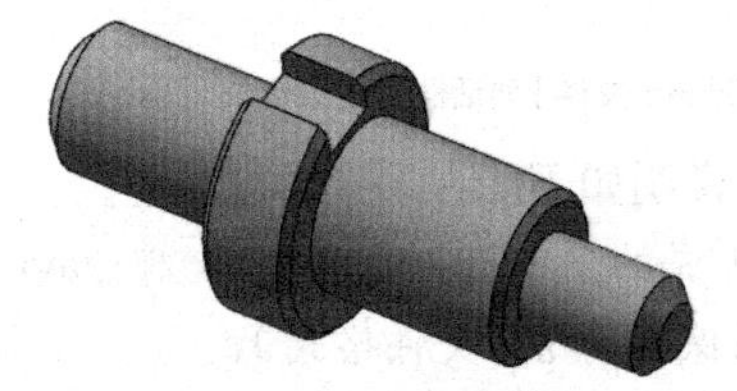

图 9-21 装配体模型

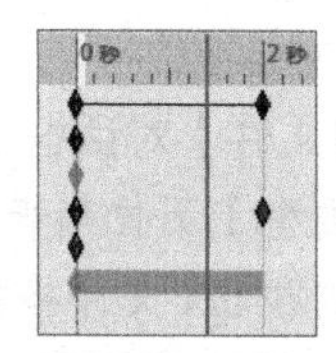

图 9-22 时间栏

④ 在运动算例界面的设计树中单击 (固定) shaft<1> (默认<<默认> 节点前的 ⊞ 图标，展开其子节点，此时可以看到每个属性都对应有键码，如图 9-23 所示。

⑤ 在运动算例界面设计树中的 (固定) shaft<1> (默认<<默认> 节点上单击鼠标右键，在弹出的快捷菜单中选择【外观】命令，打开【颜色】属性管理器。

⑥ 在【颜色】栏中选择图 9-24 所示的颜色类型，其他参数采用默认值，然后单击 ✔ 按钮，结果如图 9-25 所示。

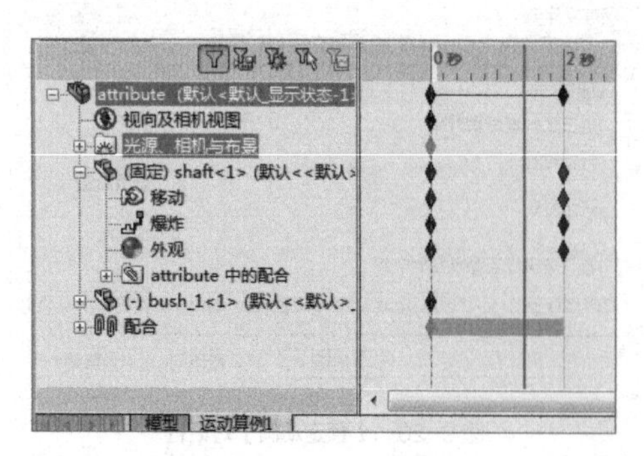

图 9-23 查看键码

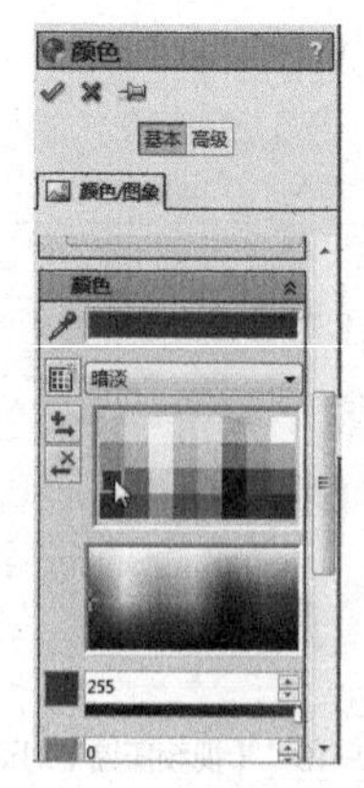

图 9-24 选择颜色类型

⑦ 在[(固定) shaft<1> (默认<<默认>]节点对应的【0 秒】时间栏的键码上单击鼠标右键，从弹出的快捷菜单中选择【复制】命令，在[(固定) shaft<1> (默认<<默认>]对应的“5 秒”时间栏上右击，从弹出的快捷菜单中选择【粘贴】命令，此时在【5 秒】时间栏上出现新的键码。

⑧ 在[(固定) shaft<1> (默认<<默认>]节点的【10 秒】时间栏上单击鼠标右键，从弹出的快捷菜单中选择【粘贴】命令，此时在【10 秒】时间栏上出现新的键码。

⑨ 用鼠标右键单击[(固定) shaft<1> (默认<<默认>]节点，在弹出的快捷菜单中选择【隐藏】命令，隐藏 shaft 零件。

⑩ 在运动算例界面的工具栏中单击▶按钮，可以观察装配件视图属性的变化，然后在工具栏中单击💾按钮，保存文件。

3. 视图定向

在运动算例中可以设定动画零件和装配体的视图方位，或者是否使用一个或多个相机。在做其他运动算例时，通过控制【视图方位】、【动画生成】和【播放】选项，可以使制作仿真动画时不捕捉这些运动、旋转、平移及缩放的模型。

下面以图 9-26 所示的装配体模型为例，介绍视图定向的操作过程。

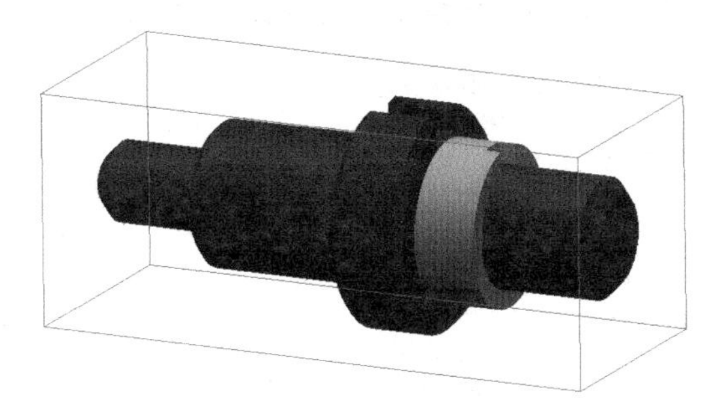

图 9-25 设计效果

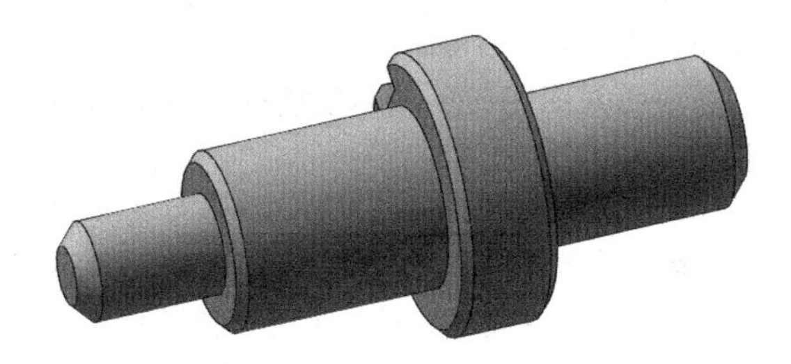

图 9-26 装配体模型

① 打开素材文件“第 9 章\素材\视图属性\attribute.SLDASM”。

② 单击[运动算例1]按钮，打开运动算例界面。

③ 在运动算例中用鼠标右键单击[视向及相机视图]节点，在弹出的快捷菜单中选择【禁用观阅键码播放】命令。

④ 在[视向及相机视图]节点对应的【0 秒】时间栏上单击鼠标右键，在弹出的快捷菜单中选择【视图定向】/【前视】命令，将视图调整到前视图。

⑤ 在[视向及相机视图]节点对应的【5 秒】时间栏上单击鼠标右键，然后在弹出的快捷菜单中选择【放置键码】命令，在时间栏上添加键码。

⑥ 在新添加的键码上单击鼠标右键，在弹出的快捷菜单中选择【视图定向】/【等轴测】命令，将视图调整为前视图。

⑦ 在运动算例界面的工具栏中单击▶按钮，可以观察装配件视图的旋转，在工具栏中单击💾按钮，保存动画。

仿真设计的典型环境-插值动画

4. 插值动画模式

在运动算例中可以控制键码点之间更改的加速或减速运动。运动速度的更改是通过插值模式来控制的。但是，插值模式只有在键码之间存在结束关键点时，进行变更的连续值的事件中才可以应用。例如，零件运动、视图属性更改的动画等。

下面以图 9-27 所示的模型为例，介绍插值动画模式的创建过程。

① 打开素材文件“第 9 章\素材\插值动画\shift.SLDASM”。

② 单击 运动算例1 按钮，展开运动算例界面。

③ 在 (-) ball<1> 节点对应的【5 秒】时间栏上单击鼠标右键，然后将“ball”零件拖动到图 9-28 所示的位置 B 处。

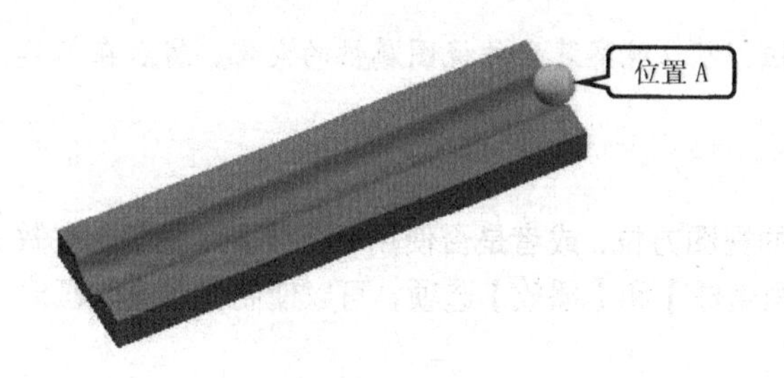

图 9-27 实体模型

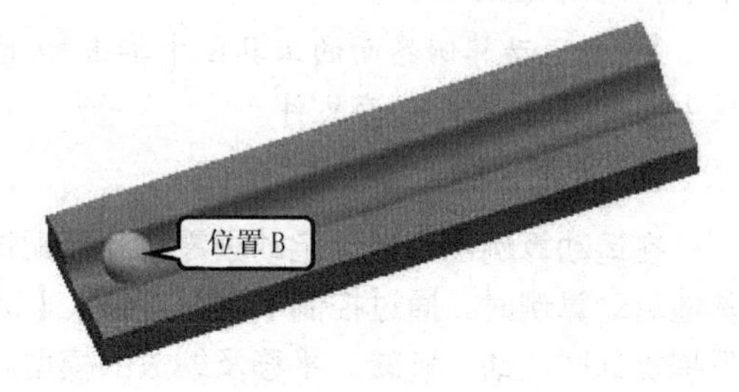

图 9-28 移动对象位置

④ 编辑键码。在 (-) ball<1> 节点对应的【5 秒】时间处的键码点上单击鼠标右键，系统弹出图 9-29 所示的快捷菜单，选择【插值模式】/【渐入】命令，更改滚珠移动速度。

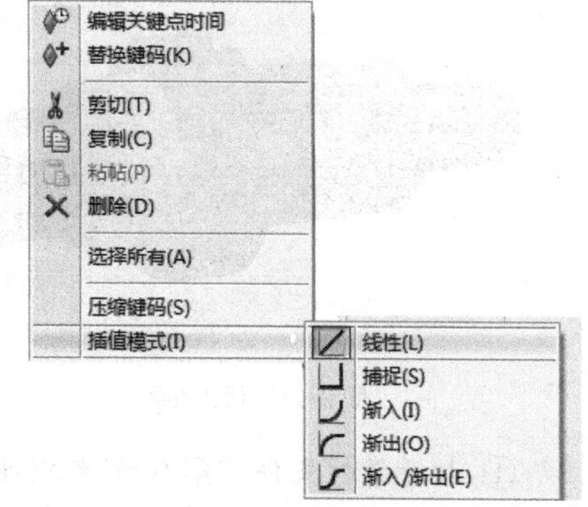

图 9-29 快捷菜单

下面对图 9-29 所示快捷菜单中【插值模式】下的选项说明如下。

- 【线性】：指零部件以匀速从位置 A 移动到位置 B。
- 【捕捉】：零件将停留在位置 A，直到时间到达第二个关键点，然后捕捉到位置 B。
- 【渐入】：零件开始慢速移动，但随后会朝着位置 B 加速移动。
- 【渐出】：零件开始加速移动，但随后会朝着位置 B 慢速移动。
- 【渐入/渐出】：零件在接近位置 A 和位置 B 的中间位置过程中加速移动，然后在接近 B 过程中减速移动。

⑤ 保存动画。在运动算例界面的工具栏中单击 按钮，可观察滚珠移动的速度改变，在工具栏中单击 按钮，将其命名为“shift”保存。

⑥ 至此，运动算例创建完毕。选择菜单命令【文件】/【另存为】，将其命名为“shift-ok”，即可保存模型。

5. 创建马达

马达是指通过模拟各种马达类型的效果，来模拟零部件的旋转运动。它不是力，强度不会根据零件的大小或质量变化。

仿真设计的典型环境-创建马达

下面以图 9-30 所示的风扇模型为例，讲解旋转马达的动画操作过程。

① 打开素材文件“第 9 章\素材\cpu-fan-ok.SLDASM”。

② 单击 运动算例1 按钮，展开运动算例界面。

③ 添加马达。在运动算例工具栏中单击 按钮，弹出图 9-31 所示的【马

达】属性管理器。

④ 编辑马达。在【马达】属性管理器【零部件/方向】栏中激活马达方向，然后选取图 9-32 所示的模型表面，再在【运动】栏的下拉列表中选择【等速】选项，调整转速为“80RPM”，其他参数采取系统默认值，最后单击✔按钮，完成马达的添加。

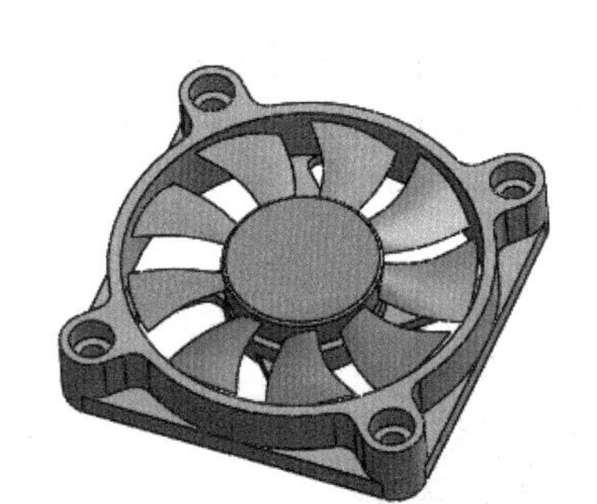

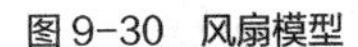
图 9-30 风扇模型

图 9-31 【马达】属性管理器

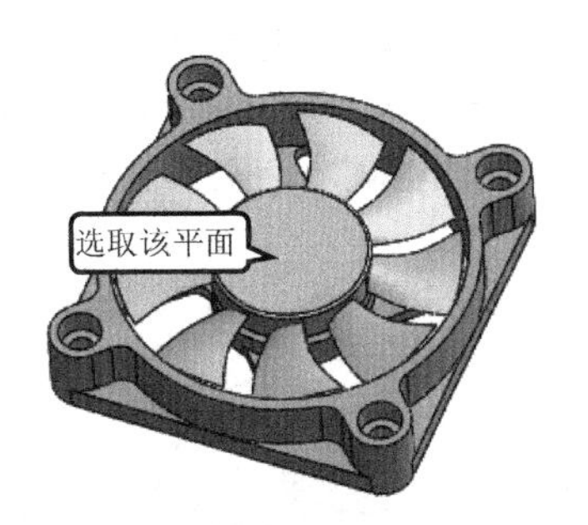

图 9-32 选取参照

下面对【马达】属性管理器中【运动】栏中的运动类型说明如下。

- 【等速】：选择此类型，马达的转速值为恒定。
- 【距离】：选择此类型，马达只为设定的距离进行操作。
- 【振荡】：选择此类型后，利用振幅频率来控制马达。
- 【线段】：插值可选项有【位移】、【速度】和【加速度】3 种类型，选定插值项后，为插值时间设定值。
- 【数据点】：插值可选项有【位移】、【速度】和【加速度】3 种类型，选定插值项后，为插值时间和测量设定值，然后选取插值类型。插值类型包括【立方样条曲线】、【线性】和【Akima】3 个选项。
- 【表达式】：包括【位移】、【速度】和【加速度】3 种类型。在选择表达式类型之后，可以输入不同的表达式。

⑤ 保存动画。在运动算例界面的工具栏中单击▶按钮，可以观察动画，在工具栏中单击💾按钮，将其命名为“cpu-fan”后保存动画。

⑥ 至此，运动算例创建完毕。选择菜单命令【文件】/【另存为】，将其命名为“cpu-fan-ok”后保存模型。

6. 配合在动画中的应用

通过改变装配体的参数可以生成直观、形象的动画。下面介绍在图 9-33 所示的装配图中，通过改变距离配合的参数来模拟小球跳动的操作方法。

① 新建一个装配体文件，进入装配体环境，系统打开【开始装配件】属性管理器。

② 引入阶梯。在【要插入的零件/装配体】属性管理器中单击 浏览(B)... 按钮，打开素材文件“第 9 章\素材\配合在动画中的应用\ladder.SLDPRT”，然后单击✔按钮，并将零件固定在原点位置，如图 9-34 所示。

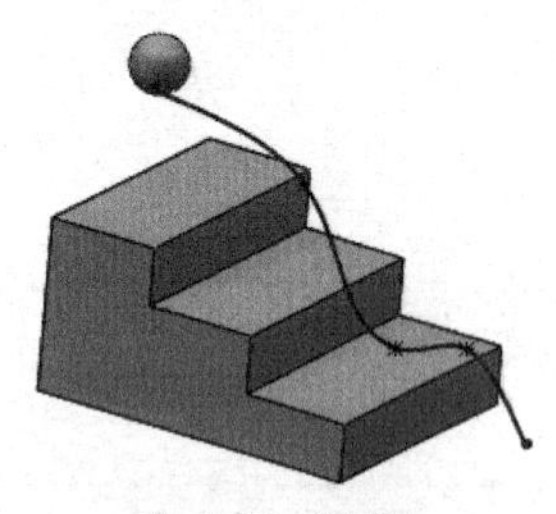

图 9-33 装配体

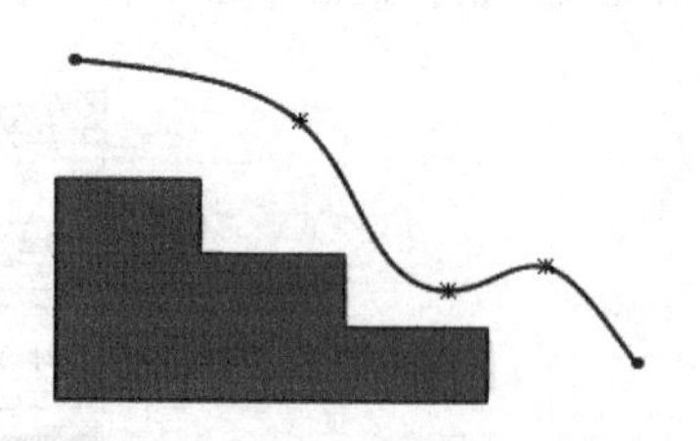

图 9-34 固定零件

③ 引入球。选择菜单命令【插入】/【零部件】/【现有零件/装配体】，打开【插入零部件】属性管理器，单击 浏览(B)... 按钮，打开素材文件“第 9 章\素材\配合在动画中的应用\ball.SLDASM”，并将其放置在图 9-35 所示的位置，其等轴测效果如图 9-36 所示。

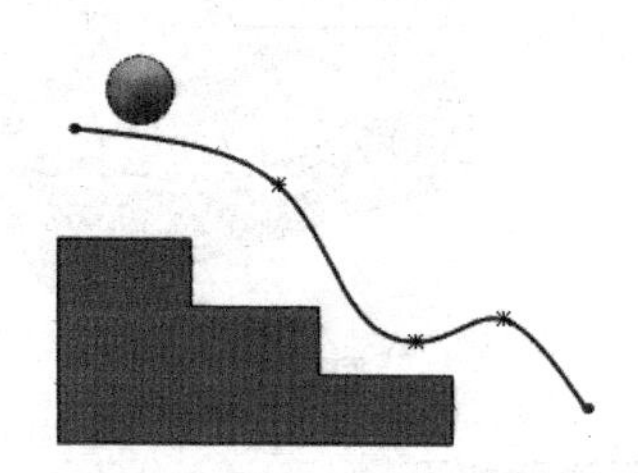

图 9-35 放置对象

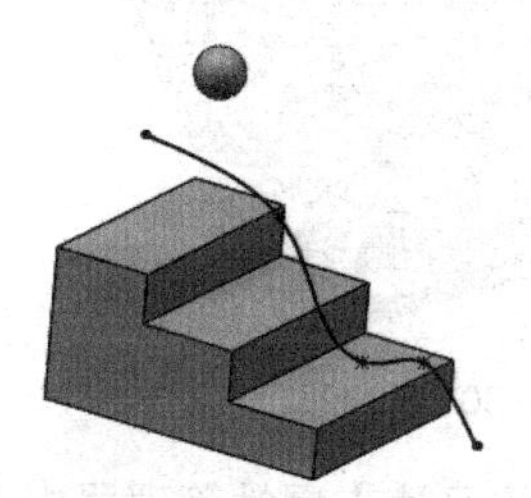

图 9-36 等轴测效果

④ 添加配合，使零件部分定位。选择菜单命令【插入】/【配合】，打开【配合】属性管理器，在【标准配合】栏中单击按钮，在设计树中选取“ball”零件的原点和图 9-37 所示的曲线 1 重合，然后单击快捷工具条中的✔按钮；单击【标准配合】栏中的按钮，在设计树中选取“ball”零件的原点和图 9-38 所示的曲线端点 1，输入距离值“1.0”，然后单击快捷工具条中的✔按钮，最后单击【配合】属性管理器中的✔按钮。

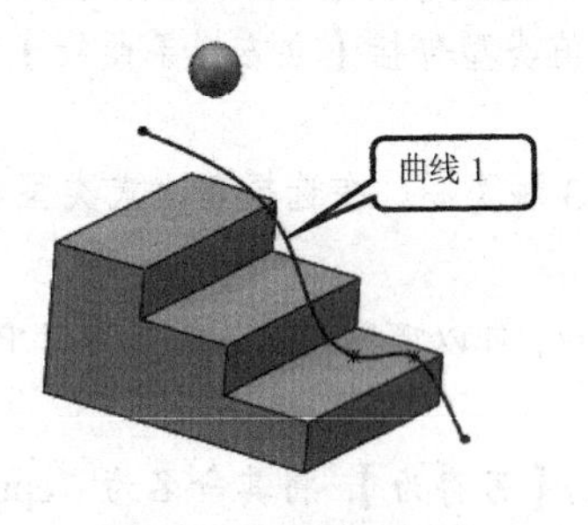

图 9-37 设置原点（1）

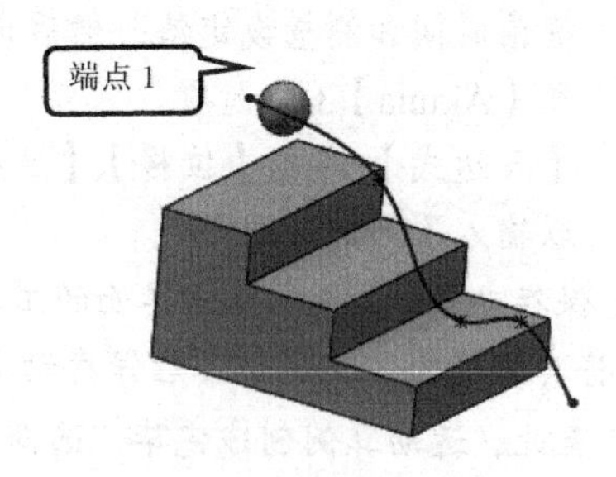

图 9-38 设置原点（2）

⑤ 单击 运动算例1 按钮，展开运动算例界面。

⑥ 添加键码。单击 ⊞ 配合 前面的⊞展开配合，在 ⊞ 距离1 (ball<1>,ladder<1>)的第 5 秒处单击鼠标右键，在弹出的快捷菜单中单击 放置键码(K) 按钮，完成键码的添加。

⑦ 修改距离。双击新添加的键码，系统弹出【修改】对话框，如图 9-39 所示，在距离文本框中输入尺寸值“170”，然后单击✔按钮，结果如图 9-40 所示。

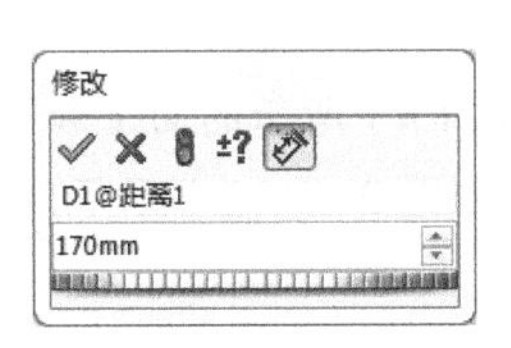

图 9-39 【修改】对话框

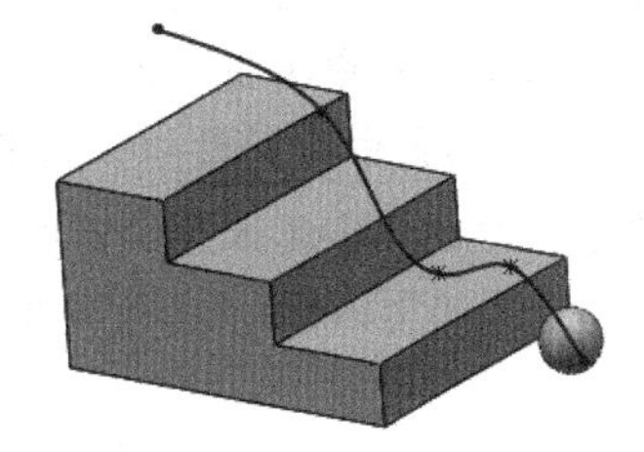

图 9-40 完成后的装配体

⑧ 保存动画。在运动算例界面的工具栏中单击按钮，可以观察球随曲线移动，在工具栏中单击按钮，将其命名为“assort-move”，保存动画。

⑨ 至此，运动算例创建完成。选择菜单命令【文件】/【另存为】，将其命名为“assort”保存。

7. 创建相机动画

仿真设计的典型环境-camera

基于相机的动画与以“装配体运动”生成的所有动画相同，故可以通过在时间线上放置时间栏，定义相机属性更改发生的时间点以及定义对相机属性所做的更改。可以更改的相机属性包括位置、视野、滚轮、目标点位置和景深，其中只有在渲染动画中才能设置景深属性。

在运动算例中有以下两种生成基于相机动画的方法。

（1）通过添加键码点，并在键码点处更改相机的位置、景深、光源等属性来生成动画。

（2）需要通过相机橇。将相机附加到橇上，然后就可以像动画零部件一样使相机运动。

下面以图 9-41 所示的装配体模型为例，介绍相机动画的创建过程。

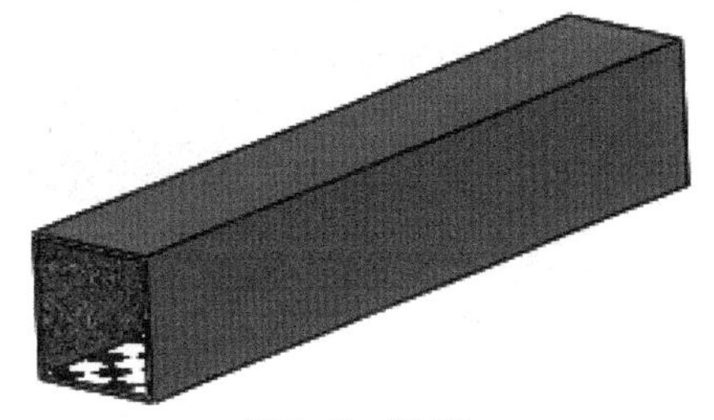

图 9-41 装配体

① 新建一个装配体模型文件，进入装配体环境，系统弹出【开始装配体】属性管理器。

② 引入管道。在【要插入的零件/装配体】栏中单击浏览(B)...按钮，打开素材文件“第 9 章\素材\相机动画\tube.SLDPRT”，并将其固定在原点，如图 9-42 所示。

③ 引入相机橇。选择菜单命令【插入】/【零部件】/【现有零件/装配体】，打开【插入零部件】属性管理器，单击浏览(B)...按钮，打开素材文件“tray.SLDPRT”，并将其放置到图 9-43 所示的位置。

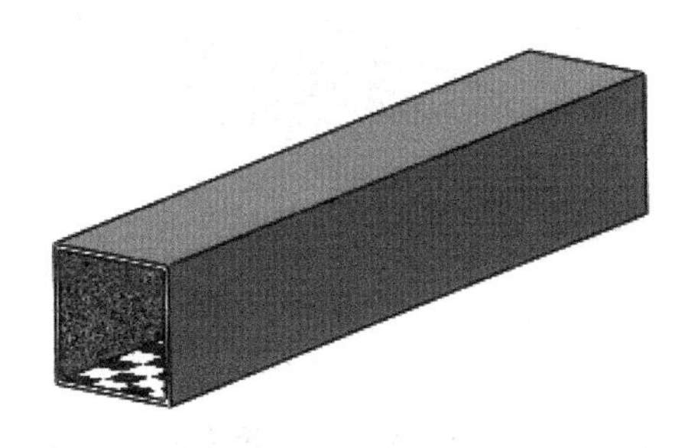

图 9-42 打开零件

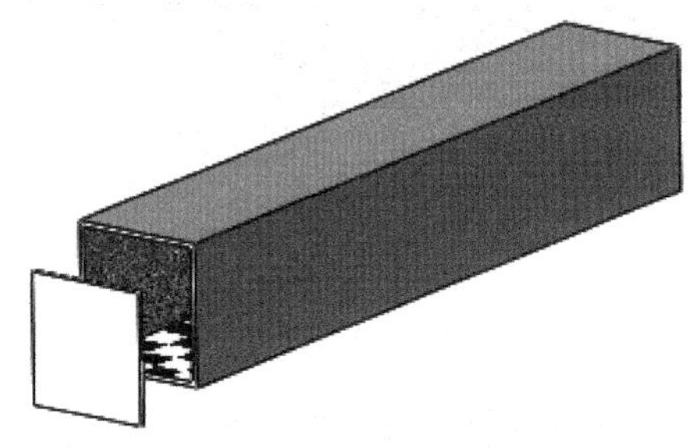

图 9-43 放置零件

④ 添加配合，使零件完全定位。选择菜单命令【插入】/【配合】，打开【配合】属性管理器，在【标准配合】栏中单击按钮，选取图 9-44（a）所示的面 1 和面 2，并输入距离值“20.0”，然后单击快捷工具条中的按钮，结果如图 9-44（b）所示。

⑤ 在【标准配合】属性管理器中单击按钮，选取图 9-45（a）所示的面 1 和管道端面，并输入距离值“320.0”，然后单击快捷工具条中的按钮，结果如图 9-45（b）所示。

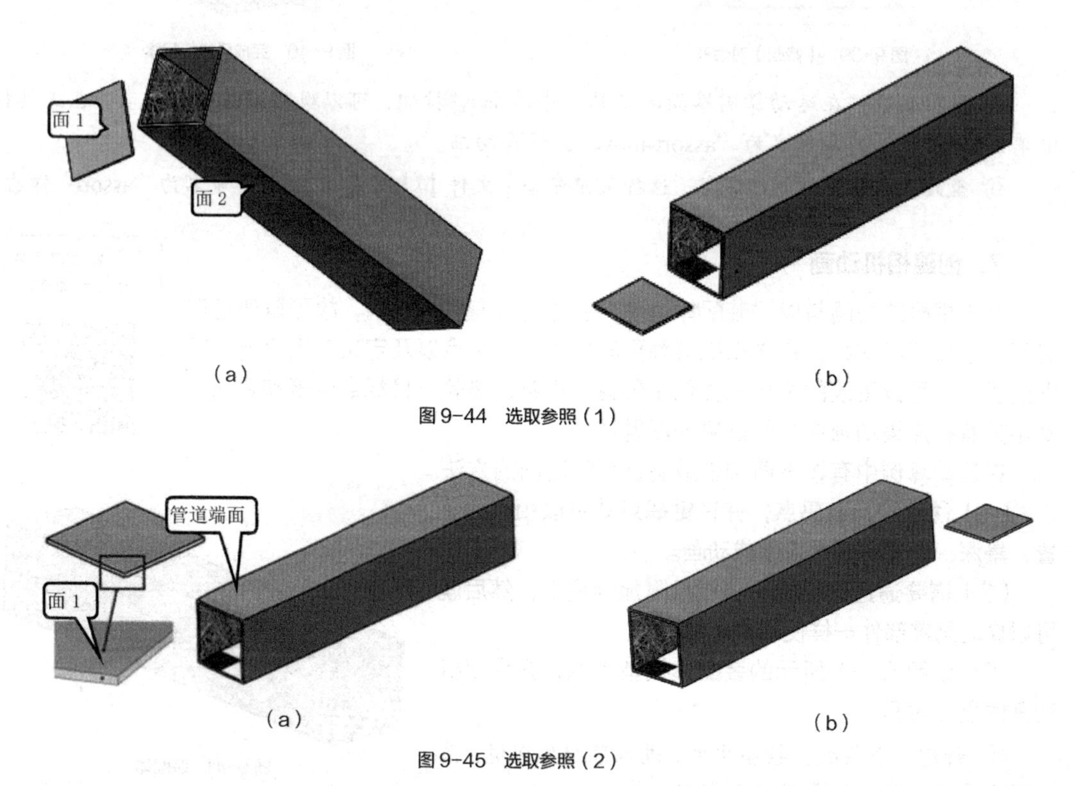

图 9-44　选取参照（1）

图 9-45　选取参照（2）

⑥ 在【标准配合】属性管理器中单击按钮，选取图 9-46（a）所示的面 1 和面 2，然后单击快捷工具条中的按钮，结果如图 9-46（b）所示，最后单击【配合】属性管理器中的按钮。

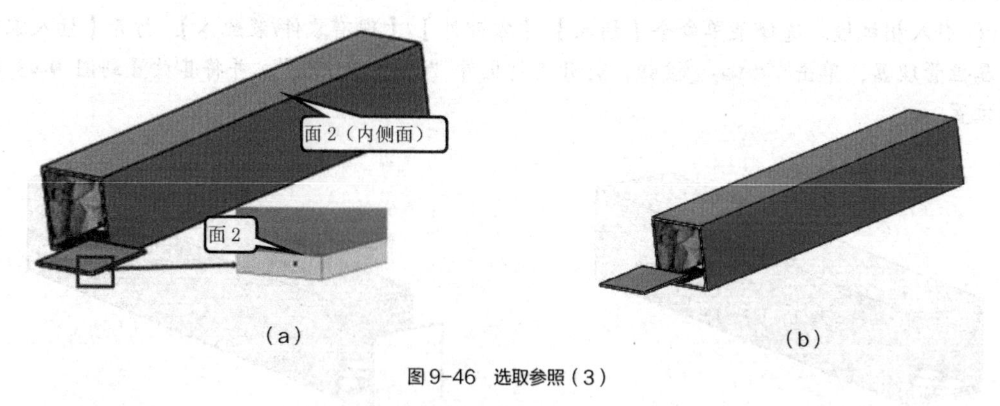

图 9-46　选取参照（3）

⑦ 添加相机。选择菜单命令【视图】/【光源与相机】/【添加相机】，打开【相机 1】属性管理器，同时在图形窗口打开一个垂直双视图视窗，左侧为相机，右侧为相机视图。

⑧ 激活【目标点】栏中的列表框，选取图 9-47 所示的点 1 作为目标点；激活【相机位置】栏中的列表框，选取图 9-47 所示的点 2 作为相机的位置。

⑨ 激活【相机旋转】栏中的列表框，选取如图 9-47 所示的面 1 来定义角度，其他参数设置如图 9-48 所示，设定完成后的相机视图如图 9-49 所示，最后单击✔按钮，完成相机的设置。

⑩ 单击 运动算例1 按钮，展开运动算例界面。

⑪ 添加键码。单击 配合 前面的 ⊞ 展开配合，在 距离2 (tray<1>, tube<1>) 的第 5 秒处单击鼠标右键，在弹出的快捷菜单中单击 放置键码(K) 按钮，完成键码的添加。

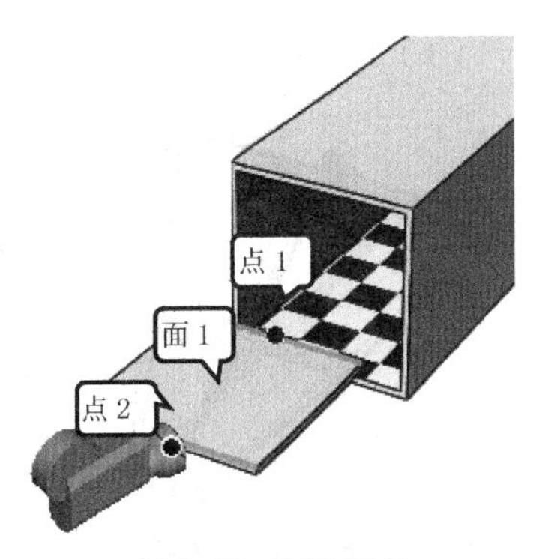

图 9-47 选取目标点

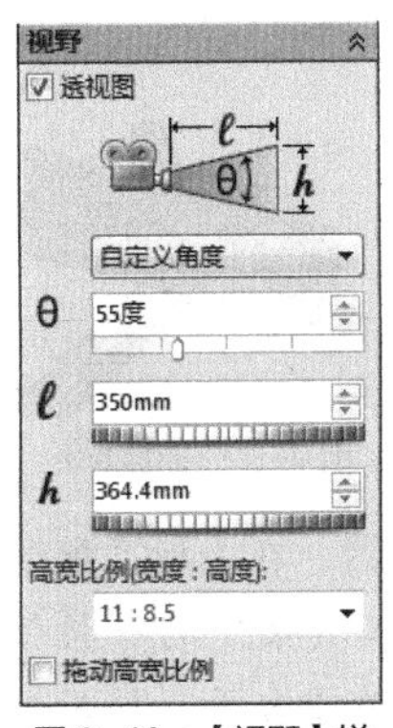

图 9-48 【视野】栏

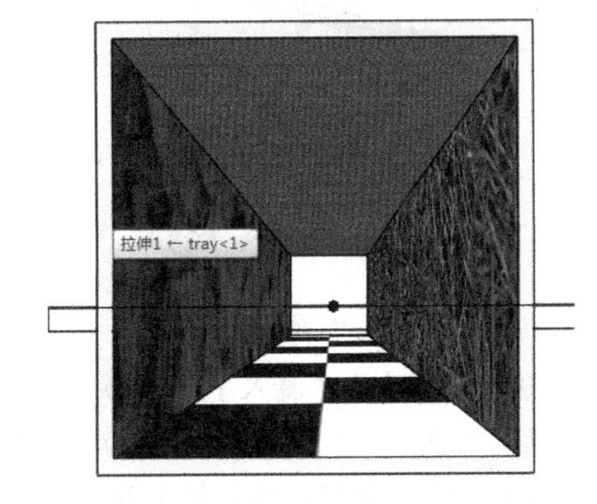

图 9-49 创建相机视图

⑫ 编辑键码。双击新建的键码，系统会弹出【修改】对话框，修改尺寸值为“0”，然后单击✔按钮，完成尺寸的修改。

⑬ 在运动算例界面的设计树中用鼠标右键单击 视向及相机视图 节点，在弹出的快捷菜单中选择【禁用观阅键码播放】命令。

⑭ 添加键码。在 光源、相机与布景 节点下的 相机1 子节点对应的【5 秒】时间栏上单击鼠标右键，在弹出的快捷菜单中选择【替换键码】命令，在时间栏上添加键码。

⑮ 编辑键码。双击新添加的键码，系统弹出【相机 1】属性管理器，在【视野】栏的【θ】文本框中输入值“20”，其他采取系统默认值，然后单击✔按钮，完成相机的设置。

⑯ 调整到相机视图。用鼠标右键单击 视向及相机视图 节点对应的键码，在弹出的快捷菜单中选择【相机视图】命令。

⑰ 保存动画。在运动算例界面的工具栏中单击▶按钮，可以观察相机穿越管道的运动，在工具栏中单击 按钮，将其命名为“camera”后保存动画。

⑱ 至此，运动算例创建完毕。选择菜单命令【文件】/【另存为】，将其命名为“camera”后保存模型。

9.2.2 典型实例——创建牛头刨床机构仿真动画

创建牛头刨床机构仿真动画

本例详细介绍了图 9-50 所示的牛头刨床机构仿真动画的设计工程，以使读者进一步熟悉 SolidWorks 中的动画操作。本例中重点要求掌握装配的先后顺序，注意不能使各零部件之间完全约束。

（1）新建一个装配模型文件，进入装配体环境，打开【开始装配体】属性管理器。

图 9-50　牛头刨床机构仿真动画

（2）添加支架模型。在【要插入的零件/装配体】栏中单击 浏览(B)... 按钮，打开素材文件“bracket.SLDPRT”，并将其固定在原点位置，如图 9-51 所示。

（3）添加滑块 1 并定位。

① 选择菜单命令【插入】/【零部件】/【现有零件/装配体】，打开【插入零部件】属性管理器，在【要插入的零件/装配体】栏中单击 浏览(B)... 按钮，打开素材文件“slipper-1.SLDPRT”，并将其放置在如图 9-52 所示的位置。

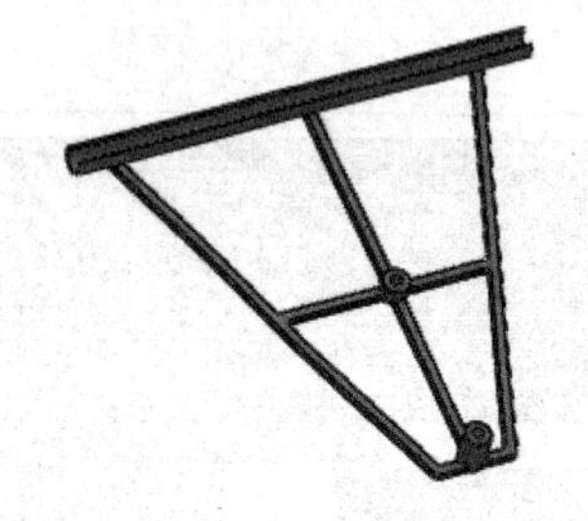

图 9-51　固定元件

图 9-52　添加滑块

② 选择菜单命令【插入】/【配合】，打开【配合】属性管理器，在【标准配合】栏中单击◎按钮，选取图 9-53 所示的两个面作为同心轴面，之后单击快捷工具条中的✔按钮，再在【标准配合】栏中单击⋌按钮，选取图 9-54 所示的两个上视基准面作为重合面，然后单击快捷工具条中的✔按钮，最后单击【配合】属性管理器中的✔按钮，完成零件的定位。

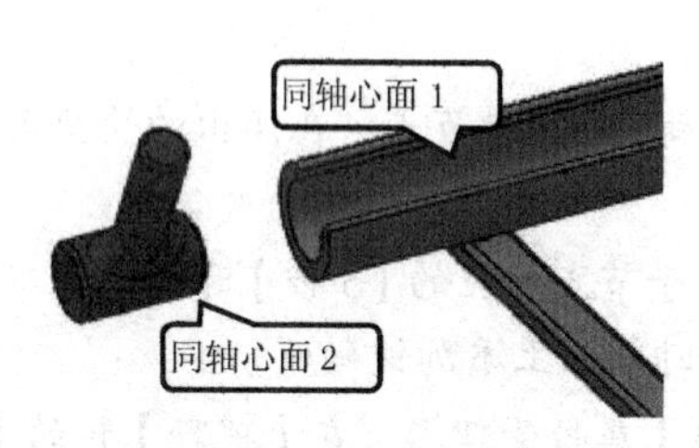

图 9-53　选取参照（1）

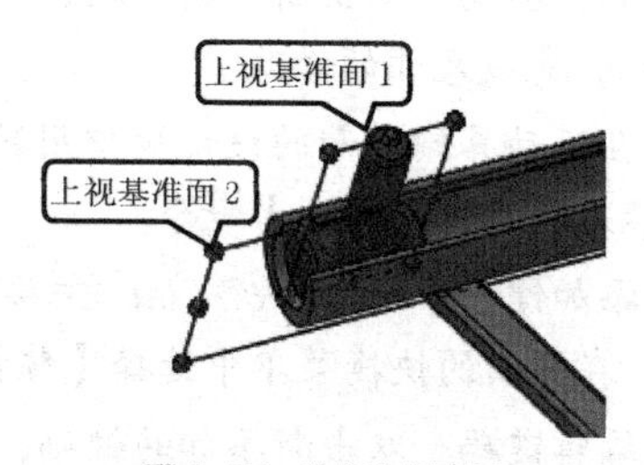

图 9-54　选取参照（2）

（4）添加连杆并定位。

① 选择菜单命令【插入】/【零部件】/【现有零件/装配体】，打开【插入零部件】属性管理器，在【要插入的零件/装配体】栏中单击 浏览(B)... 按钮，打开素材文件“connecting-llink.SLDPRT”，并将其放置在图 9-55 所示的位置。

② 选择菜单命令【插入】/【配合】，打开【配合】属性管理器，在【标准配合】栏中单击◎按钮，选取图 9-56 所示的两个面作为同轴心面，然后单击快捷工具条中的✔按钮，最后单击【配合】属性管理器中的✔按钮，完成零件的定位。

（5）添加曲柄并定位。

① 选择菜单命令【插入】/【零部件】/【现有零件/装配体】，打开【插入零部件】属性管理器，在【要插入的零件/装配体】栏中单击 浏览(B)... 按钮，打开素材文件“crank.SLDPRT,”，并将其放置在图 9-57 所示的位置。

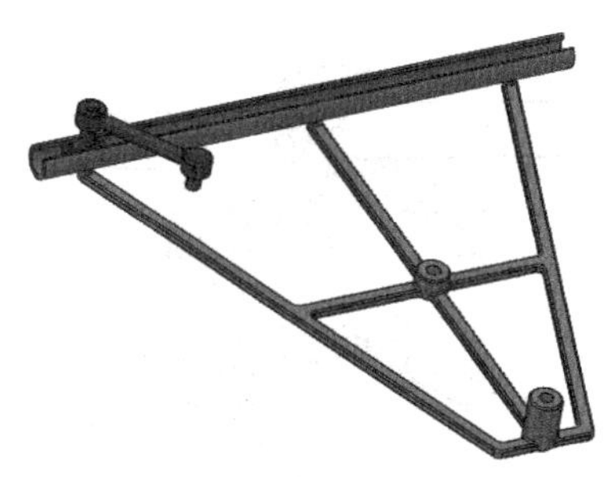

图 9-55 添加连杆

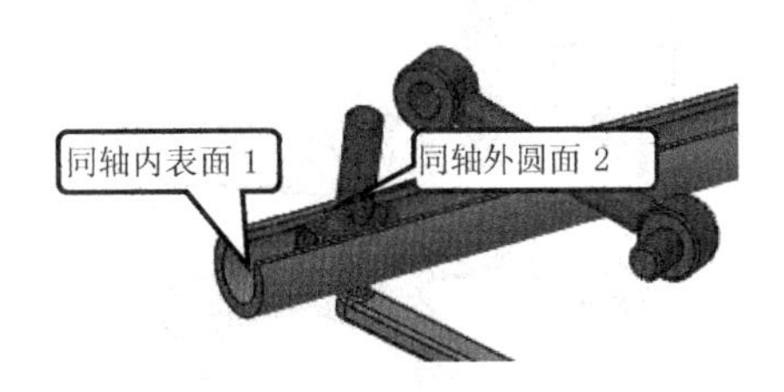

图 9-56 选取参照（3）

② 选择菜单命令【插入】/【配合】，打开【配合】属性管理器，在【标准配合】栏中单击按钮，选取图 9-58 所示的两个面作为同轴心面，然后单击快捷工具条中的按钮；继续在【标准配合】栏中单击按钮，选取图 9-59 所示的两个面作为重合面，然后单击快捷工具条中的按钮，最后单击【配合】属性管理器中的按钮，完成零件的定位。

图 9-57 添加曲柄

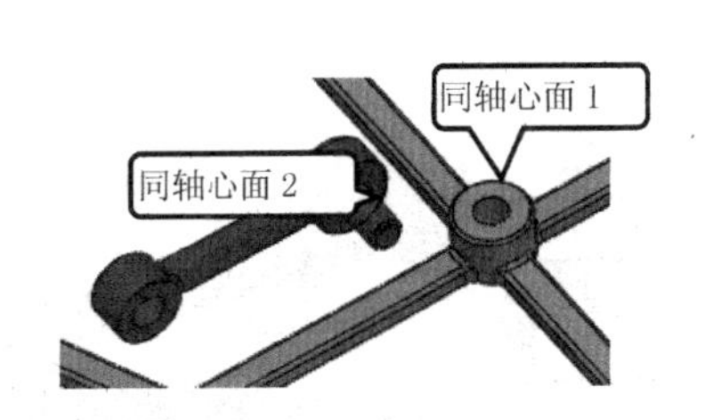

图 9-58 选取参照（4）

（6）添加摇杆并定位。

① 选择菜单命令【插入】/【零部件】/【现有零件/装配体】，打开【插入零部件】属性管理器，在【要插入的零件/装配体】栏中单击 浏览(B)... 按钮，打开素材文件“rocker-bar.SLDPRT”，并将其放置在图 9-60 所示的位置。

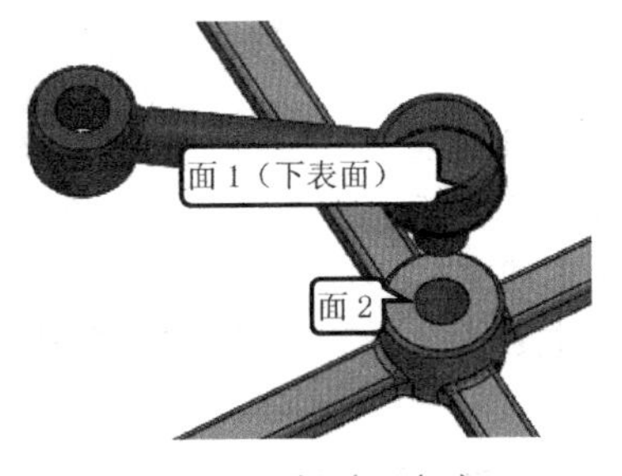

图 9-59 选取参照（5）

图 9-60 添加摇杆

② 添加配合，使零件完全定位。选择菜单命令【插入】/【配合】，打开【配合】属性管理器，在【标准配合】栏中单击按钮，选取图 9-61 所示的两个面作为同轴心面，然后单击快捷工具条中的按钮。

③ 添加【重合】配合。在【标准配合】栏中单击按钮，选取图 9-62 所示的两个面作为重合面，然后单击快捷工具条中的按钮。

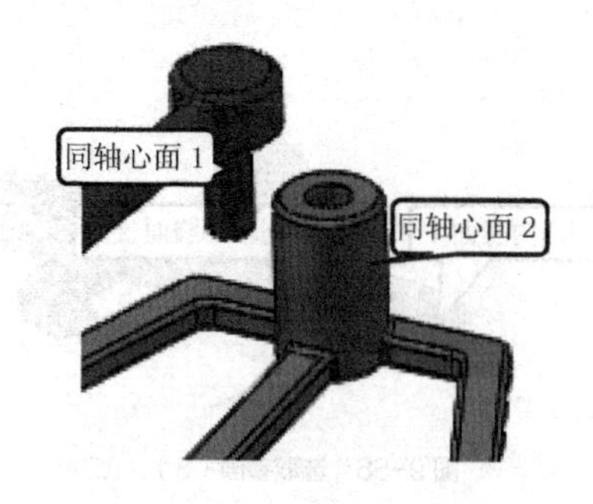

图 9-61 选取参照（6）

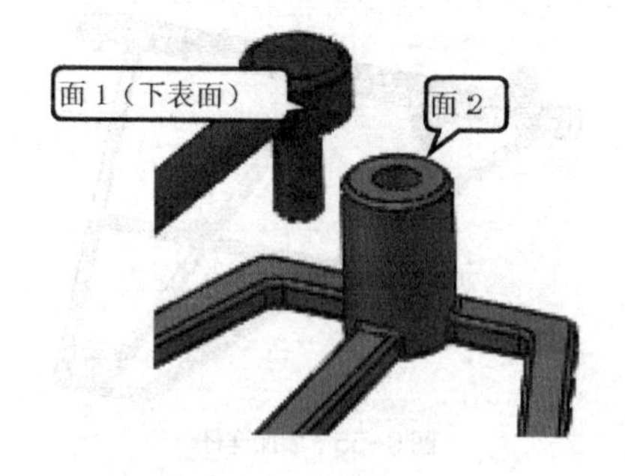

图 9-62 选取参照（7）

④ 添加【同轴心】配合。在【标准配合】栏中单击◎按钮，选取图 9-63 所示的两个面作为同轴心面，然后单击快捷工具条中的✔按钮。

⑤ 添加【重合】配合。在【标准配合】栏中单击⋌按钮，选取图 9-64 所示的两个面作为重合面，然后单击快捷工具条中的✔按钮，最后单击【配合】属性管理器中的✔按钮，完成零件的定位。

图 9-63 选取参照（8）

图 9-64 选取参照（9）

（7）添加滑块 2 并定位。

① 选择菜单命令【插入】/【零部件】/【现有零件/装配体】，打开【插入零部件】属性管理器，在【要插入的零件/装配体】栏中单击 浏览(B)... 按钮，打开素材文件“slipper-2.SLDPRT”，并将其放置在图 9-65 所示的位置。

图 9-65 添加滑块

② 选择菜单命令【插入】/【配合】，打开【配合】属性管理器，在【标准配合】栏中单击◎按钮，选取图 9-66 所示的两个面作为同轴心面；继续在【标准配合】栏中单击⋌按钮，选取图 9-67 所示的参照，最后单击【配合】属性管理器中的✔按钮，完成零件的定位。

（8）在图形区将模型调整到合适的角度。单击 运动算例1 按钮，展开运动算例界面。

（9）在运动算例工具栏中选择运动算例类型为【基本运动】，然后单击按钮，打开【马达】属性管理器。

（10）在【零部件/方向】栏中激活【马达方向】列表框，选取图 9-68 所示的模型表面，在【运动】栏的下拉列表中选择【等速】选项，调整转速为“100.0RPM”，其他参数采取系统默认值，最后单击✔按钮，完成马达的添加。

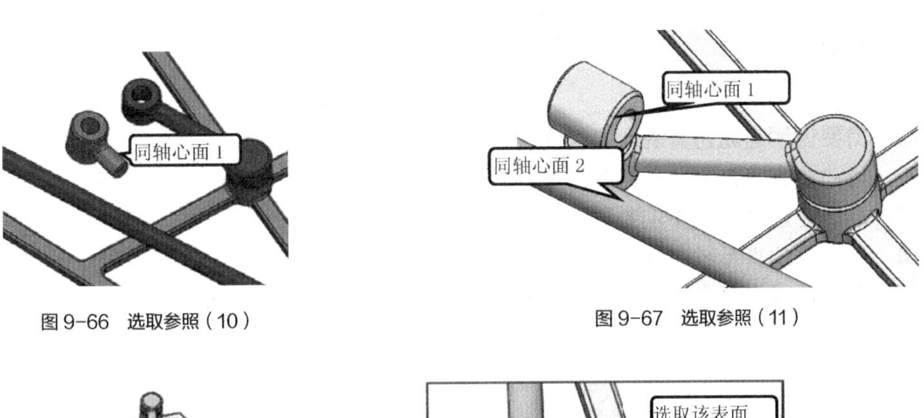

图 9-66 选取参照（10）　　图 9-67 选取参照（11）

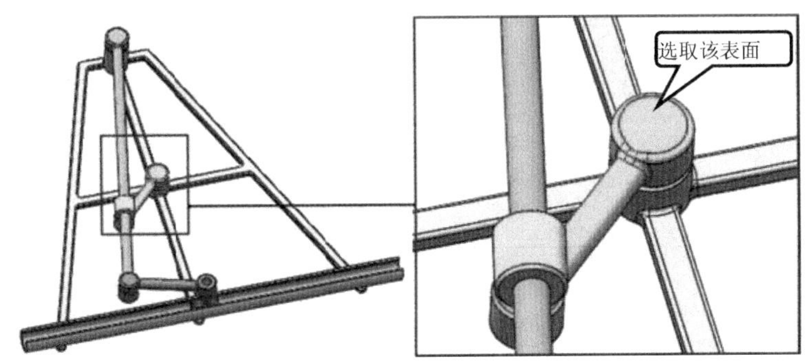

图 9-68 选取参照（12）

（11）在运动算例界面的工具栏中单击按钮，弹出【选择动画类型】对话框，选中【旋转模型】单选项。

（12）单击 下一步(N) > 按钮，系统切换到【选择一旋转轴】对话框，采用系统默认的设置值。

（13）单击 下一步(N) > 按钮，系统切换到【动画控制选项】对话框，在【时间长度】文本框中输入数值“10.0”，在【开始时间】文本框中输入数值“5.0”，单击 完成 按钮，完成运动算例的创建。

（14）在运动算例界面的工具栏中单击按钮，观察零件的旋转运动，然后在工具栏中单击按钮，将其命名为“shapers”，并保存动画。

（15）运动算例创建完毕。选择菜单命令【文件】/【另存为】，将其命名为“shapers”并保存模型。

小结

仿真是利用模型复现实际系统中发生的本质过程，并通过对系统模型的实验来研究真实的物理系统。利用计算机技术实现系统的仿真研究不仅方便、灵活，而且经济、便捷。目前，计算机仿真在仿真技术中占有重要地位。

使用 SolidWorks 实现机构的运动仿真前，首先利用其强大的实体造型功能构造出运动构件的三维模型，例如，齿轮、凸轮、连杆、弹簧等运动构件以及轴、销等辅助构件，完成三维零件库的建立。此时单独的三维实体模型是不能进行模拟机构运动的，需要对零件模型进行装配。与组件装配不同，对运动零件进行装配时，需要在零件之间添加一定的运动自由度。随后向系统添加马达和外力等动力因素，统计软件的求解，最终获得输出计算结果。

习题

1. 简要说明运动仿真的含义与用途。
2. 运动仿真前，为什么需要对零件进行装配?
3. 马达在运动仿真中主要承担什么作用?
4. 如何对仿真系统中的对象进行视图定向?
5. 动手模拟本章中的典型实例，掌握机构运动仿真的一般方法和步骤。